"十一五"国家重点图书出版规划项目

中国有色金属丛书

CNMS

现代竖罐炼锌技术

中国有色金属工业协会组织编写

郭天立 主　编

徐红江 副主编

中南大学出版社
www.csupress.com.cn

图书在版编目(CIP)数据

现代竖罐炼锌技术/郭天立主编 . —长沙:中南大学出版社,
2010.12

ISBN 978-7-5487-0164-4

Ⅰ.现… Ⅱ.郭… Ⅲ.炼锌－竖罐熔炼 Ⅳ.TF813.03

中国版本图书馆 CIP 数据核字(2010)第 256969 号

现 代 竖 罐 炼 锌 技 术

郭天立 主编

□责任编辑	史海燕
□责任印制	文桂武
□出版发行	中南大学出版社
	社址:长沙市麓山南路　　　邮编:410083
	发行科电话:0731-88876770　　传真:0731-88710482
□印　　装	国防科技大学印刷厂

□开　　本	787×1092　1/16　□印张 17.25　□字数 427 千字
□版　　次	2010 年 12 月第 1 版　□2010 年 12 月第 1 次印刷
□书　　号	**ISBN 978-7-5487-0164-4**
□定　　价	**65.00 元**

王海东	中南大学出版社
乐维宁	中铝国际沈阳铝镁设计研究院
许 健	中冶葫芦岛有色金属集团有限公司
刘同高	厦门钨业集团有限公司
刘良先	中国钨业协会
刘柏禄	赣州有色冶金研究所
刘继军	茌平华信铝业有限公司
李 宁	兰州铝业股份有限公司
李凤轶	西南铝业(集团)有限责任公司
李阳通	柳州华锡集团有限责任公司
李沛兴	白银有色金属股份有限公司
李旺兴	中铝郑州研究院
杨 超	云南铜业(集团)有限公司
杨文浩	甘肃稀土集团有限责任公司
杨安国	河南豫光金铅集团有限责任公司
杨龄益	锡矿山闪星锑业有限责任公司
吴跃武	洛阳有色金属加工设计研究院
吴锈铭	中国有色金属工业协会镁业分会
邱冠周	中南大学
冷正旭	中铝山西分公司
汪汉臣	宝钛集团有限公司
宋玉芳	江西钨业集团有限公司
张 麟	大冶有色金属有限公司
张创奇	宁夏东方有色金属集团有限公司
张洪国	中国有色金属工业协会
张洪恩	河南中孚实业股份有限公司
张培良	山东丛林集团有限公司
陆志方	中国有色工程有限公司
陈成秀	厦门厦顺铝箔有限公司
武建强	中铝广西分公司
周 江	东北轻合金有限责任公司
赵 波	中国有色金属工业协会
赵翠青	中国有色金属工业协会
胡长平	中国有色金属工业协会
钟卫佳	中铝洛阳铜业有限公司
钟晓云	江西稀有稀土金属钨业集团公司
段玉贤	洛阳栾川钼业集团有限责任公司
胥 力	遵义钛厂
黄 河	中电投宁夏青铜峡能源铝业集团有限公司
黄粮成	中铝国际贵阳铝镁设计研究院
蒋开喜	北京矿冶研究总院
傅少武	株洲冶炼集团有限责任公司
瞿向东	中铝广西分公司

王林生	赣州有色冶金研究所
尹晓辉	西南铝业(集团)有限责任公司
邓吉牛	西部矿业股份有限公司
吕新宇	东北轻合金有限责任公司
任必军	伊川电力集团
刘江浩	江西铜业集团公司
刘劲波	洛阳有色金属加工设计研究院
刘昌俊	中铝山东分公司
刘侦德	中金岭南有色金属股份有限公司
刘保伟	中铝广西分公司
刘海石	山东南山集团有限公司
刘祥民	中铝股份有限公司
许新强	中条山有色金属集团有限公司
苏家宏	柳州华锡集团有限责任公司
李宏磊	中铝洛阳铜业有限公司
李尚勇	金川集团有限公司
李金鹏	中铝国际沈阳铝镁设计研究院
李桂生	江西稀有稀土金属钨业集团公司
吴连成	青铜峡铝业集团有限公司
沈南山	云南铜业(集团)公司
张一宪	湖南有色金属控股集团有限公司
张占明	中铝山西分公司
张晓国	河南豫光金铅集团有限责任公司
邵　武	铜陵有色金属(集团)公司
苗广礼	甘肃稀土集团有限责任公司
周基校	江西钨业集团有限公司
郑　莆	中铝国际贵阳铝镁设计研究院
赵庆云	中铝郑州研究院
战　凯	北京矿冶研究总院
钟景明	宁夏东方有色金属集团有限公司
俞德庆	云南冶金集团总公司
钱文连	厦门钨业集团有限公司
高　顺	宝钛集团有限公司
高文翔	云南锡业集团有限责任公司
郭天立	中冶葫芦岛有色金属集团有限公司
梁学民	河南中孚实业股份有限公司
廖　明	白银有色金属股份有限公司
翟保金	大冶有色金属有限公司
熊柏青	北京有色金属研究总院
颜学柏	陕西有色金属控股集团有限责任公司
戴云俊	锡矿山闪星锑业有限责任公司
黎　云	中铝贵州分公司

总　序

　　有色金属是重要的基础原材料，广泛应用于电力、交通、建筑、机械、电子信息、航空航天和国防军工等领域，在保障国民经济建设和社会发展等方面发挥了不可或缺的作用。

　　改革开放以来，特别是新世纪以来，我国有色金属工业持续快速发展，已成为世界最大的有色金属生产国和消费国，产业整体实力显著增强，在国际同行业中的影响力日益提高。主要表现在：总产量和消费量持续快速增长，2008 年，十种有色金属总产量 2 520 万吨，连续七年居世界第一，其中铜产量和消费量分别占世界的 20% 和 24%；电解铝、铅、锌产量和消费量均占世界总量的 30% 以上。经济效益大幅提高，2008 年，规模以上企业实现销售收入预计 2.1 万亿以上，实现利润预计 800 亿元以上。产业结构优化升级步伐加快，2005 年已全部淘汰了落后的自焙铝电解槽；目前，铜、铅、锌先进冶炼技术产能占总产能的 85% 以上；铜、铝加工能力有较大改善。自主创新能力显著增强，自主研发的具有自主知识产权的 350 kA、400 kA 大型预焙电解槽技术处于世界铝工业先进水平，并已输出到国外；高精度内螺纹铜管、高档铝合金建筑型材及时速 350 km 高速列车用铝材不仅满足了国内需求，已大量出口到发达国家和地区。国内矿山新一轮找矿和境外矿产资源开发取得了突破性进展，现有 9 大矿区的边部和深部找矿成效显著，一批有实力的大型企业集团在海外资源开发和收购重组境外矿山企业方面迈出了实质性步伐，有效增强了矿产资源的保障能力。

　　2008 年 9 月份以来，我国有色金属工业受到了国际金融危机的严重冲击，产品价格暴跌，市场需求萎缩，生产增幅大幅回落，企业利润急剧下降，部分行业已出现亏损。纵观整体形势，我国有色金属工业仍处在重要机遇期，挑战和机遇并存，长期发展向好的趋势没有改变。今后一个时期，我国有色金属工业发展以控制总量、淘汰落后、技术改造、企业重组、充分利用境内外两种资源，提高资源保障能力为重点，推动产业结构调整和优化升级，促进有色金属工业可持续发展。

实现有色金属工业持续发展，必须依靠科技进步，关键在人才。为了全面提高劳动者素质，培养一大批高水平的科技创新人才和高技能的技术工人，由中国有色金属工业协会牵头，组织中南大学出版社及有关企业、科研院校数百名有经验的专家学者、工程技术人员，编写了《中国有色金属丛书》。《丛书》内容丰富，专业齐全，科学系统，实用性强，是一套好教材，也可作为企业管理人员和相关专业大学生的参考书。经过编写、编辑、出版人员的艰辛努力，《丛书》即将陆续与广大读者见面。相信它一定会为培养我国有色金属行业高素质人才，提高科技水平，实现产业振兴发挥积极作用。

康义

2009 年 3 月

前　言

近年来出版、发表的关于竖罐炼锌技术方面的书籍和论文，基本介绍的是1990 年以前应用的技术。应该说，以单罐受热面积达到 110 m^2 的竖罐诞生为界限（这个时间结点在 90 年代初期），以后应用的竖罐炼锌技术已经与之前的竖罐炼锌技术有了天壤之别。经过十几年的不断改进，以单罐受热面积 110 m^2 的竖罐和规格为 1372 mm × 762 mm 的粗锌精馏塔盘为主要技术特征的现代竖罐炼锌技术体系基本形成。

本书对现代竖罐炼锌技术体系做了系统的介绍，不但全面介绍了该技术体系的主流程，也介绍了配套的辅助流程，是现代竖罐炼锌技术进步和生产经验的总结。主要内容包括：原料准备、氧化焙烧及制酸、团矿制备、焦结与蒸馏、精馏、有价金属综合回收、渣处理、煤气与碳化硅制品生产等。全书以生产操作介绍为主，为说明生产操作的依据与合理性，也适当介绍了一些相关的理论知识。

全书共分 13 章，全部作者均来自葫芦岛锌业股份公司。其中，第 1 章由郭天立编写，第 2 章由王建华、谢淑友、未立清编写，第 3 章由朱宏文、李万志编写，第 4 章由林伟、王飞编写，第 5 章由杨士跃、郭天立编写，第 6、第 7 章由李正、吴英志、张树祥编写，第 8 章由王克、李国伟、徐红江、程永强编写，第 9 章由程永强、韩宝新编写，第 10 章由梁建民、郭亚会、刘忠文、郭天立编写，第 11 章由徐红江、周洪杰编写，第 12 章由李秀奎编写，第 13 章由高永学、杨国强、朱威、杨宏编写。全书由郭天立、徐红江统稿。

在本书编写过程中，得到了葫芦岛锌业股份公司各级领导和许多技术人员的大力支持，也得到了中国有色金属工业协会领导、中南大学出版社领导和编辑们的指导和帮助，在此一并表示感谢。

本书适用于锌冶炼企业的工人、技术人员和管理人员，也可供大、中专学校、职业培训学校的教师和学生以及相关研究、设计人员参考。

受作者工作范围和水平的限制，书中错误在所难免，恳请广大读者批评指正。

郭天立

目　录

第1章　绪论　　　　　　　　　　　　　　　　　　　　1

　1.1　炼锌史话　　　　　　　　　　　　　　　　　　1

　1.2　竖罐炼锌在中国的发展　　　　　　　　　　　　3

　1.3　竖罐炼锌技术的现状与展望　　　　　　　　　　6

第2章　原料准备　　　　　　　　　　　　　　　　　　10

　2.1　原料的成分要求、卸车及取样　　　　　　　　　10

　2.2　块料的处理　　　　　　　　　　　　　　　　　18

　2.3　矿熔点的控制　　　　　　　　　　　　　　　　19

　2.4　配料　　　　　　　　　　　　　　　　　　　　21

第3章　氧化焙烧　　　　　　　　　　　　　　　　　　24

　3.1　氧化焙烧的目的　　　　　　　　　　　　　　　24

　3.2　氧化焙烧的工艺及主要设备　　　　　　　　　　24

　3.3　氧化焙烧炉及附属设备　　　　　　　　　　　　28

　3.4　氧化焙烧炉的正常操作及事故处理　　　　　　　34

　3.5　氧化焙烧炉的技术操作条件及技术经济指标　　　37

　3.6　氧化焙烧技术的发展方向　　　　　　　　　　　40

第4章　氧化焙烧烟气制酸　　　　　　　　　　　　　　42

　4.1　工艺组成　　　　　　　　　　　　　　　　　　42

　4.2　主要设备　　　　　　　　　　　　　　　　　　46

　4.3　操作技术条件的控制及技术经济指标　　　　　　48

第5章　团矿制备　　　　　　　　　　　　　　　　　　55

　5.1　工艺流程　　　　　　　　　　　　　　　　　　55

　5.2　主要技术条件及操作　　　　　　　　　　　　　56

　5.3　主要设备　　　　　　　　　　　　　　　　　　62

　5.4　洗煤及黏合剂的检验方法　　　　　　　　　　　70

5.5　洗煤及黏合剂的使用标准　　　　　　74

5.6　制团技术经济指标实例　　　　　　　78

5.7　团矿制备用还原煤配煤技术探讨　　　78

第6章　团矿焦结(废热式)及焦结炉烟气的处理　　82

6.1　团矿焦结　　　　　　　　　　　　　82

6.2　焦结烟气的处理　　　　　　　　　　86

第7章　竖罐蒸馏　　　　　　　　　　　　　92

7.1　基本原理　　　　　　　　　　　　　92

7.2　工艺流程　　　　　　　　　　　　　94

7.3　主要工艺过程　　　　　　　　　　　94

7.4　主要设备　　　　　　　　　　　　　101

7.5　产品质量及控制　　　　　　　　　　107

7.6　主要技术经济指标及控制　　　　　　107

7.7　延长竖罐蒸馏炉炉体寿命的措施　　　109

7.8　特殊操作　　　　　　　　　　　　　112

第8章　粗锌的精馏　　　　　　　　　　　　117

8.1　基本原理　　　　　　　　　　　　　117

8.2　工艺流程及物料平衡　　　　　　　　121

8.3　主要技术条件及要求　　　　　　　　124

8.4　主要设备　　　　　　　　　　　　　125

8.5　产品质量及控制　　　　　　　　　　133

8.6　主要技术经济指标　　　　　　　　　140

8.7　特殊操作　　　　　　　　　　　　　142

8.8　高镉锌的回收　　　　　　　　　　　149

8.9　硬锌的回收　　　　　　　　　　　　151

第9章　含铟粗铅中铟的回收　　　　　　　　156

9.1　铟冶金的一般知识　　　　　　　　　156

9.2　竖罐炼锌中铟的原料来源　　　　　　159

9.3　粗铟的生产　　　　　　　　　　　　160

9.4　粗铟的精炼　　　　　　　　　　　　166

第 10 章　竖罐残渣的回收　　　172

10.1　旋涡熔炼　　　172

10.2　顶吹炉熔池熔炼粗铜　　　185

10.3　竖罐残渣回收技术的新思路　　　190

第 11 章　烟尘中镉、铟、锌的回收　　　194

11.1　镉的回收　　　194

11.2　铟的回收　　　211

11.3　锌的回收(生产七水硫酸锌)　　　216

第 12 章　碳化硅制品生产　　　220

12.1　概述　　　220

12.2　碳化硅制品简介　　　223

12.3　原料的加工　　　224

12.4　成型料制备　　　229

12.5　成型　　　231

12.6　砖坯干燥　　　233

12.7　制品烧成　　　234

12.8　制品加工　　　237

12.9　1372 大塔盘的生产　　　239

12.10　产品质量及控制　　　241

12.11　产品的检验　　　242

第 13 章　粉煤气化生产技术　　　245

13.1　气化原理　　　245

13.2　恩德粉煤气化原理　　　247

13.3　主要技术条件　　　249

13.4　特殊操作　　　252

13.5　主要设备　　　256

13.6　正常操作要点　　　257

13.7　主要技术经济指标　　　259

参考文献　　　261

第1章 绪 论

1.1 炼锌史话

锌的冶炼困难较大,是古代主要有色金属中出现最晚的一个,西方考古学家曾发掘出公元前留下的一些金属锌碎片,但这肯定是冶炼其他金属时偶然得到的,当时并未掌握锌的冶炼方法。

我国和印度是生产锌最早的国家。从16世纪开始,我国的锌通过东印度公司输入欧洲,根据史料记载,18世纪30年代英国人Issac Lawson来中国考察并学习了炼锌技术,1738年William Champion取得炼锌专利,于1740年在英国Boston建厂生产,开始了欧洲炼锌的历史,学者们普遍认为,欧洲的炼锌技术是从中国传去的。

锌的主要合金——黄铜的出现要比金属锌早得多,1974—1975年我国考古学家在山东胶县三里河属于龙山文化的地层中发现两段黄铜锥,其年代为公元前2400—前2000年,经检验,锌的平均含量为23.2%,并有铁、铅、锡、硫等杂质,可能是采用含锌的铜矿直接冶炼得到的,这是迄今世界上发现最早的黄铜器物。

1.1.1 炼锌的起源

我国炼锌起源于何时,是科技史界多年来探讨的问题,但至今尚无一致的看法。有人提出在公元10世纪初的五代就已掌握了锌的提取方法,并开始使用,因为《本草纲目》曾引了五代轩辕述《宝藏畅微论》中"倭铅可勾金"一语,所以认为至少在乾亨二年(918年)即已用锌,"倭铅"是锌的古称。

有的学者在分析宋钱时,曾发现一枚绍圣年间(1094—1098年)的钱,成分(%)为:铜55.49,铅25.80,锌13.15,锡3.07,铁1.40。对照《宋史·食货志》的记载:"蔡京主行夹锡钱……每循(xún量词,用于成串的铜钱,每串一千文)用铜八斤,黑锡半之,白锡又半之。"即铜、黑锡、白锡的用量比是1:0.5:0.25。这个比例与上述绍圣钱中铜铅锌的比例基本相符,因此有的学者认为黑锡就是铅,白锡就是锌,如果这一观点能被证实,就说明我国在宋代时锌已用于铸钱,它的产量相当可观,为了证实这一观点,有人曾带手提式X光荧光仪到几个省级博物馆,检验了大批宋钱(包括不少绍圣钱),但始终没有发现一枚含锌量高的钱,所以他们对这一观点存有异议。

大多数学者认为我国从明代开始大量生产锌(1368—1628年)。

1.1.2 锌的冶炼

古代炼锌的原料是炉甘石,系锌的氧化矿,主要是菱锌矿($ZnCO_3$),这种矿物是容易被木炭还原的,但冶炼温度高于锌的沸点(907℃),因此得到的气态锌,如果没有快速冷凝装置，锌蒸气将被空气氧化或与炉气中的二氧化碳反应又生成氧化锌，因此要得到金属锌，首先必须解决锌蒸气在炉内冷凝的问题。

早期的炼锌方法，由于缺乏文献资料，很难考证。到了明末，宋应星在《天工开物》(初刊于 1637 年)中有一段叙述用炉甘石炼锌的过程："其质用炉甘石熬制练就而成，繁产山西太行山一带，而荆衡次之。每炉甘石十斤，装载于一泥罐内，封裹泥固，以渐砑干，勿使见火拆裂。然后逐层用煤炭饼垫盛其底，铺薪发火，煅红，罐中炉甘石熔化成团，冷定，毁罐取出，每十耗其二，即倭铅也。此物(锌)无铜收伏，入火即成烟飞去，以其似铅而性猛，故名曰倭铅"。这是世界上最早炼锌技术培训的记载。

从明代起，我国金属锌大量出口欧洲，20 世纪初，在广东发现一块锌块，上面有"明万历十三年酉"的字样(即 1585 年)，分析结果含锌 98%，有的学者认为这就是 16 和 17 世纪输往欧洲的实物。1745 年从广州装运锌锭的一艘船在瑞典哥德堡触礁沉没。1872 年被打捞起一部分，经分析，锌锭品位为 98.97%，按当时的条件衡量，冶炼水平已经很高了。

我国传统的炼锌工艺在贵州、云南等地山区一直流传至今，在贵州赫章妈姑地区，现在还堆积有大量古代炉渣和蒸馏罐碎片，据地方志载，这就是古代著名产锌地莲花厂，传说自五代汉高祖天福年间(947 年)就开始冶炼，目前该地区仍采用传统方法炼锌，原料为氧化锌，含锌为 16% ~17%，经和还原用的煤粉混合后装入蒸馏罐内，外面加热，数小时后在罐的上部用耐火泥做成一个兜，作为锌蒸气的冷凝器，上面再加盖，凭经验控制反应区及冷凝区的温度，一个炉内一般安放 36 个罐，因为加热炉呈长方形，颇似马槽，所以俗称"马槽炉"。操作周期为一昼夜，每个兜内可收到 0.5 kg 左右的金属锌，纯度一般能达到 98%，接近目前国标 5#锌(含锌 98.7%)。

1.1.3　锌的产量

有关锌产量的记载较晚，到清代才有，从《清实录》及地方通志上可以看到某些地区的产量。当时贵州是主要的产锌地区。福集、莲花两厂在乾隆五十三年(1788 年)锌产量为六百万斤；广西融县四顶山在乾隆二十九年至三十八年(1764—1773 年)，平均年产锌量为四十八万斤；湖南桂阳、郴州在乾隆五十年(1785 年)产锌十三万斤；云南东川者海铅厂在嘉庆十三年(公元 1808 年)产锌二十二万斤，其他如四川、广东、山西等省也有一定产量，但无具体数字，估计 18 世纪时全国锌的年产量为三四千吨。

1.1.4　古代锌的用途

古代锌的主要用途是制造黄铜。

最早的黄铜是由含锌的铜矿直接冶炼得到的，后来则采用铜中加入炉甘石进行还原冶炼。宋代崔昉在《外丹本草》中载有："用铜一斤，炉甘石一斤，炼之即成钰石一斤半。""钰石"是古代对黄铜的另一名称，由于黄铜色泽美丽，深得人们的喜爱，元代《格致粗谈》说："赤铜入炉甘石炼为黄铜，其色如金。"

到了明代，采用金属锌直接配置黄铜，从而使黄铜的质量提高到一个新的水平，能精确地控制锌的比例，得到好几个黄铜品种，以供不同的用途。当时黄铜主要用来铸钱及制造各种器皿，据《明会典》记载，嘉靖中(1522—1566 年)铸通宋钱六百万文，用二火黄铜四万七千二百七十二斤，明宣宗宣德三年(公元 1428 年)，大量铸造宣德、鼎彝，用铜三万一千六百八十斤，锌一万三千六百斤，还配加了其他一些金属，生产的"宣德炉"表面呈朱砂色，目前是驰名中外的珍贵文物，清代时由于大量铸钱，锌的需要量更加可观。

1.2 竖罐炼锌在中国的发展

中国竖罐炼锌技术的应用，开始于葫芦岛锌厂。葫芦岛锌厂的发展与进步，也代表着中国竖罐炼锌技术的发展与进步。本文将通过对葫芦岛锌厂竖罐炼锌技术发展的介绍，说明竖罐炼锌在中国的发展。

葫芦岛锌厂始建于 1937 年 5 月，当时厂名为满洲铅矿株式会社葫芦岛制炼所，引进美国新泽西公司竖罐炼锌专利技术，设计能力为年产锌 1 万 t。1941 年 12 月制炼所引进德国鲁奇化学公司专利技术始建硫酸厂，设计能力为年产浓硫酸 1.5 万 t。1942 年 8 月锌系统投产，1943 年 12 月因竖罐蒸馏炉罐体破裂而停产；1945 年 6 月硫酸厂建成投产。日本投降后，制炼所生产建设全部停止，至此，共生产锌 84.61 t、硫酸 1994 t。国民党时期，没生产锌，生产硫酸 1347 t。1948 年 11 月，葫芦岛解放，葫芦岛锌厂开始了恢复生产、改造扩建、改组改制的漫长历程。

在这里，诞生了共和国若干个"第一"：生产出新中国第一块锌锭、第一块碳化硅制品；建设了第一座高温氧化焙烧流态化炉、第一座世界最大型塔式精馏炉、第一座特大型竖罐蒸馏炉。

1.2.1 恢复竖罐炼锌生产

1.2.1.1 恢复生产创奇迹

1950 年决定恢复竖罐炼锌生产，当时原日本制炼所所长岗部千代男断言，中国在两三年内不可能恢复竖罐炼锌，只能搞平罐炼锌，可见恢复生产之难。但是，就在这一年，葫芦岛锌厂人生产出了锌。技术人员仔细查阅有关文献，研究日伪时代开工时的操作情况和竖罐破裂情况，克服了一系列困难，攻克了一个个技术难题，先搞小型试验炉，同时也着手修复大蒸馏炉，开始了全面恢复工作。9 月 3 日，小试验炉出锌；10 月 9 日，1#、2# 蒸馏炉也开始出锌，三个月产锌 79t，第二年产锌 1662t。这是中国人第一次用竖罐炼锌法炼锌成功，它为以后的技术创新与发展奠定了良好的基础。

1.2.1.2 完善工艺解难题

在恢复生产的同时，运用集体智慧和力量进行生产技术攻关，解决了一个又一个技术难题，在技术上取得了重大突破，使炼锌技术日臻完善，炼锌生产平稳运行。

回转窑的氯化焙烧改为氧化焙烧，改善了劳动条件；蒸馏炉的热补炉工艺实验成功，延长了炉体寿命；锌精矿焙烧炉低浓度二氧化硫制酸工艺试验成功并投产；煤气发生炉的技术改革，稳定了煤气供应，保证了蒸馏炉热工系统的操作；研制成功飞溅式冷凝器代替挡板冷凝器，提高冷凝效率；蒸馏炉冷凝废气(含 CO 达 70%)回收利用项目全面推广，吨锌煤耗降低 360 kg；研究竖罐蒸馏炉炉瘤生成的机理与对策，延长炉体寿命；研究竖罐蒸馏炉下部送风，降低渣含锌；焙烧炉由多层炉改为高温氧化流态化焙烧炉，提高了焙烧能力；生产碳化硅砂、碳化硅砖，碳化硅精馏塔盘，结束了我国不能生产碳化硅制品的历史；流态化炉的炉气冷却器由水冷改为汽化冷却，而后又改为余热锅炉；旋涡炉处理蒸馏残渣，等等。其中，以下三个研究课题技术突破最大。

1）研究竖罐蒸馏炉炉瘤生成的机理与对策

这种炉瘤形成在罐本体与上延部的接壤处四周，生产 50～60 天后就逐渐增大，堵塞炉料下通道，炉子被迫停产，严重影响生产，工人深感头痛，称之为"毒瘤"。

技术人员大胆推理和假设，研究试验方法、研制实验设备，在室内开展小型模拟试验，找出了炉瘤的成因，摸索出消灭或减轻炉瘤形成的条件和规律，即在竖罐蒸馏炉上延部的底部与燃烧室架构一个"小燃烧室"，使其内部形成均匀的温度梯度，使原结瘤严重的小燃烧室区域的炉瘤消失、"小燃烧室"以上部位炉瘤生成处理周期延长两三倍，可达 5～6 个月，这就与蒸馏炉的中修周期结合起来，既省工省料，又减少了生产上的损失，可谓一举三得，因而一直沿用至今。

2）研究竖罐蒸馏炉下部送风

1954 年，竖罐蒸馏炉生产日趋稳定，但产量还较低，罐渣含锌还较高。经研究，决定在竖罐蒸馏炉下部送风，扼制锌蒸气向下扩散，降低罐渣含锌。经过多种条件的测试比较，前后历时 5 个月，当确证此方法能扼制锌蒸气向下扩散，而又不显著影响其他条件时，罐渣含锌已由试验前的 7%～8% 降低到 3%～4%，产量也有提高，加上前期罐内加焦炭的因素，当年的锌回收率就由上年的 89.43% 提高到 94.85%，接近 95% 的设计水平。

3）蒸馏炉冷凝废气回收利用

蒸馏炉冷凝废气含 CO 达 70%，操作不当容易自燃爆炸，回收工作艰巨危险。技术人员不顾个人安危，经过多次分析试验，确定了密闭正压输送、定期清扫管道的设计方案，并选定一座炉做试验。安全试运转一周后，分批推广，直到 16 座竖罐蒸馏炉全部安全运行为止。回收利用冷凝废气，吨锌可节煤 350 kg。本方法已被国内多家锌厂采用。

1.2.2 形成大型化竖罐炼锌体系

在中国竖罐炼锌技术的发展过程中，葫芦岛锌厂始终发挥了带头作用。1970 年以来，不断进行竖罐炼锌工艺的改革和研究，逐步形成了大型化竖罐炼锌体系。

1.2.2.1 特大型竖罐蒸馏炉

1982 年，9#～18# 竖罐蒸馏炉主厂房混凝土框架因故胀裂，经中国有色金属工业总公司组织的专家鉴定，确定为危险建筑，应停止使用。该厂房总面积 1 万 m^2，有 10 座竖罐蒸馏炉（其中 7 座 60 m^2 炉，3 座 100 m^2 炉）和 3 座焦结炉，承担年产 4.3 万 t 蒸馏锌的任务。如就地大修，将停产 2 年，少产锌 8.6 万 t、硫酸 14.8 万 t，损失太大。为此，决定移地改造。技术人员坚持贯彻大修和改造相结合的原则，针对老企业的不足，将厂房设备配置作重新调整，蒸馏炉炉型采用自创的大型蒸馏炉，发挥其生产能力大、技术指标好的优势，将原来 10 座蒸馏炉，改建为 7 座 112 m^2 的大型蒸馏炉，并取单炉排列，改善劳动条件。焦结炉选用两台大型竖井式外热焦结炉，并采用了一台研究所刚试验成功的节能型立式自热焦结炉。1986 年 10 月 27 日，年产 5 万 t 锌的大型蒸馏炉开始出锌，尔后，又建成了 14 座 110 m^2 的大型蒸馏炉。至此，锌生产能力达到 20 万 t，具有中国特色的大型化竖罐炼锌体系完全确立，竖罐炼锌生产进入了新的时期。改造后，炉日产量达 21 t，渣含锌 <2%，吨锌团耗 <3.6 t，冷凝器效率 >94.5%。"特大型竖罐蒸馏炉"1998 年获中国有色金属工业总公司科技进步二等奖。

1.2.2.2 世界最大型塔式精馏炉的研制

1986 年，移地改造的七台大型蒸馏炉投产，蒸馏锌产量大增，以后每年还要递增。但原有 10 座精馏塔只有年产 5 万 t 的能力，而且其精馏塔沿袭小型塔盘近 30 年未变，生产能力低，已不适应当时生产的要求。设计人员在总结 30 年锌精馏技术的基础上自行研制设计了世界上最大型的精馏炉(塔盘尺寸 1372 mm×762 mm)并成功应用。该技术重点解决了三大技术问题：

(1)简化蒸发盘型式，由原来三种类型变为一种；调整了盘与盘之间横向和竖向气速，并新创了塔盘液体锌溢流口由单点溢流型改为全溢流型(瀑布型)。

(2)调整了塔盘的组合，除采用单一型蒸发盘外，蒸发段的导气盘上增设了两块回流盘，缓冲了加入低温锌液时对盘壁的热打击，并修改了回流盘数与蒸发盘数的比值，缓和了增大产量与质量的新矛盾。

(3)塔盘成型用铝合金垫板替代木制垫板，分层加料加压，成品采用超声波探伤仪探测，更有效地验证了塔盘制作加工的质量状况。

设计建成的大型精馏炉，在国内首创了单炉的高产、优质、低耗、塔龄长的先进水平。"世界最大型塔式精馏炉的研制"1990 年获中国有色金属工业总公司科技进步一等奖，1991 年获国家科技进步三等奖。

1.2.3 开发研究新技术

开发研究新技术主要体现在以下几方面。

(1)超细锌粉生产技术。当时，市场急需的船舶漆用的超细锌粉是进口的。技术人员经过研究，选定精馏—水冷—氮气循环风选分级的方法。经过半工业化试验，最终得到合格产品。经国内油漆厂检定和试用合格并得到英国、比利时等五国七家有关公司的认可，可作为国外同类进口产品的代用品，填补了国内空白，为国家节约了大量外汇。"塔式炉生产超细锌粉新工艺"1987 年获中国有色金属工业总公司科技进步二等奖，1990 年获国家科技进步二等奖。

(2)高级氧化锌生产技术。1982 年，国内高级氧化锌市场坚挺，当时国内化工系统已有坩埚法生产氧化锌的技术，但能耗较高，只有采用更先进的工艺，才能占据优势。研究人员根据锌厂实际和国外点滴资料，确定以精馏塔为基础，在塔的上部配置氧化室，将精锌生产过程中的 B# 锌蒸发产生的锌蒸气引入氧化室制取氧化锌的工艺。经过一年的试验，攻克了许多难题，我国第一座精馏法(间接法)生产氧化锌的氧化锌炉于 1983 年 10 月顺利投产，年生产能力达 5000 t。其特点是：能耗低、质量好，产品达到 1# 氧化锌的质量标准。到 1985 年，年生产能力已扩大到 1 万 t。"精馏塔生产高级氧化锌"1987 年获中国有色金属工业总公司科技进步三等奖。

(3)一种液体锌的除铁方法。它是应用于火法炼锌精馏除铁的新方法。该方法不但除铁效果好，而且还有利于铟、铅等有价金属的富集和回收，提高了有价金属的回收率，并且改善铅、铟等对塔体的堵塞状况，延长了精馏塔的寿命。与其他除铁技术相比，20 万 t 精锌除铁每年可少耗铝 240 t。

(4)铝铁锌渣提取金属铟新工艺。铝铁锌渣(硬锌)是精馏塔熔析炉加铝除铁后的产物，含铟较高，通常是返回竖罐蒸馏炉处理，铟回收率较低。本工艺根据渣中各金属组分沸点不同和锌、铟氧化物易挥发的特点，在特制的装置中将铟分离，产出富铟尘，再用湿法工艺提铟，产出精铟。"铝铁锌渣提取金属铟新工艺"1998 年获中国有色金属工业总公司科技进步三等奖。

（5）氯法除冶炼烟气中汞的新技术。硫化锌精矿含汞为 $60 \times 10^{-6} \sim 230 \times 10^{-6}$，汞挥发随烟气进入制酸系统，导致成品硫酸含汞较高（$100 \times 10^{-6} \sim 150 \times 10^{-6}$），硫酸应用范围受到限制（化工、化肥、食品工业中要求含汞 $< 5 \times 10^{-6}$）。本方法用氯配合物溶液与含汞烟气逆流洗涤，使汞转化为固体化合物，达到烟气除汞的目的。除汞后，硫酸含汞 $< 1 \times 10^{-6}$，固体化合物经处理制成汞产品出售。"氯法除冶炼烟气中汞的新技术"1998 年获中国有色金属工业总公司科技进步三等奖。

（6）锌蓝粉自热干燥技术。在葫芦岛锌厂竖罐蒸馏炼锌的过程中，锌蒸汽冷凝分两次，第一次用锌雨冷凝得到液体锌，第二次用水冷凝产生湿蓝粉。湿蓝粉经沉淀、干燥后返回制团系统。以前湿蓝粉采用燃煤烧炕的方法干燥，黑烟、水汽严重污染环境。1986 年，有色冶金研究所的研究人员经研究发现，在锌粉、氧气（空气）和水组成的三元系中，以水为溶剂可构成 Zn^{2+}/Zn、OH^-/O_2 两个电极，形成微电池反应放热，即自热。根据这个原理研制出"蓝粉自热干燥"装置，该装置通过压滤—自热干燥—蒸发水热能循环利用等工序回收锌蓝粉。

（7）碳化硅耐磨泵。1986 年与国内用户单位合作开发了碳化硅耐磨泵。选用黏土结合碳化硅材质，利用碳化硅硬度高、耐磨性能好的特点，经一次成型、烧结制成砂泵衬里和叶轮等耐磨件，用黏合剂将衬里黏在泵壳内，再将叶轮、轴、泵壳等组装成泵。该泵性能远优于铸铁泵、合金泵等，使用寿命长达 2000 h 以上，填补了国内空白。目前，该泵广泛应用于各种金属矿山的选矿和尾矿处理上。

1.3 竖罐炼锌技术的现状与展望

现代冶金技术，将锌的冶金方法划分为两类，即火法和湿法。按通常的概念，两种方法最根本的区别是锌的精炼提纯工艺不同，因此也可以把火法称为精馏法，湿法称为电解法。

电解法（湿法）最早投产于 1916 年，即常规浸出法。在后来 90 年的技术发展中，浸出工艺又发生多次变革。1968 年投产了热酸浸出黄钾铁矾法，1970 年投产了热酸浸出针铁矿法，1972 年投产了热酸浸出赤铁矿法，1981 年投产了硫化锌精矿氧压浸出法。这些方法各有优缺点，目前在世界上均有工厂在运行，哪种方法都不能取代常规浸出法。

精馏法（火法）分为竖罐炼锌、电热法炼锌和鼓风炉炼锌三种。竖罐炼锌法的第一座炼锌厂投产于 1929 年，由美国 New Jersey 公司建设。电热法炼锌具有代表性的为电阻炉炼锌，由于在工艺原理上与竖罐炼锌有极其相似之处，可以称为电热竖罐炼锌。目前，美国的莫那卡炼锌厂和日本的三日市炼锌厂均采用电热竖罐炼锌法，锌产量均在 10 万 t/a 以上。最早的电热法炼锌投产时间与竖罐炼锌基本相同。鼓风炉炼锌法投产于 1950 年。以上各种火法炼锌技术目前在世界上也都有应用。在我国，火法炼锌产量约占锌总产量的 30%，高于国外；2002 年全国竖罐炼锌总产量达 38 万 t，约占总产量的 18%。

1.3.1 对竖罐炼锌技术的总体认识

竖罐炼锌技术诞生以后，在欧美国家一度发展较快。到 20 世纪 60 年代末达到鼎盛时期，年产量达当时世界年总产量的 14%。20 世纪 70 年代中期以后，受西方世界能源危机的影响，以及当时环保技术水平的制约，生产能力逐渐萎缩。国外竖罐炼锌最后一条生产线已于 1980 年关闭。

我国的竖罐炼锌技术，建国后在葫芦岛锌厂得到了快速发展。特别是到上世纪 80 年代末期，技术水平更加完备，其总体技术水平已远远超过西方国家竖罐炼锌史上的最好水平。

国内对竖罐炼锌技术的评价数据，多取自 20 世纪 80 年代以前，加上葫芦岛锌厂以外的国内竖罐炼锌厂均采用葫芦岛锌厂 1990 年以前的技术"克隆"建设，葫芦岛锌厂 1990 年以后的技术进步又很少公开报道，所以在一定程度上掩盖了当代竖罐炼锌技术的真实水平。

实际上，从 1995 年到现在，中国的锌锭年产量一直位于世界第一位，年总产量达到了全世界锌总产量的 1/4，中国已经成为世界产锌大国。而采用竖罐炼锌技术生产的锌锭，占国内锌锭年总产量的比例，始终都在 10% 以上。由于竖罐炼锌对原料适应性较强，因而可处理含氟、砷、锑较高的原料及二次物料；产品灵活性大，可生产纯锌、氧化锌和锌粉；锌的总回收率可高达 95%～96%（高于电锌回收率的 92%～92.55%）；硫的回收率＞94%（而 ISP 法仅为 90%、湿法仅为 93%）；年产万吨级以下的锌厂单位投资低于湿法炼锌厂。此外，我国煤、焦炭、人工等价位较低，精锌生产成本往往低于电锌生产成本（2002 年以前），竖罐炼锌仍有一定市场，被国内多家中小工厂采用并延续生产。但因竖罐单罐生产能力的限制（最大日产锌量仅 21～22 t）劳动生产率低；竖罐间接加热，吨精锌能耗高达 2.2～2.4 t 标煤；车间粉尘含量高，污水处理难度大。从能源、环保、劳动生产率几个关键因素考虑，从可持续发展战略看，竖罐炼锌技术面临严峻挑战。

1.3.2 近年来我国竖罐炼锌的技术进步

对一种生产工艺的评价，基本上可以从五个方面考虑：能耗水平、环保水平、资源利用率、劳动安全与卫生、一次性投资与运行费。

近年来我国对竖罐炼锌技术的研究，重点在提高能耗水平、环保水平和资源利用率上展开。

（1）导热耐火材料生产技术的进步。按通常的认识，竖罐炼锌过程要消耗昂贵的耐火材料，且由于间接加热，热效率不高。近几年，这方面的研究取得了可喜的进展。在导热耐火材料生产方面，由于我国西部地区的碳化硅资源丰富，且当地的电价较低，所以直接在当地采购碳化硅砂，取消了冶炼厂的碳化硅冶炼工艺，生产成本大幅度降低。

同时，在黏土结合碳化硅生产工艺研究上也取得了重大突破。目前，竖罐罐壁砖和精馏塔盘的导热系数等指标已经达到国内导热耐火材料的最好水平，为提高竖罐炼锌的热利用率创造了极好的条件。其中，"竖罐炼锌用高级黏土结合碳化硅砖生产的新工艺"2004 年获辽宁省科技进步三等奖。"粗锌精馏用碳化硅塔盘制作新工艺"2005 年获中国有色金属工业科技进步三等奖。

（2）竖罐修补技术的进步。竖罐罐壁，生产使用一段时间后，会出现不同程度的裂、漏，致使部分锌蒸气进入燃烧室，造成蒸锌直产率降低，蒸馏废气含尘升高。原有的补炉技术虽然能够对裂、漏处进行修补，但修补质量不理想，补后炉体寿命较短。

在延长蒸馏炉寿命的研究中，成功开发出新的罐壁修补技术。该技术的应用，使竖罐修补的技术水平上升了一个台阶，炉体寿命大幅度延长。目前，蒸馏炉大修周期已经达到 22 个月以上，炉体检修成本及耐火材料消耗大大降低，工人劳动强度也显著减轻。2005 年，"炼锌竖罐修补新技术"项目获中国有色金属工业科技进步三等奖。

（3）蒸馏烟气收尘技术的进步。以前，蒸馏烟气的收尘采用布袋收尘。由于烟气中含有一定量的煤焦油，造成布袋极易堵死。同时，由于烟气量较大，使用的布袋面积极大，受场地的限制，不得不采用超长布袋，布袋的清灰问题不能理想解决。蒸馏过程产生的烟气采用布袋收尘工艺不但收尘效果不好，外排烟气含尘严重超标，而且烟气系统阻力大、阻力波动也大，对蒸馏生产的稳定极其不利。

近年，研究成功了新的焦结烟气燃烧室，能使焦结烟气中的挥发分充分燃烧，有效消除了焦油对收尘工艺的影响。研究成功了烟尘改性技术，降低了氧化锌粉尘的比电阻，为使用静电除尘工艺奠定了基础。

在以上两项技术的支撑下，采用最新的静电除尘技术，同时引进国外先进的振打技术，对蒸馏烟气系统进行了全面的提升改造。实践证明，改造后的排放烟气含尘完全达到环保要求，回收了大量的含铟氧化锌，烟气系统阻力大幅度降低且阻力波动极小，蒸馏生产过程更加稳定。"竖罐炼锌焦结烟气收尘新工艺"获 2007 年辽宁省科技进步三等奖。

（4）高温流态化焙烧过程烟尘处理技术的进步。竖罐炼锌用的硫化锌矿一直都采用高温流态化焙烧工艺。该工艺除生产焙砂供下道工序使用外，在流态化炉余热锅炉中及锅炉后的电收尘器中均收集到一定量的粉尘。这些粉尘含硫较高，且富含镉、铅等元素，不能直接用做蒸馏过程的原料。

余热锅炉收集的粉尘，粒度相对粗些，采用回转窑焙烧挥发，使镉、铅等杂质元素挥发进入烟气中，硫也在这个过程中发生反应成为二氧化硫进入烟气系统。窑内剩余的尘可以满足蒸馏工艺的要求，用于制团。这个工艺使用了多年，最大的不足是烟气中的二氧化硫浓度太低不能回收，只好无组织排放，对环境影响很大。近年，对回转窑的烟气处理系统做了系统研究和改进，将布袋收尘器改为立式电收尘器，用以提高烟气收尘过程中的温度，消除烟气露点高对收尘设备的影响。同时，采用氨水吸收烟气中的二氧化硫生产亚硫酸铵副产品，不但使烟气排放二氧化硫达到了环保要求，还开发了新的产品增加了效益。

流态化炉电收尘器中和回转窑电收尘器中收集的粉尘，锌、铅、镉含量很高，且一大部分以硫化物形态存在。先前，采用常规浸出工艺处理这些杂料生产锌盐、精镉和高含铅物料，但这些硫化物在常规浸出工艺下基本不反应，造成锌、镉的回收率较低。近年研究成功的"高温高酸法处理竖罐炼锌中间物料"项目，主要针对这部分粉尘，项目的应用显著提高了有价金属的回收率。该项目 2003 年获辽宁省科技进步三等奖。

（5）蒸馏炉大型化方面的进步。在努力提高蒸馏过程热能利用率的过程中，葫芦岛锌厂一直致力于推进蒸馏炉大型化，扩大单罐受热面积，减少吨锌的散热损失。到 20 世纪 90 年代初，建设了竖罐炼锌史上单罐受热面积最大的竖罐，单罐受热面积达 110 m^2，并于 2005—2008 年分批、全部淘汰了单罐受热面积 80 m^2 及以下规格的蒸馏炉，大幅度提高了单罐的产能，降低了吨锌能耗。

（6）发生炉煤气生产技术的进步。竖罐炼锌使用的热源一直是发生炉煤气。受固定床煤气发生炉工艺本身的限制，必须使用优质中块煤，煤源保证不稳定，而且煤气净化工序产出大量含焦油的废水和废煤灰渣难以回收，环保压力很大。近年开发成功了将粉煤气化技术应用于冶金燃气的造气过程，不但可以使用原煤，还可以完全消除煤气净化水中的焦油。

1.3.3 研究开发中的技术

伴随着科学技术的快速发展，竖罐炼锌技术也在不断进步。目前的竖罐炼锌技术，早已不再是先前资料中介绍的水平。当然，不足也是存在的，克服这些不足，不断提高竖罐炼锌技术水平的研发工作正全面展开。

（1）竖罐炼锌残渣回收技术的研究。竖罐炼锌残渣，富含大量的碳及一定量的银、铅、锌等有价金属，从前长期堆存，造成能源和资源的浪费，环保压力也很大。曾经开发了旋涡炉熔炼技术处理竖罐残渣，但并不十分理想。近年，正研究将这部分残渣用于顶吹熔池熔炼技术下炼铜，并取得了发明专利。以该项专利的应用为前提的技术改造项目已经列入国家支持东北老工业基地振兴项目（第一批），正在实施中。

（2）蒸馏过程烟气余热的回收研究。现阶段，蒸馏过程产生的高温烟气，部分热量通过给蒸馏炉使用的煤气和空气预热以及给焦结炉供热回收，部分采用余热锅炉生产过热蒸汽用于小发电机组，但发电的效率不高，总的热能回收水平不够理想。

目前，正研究改进余热锅炉，并生产饱和蒸汽，采用饱和蒸汽发电技术最大限度地回收热能。

总之，继续提高竖罐炼锌技术水平的研究仍然在全方位展开，特别是结合国情，从可持续发展战略考虑，在降低综合能耗，改善环保等方面取得新的突破。

1.3.4 竖罐炼锌发展方向

竖罐炼锌技术的工业化已有70余年的历史。虽然它有一定的缺点并影响了发展，但它固定资产投资小，可以使用一次能源（煤）为能源，成本低，且产品质量具有其他炼锌方法所不具备的特点，因此，在一定时期内，仍有一定的生命力。目前国内竖罐炼锌的发展趋势大体如下。

1）竖罐蒸馏炉的结构改进

竖罐蒸馏炉的结构改进总的趋向是提高罐单产能力。包括改进竖罐罐体结构，以求改变热辐射状态以及罐内气流运动和分布；减薄罐壁厚度以求降低罐壁热阻；改进罐体材质，提高罐壁导热系数等。此外，强化换热器提高热效率，使用大型砖砌筑罐体，减少砌缝和裂漏，也是今后研究的方向。

2）扩大还原用煤种，降低煤耗

实行合理混合配煤，降低配煤比例，为竖罐炼锌开辟了广阔的前景。实验证明，非单一煤种配煤较单独使用焦煤效果更好，可获得较理想的蒸馏效率，并可扩大煤源，降低煤耗。

3）发展循环经济，综合利用竖罐残渣

罐渣不仅含有多种有价元素，特别是银、金等，而且含有20%～30%未反应的残碳，可以成为重要的有价资源。关于该残渣的回收利用技术及发展，将在后面的专门章节介绍。

第 2 章 原料准备

2.1 原料的成分要求、卸车及取样

2.1.1 锌矿物、锌矿石及锌精矿

自然界未发现有自然锌。锌的矿物列于表 2-1 中，自然界中较常见的矿物为表中前 5 种。

表 2-1 锌的矿物

矿物名称	化学式	含锌量 /%	硬度/ $(kg \cdot mm^{-2})$	密 度/ $(g \cdot cm^{-3})$	颜色	结晶系	光泽	解理
闪锌矿	ZnS	67.1	3.5~4	3.9~4.1	黄色、褐色、黑色	等轴系	金刚石的	很完全
铁闪锌矿	nZnS·mFeS	<60	4.0	4.2	褐黑色	等轴系	金刚石的	很完全
菱锌矿	$ZnCO_3$	51.8	5	4.3~4.45	白色、灰色、绿色	六方晶	钢色的	不完全
硅锌矿	$ZnSiO_4$	58.3	5.5	3.9~4.2	白色、绿色、黄色	单斜晶	钢色的	清楚
异极矿	$H_2Zn_2SiO_5$ 或 $Zn_2SiO_4 \cdot H_2O$	53.9	4.5~5.0	3.4~3.5	白色、绿色、黄色	斜方晶	钢色的	完全
红锌矿	ZnO	80.3	4~4.5	5.4~5.7	赭色、橙黄色	六方晶	金属的金刚石的	完全
锌尖晶矿	$ZnO \cdot Al_2O_3$	44.3	5	4.1~4.6	褐色、绿色	等轴系	钢色的黄色的	不完全
锌铁尖晶矿	$(Fe,Zn,Mn)O(Fe,Mn)_2O_3$	不定	6	5~5.2	黑色	等轴系	金属的	不完全
水锌矿	$3Zn(OH)_2 \cdot 2ZnCO_3$	不定	2~2.5	3.6~3.8	白色、灰色、黄色	单斜晶	–	不完全
铁菱锌矿	$(Zn,Fe)CO_3$	~29	–	–		按性质不同	黄色的无光泽的	接近菱锌矿
绿铜锌矿	$2(Zn,Cu)CO_3 \cdot 3(Zn,Cu)(OH)_2$	–	1	3.3~3.6	绿色、淡青色	单斜晶	珍珠光泽	–
菱锌异极混合矿	菱锌矿与异极矿混合在自然界（很少遇见）						–	完全
硫酸锌矿	$ZnSO_4$	40.5				斜方晶	–	清楚
皓矾	$ZnSO_4 \cdot 7H_2O$	22.75	2~2.5	2.0	白色、红色、黄色	斜方晶	钢色的	
纤维锌矿	ZnS	67.1	3.5~4	3.98	褐黑色、黄色	六方晶	钢色的黄色的	

注：1 kg/mm^2 = 9.80665 MPa。

锌矿石按所含矿物不同分为硫化矿与氧化矿两种。在硫化矿中锌呈 ZnS 或 $nZnS \cdot mFeS$，以 ZnS 状态为多。在氧化矿中锌多呈 $ZnCO_3$ 与 $ZnSiO_4 \cdot H_2O$。氧化矿一般是次生的，它是在硫化矿床上部由于硫化矿长期风化结果而产生的。在自然界的矿石中较多的还是硫化矿，因而目前炼锌的主要原料也是硫化矿，氧化矿仅有次要意义。我国铅锌矿蕴藏甚为丰富，分布也广，在我国东北、西南、中南、西北、华北等地区都有铅锌矿的矿藏。我国铅锌矿除云南会泽地区为工业价值甚高、属于独特类型的氧化矿外，其余有工业价值的皆为硫化矿，并且有储量不等的次生氧化矿。

单金属氧化矿在自然界中发现的很少。一般多与其他金属硫化矿伴生，最常见的为铅锌矿，次为铜锌矿、铜锌铅矿。这些矿物除含主要矿物铜、铅、锌外，还常含有银、金、砷、锑、镉及其他有价金属。这样复杂的矿石称作多金属矿石。多金属矿石的矿床除含有这些金属之外，还有由黄铁矿、石英、硅酸盐等组成的脉石。各种多金属矿的成分不一，含锌为 8.8% ~ 16%。表 2 - 2 是铅锌矿石化学成分的示例。

表 2 - 2　铅锌矿石化学成分(%)

矿石试样	Pb	Zn	Fe	Cu	SiO_2	S	CaO
1	4.74	8.48	—	0.009	9.20	26.28	14.83
2	5.5	13.0	9.4	—	—	18.0	—
3	8.5	13.8	1.8	1.0	20.0		—
4	9.0	13.0	8.5	0.5	19.0	16.0	—
5	12.53	16.52	—	0.09	6.02	26.34	10.25

由于多金属矿石中欲提炼的金属含量不高，通常不直接进行冶金处理，而是首先选矿，分开矿石中的主要金属，成为各种金属的精矿。选矿一般采用优先浮选法。

选矿所得的锌精矿含锌为 38% ~ 62%。表 2 - 3 是几种含锌不同的硫化锌精矿主要成分示例。

表 2 - 3　锌精矿主要化学成分(%)

锌精矿试样	Zn	Pb	Cu	Fe	S	Cd
1	37.8	5.8	4.5	13.1	32.0	—
2	45.8	4.0	1.6	9.0	31.5	—
3	46.11	0.65	0.96	9.27	27.15	0.26
4	50.95	1.10	0.50	9.14	30.59	0.30
5	51.95	2.55	0.53	7.98	34.17	0.19
6	56.81	1.25	0.21	4.04	31.95	0.17
7	58.32	1.13	0.27	3.36	32.16	0.16
8	60 ~ 62	1.0	0.05	2.5	32.0	0.25

锌精矿除含有列表中成分外，还含有 SiO_2、Al_2O_3、$CaCO_3$、$MgCO_3$脉石成分以及钴、铟、镓、锗、铊等稀有金属。因此冶金处理锌精矿提炼锌时，必须充分注意其他有价金属的提取。由于国民经济和科学技术的发展，对稀散金属的需要量日益增长，因而综合处理锌精矿就具有更重大的意义。

硫化锌精矿含锌量通常为40%～60%。我国根据锌精矿化学成分将其分为8个等级。锌精矿主要等级的行业标准见表2－4。处理富锌精矿更易于达到较高的技术经济指标，因而提高锌精矿质量(提高含锌量，减少杂质量)是提取金属的重要任务之一。浮选所得的锌精矿是非常细的粉料，其中50%～90%的粒子能通过0.074 mm的筛子，大于0.6 mm的粒子含量超过0.1%～0.3%。浮选所得锌精矿皆含有水分。精矿含水高时会给运输带来困难，特别是在寒冷地区，精矿结冻就更难处理。通常要求精矿含水不大于12%，在冬季则不大于8%。

表2－4　锌精矿等级(%)

		品级	Zn,不小于	Cu	Pb	Fe	As	SiO_2
锌精矿	YS/T 320－2007	一级品	55	0.8	1.0	6	0.2	4.0
		二级品	50	1.0	1.5	8	0.4	5.0
		三级品	45	1.0	2.0	12	0.5	5.5
		四级品	40	1.5	2.5	14	0.5	6.0

氧化矿含锌很高时可直接冶金处理。含锌很少(10%左右)的贫氧化矿可以通过选矿法富集，也可以采用回转窑或烟化法处理。火法富集氧化锌的一般流程见图2－1。

上述硫化锌精矿及氧化锌矿是炼锌的主要原料，除此之外，镀锌所得的锌灰、熔铸锌时所得的锌渣及处理含锌物料(如黄铜、高锌炉渣)所得氧化锌亦可作为炼锌原料。本文主要阐述以硫化锌精矿为原料的竖罐炼锌过程。

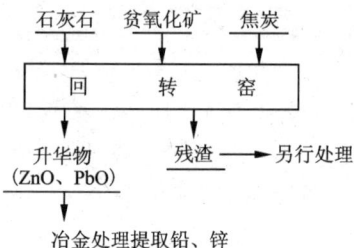

图2－1　火法富集氧化锌流程

2.1.2　锌精矿的卸车

进厂的锌精矿大部分采用火车运输和汽车运输，精矿装车要求散装，也有部分袋包装。精矿经火车运到矿仓后由装卸工人组织卸车。用吊车抓斗直接进入车厢把矿抓到矿槽内，并且人工配合抓斗吊车清扫车底，检查合格为卸车完毕。

在我国北方地区，每年冬季，由于气候寒冷，进厂精矿冰冻严重，特别是从北方寒冷地区进厂的精矿，结冻更为严重，给卸车带来极大的困难。一般采用锹、镐挖刨或用50 mm直径的钢钎加大锤进行卸车，卸车过程很慢，效率极低。

2.1.3　锌精矿的取样

2.1.3.1　取样方法

锌精矿的取样方法,按国家标准 GB/T 14261—1993 执行。

散装浮选锌精矿取样制样方法按国家标准 GB/T 14261—1993 执行。该标准具体规定如下:

(1)主要内容与适应范围。本标准规定了散装浮选锌精矿的取样、制样和测定水分的程序及方法。

本标准适用于散装浮选锌精矿的化学成分、水分及其他物理项目检测用试样的采取、制备和水分的测定。

(2)引用标准。GB 14260 散装重有色金属浮选精矿取样、制样通则。

(3)术语定义。同 GB 14260 的规定。

(4)一般规定。本标准规定取样、制样及测定总精密度 β_{SPM}(见表 2-5)。

表 2-5　不同检验批量锌精矿应取最少份样数及精密度

品质波动类型 检验批量/t 份数 n	小 $\delta_w \leqslant 1.0$	中 $1.0 \leqslant \delta_w \leqslant 2.0$	大 $\delta_w > 2.0$	总精密度 β_{SPM}/%
$n \leqslant 60$	6	18	28	
$60 < n \leqslant 180$	9	32	48	1.00
$180 < n \leqslant 300$	12	40	62	

本标准所列取样及缩分方法中的第一种方法为无系统误差法。

本标准规定以锌的百分含量作为锌精矿的品质特性。

严格按本标准规定的方法进行取样和制样,并根据需要进行精密度校核试验。

成分试样应妥善保管 3 个月,以备核查。

取样、制样所用设备、工具和盛样容器必须保持清洁、干燥、耐用。盛样容器应有较好的密封性,以防止试样变质。

评定品质波动试验方法、精密度校核试验方法及取样系统误差校核试验方法分别按 GB 14260 中附录 A、附录 B、附录 C 进行。

整个取样、制样过程应严格遵守有关的操作规程。具体的取样方法有以下 3 种。

1)系统取样法

在一批精矿装卸、计量或传送的移动过程中,按一定的质量(或时间)间隔随机采取份样。取样间隔可根据表 2-5 规定的份样数和检验批量按下列公式进行计算,如遇小数则取整数部分:

$$T \leqslant \frac{N_1}{n} \quad 或 \quad T \leqslant \frac{60N_1}{Gn}$$

式中:T 为取样时间间隔,s;N_1 为检验批质量,t;n 为表 2-5 中规定的份样数;G 为每小时装卸量，t/h。

2）分层取样法

将正在装卸的精矿分成数层（不得少于三层），在各层的新露面上均匀布点采取份样。每层应取最少份样数按下列公式计算，如遇小数则进为整数：

$$n_1 \geqslant n\frac{G_1}{N_1}$$

式中：n_1 为每层应取的份样数；n 为表 2-5 中规定的份样数；G_1 为每层的质量，t；N_1 为检验批质量，t。

3）货车取样法①

当一批锌精矿用货车交货时，应在每辆货车上均匀布点，用取样钎从上垂直插入底部，旋转后采取有代表性的份样。避免从表层或某一局部采样。

如检验批由多辆货车交货时，每辆货车应取的最少份样数按下列公式计算，如遇小数则进为整数：

$$n_2 \geqslant \frac{n}{M}$$

式中：n_2 为每辆货车应取的最少份样数；n 为表 2-5 中规定的最少份样数；M 为检验批的总车数。

水分试样应在计量时采取，并置于干燥、洁净的密闭容器中，以防止水分发生变化。

2.1.3.2 取样

取样工具：取样钎，其规格尺寸见图 2-2；取样铲规格尺寸见图 2-3、表 2-6；钢锹和铁锤；带盖的盛样桶或塑料盛样袋。

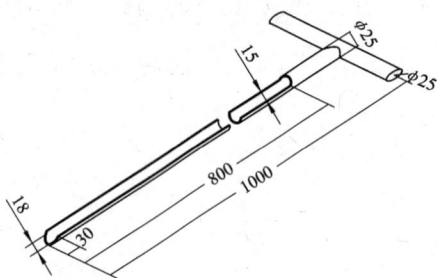

图 2-2 取样钎

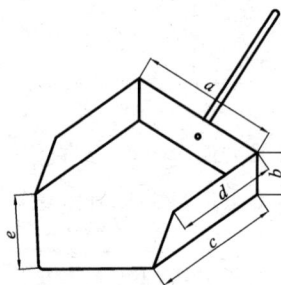

图 2-3 取样铲

表 2-6 取样铲规格尺寸

编号	取样铲尺寸/mm					容量/mL
	a	b	c	d	e	
20	80	45	80	70	35	约 270
15	70	40	70	60	30	约 180
10	60	35	60	50	25	约 120
5	50	30	50	40	20	约 70

① 当货车装载质量不同时，份样数的分配与装载质量成正比。

2.1.3.3　取样程序

取样程序为：① 验明检验批或副批的质量。② 确定取样方法、工具。③ 根据检验批量大小、品质波动类型及取样精密度的要求确定应取的最少份样数和取样间隔。④ 确定份样组合方式，见图 2 – 4。

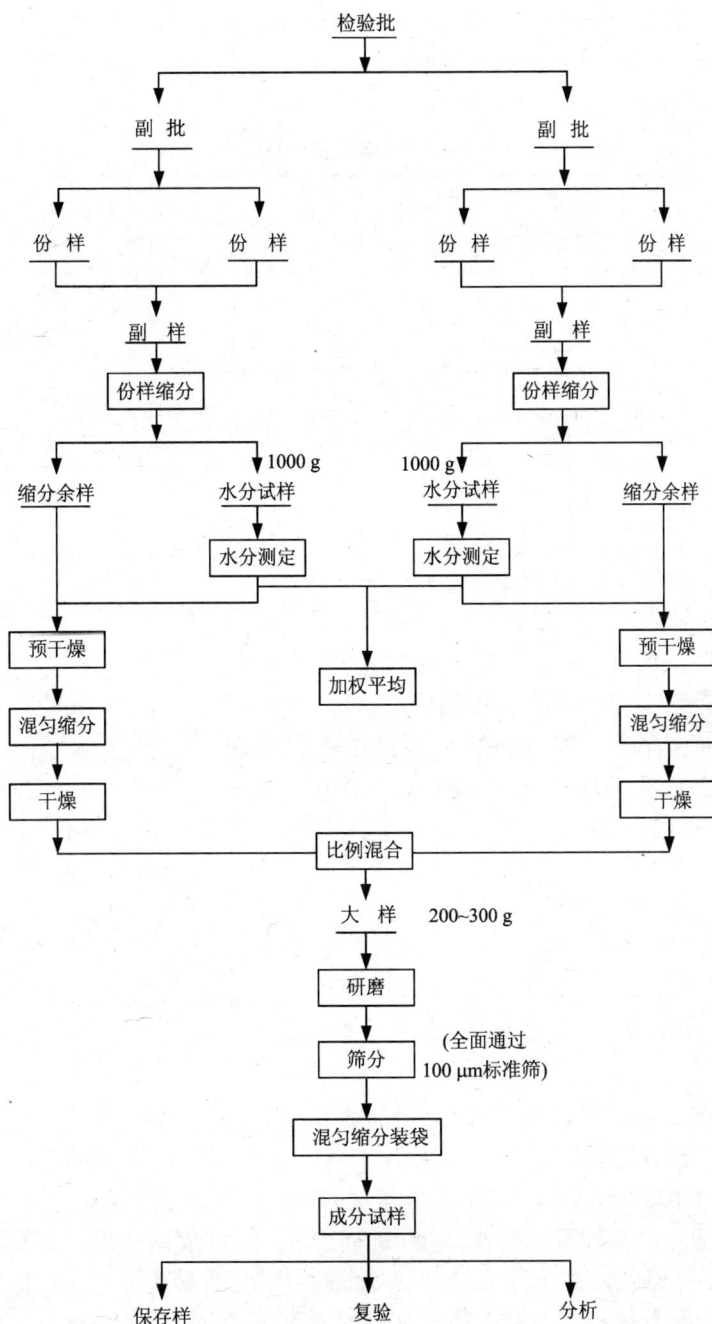

图 2 – 4　试样组合方式及制样流程图

2.1.3.4 份样数

用取样铲取样时，应按表 2 – 6 规定选取合适的取样铲，以确保份样量。份样量约为 300 g。所取份样量应基本一致，其质量变异系数(Cv)不大于 20%。

2.1.3.5 制样

1）制样设备及工具

制样粉碎机、恒温干燥箱、份样铲（其规格尺寸见图 2 – 5 和表 2 – 7）、缩分板、十字份样板、标准筛、毛刷、样刀、盛样容器及干燥器。

表 2 – 7 份样铲规格及尺寸

编号	份样铲尺寸/mm				料层厚度 /mm	容量 /mL
	a	b	c	d		
5.0D	50	30	50	40	20 ~ 30	约 70
2.8D	40	25	40	30	15 ~ 25	约 35
1.0D	30	20	30	25	10 ~ 20	约 16
0.25D	15	10	15	12	5 ~ 10	约 2

2）制样要求

制样过程中，应防止试样的任何变化和污染。制备水分试样时，应保证试样中的水分不发生任何变化。当试样过湿、发黏难于制备成试样时，可在不高于 105℃ 的干燥箱中或空气中进行预干燥至制样不发生困难为止。制样设备和工具必须保持清洁、干净，制样后，设备中不能残留试样。试样应允许混匀，以缩小缩分误差。严格按照本标准的规则制样，并根据需要按 GB 14260 附录 B 进行精密度校核试验。

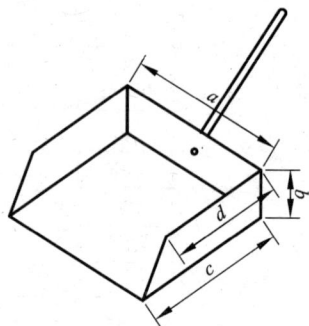

图 2 – 5 份样铲

3）制样程序

一个检验批由多个副批组成时，所取份样的组合方式和制样程序如图 2 – 4 所示。当一检验批精矿由单一副批组成时，其制样流程按图 2 – 4 副批以下的流程制样。

4）缩分方法①

① 份样缩分法。将试样置于平整、洁净的缩分板上，平铺成厚度均匀的长方形平堆。将平堆划分成 20 等份的网格（如图 2 – 6），根据平堆的厚度从表 2 – 7 中选择合适的份样铲和挡板，从每一网格的任意部位垂直插入，铲取等量的一铲集合为缩分试样。

② 圆锥四分法。将试样置于平整、洁净的缩分板上，堆成圆锥形，然后转堆，每铲沿圆锥顶尖均匀散落，注意勿使圆锥中心错位。如此反复、至少转堆 3 次，待试样充分混匀后，将锥顶压平，用十字分样板自上而下将试样分成 4 等份，任取对角两部分，其余弃之，重复

① 如果缩分后的试样质量小于所需质量，应增加每铲的质量或网格数。

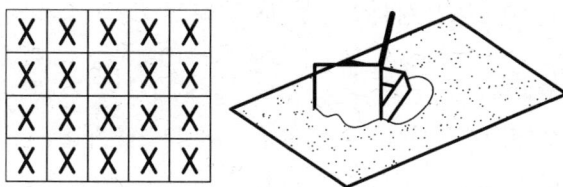

图 2 - 6　份样缩分法示意图

上述操作次数,缩分至所需用量。

③ 试样容器和标签。成分试样混匀缩分后装入试样袋中,水分试样装入带密封盖的容器中,并附以标签注明:编号,精矿品名、产地,车号或船号,取样、制样人员,取样日期,分析项目。

2.1.3.6　取样具体操作法示例

本规程适用于进厂火车、汽车锌精矿的采样。

组批:火车每车为一个批号,汽车(以 60 t 为组批基准):载重量 30 t 以下车辆以同一厂家、同一时间到达货位不超过 2 车为一检验批,超过 30 t 车辆每车为一检验批。

采样地点:火车厢内或卸车平台。

采样工具:采样钎、采样铲、尖镐、样袋。

1) 火车矿采样方法

采样点:火车厢内采样按十八点,采样钎垂直插入。采样量:火车每批不少于 5400 g(汽车每批不少于 3600 g)。采样点布置见图 2 - 7 及图 2 - 8。

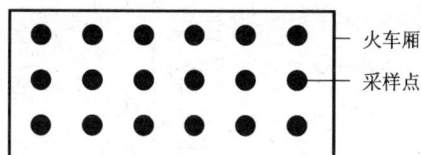

图 2 - 7　火车矿采样

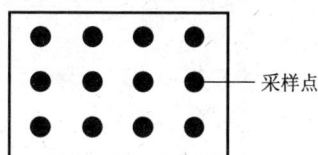

图 2 - 8　汽车矿采样(俯视图)

无冻期:采样前用抓斗将车内矿抓翻、混匀、铺平,采样时将探针垂直插至车底,将所采样品汇成一个大样。

沉淀矿:需人工在车中刨出六道沟后,采样员在每道沟的一侧,按左、中、右用采样铲从上到下采取样品。

2) 汽车矿采样方法

① 自卸车。将车内矿卸至清洁的平台上,用抓斗将其转堆、混合并铺平,厚度以探针能扎至平台为标准,在矿堆表层均匀布 12 点,采样时样钎垂直插至平台,将所采样品最后汇成一个大样,放入带有车号等信息的标签,扎紧袋口后送缩分室。

② 非自卸车。人工卸车:卸车后在左右车门卸完的长条形矿堆上沿走向均匀布 5 点,在后车门卸完的矿堆上沿走向均匀布 2 点,采样时探针垂直插至平台(如图 2 - 9)。

机械(抓斗)卸车:用抓斗将车内矿卸至清洁的平台上铺平,厚度以探针能扎至平台为标准,在矿堆表层均匀布 12 点,采样时样钎垂直插至平台。

将所采样品汇集成一个大样,放入带有车号等信息的标签,扎紧袋口后送回缩分室。

3) 火车袋装矿

小袋矿:将袋内矿全部倒在车内,用抓斗混均铺平,采样方法和平装矿相同。

大袋矿:按总袋数 50% 比例采取样品,采样时要间隔采样(如图 2-10)。

图 2-9 采样探针垂直平台

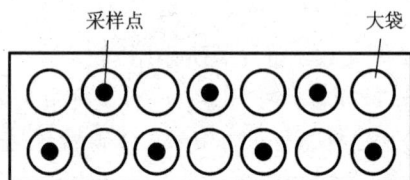

图 2-10 大袋矿采样布点图

4) 火车冻块矿

在人工刨出六道沟后,采样员在每道沟一侧按左、中、右从上到下刨取矿样。

冻块矿采样前先由人工搬出六道沟,然后采样员在每道沟一侧按左、中、右从上到下刨取样品。

5) 汽车冻块矿

组批与上述规定相同。先将车中所装冻块矿卸到洁净的平台上,用抓斗将冻块抓混合铺平(见图 2-11),用镐刨取样品,每批采 13 点。

将所采样品汇集成 1 个大样,放入带有车号等信息的标签,扎紧袋口后送回缩分室。

图 2-11 汽车冻块矿采样

6) 缩分

样品采完后送至缩分室,将缩分板清扫干净,把样品倒在缩分板上,将样品中的块用铁锤等工具拍碎,用四分法(水分过高用网格法)缩分,先取出 2000 g 为正样投入样箱,剩余部分均匀分装在 2 或 3 个样袋内留做副样。

2.2 块料的处理

2.2.1 流态化焙烧工序对入炉精矿粒度的要求

硫化锌精矿在进入流态化焙烧工序前,控制一定的粒度是必须保证的前提之一。

根据对精矿试验的结果,3 mm 以上的粒径占精矿数量 6% 以上时就开始发现有"沉降"现象。在流态化焙烧的实际操作中,虽然排出的焙烧矿往往夹有一些粒径 20~30 mm 的矿团

（这可能是由于流态化层的黏性作用以及由于大气泡形成将一些粗颗粒冲出的缘故），但是当炉料中粗颗粒比较多时，必然造成"沉降"的后果，"沉降"层逐渐积厚就可能出现不能沸腾的情况。

流态化炉使用的原料粒度过粗，会造成物料在流态化时沉积，影响流态化炉的正常运行。同时颗粒过粗也会造成前室堵塞，要停风处理。

为保证流态化炉的生产，进厂的锌精矿要进行破碎和干燥，然后供流态化炉使用。

2.2.2　结块精矿的破碎与解冻

在我国北方地区，夏季时精矿在空气中已被干燥，则不需要什么预处理，只要经鼠笼破碎机疏散后就可直接作为焙烧炉料。在气候寒冷地区冬季的精矿中有冻结矿，此种冻结矿在焙烧前需要进行破碎和解冻。

破碎冻结矿的破碎机目前常用带钉的单轴破碎机。大块料装入破碎机后，在轴转动时被轴上钉钳住，并撞击到破碎机的不动壁上，将块矿击碎。冻结矿大于 300 mm 时，人工手选，然后手工锤碎。另外，为使精矿解冻及疏散，最好在储矿舍内先用蒸汽加热，然后再破碎。

2.3　矿熔点的控制

2.3.1　高温氧化焙烧对矿熔点的要求

采用高温氧化焙烧是为了"死焙烧"以满足蒸馏需要。这除了把精矿含硫除至最低限度外，还要脱除大部分精矿中铅、镉等主要杂质。在流态化层中硫、铅、镉的脱除主要决定于焙烧温度，而过剩空气量对脱铅与脱镉也有影响，特别是对脱铅影响更为显著。

精矿中的硫化铅与硫化镉在流态化层中迅速地转变为氧化物，而氧化铅与氧化镉需要较高的温度才能大量挥发。当这些杂质一经挥发就成为微细矿尘，很易被上升炉气带至流态化层外，并随炉气进入收尘系统中。试验与生产实践均指出，在过剩空气量为 20% 的条件下，流态化层温度越高，则硫、铅与镉的脱除均越好，如表 2 - 8 所示。但在相近的焙烧温度（约 1090℃）条件下，减少过剩空气量可以进一步提高镉与铅的脱除率，而与硫的脱除率无大关系（如表 2 - 9 所示）说明，过剩空气量减少对脱硫影响不大而脱铅、镉效果较好，这是由于流态化层内激烈搅拌而空气由下向上通过与不断更新，造成良好的扩散条件使硫很好地燃烧，同时硫化铅、硫化镉较其氧化物也较易挥发。

表 2 - 8　流态化层温度对硫、铅、镉脱除的影响

流态化层温度/℃	950	1000	1050	1070	1100	1150
焙烧矿含铅/%	0.85	0.71	0.61	0.47	0.36	0.16
焙烧矿含镉/%	0.25	0.22	0.08	0.04	0.02	0.006
焙烧矿含硫/%	1.5	1.3	0.95	0.45	0.21	0.16

表 2-9 流态化焙烧时过剩空气量对硫、铅、镉脱除的影响(%)

过剩空气量	焙烧矿含铅	焙烧矿含镉	焙烧矿含硫
20	0.42	0.026	0.30
14	0.22	0.012	0.24
9	0.12	0.0089	0.22
6	0.077	0.0071	0.32
2	0.052	0.0065	0.72

由于上述特点可见，为得到较高的焙烧质量应该保持较高的温度及较小的过剩空气量。但必须注意下述情况：

(1)焙烧温度不得超过精矿在流态化层内烧结的温度。但必须注意不能采取接近烧结的温度进行焙烧，因为这样不仅在操作控制上极为紧张，且操作上一不小心就会导致流态化层结块而被迫停炉。

(2)过剩空气不能过少。因为这使焙烧脱硫效率降低，焙烧矿残硫增高，矿尘含硫更高。因此在生产上应考虑到既能使操作安全可靠，又能够保证得到较高的焙烧矿质量，以满足蒸馏锌的要求。

我国某厂所用精矿的烧结温度为 1180~1200℃，采用的焙烧温度为 1070~1100℃，过剩空气量为 8%~12%。为保证流态化炉的正常操作，必须控制好锌精矿的熔点。为准确控制熔点，掌握变化情况，对进厂的锌精矿每年应重新设定一次熔点，对原熔点进行修正，从而做到各矿山熔点数据的准确可靠。同时，对新矿山采购的锌精矿也必须做熔点测量，等结果出来之后方可投入使用，从而保证流态化炉的安全运行。

2.3.2 锌精矿熔点的测定方法

竖罐炼锌所使用的锌精矿来自国内外不同的矿山，各矿山的锌精矿由于成分的不同导致其熔点不同，为保证流态化炉氧化焙烧的正常进行，防止低熔点、特低熔点矿配入过多而造成流态化炉的烧结，在原料准备工序要进行各矿山锌精矿熔点的测试，以满足生产上根据不同锌精矿熔点进行配料的要求。流态化炉氧化焙烧时，低熔点矿配比不大于 25%，超低熔点矿不大于 15%(1250℃以上为超高熔点矿，1200~1250℃为高熔点矿，1150~1200℃为中熔点矿，1100~1150℃为低熔点矿，1100℃以下为超低熔点矿)。

2.3.2.1 主要设备

小型流态化炉：内径，ϕ80 mm；炉床面积，0.005 m²。空气分布板：风孔个数，65 个；风孔直径，ϕ1 mm。流态化层高度：160 mm；下料管：由炉顶向下 350 mm(插入流态化层 10 mm)；测温电偶：插入炉内深度 40 mm；小型风机。

2.3.2.2 技术操作条件

精矿水分 <1%，精矿粒度 <0.0841 mm(20 目)；流态化层直线速度(冷态)：0.1548 m/s，鼓风量：2.8 m³/h，过剩空气：10%，炉顶压力：(-50~0 Pa)。

2.3.2.3 测试方法及步骤

1)准备工作

取锌精矿 5 ~ 10 kg 放入烘箱内干燥 12 h，烘箱温度控制 100℃，烘干后锌精矿含水分 < 1%。碾碎硬块，用 20 目的筛子筛分，筛下物留做熔点测试用；取烘干后锌精矿（约 200 g）分析 Zn、Fe、S、Pb、Cu、Ca、MgO、SiO₂、Al₂O₃；根据锌精矿的化学分析计算加料量：加料量（g/min）= 12.6 ÷ [0.357 × m(Fe) + 0.252 × m(Zn) + m(S)] × 100；准备炉底料焙烧矿（现场生产混合矿），用 20 目的筛子筛分，筛下物留用。每次开炉需 500 g 底料；检查流态化层电偶及下料管；检查排风机、电热系统及加料管；通电后检查炉温上升是否处于正常状态。

2）熔点测试

正常升温到 700℃，通过加料器铺底料 500 g，鼓风量 1 m³/h，以保持微流态化。继续升温到 800℃，鼓风量调整到 2.8 m³/h，按计算的加料量开始加料；经常观察温度上升和炉内矿的流态化情况，当流态化床层温度在 1000℃、排料口排出烧矿超过 500 g 时开始慢慢升温（否则以 1000℃ 恒温直至排料达 500 g），并严密监视，当流态化床层停止沸腾并穿孔时证明炉内烧结，记录当时温度（即流态化床层熔点），并立即停料，切断电源降温；降温后将流态化层表面烧结块疏松以保持正常流态化状态，温度降到 800℃ 时，再进行该种矿的第二次测定；每个矿样的熔点测定三次取平均值；测定矿熔点达到 1250℃ 时流态化层仍不烧结应停料并切断电源降温，避免因温度的升高而损坏设备，并认定该矿的熔点大于 1250℃；在最后一次烧结后的烧结层中取 200 g 样，分析 Zn、Fe、S、Pb、Cu、Ca、MgO、SiO₂、Al₂O₃；流态化炉铺一次底料可测定 3 次熔点，如需测定 3 次以上时，则要重新铺设底料；更换矿样必须更换底料；熔点测定后剩余的矿样保留 15 天，以备复查。

3）降温操作

熔点测定完毕后停止加料并切断电源；可适当加大鼓风量加速降温，当温度降到 400℃ 以下时再停风；如不强制降温，则在停风后将风斗拆下，放出流态化床层热矿，以免风斗被烧坏。

2.4 配料

世界各国不同的矿山，锌含量不同、杂质含量也不一样，同时矿的熔点有高有低，粒度也有差别。对没有稳定矿山做原料来源的炼锌企业而言，为满足高温氧化焙烧和竖罐炼锌的要求，必须对进厂的各种精矿进行科学合理的配料，达到工艺技术标准要求，才能使用。锌精矿配料工艺技术标准见表 2 - 10。

表 2 - 10 锌精矿配料工艺技术标准（%）

化学成分	Zn	S	有害杂质含量			
			Fe	Pb	Cu	SiO₂
	>48	≥28	≤10	≤1.60	≤0.65	≤4.0
物理条件	(1)低熔点矿配比 <25%（其中特低熔点矿配比 <15%）					
	(2)粒度全部通过 140 mm 条筛					

2.4.1 注意事项

首先，应满足流态化炉高温氧化焙烧的要求，锌精矿的熔点要大于1150℃，粒度均匀，低熔点杂质含量要尽量低。

锌精矿高温氧化焙烧的目的是产出合格的精矿供竖罐炼锌工艺使用，因此，在锌精矿配料时既要满足焙烧条件的要求，又要满足下道工序蒸馏的要求。在配料过程中，锌含量要尽量高，杂质含量如铁要尽量低，从而保证竖罐炼锌技术经济指标合理。

通过科学合理的配料，锌精矿无论高质量或杂质略高的次质均可充分使用，这样不但有效利用国家资源，也可降低企业原料采购价格，有利于提高企业经济效益。

2.4.2 主要做法

进入锌工厂的精矿往往来自几个矿山，成分不一。为了使焙烧的炉料具有稳定的成分，就要按一定的比例配料。因此精矿与原料的储存就要有一定的要求。一般是把各种不同的精矿及其他原料分别储存于不同的位置。精矿的储存有堆在露天的，这种方法很简单。但由于风吹雨淋，吹散与溶去以及水流带走的损失甚大。近来精矿一般是储于特设的封闭式矿仓内。矿仓具有很大容积的矿坑，用以接受与容纳各种精矿。在矿仓的中间铺设铁道，运矿的火车可以直接开入矿仓内。在铁道的两边为很深的矿坑，由各矿山来的精矿由火车上分别卸入各个矿坑内。在矿坑的底下或靠壁边装设有加热蒸汽管，以便冬季时加热精矿，解除结块的冻矿。图2-12为精矿矿仓断面示意图。

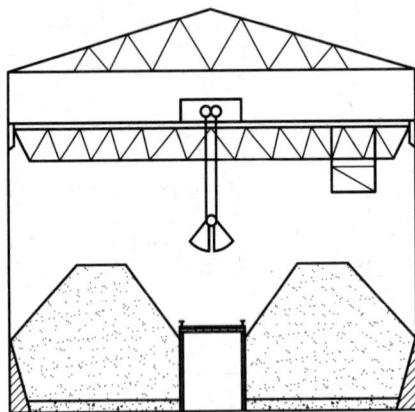

图2-12 精矿矿仓断面示意图

沿矿仓全长有抓斗吊车运行。它可以把各个矿坑内的精矿抓起运走，按需要进行配料。储存精矿及其他原料要注意避免各种物料相互混合以及减少精矿原料的损失。为此务必很好地组织卸料工作。

配料时要根据各精矿的成分、冶炼要求和进厂精矿量确定各种精矿的混合比。配料方法通常采用圆盘皮带配料，即将各种精矿按混合比分别用抓斗吊车抓起，经流槽装入储矿斗内。在各自储矿斗下面设置一圆盘给料机，其下为运输皮带。这样，圆盘给料机就可把混合比所需要的各精矿送到运输皮带上，如图2-13所示。然后由运输皮带将已配合的精矿送去干燥，干燥后再经鼠笼破碎机送往焙烧炉。如精矿不需要干燥，可直接进入鼠笼破碎机。精矿经过干燥和鼠笼破碎机，既可脱水和疏散精矿，又可使各精矿均匀混合，达到配料的目的。

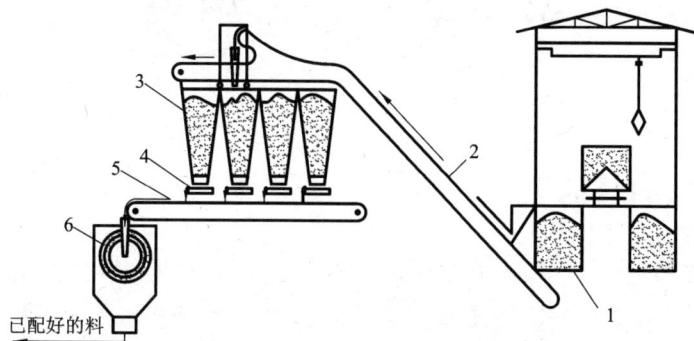

图 2 – 13　圆盘皮带配料示意图

1—精矿仓；2—运料皮带；3—储矿斗；4—圆盘给料机；5—配料皮带；6—鼠笼破碎混合机

2.4.3　单槽分层配料法

以每节火车为核算单位，进厂锌精矿先由轨道衡按每节检斤计量，采样化验、再进入矿舍配料。每车矿卸入矿槽，均匀铺设一层，第二车矿又经过检斤计量、采样化验、卸车配料，向矿槽均匀铺第二层料，根据各矿锌品位和杂质高低向矿槽配第三层料，照此类推。直至矿槽配满为止。

在卸车配料过程中，依照每车矿检斤量和化验结果，随时计算配料的锌品位和杂质含量，不断调整指导卸车搭配，以达到配料工艺技术条件的规定，方许供焙烧使用。使用前，要填写换料通知单，通知下道工序及有关部门。

配好的料在出库使用的过程中，要保证料中锌品位和硫品位稳定，波动愈小愈好，以便适应下道工序的技术要求。因此，要求锌、硫品位班与班之间波动小于 0.8%，且出库质量合格率大于 90%，以考核锌精矿的配料质量。

第 3 章 氧化焙烧

3.1 氧化焙烧的目的

从硫化锌精矿中提取锌，除近几年国内外有些工厂采用直接氧压浸出工艺及细菌浸出外，传统的炼锌工艺不论火法还是湿法流程，第一道工序均须将硫化锌精矿在高温且有氧气存在的条件下进行焙烧。焙烧的实质就是硫化锌精矿在一定的气氛中(有氧气存在)进行自热反应，使其发生物理化学变化、改变其成分以适应下一步冶金过程的要求。

氧化焙烧的目的有：

(1)脱硫。将金属硫化物尽量氧化变成金属氧化物。其中主要是在焙烧时尽可能使 ZnS 全部转变为 ZnO，将硫尽可能烧去，即"死焙烧"。这是因为火法冶炼是在强还原性气氛中使 ZnO 被 CO 还原成金属锌，而 ZnS(包括硫酸锌)是不能被还原成金属锌的。实践表明，焙烧矿中残硫越高，锌损失越大。"死焙烧"产出焙烧矿含硫一般小于 0.5%。

(2)除杂。使精矿中的铅、镉、砷和锑等杂质尽可能氧化变成易挥发的化合物或直接挥发而从精矿中除去进入烟气。使火法作业时可得到较高质量的锌锭(为粗锌的精馏减轻压力)，同时富集了镉、铅的焙烧烟尘作为提取镉、铅的原料，不作为竖罐炼锌的原料。

(3)为硫回收创造条件。得到较高 SO_2 浓度的焙烧烟气以利于制取硫酸。

3.2 氧化焙烧的工艺及主要设备

硫化锌精矿的焙烧曾采用反射炉、多膛炉、复式炉(多膛炉与反射炉的结合)、飘悬焙烧炉，目前则主要采用流态化焙烧炉。锌精矿的氧化焙烧是固体流态化技术在炼锌工业中强化焙烧过程的一种新方法。流态化焙烧炉有如下特点：热容量大且均匀、反应速度快、焙烧强度高、温差小、操作简单、炉料和空气间传热传质效率高等，因而焙烧过程大大强化。流态化焙烧于 1944 年首先应用于硫铁矿的焙烧，以后开始应用于有色金属的焙烧。从 20 世纪 50 年代起迅速在炼锌厂中获得推广和应用，成为当前生产中的主要焙烧设备。流态化焙烧发展初期仅应用于湿法炼锌工业，在火法蒸馏应用时，还须将产出的焙烧烟尘作二次焙烧，以进一步除去硫、铅、镉等杂质。我国经扩大及半工业性试验，终于在流态化焙烧中实现了死焙烧的要求，并在工业炉上得到了应用。这不仅缩短与简化了竖罐炼锌的生产流程，也对流态化焙烧新技术的具体应用作了进一步的发展。

3.2.1 焙烧的固体流态化原理

氧化焙烧的理论基础是固体流态化。当气体通过固体炉料时，由于气体的速度不同可分为三个阶段：即固定床、膨胀床及流态化床。其原理和形成过程有很多书籍介绍，这里不再赘述。

3.2.2　炉料准备及加料系统

氧化焙烧的工艺流程要根据具体条件及要求而定，焙烧性质、原料、地理位置等因素不同其选择的流程也不尽相同。图 3-1 为某锌厂锌精矿氧化焙烧设备连接图。

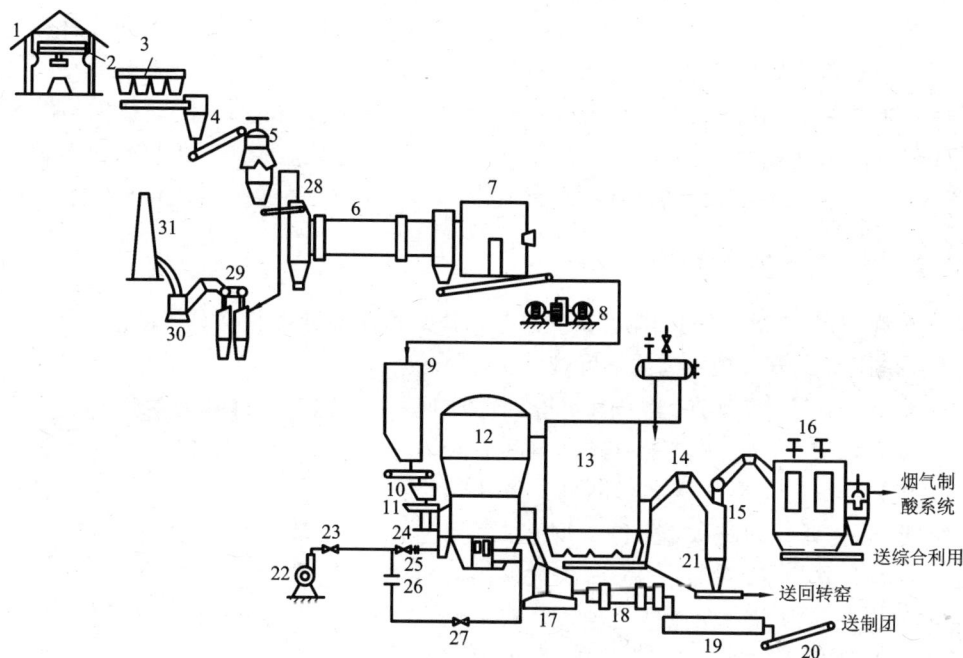

图 3-1　锌精矿氧化焙烧设备连接图

1—矿仓；2—抓斗起重机；3—带式运输机；4—储矿斗；5—破碎及筛分；6—干燥窑；7—干燥燃烧室；8—干燥窑电机；
9—储矿斗；10—圆盘储矿斗；11—圆盘给料器；12—流态化焙烧炉；13—余热锅炉；14—烟气管道；15—旋风收尘器；
16—静电收尘器；17—流态化冷却箱；18—冷却圆筒；19—埋刮板运输机；20—皮带运输机；21—尘刮板运输机；
22—鼓风机；23、24、27—闸阀；25、26—电动执行机构；28—窑尾加料装置；29—旋风收尘器；30—排风机；31—烟囱

氧化焙烧工艺流程一般可以分为四部分，即炉料准备及加料系统、炉本体系统、烟气及收尘系统和排料系统。

炉料准备及加料系统主要是为氧化焙烧炉提供合格的炉料，并保证氧化焙烧炉的稳定性、连续性。随精矿种类和加料方式不同，其工艺流程也有所不同。可分为干式(干法)和浆式(湿法)加料两种。湿法加料是将精矿混以 25% 的水，制成矿浆，然后用泵喷入炉内。这种加料方式的优点在于能利用矿浆的汽化热直接冷却流态化层，控制温度较方便；取消了精矿干燥工序节省了投资；加料口全封闭，炉内可正压操作提高烟气 SO_2 浓度。但也存在如下缺点：

(1)由于大量水分在流态化层蒸发，体积急剧膨胀，使许多矿粒被带至烟气中，烟尘率相对增加(比一般干法加料增加 20% ~30%)，使收尘复杂化。

(2)由于水分蒸发，炉气中含有大量水蒸气，烟气腐蚀性较大，设备须特殊防腐。

(3)浆式加料系统较复杂，大型炉内布料难以均匀。

(4)矿浆加入炉内,部分热消耗在水分蒸发上,烟气热利用率低。火法蒸馏焙烧系统是高温氧化焙烧,操作温度较高,最低含水量的矿浆也无法保持流态化层所需要的温度,因而对火法蒸馏高温氧化焙烧来说湿法加料是不适用的。湿法加料方式多在日本使用。

干法加料往炉内加入精矿的设备一般采用圆盘给料机和皮带给料机,根据加料点不同可分为管点式(或前室)和抛料机散式加料两种。管点式加料在没有前室时用斜入炉内的溜板或溜管加料,这种加料方式结构简单,但因料湿流动性差,易堵塞溜管、下料不均匀、炉温波动大。有前室的氧化焙烧炉采用前室加料,这对防止加料口堵塞以及事故处理有一定的好处,同时对精矿筛分及杂质含量等要求可适当放宽。但结构比较复杂、进料较集中、易使前室堆积。抛料机散式加料是依靠皮带的高速运转(速度 15 ~ 25 m/s),使炉料均匀散布于炉内,使炉膛气流速度及成分比较均匀,特别适合于大型流态化焙烧炉。但抛料机对炉负压要求严格,必须保证负压操作以防烧坏抛料机皮带,同时抛料机高速运转易磨损、使用寿命短。

3.2.3 氧化焙烧炉本体系统

氧化焙烧炉是氧化焙烧的主体设备。氧化焙烧炉按床断面形状可分为圆形(或椭圆形)、矩形。圆形断面的炉子,炉体结构强度较大、材料较省、散热较小、空气分布较均匀,因此得到广泛应用。当炉床面积较小而又要求物料进出口间有较大距离的时候,可采用矩形或椭圆形断面。氧化焙烧炉按炉膛形状又可分为扩大型(鲁奇型)和直筒型(道尔型)两种。图 3 - 2 为某厂 45 m² 扩大型高温氧化焙烧炉结构图。为提高操作气流速度,减少烟尘率和延长烟尘在炉膛内的停留时间以保证烟尘质量,目前新建焙烧炉多采用扩大形(鲁奇型)炉。

氧化焙烧炉炉体主要由炉底、炉墙(流态化层,炉膛空间,炉顶)、加料口(包括前室)、水套、烟气出口、溢流口等部分组成。炉底,也叫炉床。由钢制多孔底板和风帽组成。风帽周围捣固耐火混凝土固定。流态化层和炉膛空间要满足炉料完成物理化学反应所需时间以脱除硫、铅、镉及其他杂质,得到满足工艺需要的焙烧矿。水套的作用是带走流态化层的余热、增加处理能力。炉气出口设在炉顶或侧面,烟气从此进入冷却器或余热锅炉。溢流口设在炉下部,高度即是流态化层的高度,焙烧矿由此排出。锌

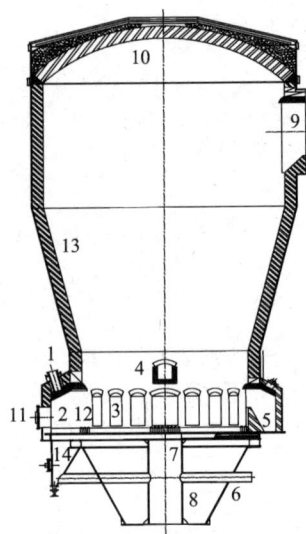

图 3 - 2 45 m² 高温氧化焙烧炉结构图

1—下料管;2—前室;3—水套;4—操作门;
5—排料口;6—进风管;7—风分布主管;
8—风箱;9—炉气出口;10—炉顶;11—清
理口;12—风帽;13—炉体;14—前室风箱

精矿由加料口加入,带前室的流态化焙烧炉前室即作为加料口,不设前室的流态化焙烧炉由炉身下部开口,利用伸入炉内的斜板或斜管将料加入炉内。氧化焙烧炉本体详细结构将在下节叙述。

3.2.4 烟气及收尘系统

烟气从氧化焙烧炉排出时其温度一般为 1123 ~ 1353 K(视焙烧温度而定),须冷却至适

当的温度才能收尘。常见的烟气冷却方式分直接冷却与间接冷却两类。直接冷却主要采用直接向烟气喷水冷却。因水的汽化热很大，所以冷却效率较高，但这样既增加了烟气体积又增加烟气的含水量，制酸系统须要有相应的设备，且热量无法回收，故很少使用。间接冷却主要采用以下四种。

(1)表面冷却器(或外淋水)：设备简单、投资较少、可根据生产和气候情况调节水量并控制温度。但设备寿命短、热量未利用、冷却效率低，一般规模小的工厂采用。

(2)水套冷却器：同表面冷却器相比投资较少、设备制作简单、冷却效率高，缺点耗水量很大、热量利用率低、易腐蚀。

(3)汽化冷却器：可生产低压蒸汽回收热量、投资较少、冷却效率高，但仍存在烟气腐蚀、寿命较短等不足。

(4)余热锅炉：可生产中高压蒸汽、热利用率高、耐腐蚀、设备使用寿命长，但投资较大、设备制作管理要求严格。

由于余热锅炉可产生大量蒸汽用于生产或转供发电，具有烟气腐蚀性小，设备使用寿命长等优点，故是目前最理想的冷却方式。

氧化焙烧炉的烟尘率是很大的，按我国工厂的生产实践，高温氧化焙烧时烟尘率达到 $18\% \sim 25\%$、烟气出口含尘在 $80 \sim 150 \ g/m^3$(标)。如此高的烟气含尘收尘就显得更为重要。上述的各种冷却器除具有冷却烟气作用外还有一定的收尘作用，主要是依靠重力自然收尘。一般在余热锅炉中收下的矿尘占总量的 $30\% \sim 70\%$。为进一步除去烟尘，传统配置采用一到两级旋风除尘器，然后接电收尘器，并根据制酸系统主鼓风机能力及整个系统阻力分布情况，在保证氧化焙烧炉微负压操作的前提下来确定是否在电收尘器前(或电收尘器后)设置引风机。

旋风除尘器是利用气流作圆周运动，使气体中悬浮颗粒在离心力的作用下被抛向器壁，与旋转气流一起向下落入锥底。气体由旋风除尘器中央排气管引出，灰尘则落入灰斗，达到除尘的目的。一级旋风除尘器一般阻力在 $400 \sim 1000 \ Pa$，除尘效率在 $50\% \sim 90\%$ 之间，除尘效率越高则阻力越大。

电收尘器原理是：电收尘器阴极、阳极间供高压直流电，使电极周围的烟气电离，产生阴、阳离子。当含尘烟气通过两电极区时，烟尘表面荷电，并向不同极性的电极移动。当烟尘与收尘电极接触后，烟尘上的离子通过地线导走而呈中性黏附在收尘电极上，然后依靠自重或振打装置把烟尘振落于灰斗中，达到尘与气分离的目的。电收尘器是一种高效收尘设备，尽管锌精矿流态化焙烧的烟尘比电阻较高，但收尘效率仍可达到 $95\% \sim 98\%$，而且阻力较小。

3.2.5 排料系统

氧化焙烧炉所得的焙烧矿从流态化层溢流口自动排出，由于焙烧性质的不同，矿温度有差异，排矿及输送方式也有所不同，高温氧化焙烧矿温度一般在 $1323 \sim 1373 \ K$。

高温氧化焙烧炉的排料是根据后部需要(如竖罐配料制团)，采用流态化冷却器和冷却圆筒(外淋水或列管式)将热焙砂冷却到 $373 \ K$ 以下，并回收热量。有的工厂采用冷渣机冷却焙砂，冷却后焙砂温度在 $323 \ K$ 以下，再用输送设备运送到下道工序。

焙砂冷却设备不论是流态化冷却器还是冷却圆筒，冷却介质主要是水或空气。空气冷却效率低,一般常用水冷却。流态化冷却器是一种带水套的冷却设备,内部鼓入空气使焙砂呈流态化状态。水套用水冷却可产热水或低压蒸汽,一般建有独立的闭路循环冷却系统。流态化冷却器作为一种冷却设备存在一定的缺点:冷却效率低、出口矿温度高、烟气需另建收尘系统单独处理,如进入烟气系统降低 SO_2 浓度等。故近几年多采用冷却圆筒或仅将流态化冷却器作为一级冷却设备。冷却圆筒有外淋式、浸没式和列管式三种。外淋式和浸没式均为在筒外部用水冷却,存在着冷却效率低、现场水蒸气量大、设备氧化腐蚀严重、水利用率低等不足。列管式圆筒冷却器筒体为水冷夹套,内部有冷却水管,冷却水的进出由设于筒体尾部的进出水装置控制。进出水装置独立于筒体外,与筒体之间采用耐高温高压软管相连,连接方式为柔性连接。列管式冷却器属高效冷却设备,当冷却水使用软化水时可作为余热锅炉用水。

3.3 氧化焙烧炉及附属设备

3.3.1 氧化焙烧炉

扩大型(鲁奇式)氧化焙烧炉的简要结构如图3-3所示。

1)床面积($F_{床}$)

床面积按每日需要焙烧的干精矿量依据同类工厂先进的焙烧强度选取,计算式为:

$$F_{床} = \frac{A}{a}$$

式中:$F_{床}$ 为床面积,m^2;A 为每日焙烧的干精矿量,t/d;a 为炉焙烧强度,$t/(m^2 \cdot d)$。

我国使用的 $18 \sim 45 \ m^2$ 的氧化焙烧炉均有前室,小于 $5 \ m^2$ 的炉子可不用前室。$16 \ m^2$ 的炉子也有不用前室的。前室面积通常为炉床面积的 $5\% \sim 10\%$。对圆形炉,炉床直径 $D_{床}$ 按下式计算:

$$D_{床} = 1.13 \sqrt{F_{床} - F_{前室}} = 1.13 \sqrt{F_{炉床}}$$

式中:$F_{前室}$ 为氧化焙烧炉前室面积,m^2;$D_{床}$ 为炉床直径,m。

矩形炉长与宽之比根据生产要求确定,国内一般为 $(2 \sim 3):1$。

2)流态化床层高度(排料口高度 $H_{层}$)

流态化床层高度近似地等于气体分布板至溢流口下沿的高度。一般它是由炉内停留时间、流态化床

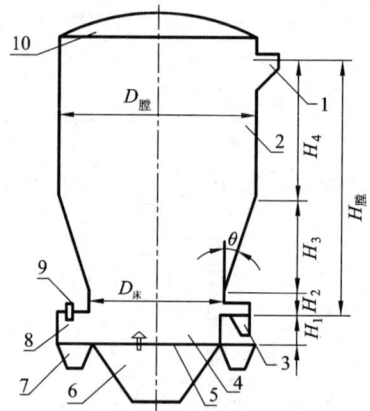

图3-3 氧化焙烧炉结构

1—炉气出口;2—炉膛;3—溢流排料口;4—本床;5—气体分布板;6—本床风箱;7—前室风箱;8—前室;9—加料口;10—炉顶;$D_{膛}$—炉膛直径;$D_{床}$—本床直径;H_1—流态化层高度;H_2—下直段高度;H_3—扩散段高度;H_4—上直段高度;$H_{膛}$—炉膛有效高度

的稳定性和冷却器的安装条件等因素确定。国内氧化焙烧炉的流态化床高度一般为 $0.9 \sim 1.5 \ m$。通常在确定流态化床层高度时,主要考虑流态化床层应该具有一定的热稳定性与流态化的均匀性,对直径较大的圆形炉还应有足够的床层周边表面积,使流态化层周围的炉墙能够布置下排热装置。一般按生产实践的经验选定流态化床层高度。

3）炉膛面积($F_{膛}$）及炉膛有效高度($H_{膛}$）

炉膛面积($F_{膛}$）一般根据生产实践确定。国内外氧化焙烧炉扩大形炉膛面积与床面积之比多在 1.2 ~ 1.9 之间，也有的高达 2.2 ~ 4.6。

根据生产实践扩大形炉炉腹角 θ 一般为 7° ~ 30°。对于高温氧化焙烧炉的炉腹角一般取 15° 以下。炉膛直径与流态化床直径比为 1.3 ~ 1.6。

炉膛有效高度($H_{膛}$）是指流化层浓相界面（对溢流排料的炉子即指溢流口下沿平面）以上的空间高度，对于侧面排烟的炉子指溢流口下沿至排烟口中心线的高度。炉膛有效高度必须同时满足烟尘焙烧的质量和烟尘率的要求。

炉膛有效高度与烟尘在炉内停留时间的关系式为：

$$H_{膛} = \frac{\alpha V_{烟} \beta T_{膛} F_{床} \tau_{尘}}{86400 F_{膛}}$$

式中：$H_{膛}$ 为炉膛有效高度，m；β 为 1/273；$T_{膛}$ 为炉膛温度，K；$V_{烟}$ 为每吨物料产出烟气量，m^3/t；$\tau_{尘}$ 为烟尘在炉膛内必需的停留时间，s。

对于被气流带出的"平衡烟尘"，在炉膛内的速度可近似地认为等于烟气的速度。

根据国内生产实践，一般烟气在炉内停留时间设计时取 14 ~ 27 s。锌精矿高温氧化焙烧时取上限。

3.3.2　气体分布板及风箱

3.3.2.1　气体分布板

气体分布板一般由风帽、花板和耐火衬垫构成。气体分布板的设计应考虑到下列条件：使进入床层的气体分布均匀、创造良好的初始流态化条件、有一定的孔眼喷出速度、使物料颗粒特别是使大颗粒受到激发湍动起来；具有一定的阻力，以减少流态化层各处的料层阻力的波动。此外还应不漏料、不堵塞、耐摩擦、耐腐蚀、不变形；结构简单、便于制作、安装和检修。分布板一般采用格栅式空气分布板结构，预制成 1 ~ 2 m^2 大小的块状，以供拼装，搁置于钢梁之上。气体分布板孔眼率（风帽孔眼总面积与炉床面积之比）可按孔眼喷出速度计算。孔眼喷出速度 $v_{孔眼}$ 必须大于或等于炉料中粗颗粒的最大速度 $v_{最大}$，即：

$$v_{孔眼} \geq v_{最大（粗颗粒）}$$

按下式计算孔眼率：

$$b_{孔} = \frac{v_{操作} \beta T_{气}}{v_{孔眼} \beta T_{层}} \times 100\%$$

式中：$T_{气}$ 为气流离开分布板时的温度，K，对于常温下鼓风的空气温度，可取 $T_{气} = 333$ K；$v_{操作}$ 为流态化层操作气流速度，m/s。

在生产实践中，一般气体分布板孔眼率为 0.5% ~ 1.2%。

锌精矿流态化焙烧炉分布板结构参数实例见表 3 - 1。

表3-1   分布板结构参数实例

名称	参 数	
风帽形式	侧孔式菌形	侧孔式菌形
风帽孔眼/mm	6 孔 $\phi 8$	4 孔 $\phi 8$
阻力板孔眼/mm	5 孔 $\phi 4.5$	3 孔 $\phi 4.5$
$v_{操作}/(\mathrm{m \cdot s^{-1}})$	0.49	0.74
$v_{孔眼}/(\mathrm{m \cdot s^{-1}})$	13.2	18
ξ	10.88	13.91
$\dfrac{\Delta P_{板}}{\Delta P_{层}}$	$\dfrac{105}{1295}=0.081$	$\dfrac{250}{1050}=0.238$
$b_{孔}/\%$	1.105	1.01
风帽密度/(个·m^{-2})	37	50

注：ξ 为阻力系数，Δp 板为分布板阻力，Δp 层为沸腾层阻力。$b_{孔}$ 为孔眼率。

3.3.2.2   风帽

风帽大致可分为直流式、侧流式、密孔式和填充式四种。锌精矿氧化焙烧炉广泛应用侧流式的风帽。从风帽的侧孔喷出的气体紧贴分布板进入床层，对床层搅动作用较好，孔眼不易被堵塞，不易漏料，其结构如图3-4所示。风帽的孔眼数一般为4、6、8，孔眼直径3~10 mm。对于焙烧容易黏堵的物料，如含铅的锌精矿氧化焙烧，孔眼直径可取6~10 mm。风帽的材料现多为耐热铸铁，或根据流态化层温度选用低铬铸铁，中硅球墨铸铁、高铬铸铁等。

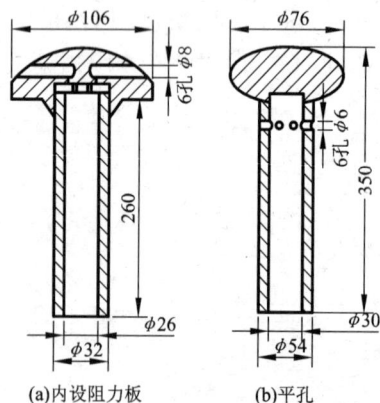

图3-4   侧流型风帽结构图

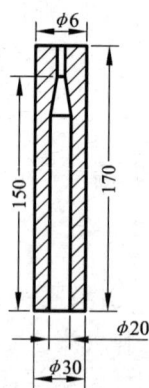

图3-5   直通式风帽结构图

常用侧流型风帽有以下几种形式。

（1）内设阻力板的侧流型风帽（如图3-4(a)）。阻力板的孔眼数一般为3、4、5，孔眼直径为4.5~5.5 mm。阻力板的规格可以更换，以便调整气体分布板部位的阻力，保持床层各处气流分布均匀。设置阻力板后，可适当调整流态化床各处的流量及流速，有利于炉内物料的排送。这种风帽的灵活性大,被重有色冶炼厂普遍采用。

(2)无阻力板的侧流型风帽(图 3 - 4(b))。风帽结构简单,阻力小。

(3)目前大型氧化焙烧炉大多采用直通式风帽。其直径为 6 mm。这种形式的风帽,因其与炉底耐火混凝土合为一体,其寿命较长且无须频繁更换,直通式风帽结构见图 3 - 5。

风帽的数量可由下式确定:

$$N = b_{孔}(F_{床} + F_{前室})/78.5nd_{孔}^2$$

式中:$b_{孔}$ 为气体分布孔眼率,%;n 为一个风帽上的孔眼数;$d_{孔}$ 为风帽孔眼直径,m。

风帽的排列密度一般为 35 ~ 100 个/m^2,风帽中心距 100 ~ 180 mm,视风帽排列密度和排列方式而定。在可能条件下,加大风帽排列密度,有助于改善初始流态化条件。风帽常采用下列排列方式。

(1)同心圆排列(图 3 - 6(a))适用于圆形炉。

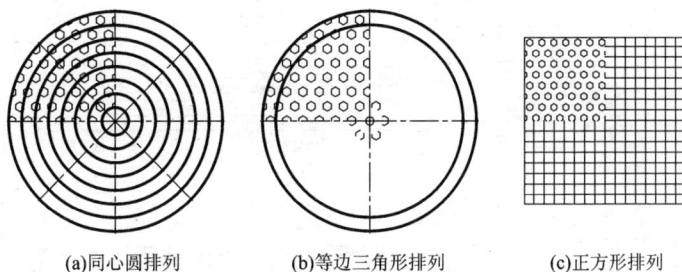

(a)同心圆排列　　　(b)等边三角形排列　　　(c)正方形排列

图 3 - 6　风帽排列方式

(2)等边三角形排列(图 3 - 6(b))。这种排列的最大特点是,排列均匀、布置紧凑。风帽中心距相等。对于圆形或矩形分布均可适用。当用于圆形分布板时最外 2 ~ 3 圈应采用同心圆排列。

(3)正方形排列(图 3 - 6(c))适用于矩形炉子。风帽的安装主要考虑生产上使用可靠,检修更换方便。套管插入式是较好的形式。套管焊死在花板上,风帽插在套管中。捣打耐火混凝土时,应注意保持套管的垂直。这种安装方式在鼓风压力小于 25 kPa 时,一般仍能可靠地工作。若鼓风压力大于 25 kPa 时,则风帽应考虑以螺母或销钉固定。

3.3.2.3　风箱

风箱的作用在于尽量使分布板下气流的动压转变为静压,使压力分布均匀,避免气流直冲分布板。因此,风箱应有足够的容积。风箱的结构形式有圆锥式、圆柱式、锥台式及柱锥式。如图 3 - 7 所示为锥台式风箱结构图。为了提高进风的均匀性,一般都在风箱内设置预分布器(图 3 - 7)。

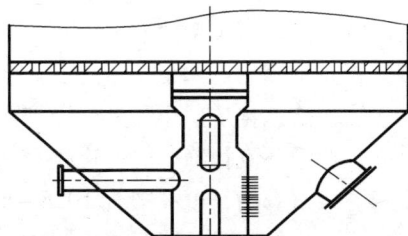

图 3 - 7　锥台形风箱

对于大型炉宜采用中心圆柱预分布器,中心圆柱同时起着支撑气体分布板的作用。圆柱的开孔率大小可在投产前视冷试情况进行调整。氧化焙烧炉风箱容积的大小，可根据下述经验公式估算，并结合炉结构及工艺配置等情况调整确定：

$$V_{风箱} = (v_{风}/800)^{1.34}$$

式中：$V_{风箱}$ 为风箱容积，m^3；$v_{风}$ 为鼓风量，m^3/h。

3.3.3 流态化床层及排热装置

1）排热方式

氧化焙烧炉排热方式有直接排热和间接排热。直接排热是向炉内喷水，优点是调节炉温灵敏、操作方便；缺点是余热未得到利用、大量水蒸气进入烟气中给收尘及制酸系统造成很大的困难，因此，此法目前已很少采用，当使用时一般只作为紧急降温的临时措施。间接排热是使流态化床层内余热通过冷却元件传给冷却介质达到降温目的。可采用汽化冷却及循环水冷却两种方式，一般采用前者。间接排热应用较为普遍。

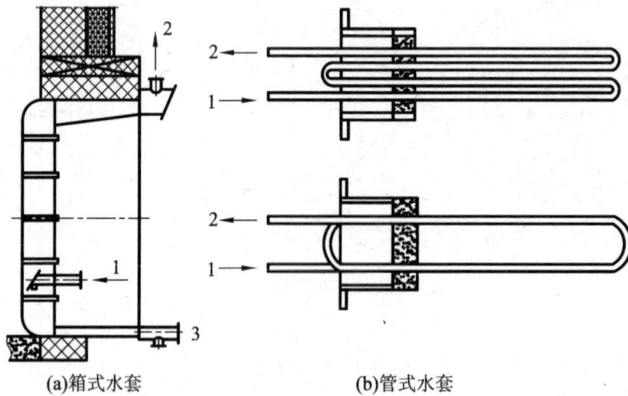

(a)箱式水套　　　　　　　　(b)管式水套

图 3 - 8　水套结构

1—进水管；2—出水(汽)管；3—排污管

2）冷却元件

常用的冷却元件有箱式和管式水套。箱式水套结构如图 3 - 8(a)。箱式水套箱体不宜太厚，一般为 80 ~ 120 mm，采用 8 ~ 12 mm 厚钢板制作。为减少应力集中及矿尘对焊缝的磨损，箱体内侧应冲压成形。两侧壁钢板通过拉钉或丁字形筋板加固。选择箱体高度应与流态化床层高度一致。相邻两块水套之间砖墙的宽度不少于 300 mm，否则会降低流态化床层砖体强度。管式水套的结构形式很多，常用的有弯管式水套和套管式水套，如图 3 - 8(b)所示。管式水套插入流态化床层中，其位置宜在流态化层中部。一般采用强制循环汽化冷却。当采用水冷或自然循环汽化冷却时，管式水套应倾斜插入流化层中，与水平面构成大于 15° 的倾斜角。套管式水套的长度一般为 10.8 ~ 20.5 m。此外，也可在箱式水套的内壁上，焊接数根伸入流化层的弯管，形成箱管结合式水套。部分冷却介质在弯管内流经流态化层，增大了水套的传热面积和传热系数。

3.3.4　排料口

排料口有以下两种。

1) 外溢流排料口

氧化焙烧炉一般采用外溢流排料，物料经由溢流口直接排出炉外见图 3-9。排料口溜矿面可采用耐火混凝土捣制而成，其坡度应大于 60°。外溢流排料处应设置清理口。溢流口孔洞的高度主要视操作需要而定，一般为 300~800 mm。当排料处设有流态化冷却器时，该开孔高度还应考虑保证由流态化冷却器进入炉内的气体能够畅通无阻。溢流口的宽度要与排料相适应。

2) 底流排料口

当入炉物料中含有粗颗粒，或是在焙烧过程中生成粗颗粒，一般不能从溢流口顺利排出，应采用底流排料，排料量由调节阀控制。

3.3.5　烟气出口

烟气出口有侧面及炉顶中央两种。

1) 侧面烟气出口 (图 3-10)

烟气出口设在炉膛侧面，炉顶不承受负荷，不易损坏，检修方便，但炉膛空间利用不充分。采用侧面排烟更利于清理易黏结性烟尘。排烟口下部倾斜面宜斜向炉外，以免黏结的烟尘块落入炉内堵塞风帽孔眼。

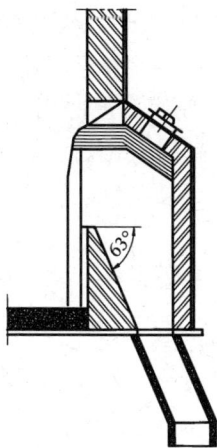

图 3-9　外溢排料口

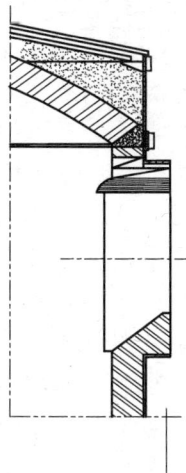

图 3-10　侧面烟气出口

2) 炉顶中央烟气出口 (图 3-11)

排烟口设在炉顶，炉内气流分布均匀，可充分利用炉膛空间容积，适用于露天布置，但炉子结构复杂，炉顶承受有负荷，检修不方便，一般在中小炉使用。烟气出口与锅炉目前多采用软连接。

3.3.6 炉体及炉顶

流态化焙烧炉一般采用耐火黏土砖砌筑。炉体的耐火砖厚 230 mm，保温砖厚 115 mm，在保温砖与炉壳钢板中填充 20~50 mm 厚的绝热材料。炉拱顶有球形拱顶和锥形拱顶两种，拱顶砖常用 230、250 或 300 mm，视炉膛直径而定。耐火砖拱顶上部铺设绝热材料，绝热材料常用矿渣棉、硅藻土、蛭石及膨胀珍珠岩等。

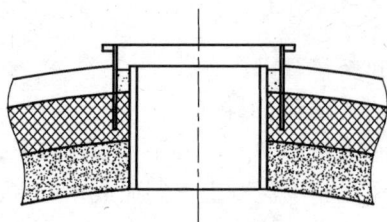

图 3-11 炉顶中央烟气出口

炉体及炉顶也可采用耐火混凝土捣制。耐火混凝土捣制的炉体和炉顶对维护及升温要求较高，但由于捣制的整体性较好、炉体寿命较长、施工周期短，因此已在中小型炉子上得到应用。近年来，大型氧化焙烧炉炉顶也有采用整体浇注的，效果较好。

3.4 氧化焙烧炉的正常操作及事故处理

3.4.1 氧化焙烧炉开停炉

1）烘炉

氧化焙烧炉炉底为耐火混凝土构筑，炉墙及炉顶为耐火砖砌筑。为了烘干砌体中的水分，延长炉体使用寿命，新炉或炉体大修后的炉都要进行烘炉。烘炉方法有：在炉底下铺上铁板投入木柴燃烧烘炉；在水套口砌筑燃煤火炉引热气进入炉内烘炉；燃烧煤气或重油（柴油）烘炉；燃烧木柴与喷重油（柴油）结合烘炉等。可根据各地区的具体情况采取不同的烘炉方法。新建炉烘炉一般与锅炉煮炉联系在一起进行。烘炉前应制定升温曲线及升温计划，升温速度一般控制在 283~303 K/h 之间，切忌升温过急。某厂高温氧化焙烧炉新炉烘炉与煮炉升温曲线如图 3-12 所示。

2）开炉

氧化焙烧炉开炉一般经过测试阻力、铺料冷试、升温与加料等阶段。测试阻力是检查流态化层的气体分布情况。铺料冷试方法是用人工以及用加料设备将焙烧矿铺入炉内，料层厚度为 400~600 mm（流态化层高度 1000 mm 左右时）。也有小炉开炉采用空炉或用砂子、碎木屑等做底料。铺好后鼓风冷试 20~30 min，使整个料层达到均匀平整，如发现有局部不流态化的区域，应查找原因并妥善处理好后再鼓风冷试，直至炉全部流态化，且停风后料层表面平整为止。冷试后开始点火升温。所用燃料可根据各地条件采用木柴、木炭、锯木屑、煤气、柴油和重油等。现以柴油

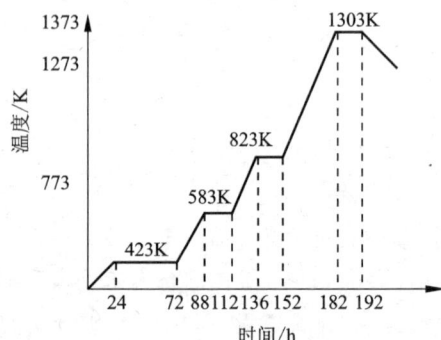

图 3-12 氧化焙烧炉烘炉与煮炉升温曲线

为例叙述开炉过程。铺料冷试后,在炉内架设少量的木材作为柴油的引燃物,点燃木材,架好喷油枪并控制适宜的流量向炉内喷柴油,当炉内具有一定温度时,再小鼓风保证炉料层微流态化,随着温度升高逐渐调整风量,升温过程中可适量加入粉煤以加速流态化层温度的迅速上升,当温度升高到 1123 ~ 1173 K 时即开始加料,并调整鼓风量到正常指标,开炉工作即告结束。采用其他燃料方法也与上述方法类似。开炉时间随所用燃料、开炉方式、炉面积等的不同而不同,一般为 4 ~ 20 h。

3)停炉

停炉分计划停炉和临时停炉(焖炉)。

按照生产计划停产检修时即是计划停炉。计划停炉比较简单,当接到停炉指令后,先停止加料,继续鼓风使流态化层冷却,待炉料完全冷却下来后停止鼓风。然后打开炉门进行清理。停止加料后,炉气中 SO_2 的浓度迅速下降,当浓度降至 3% 以下可封闭制酸系统,炉气引入增湿塔后进入烟囱排空。

临时停炉(焖炉)是因为炉内有局部结块或沉积现象,或者系统处理其他一些事故需临时停电停风,暂时停炉几分钟到十几小时,然后恢复正常生产。高温氧化焙烧炉在停炉之前,先停止向炉内加料,继续鼓风,流态化层温度降至 1073 K 左右,才停止送风,这样可以避免料层发生黏结。停风时间在 16 h 以内,恢复鼓风仍可使料层流态化并继续生产。

3.4.2 氧化焙烧炉的正常操作

氧化焙烧炉的正常操作遵循以下原则:定风,定温,调整料量。在正常操作情况下,为了保证焙烧炉温度稳定,除了均匀加料外,还必须随时掌握原料、风量和炉温的变化情况,以便及时调整加料量,按照加料量的多少可分为正常加料,增加料量和减少料量三种情况,但增料减料要适当。

1)正常加料

当原料、风量、炉底压力无变化、炉温稳定、二氧化硫浓度稳定时,应均匀加料,不增不减。

2)增料

当原料含硫变低、水分增大、风量增大、炉底压力降低、炉温下降、炉顶二氧化硫浓度降低时,要适当增料。

3)减料

当原料含硫变高,水分变小,风量减少,炉底压力升高,炉温升高,炉顶二氧化硫浓度较高时,要适当减料。

氧化焙烧炉一般按照定温,定风,调整加料量的原则操作,但实际操作中可灵活掌握操作原则,随操作条件的变化采取不同的方法以保证流态化层温度的稳定。此外,还应特别注意防止烧结,最易出现的问题是流态化焙烧炉的负氧操作,应尽量避免。氧化焙烧炉出现负氧焙烧主要现象有风量减少,床层压力降上涨,前室温度低,排料口温度高,排料速度快,烟尘量大,电收尘器入口温度高,炉顶 SO_2 浓度高,焙砂及烟尘含硫高。当出现负氧焙烧时不要立即开大风或大减料,而应适当减料,逐渐稳定风量,一般情况下不以调整风量为主,调整到正常操作及指标。炉温度、压力变化的原因、现象及调整方法如表 3 - 2 所示。

表 3−2　炉温度、压力等变化原因、现象及调整方法

项目	原因	现　象	调整方法
温度	料量增多	炉底压力上升,温度上升,排料速度快,烟尘量大,溢流焙砂含硫高	适当减料或增风
	料量减少	炉底压力下降,温度降低,排料速度减慢,烟尘量少	适当增料或缩风
	风量波动	料量不变,风量大温度低,风量小温度高	调整风量
	原料变化	料量不变,含硫高水分低温度高,含硫低水分高温度低	调整料量或原料硫品位
炉底压力	料量波动	料多压力升高,料少压力降低	增料或减料
	风量波动	料量不变,风量大先升后降,风量小先降后升	调整风量
	原料变化	原料粒度大,密度大,压力升高,粒度小,密度小,压力降低	无需调整
	溢流口堵	压力逐渐升高,排料减少	处理溢流口

3.4.3　事故及处理

　　氧化焙烧炉在生产正常时是稳定的,工艺操作也不复杂。但是如果对焙烧过程的操作技术条件控制不严、工艺管理不善、就有发生各种事故的危险。氧化焙烧炉的事故主要有加料口堵塞、炉料烧结、床层沉积、突然停电、冷却设备漏水等。

3.4.3.1　加料口堵塞

　　造成加料口(前室)堵塞的原因主要有:

　　(1)炉料水分过高(超过12%),以泥饼状进入炉内,容易使炉料沉积于底部,引起加料口烧结而堵塞。有前室时炉料水分在前室蒸发,使前室流态化层带出的烟尘增多,前室上空死角又大,极易形成前室结瘤,最后扩展到整个前室。

　　(2)由于备料系统管理不严,致使炉料中夹带有铁器,砖块等杂物,造成加料口沉积。

　　(3)炉料中有大量粗颗粒,使流态化层活动不佳,逐渐形成床层沉积。

　　(4)有前室的焙烧炉前室鼓风量过小,流态化不好,也会造成堵塞。

　　为防止加料口堵塞应在备料系统严格控制锌精矿的水分、粒度及其他杂物。有前室的炉还要注意前室风量不能过小,一旦发现堵塞可及时用高压风进行处理或焖炉处理前室,即按照临时停炉操作方法先停下炉,然后打开前室,清理堵塞物后再送风开炉。

3.4.3.2　床层沉积

　　造成床层沉积的原因如下。

　　(1)炉料中粗颗粒过多。实践指出,少量的 10~20 mm 的物料,在流态化层剧烈搅动的条件下,可以随其他物料一齐排出。但是粗颗粒过多,就意味着物料平均粒径增大,在直线速度不变的情况下,床层的流态化状况就会恶化,部分大颗粒沉降堆积于炉底,逐渐形成床层沉积。

　　(2)由于炉料中低熔点杂质较多,高温时部分炉料产生熔结而沉降,沉积于流态化层底部,造成床层压力降上升。

　　(3)风帽堵塞过多。这可以由压力降逐渐升高的现象来判断。当压力较正常情况上涨 3000 Pa 以上时,风帽孔堵塞将达到通风孔截面积的 50%~70%,就会引起床层局部不流态

化，造成沉积。

出现床层沉积的关键是操作风速小于炉内平均粒径所需的速度范围，使大颗粒逐渐沉积而形成。当发生床层沉积时，可采用高压风管或用喷水枪向流态化层内喷水等方法处理，严重时须停炉处理。

3.4.3.3　炉料烧结

产生炉料烧结的原因有两个方面。

(1)焙烧温度接近精矿的熔点，当操作偶尔不慎，流态化层温度过高或配料失误，就可能发生烧结现象。烧结现象产生后，并不是整个床层全部烧结。此时鼓风全部从尚未烧结而松散的部分通过，形成气流短路，从而不形成流态化层，故阻力减小，压力下降。

(2)由于流态化层发生沉积现象，时间较长可能使其中大量硫酸盐发生黏结。当产生沉积层烧结后，堵塞面积有时达全部炉底面积的 2/3 以上。这时空气经由烧结层裂缝通过，阻力增大，压力显著上涨。

对于高温氧化焙烧炉，操作者要时刻注意原料成分及温度的变化，当发生排料困难，炉内沸腾不好，温度上涨过快，处理不当，很容易发生炉料烧结，尤其以刚开的炉或后期炉为多。当发生局部烧结时亦可采用钎子扎、高压风管或喷水枪处理，如处理不开时，则须焖炉将局部烧结块清理出来后继续开炉。当流态化层大面积烧结后，必须停炉清理。

3.4.3.4　突然停电

当发生突然停电、停风，应立即停止给料，关闭送风开关。如有备用电源立即启用。来电后开大风检查流态化床运行情况，发现流态化层流态化不好，炉内有局部结疤等情况，应立即处理，经检查正常后，按开炉程序开炉。

3.4.3.5　冷却设备漏水

冷却设备长期运行后因磨损或腐蚀等原因可能漏水。冷却设备包括水套、余热锅炉、冷却器、气动方箱、冷渣机等。

(1)水套漏水时有如下现象：在正常操作情况下，炉温度突然下降或缓慢下降，采取增加料量等提温措施后仍然提温困难；炉内正压大；风箱底部潮湿等。经检查发现水套漏水后，可焖炉停止水套供水，废除水套后继续开炉。等到停炉检修时再更换新水套。

(2)余热锅炉及冷却器漏水时有如下现象：当系统负压不变，烟气系统正压大，风量、温度无变化时，发现除尘器有"冒泡"现象，余热锅炉、冷却器消耗水量大，立即检查除灰斗，如有潮湿矿即是漏水。确认漏水后，可焖炉处理。查找漏水部位，找检修人员处理好后，按开炉程序开炉。

(3)气动方箱及冷渣机漏水有如下现象：压力上涨，出口排料困难有潮气，床层压力逐渐升高。经检查漏水后，可焖炉处理。查找漏水部位，找检修人员焊补好后，按开炉程序开炉。

3.5　氧化焙烧炉的技术操作条件及技术经济指标

3.5.1　技术操作条件

为保证氧化焙烧炉的正常操作，应选择适宜的操作条件，控制的主要操作条件主要有鼓风量、温度、压力等。

1)鼓风量与过剩空气系数

流态化床单位面积的鼓风量代表着流态化层空间的直线速度，它不仅影响到流态化层的稳定性，而且影响到氧化焙烧炉温度和烟气浓度。在通常情况下，炉料的粒度越细，则需要的鼓风量和直线速度越低，在炉子下部空间焙烧的细料越多，烟气温度和烟尘率以及烟气浓度也越高。理论鼓风量可以按照精矿中硫化物氧化反应来计算。焙烧氧化过程可认为硫化物都转变为相应的氧化物。但是由于过程本身特点以及工艺本身的要求，氧化过程也会生成部分硫酸盐。此时，鼓风量则须根据各厂的具体情况来决定。实际生产中，为了加速反应的进行，以及提高设备的生产率，鼓风量一般都比理论鼓风量大。氧化焙烧过剩空气系数为1.05~1.10。这样的风量足以使气流速度处于临界直线速度以上，维持流态化状态。选用鼓风机的额定风量比实际需要风量大30%以上。一般情况下，鼓风量对于一定的加料量是固定不变的，称之为风料比。对有前室的炉，鼓风量分为炉本床和前室两部分，可以在它们的进风管道上分别安装流量计测得，由于前室下料量大并须使炉料迅速扩散，故按单位炉床面积计算，前室风量通常比炉本床风量约大5%。高温氧化焙烧过剩空气系数的选择对铅、镉、硫脱除率有很大影响。表3-3所示为流态化床层温度一定时采用不同过剩空气系数与铅、镉、硫脱除率关系。

表3-3 过剩空气系数与铅、镉、硫脱除率的关系

项目	过剩空气系数				
	1.02	1.06	1.09	1.14	1.20
脱铅率/%	94.8	92.3	88	78	58
脱镉率/%	98.5	98.2	97.9	97.0	93.5
脱硫率/%	94.6	95.9	96	≥96	≥96

空气直线速度是流态化焙烧过程的重要指标。在过剩空气系数一定范围内，焙烧炉的生产能力与直线速度成比例。流态化焙烧的空气直线速度，一般可根据实验和实践确定，目前，高温氧化焙烧炉为0.6~0.7 m/s。提高空气直线速度（即增加单位炉面积鼓风量）是提高炉焙烧强度的一项措施，但烟尘率相应增加，加重后部收尘系统压力。高温氧化焙烧不宜采用过大的空气直线速度。

2)温度

流态化层温度是通过调整加料量，鼓风量以及两者之间比例的关系控制的。在鼓风量固定的情况下流态化层温度主要决定于加料的均匀性。在正常操作下炉内流态化层的温度都是比较稳定的。有时由于精矿含硫品位、加料量和鼓风量的波动会使炉内流态化层温度波动。有前室炉子的前室温度波动较大，这是由前室下料的不均匀性所致。在正常情况下，前室温度有10~20 K的波动。

锌精矿高温氧化焙烧，要求在获得最大生产能力的同时，一次获得火法炼锌所需质量的焙砂，并最大限度地减少烟尘率。欲达到以上要求，在诸多生产条件中，焙烧温度是其主要条件。在过剩空气系数一定时，焙烧温度与铅、镉、硫脱除率关系如表3-4所示。

表 3 - 4 高温氧化焙烧温度与铅、镉、硫脱除率的关系(过剩空气系数 1.2)

项　目	流态化床层温度/K					
	1223	1273	1323	1343	1373	1423
脱铅率/%	15	29	39	55	75	90
脱镉率/%	11.0	22.0	71.4	85.7	92.7	97.8
脱硫率/%	92.0	92.7	93.2	93.5	96.3	96.4

由上表可知,温度越高,铅、镉、硫脱除率越高。因此实际控制流态化床温度是在接近锌精矿烧结温度下操作,即温度常控制在允许最大温度。为保证焙砂中的铅、镉等含量能达到要求质量指标,除要求原料杂质含量有一定控制外,还必须在过剩空气较低的条件下,保持流态化床温度在 1353 ~ 1373 K,甚至更高,这样烟尘率也可显著降低,这是高温氧化焙烧技术的两个特征。

3) 炉底压力

炉底压力是空气分布板阻力和流态化床压力降的总和。炉底压力一般为 9 ~ 15 kPa。有前室时,前室压力较炉本床压力高 0.5 ~ 1 kPa。炉底压力反映了流态化层的正常运行状态,随开动时间的不断延续,压力降一般总是日趋上涨的。当压力降上升到一定数值(17 kPa 以上)后就应停炉检修。

3.5.2 焙烧产物

氧化焙烧炉的焙烧产物主要有焙烧矿(焙砂及烟尘)和烟气。在高温氧化焙烧操作条件下,焙烧产物如下。

1) 焙烧矿

高温氧化焙烧产出的溢流焙砂称为焙烧矿,焙烧矿质量要求应符合下道工序(竖罐炼锌)的要求,即杂质铅、镉、硫等含量越少越好。某厂高温氧化焙烧溢流焙砂的质量标准是:Zn > 55%,Pb < 1%,Cd < 0.05%,S < 0.6%。表 3 - 5 所示为某厂高温氧化焙烧产物化学成分实例。

2) 烟尘

高温氧化焙烧烟尘主要是余热锅炉尘、旋风收尘器尘和电收尘器电尘。烟尘化学成分如表 3 - 5 所示。其中电收尘器所收电尘(一般占加入量的 1% ~ 1.5%)因含镉高直接送综合利用回收镉,其他烟尘也要进一步脱杂处理才能使用。表 3 - 6 为高温氧化焙烧炉烟气量及烟气成分。

表 3 - 5 高温氧化焙烧产物化学成分 (%)

项　目	化 学 成 分			
	Zn	Pb	S	Cd
溢流焙砂	59.08	0.61	0.72	0.08
沸尘(旋涡尘 + 冷却器尘)	48.76	2.96	5.05	1.14
电收尘器电尘	32.05	19.77	9.35	6.76

表 3 – 6　高温氧化焙烧炉烟气量及成分（%）

炉床面积 /m²	烟气量 /(m³·h⁻¹)（标）	烟气含尘 /(g·m⁻³)	烟气温度 /K	烟气成分				
				SO₂	O₂	CO₂	N₂	SO₃
45	23200	110 ~ 150	1273 ~ 1353	11.03	2.0	0.72	76.26	0.23
26.5	13800	100 ~ 150	1273 ~ 1353	10.5	1.84	0.86	78.7	0.13
35	18000	100 ~ 150	1273 ~ 1353	11.48	1.52	0.84	78.27	0.12

3.5.3　技术经济指标

1）焙烧强度

焙烧强度就是单位炉床面积每天处理的干精矿量，高温氧化焙烧炉的焙烧强度一般为 6.5 ~ 7.5 $t/(m^2 \cdot d)$。

2）脱硫率

锌精矿高温氧化焙烧要求有较高的脱硫率，才能满足竖罐等火法炼锌工艺的要求。实际脱硫率为 95% ~ 98%。

3）焙砂产出率及烟尘率

高温氧化焙烧要求有较高的脱硫率和较低的烟尘率，以减少烟尘再焙烧的处理量。某厂溢流焙砂产出率（直产率）一般为处理量的 64% ~ 68%，最高达 70%；烟尘率为 18% ~ 25%；焙烧矿烧成率（焙烧产物总量与加入干精矿量之比）为 85% ~ 90%。

4）锌回收率

氧化焙烧过程中锌的损失主要是电收尘器出口烟气带出烟尘和飞扬损失。正常生产时，当收尘设备完善、操作指标正常时，锌回收率应大于 99.5%。

5）脱铅（镉）率

工厂实际脱铅率为 60% ~ 75%，脱镉率为 90% ~ 95%。脱铅（镉）率计算公式如下：

$$脱铅（镉）率 = \frac{锌精矿含铅（镉）量 - 焙砂含铅（镉）}{锌精矿含铅（镉）量} \times 100\%$$

6）炉开动周期

氧化焙烧炉在开动一定时间后因大颗粒沉积、风帽堵塞或损坏须定期清理。高温氧化焙烧因操作温度接近熔点，炉内易黏结，故开动周期一般为 3 ~ 6 个月。

3.6　氧化焙烧技术的发展方向

3.6.1　硫化锌精矿的制粒氧化焙烧

1）制粒氧化焙烧的优点

（1）烟尘率低，仅 8% ~ 12%。铅、镉富集在电尘中，便于综合回收利用，余下的冷却器尘和旋涡尘全部返回制粒，不需另外处理烟尘。

（2）在处理同种物料的情况下，制粒氧化焙烧炉流化床的温度比常规氧化焙烧炉高30~40 K，有利于铅、镉、硫的脱除。

（3）生产能力高，床能力达 15~30 t/(m²·d)。

2）制粒氧化焙烧的工艺流程

锌精矿、烟尘和硫酸按一定比例混合，然后破碎、制粒进入干燥窑。干燥后的物料经筛分，合格粒矿送焙烧，筛上物经破碎和筛下物一同返回制粒。合格粒矿在皮带加料机上用电子秤计量后加入氧化焙烧炉内进行高温氧化焙烧，产出的焙砂为该工艺流程的最终产品。烟气经冷却器、两段旋风除尘器、电除尘器三级收尘后送制酸系统制取硫酸，冷却器尘和旋涡尘返回制粒，电尘进行综合利用回收其中的有价元素。

3.6.2 流态化氧化焙烧炉的大型化

流态化氧化焙烧炉是炼锌厂的主体设备。目前我国最大的流态化氧化焙烧炉是由葫芦岛锌业股份有限公司自行开发的锌精矿氧化焙烧炉，床面积为 45 m²。

未来，随着焙烧炉结构设计的优化，炉内换热技术的提升以及操作自动化水平的提高，将炉床面积扩大到 75 m² 是可以实现的。

第4章　氧化焙烧烟气制酸

4.1　工艺组成

锌精矿的焙烧主要分为氧化焙烧和酸化焙烧。氧化焙烧是把锌精矿中的硫尽可能完全脱除，生成主要由氧化物组成的焙砂，供火法炼锌使用。进行氧化焙烧时，炉气出口浓度可达12.5%，一般为9%～12%。

锌冶炼受冶炼工艺和设备生产能力的限制，配套的制酸装置规模一般在200 kt/a以下，根据烟气 SO_2 浓度的不同采用不同的烟气处理工艺。氧化焙烧炉烟气的制酸，一般采用的流程为：净化工序绝热蒸发封闭稀酸洗，接触法转化工序采用两转两吸(3+1)ⅣⅠ-Ⅲ Ⅱ和ⅢⅠ-Ⅳ Ⅱ两种换热流程。

4.1.1　SO_2 烟气净化系统

烟气净化系统主要是将氧化焙烧炉输送过来的烟气通过除尘、降温、除雾、干燥及除去各种有害杂质，为 SO_2 烟气转化系统提供合格的烟气。炉气净化流程，现在大体上分为湿法和干法两大类。目前湿法是主要的，采用的厂家占绝大多数。湿法分酸洗和水洗两种，以酸洗为主。酸洗一般分普通酸洗、绝热增湿酸洗(绝热蒸发酸洗)、稀酸洗和热浓酸洗等四种流程。水洗流程一般分敞开式水洗和部分循环水洗。图4-1为某厂烟气制酸净化工艺流程实例。

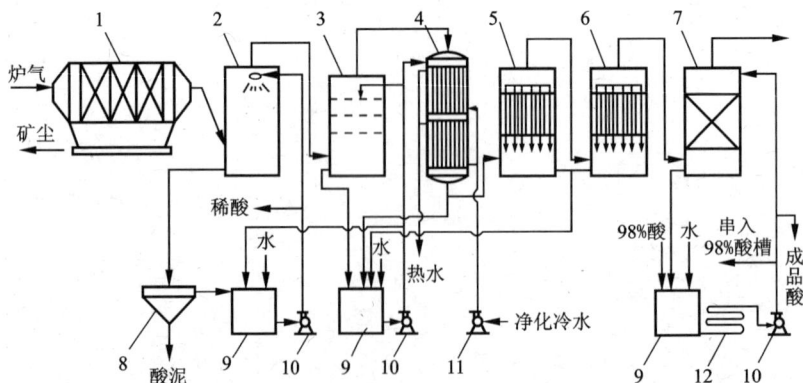

图4-1　某厂烟气净化系统绝热增湿酸洗流程

1—电除尘器；2—第一洗涤塔；3—填料塔；4—间接冷凝器；5、6—第一、二级电除雾器；
7—干燥塔；8—沉淀槽；9—循环槽；10—循环酸泵；11—水泵；12—浓酸冷却器

烟气净化主要是将固态或液态悬浮颗粒从气体中分离出去(或称气悬微粒的分离)。烟气的干燥则是用浓硫酸吸收烟气中的水分。在生产上,一般根据气体中含杂质颗粒的大小和生成的原因而分别称为尘和烟雾。用机械的办法将固体或液体的微粒分散于气体中,粒径比较大而且肉眼又能看得见的,叫做尘粒或液滴。粒径很小,肉眼看不见的粒子叫烟或雾。粒径在 5 μm 以上的,工业上定义为尘;粒径在 5 μm 以下的通称为烟雾。因此,炉气净化的原则遵循以下三点:炉气中悬浮微粒的粒径分布很广,在净化过程中应分级逐段地进行分离,先大后小,先易后难;炉气中悬浮微粒是以气、固、液三态存在的,质量相差很大,在净化过程中应按微粒的轻重分别进行,要先固、液,后气体,先重后轻;对于粒径不同的粒子,应选择相适应的有效分离设备。

4.1.1.1　烟气流线

来自旋风除尘器的炉气,含尘量为 6~20 g/m³(标),温度在 350℃左右,进入电除尘器。经过 3~4 个电场的连续作用,使炉气中的含尘量降到 0.6 g/m³(标)以下,温度降到 300~320℃。除下的灰尘沉积在电除尘器的底部灰斗内,由螺旋输送机或埋刮板运输机运出。因灰的含铁量较高,并含有各种有价金属,一般都将矿灰回收。自电除尘器出来的炉气,进入第一洗涤塔。为防止矿尘堵塞,一般采用空塔,用质量分数为 3%~10% 的硫酸喷洒洗涤。

炉气在进入第二洗涤塔时,气体中的杂质大部分含于酸雾中,温度一般在 60~65℃ 之间。因含尘量较低,不易堵塞,所以第二洗涤塔采用填料塔。用浓度为 5%~10%(质量分数)的硫酸淋洒洗涤。

炉气自第二洗涤塔出来,温度为 50~55℃,进入间接冷凝器,气体与从器顶部喷洒的 5% 左右的稀酸液从管内并流而下,冷却水走管外,使气体冷却到 40℃ 以下。炉气连续地经过两级串联的电除雾器,95% 以上的酸雾被除去,残存的极少量矿尘几乎被完全除净。出一级电除雾器时,酸雾含量一般可降到 0.03 g/m³(标)左右,出二级电除雾器时,酸雾含量一般可降到 0.005 g/m³(标)左右,通过视镜观察气体基本透明。

酸雾及三氧化二砷、氟化氢等杂质,在空塔、电除雾内大部分会被捕集并溶解在酸液之中。因此喷洒酸浓度会逐步增高,酸中砷、氟等杂质含量会逐渐增多。

炉气出第二级电除雾器进入干燥塔时,只含有与其温度相对应的饱和水蒸气,在干燥塔内与浓硫酸(92.5% 以上)逆流相遇,水分被浓硫酸吸收,炉气得到干燥,水分含量降低到 0.1 g/m³(标)以下,净化后的炉气即被鼓风机送往转化系统。

4.1.1.2　酸液流线

总体上各塔有各自的循环系统,彼此之间从浓度低的部位逐步向浓度高的部位连续不断地串入一定数量的酸。

第一洗涤塔的循环酸中含有大量的矿尘和三氧化二砷等杂质,从塔中出来后首先流到沉淀槽(或斜板沉降器、沉降管),沉淀下来的酸泥从底部间断放出,用于提取硒或经中和处理后运走,经沉淀后的酸液,从沉淀槽上部溢流出来到循环槽,再由酸泵打到第一洗涤塔的内循环使用。

第二洗涤塔出来的酸液,因含尘量较少,不会堵塞设备,所以无需沉淀,直接进入循环槽,由泵打至塔顶喷淋,循环使用。

电除雾器除下的酸液,其浓度与第二洗涤塔喷淋酸的浓度很接近或稍高些,一般都使其流入第二洗涤塔的循环槽内。

为了维持正常的操作条件，需要根据净化工序的水平衡，调节各塔循环酸浓度，通常要向系统中补加一定量的水。原料矿中砷、氟等杂质含量较高、循环酸液中砷含量 >5 g/L、氟含量 >0.2 g/L 时，为防止砷在酸液中析出堵塞设备和降低冷却效率，以及防止氟对瓷质衬里和填料的腐蚀，并保证洗涤酸液对炉气中的砷、氟的清除效率，应增加向系统外排放的稀酸量，开大补充水量，使循环酸浓度降低，直降到酸液中的砷、氟含量不超过上述指标为准。

4.1.1.3 流程特点

1）先蒸发后冷凝传热

高温炉气与循环洗涤酸液在接触过程中，由于炉气中水蒸气分压小于酸液温度下相应的饱和蒸气压，酸内水分蒸发，使炉气的显热转变为炉气中所增加的那部分水蒸气的潜热。所以，虽然炉气温度下降，显热减少，然而湿度上升，潜热增加，其热量基本上未被移走，构成了一种绝热降温过程。因此将该流程称为"绝热增温酸洗流程"或"绝热蒸发酸洗流程"，又有称作"气化法酸洗流程"。

2）采用间接冷凝器（间冷器）去除炉气的热量

这是这一流程的另一基本特点。炉气走间冷器的管内，冷却水走管外（管间），其传热过程为蒸汽和不凝性气体混合物的冷凝。这一传热过程主要受气膜控制，故在设计间冷器时在走气的一侧（即管内）设有 6～12 个长短不同的翅片，以强化传热过程。由于水蒸气冷凝过程的传热系数随炉气中湿含量的增加而急剧升高，所以，在间冷器前面的两个洗涤塔都采用绝热蒸发并用两种较稀的酸来洗涤，还在间冷器的顶部向下淋洒 5%～10% 的酸液（同时有防止管子堵塞的作用），以达到提高传热效率的目的。另外，在间冷器内，炉气温度降至露点以下，水蒸气不仅在器壁表面冷凝，同时也在酸雾颗粒表面冷凝，加速酸雾的凝聚和雾滴的沉降。由于酸雾在间冷器内粒径不断增大，其中有一部分便在器内被分离下来。分离效率随洗涤塔酸浓度的不同而不一样，一般是酸浓度低时分离效率较高。

4.1.2 SO₂ 烟气转化系统

转化流程按换热方式一般分为三大类型。

第一种类型：利用经过净化干燥的冷炉气或冷的干燥空气直接掺入转化气（经过一段或数段触媒转化后的气体统称转化气，这里不包括最末一段以后的转化气），起到热气降温、冷气加热的直接换热作用，称为"冷激式"流程。其中采用空气的称"空气冷激式"，采用炉气的称"炉气冷激式"。

第二种类型：利用热的转化气与冷的炉气通过管壁和板壁进行热交换，达到既加热炉气又冷却转化气的目的，称为间接换热式。其中将转化反应与换热过程分开分段进行的称为中间间接换热式，将转化反应与换热过程同时进行的称为内部换热式。中间间接换热式又分为两种：各段换热装置设在转化器内的称为中间间接内换热式，各段换热装置设在转化器外的称为中间间接外换热式。

第三种类型：气体冷却与中间间接换热式混用。

按其触媒段数来分，又大体上可分为二、一段式三段转化流程，三、一段式四段转化流程，二、二段式四段转化流程，三、二段式五段转化流程等四种，如按换热器配置和直接换热方式（冷激）来分，流程已多达十几种。

图 4-2 是某厂实际采用的一种转化工艺流程。即用出一层触媒的热量经Ⅰ换热器和出三层触媒的热量经Ⅲ换热器升温烟气后入一层，用出二层触媒的热量和出四层触媒的热量分别经Ⅱ换热器和Ⅳ换热器升温一吸来的烟气后入四层，这样共同完成两次转化，极大地提高了转化率。现在围绕提高转化率，节省换热面积及方便操作、调节等，两次转化工艺目前已有许多种流程。

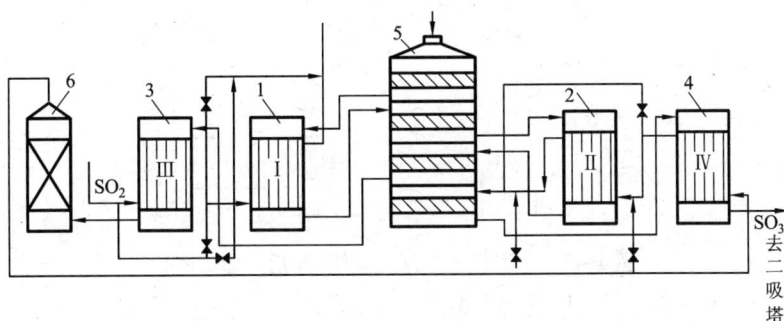

图 4-2　两次(3+1)式ⅢⅠ—ⅣⅡ转化流程
1—第一换热器；2—第二换热器；3—第三换热器；4—第四换热器；5—转化器；6—中间吸收塔

4.1.3　SO$_3$吸收系统

原料气的干燥任务是将清除了矿尘、砷、氟等有害杂质和酸雾的净化气体进行除水，使其中的水分含量达到一定的指标。水分在气体中以气态形式存在。浓硫酸是理想的气体干燥剂，干燥目的是将气体通过浓硫酸淋洒的塔设备来实现。

三氧化硫的吸收是接触法制造硫酸的最后一道工序，其任务是将转化工序送出的含三氧化硫气体，通过浓硫酸吸收，从而制得成品硫酸。

原料气的干燥和三氧化硫的吸收尽管是硫酸生产中两个不连贯的步骤。但是，由于这两个步骤都是使用浓硫酸作吸收剂，采用的设备和操作方法也基本相同，而且由于系统水平衡的需要，干燥酸和吸收酸之间进行必要的互相串酸，故在生产管理上将干燥和吸收过程归属于一个工序。

来自净化工序的原料气，进入干燥塔与由塔顶喷淋下来的浓度在92.6%~94.5%的干燥酸在塔内填料表面接触，经干燥后原料气含水分≤0.1 g/m^3(标)，进入主鼓风机。从转化工序来的一次转化气进入中间吸收塔，与塔顶喷淋下来的浓度在97.8%~98.7%的吸收酸在塔内填料表面相接触，转化气中三氧化硫被吸收酸吸收，吸收后的二氧化硫气体返回转化工序进行二次转化。来自转化工序的二次转化气进入最终吸收塔，与塔顶喷淋下来的吸收酸在塔内填料表面相接触，吸收三氧化硫后的尾气由尾气烟囱放空。

干燥塔、吸收塔的淋洒酸分别吸收了原料气中的水分和转化气中三氧化硫后，浓度分别下降和提高。借相互串酸和补充工艺水，以维持干燥、吸收酸浓度不变。多余的酸作为产品送往酸罐贮存。图 4-3 为干燥吸收工序流程图。

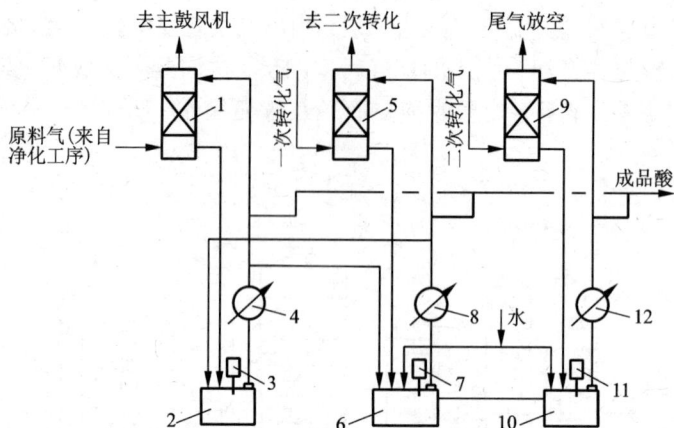

图 4 - 3　干燥吸收工序流程图(泵后冷却串酸)

1—干燥塔；2—干燥酸循环槽；3，7，11—浓酸泵；4，8，12—酸冷却器；
5—中间吸收塔；6，10—吸收酸循环槽；9—最终吸收塔

4.2　主要设备

1)电除尘器

电除尘器是利用电场进行除尘的装置，是硫酸净化系统中的主要设备之一。电除尘器可分为立式和卧式。大型电除尘器一般为卧式。整个电除尘器通常由 2 ~ 4 个电场组成。被净化的炉气依次通过各个电场，称为一个通道。主要构成部件包括电晕极、沉降极、气体分布板、振打装置、壳体、排尘装置和供电装置等。

2)空塔

空塔形式主要有两种，即并流式和逆流式。逆流式空塔使用较为普遍。

空塔外壳为 10 mm 左右钢板焊制成的圆筒，平底锥形顶盖，下部为气体进口，顶部为气体出口，并在顶部、中部设有喷洒器。

为防止稀 H_2SO_4 腐蚀，塔壁结构依次为钢壳、1.5 mm 厚石棉板两层、3 ~ 4 mm 厚铅板一层，耐酸瓷砖厚 113 mm。

由于气体及喷淋液从塔顶进入，因此对空塔顶部材质要求较高，主要采用扛火石或石墨砖，液体喷嘴采用特殊结构形式，使液体分布呈抛物面形式。

3)动力波洗涤器(高效洗涤器)

(1)工作原理。气体自上而下高速进入洗涤管，洗涤液通过特殊结构的喷嘴自下而上逆向喷入气流中，气液两相高速逆向对撞，当气—液两项的动量达到平衡时，形成一个高度湍动的泡沫区，气—液两相呈高速湍流接触，接触表面积大，而且这些接触表面不断地得到迅速更新，达到高效的洗涤效果。

(2)动力波洗涤器基本结构及特点。动力波洗涤器类型不同，结构也不完全相同。主要由喷嘴、逆喷管、集液槽、溢流堰和过渡段组成。喷嘴由聚四氟乙烯制作；逆喷管由 FRP(纤维缠绕玻璃钢)制作，其上为溢流堰，有循环液引入其中，通过溢流，在逆喷管内壁形成一层

液膜，以保护高温下的 FRP 设备，同时还能消除可能出现的灰尘在管壁的黏附。集液槽为整体玻璃钢制作。

动力波洗涤器设有应急水系统，在供液量不足时，会自动打开应急水阀，一方面向溢流槽供水，另一方面通过一个事故喷嘴继续喷水，在仍有部分高温烟气进入系统期间使设备受到保护。

动力波洗涤器有以下突出优点：

①净化效率远高于空塔、填料塔等传统设备，尤其对脱除亚微子更为有效；

②设备结构简单，可靠性高，不易损坏，不会堵塞，操作维护简单，运转周期长；

③设备外形小巧，节省投资和占地；

④配置灵活，允许气量的变化范围宽(50% ～ 100%)。

4)填料塔

用于干燥和吸收，是一直立圆筒，由钢板焊制而成，并设有气体进、出口，塔壁上设有防腐衬里，塔上部设有高位槽和分酸装置。分酸装置以下到气体进口以上为填料层及其支撑结构。

填料塔结构的差异主要体现在分酸装置上。分酸装置有 3 种结构形式：一是管式分酸器，二是槽管式分酸器，三是离心喷嘴形式。目前离心喷嘴形式已较少使用。新设计的填料塔大都采用新型多层槽管式分酸器，其分酸点密度可达 36 个/m^2，填料高度可以降低。

现在新建的塔，多采用瓷质球拱和大条形瓷砖拱，开孔率为 60% ～ 70%，方便砌筑、不易损坏，有较多的优越性。

5)间冷器和板式换热器

间冷器是间接冷凝器的简称，分石墨和铅制两种。由于石墨间冷器易裂开损坏及实用传热系数比铅间冷器小 20% 左右，故近年来间冷器以采用铅间冷器为多。铅间冷器传热系数一般为 160 ～ 210 W/($m^2 \cdot$ K)，石墨间冷器传热系数一般在 110 ～ 170 W/($m^2 \cdot$ K)。

间冷器外壳及器内挡板一般用 A_3 钢制作。上下气室过去一般用钢板衬铅，现通常用工程塑料制作，外用玻璃钢增强。上、下花板，铅间冷器采用钢板搪铅再与铅管焊接，石墨间冷器采用石墨酚醛树脂将石墨管板与石墨管黏结起来。铅管一般为 $\phi50 \sim 70$ mm，内翅片有 6 翅和 12 翅两种；石墨管用的较多的是 $\phi22$、$\phi32$ mm 管。考虑到设备热膨胀，本体的一头与管板用固定法兰连接，另一头则做成浮动式的用垫料密封。管内走气体，管外走冷却水。

板式换热器是由紧压型薄板组装而成的换热设备，多为长方形。板片材质以耐稀酸的 SMO254 材料为主，板四角开孔，作为冷热流体的进出口。板的四周以垫片密封，材质通常为增强三元乙丙橡胶，角孔周围也有垫圈，兼起密封与冷热流体的分配作用。两种流体在由薄板组成的流道中流过，逆流进行换热，现主要有单边流和对角流两种形式。

6)电除雾器

电除雾器主要有铅电除雾器、导电 FRP 电除雾器和 PVC 电除雾器。电除雾器常见的均为立式结构，主要由电晕极、阳极管(或板)、上下气室和供电系统组成。

7)管壳式阳极保护冷却器

阳极保护是电化学防腐蚀技术之一，它基于金属的阳极钝化性的。钝化性机理到目前为止有两种：一种是氧化膜理论，认为钝化了的金属，其表面被一层氧化膜覆盖，膜的稳定性很高，从而保护了金属；另一种是吸附理论，认为金属在钝化时，其表面吸附了一层氧的原子(或其他原子),并饱和了金属表面原子的活泼价,或者是被金属中的电子所离子化而形成双电层的结构,因此阻滞了金属阳极溶解过程,使腐蚀速率降低。

阳极保护酸冷却器的防腐机理,可以概括为:当被保护的金属设备,通以阳极电流时,在金属表面形成一层高阻抗的钝化膜,从而阻止了金属的进一步腐蚀。

管壳冷却器是单程列管式,可竖立或水平放置,现多用卧式。管壳和管板用 304L 不锈钢制造,外喷涂碳锌保护层。管材是 316L 不锈钢,管束通常为 $\phi12.5 \sim 19$ mm、厚 1.5 mm 左右,管长一般是 9144 mm。折流板也用 316L 不锈钢制作,其他管件、法兰、支座用 304L 不锈钢。硫酸走管侧,水走管程。

主阴极设在冷却器内,轴向贯穿整个冷却器,通过酸水两侧,一般一台冷却器只设一根,大的冷却器要设两根或更多些。其作用是通过硫酸与阳极本体构成回路,保持阳极电位。主阴极的材料为合金制造,外套氟塑料的多孔套绝缘,要有一定的强度和刚度,活动自由。

控制系统主要由参比电极、控制器、供电箱等组成。参比电极,一般是采用两支铂电极,一支作控制用,一支用作辅助监控。参比电极必须浸没于酸中,但需与冷却器本体有良好的绝缘,故外包有 F_{46} 绝缘层。控制讯号由控制电极提供。控制器有显示、监控和调节作用。其中调节参比电极的电位,是保证恒电位控制的关键,一般安装在操作室内。

8)转化器

转化器的内部构件有两种:一种是以铸铁和耐热铸铁为主要材料的结构;另一种是以普通钢材和小量耐热不锈钢为主要材料的结构。

以铸铁件为主要材料的结构,大多设计为 7 根立柱(也有只设计 1 根立柱的)。立柱和壳体同时起支撑作用,篦子板和隔板安装在立柱和壳体之间,立柱和篦子板是铸铁件,而隔板则采用薄钢板 4 mm,近年多采用 $3 \sim 4$ mm $304^{\#}$ 不锈钢。

以钢材和少量耐热不锈钢材为主要材料的无立柱的结构,较适用于小型的转化器。其中应特别注意第一段催化剂层的篦子板,因其操作温度达 600℃,普通钢材在高温下的强度显著减弱,使用一段时间后,会引起中部下陷,严重时将产生篦子板塌落。

转化器内壁及内件应采取防高温腐蚀措施,壳体多采用纤维砖或火砖内衬,顶盖内表面,气体分布板、隔板、托板等表面,均应喷铝 $0.2 \sim 0.3$ mm 厚或采用不锈钢制成。

9)换热器

换热器更新换代较快,先后有双圆缺型、碟环式、无折流板式和急扩加速流空心环管壳式等新型低阻高效换热器。换热管采用缩放管,可强化管内介质的传热过程,配套特殊的换热管支撑结构,气体流向顺畅,阻力小,总传热系数可达 $30 \sim 35$ W/(m²·K)。

4.3 操作技术条件的控制及技术经济指标

4.3.1 操作技术条件的控制

4.3.1.1 净化工序

净化工序主要介绍进干燥塔炉气温度的调节。在一定炉气量下,炉气温度的变化主要是由进入净化工序时的炉气温度、水蒸气含量和净化循环酸量、酸温等所决定的。因此,要从上述影响的因素来着手控制炉气温度,具体办法如下:

联系流态化炉岗位，调节流态化炉出口的炉气温度；联系原料岗位调整入炉原料的含水量，对用喷水的办法调节炉温的流态化炉，还要调整喷水量，将炉气湿含量控制在一定范围之内；联系废热锅炉岗位调整振打强度，控制炉气进电收尘器时的温度，使其保持在一定范围之内。加强振打，则炉气温度下降，反之则上升；调节第一、二洗涤塔的循环酸量，改变出塔酸带走的热量。水洗流程则是调节新鲜水量和部分循环水量。一般情况下，增加循环酸量可使炉气温度下降，反之则上升。水洗流程增加新鲜水量会使炉气温度下降。调节稀酸冷却器或间接冷凝器等冷却设备的冷却水量，通过控制循环酸的入塔温度或炉气的间接冷却，实现对炉气温度的控制；加强对冷却设备的清洗，如板式换热器、间接冷凝器等，使冷却设备的传热系数保持在设计范围之内，可获得较好的冷却效果。夏天或生产负荷较大时清理次数一般要适当增多，反之可酌情减少。调整脱气塔气体送入的部位。在干燥塔进口送入，则干燥塔入口的炉气温度会增高，在第二洗涤塔进口送入，对干燥塔进口的炉气温度就无甚影响。

4.3.1.2　转化工序

转化工序操作条件主要有转化反应的操作温度、转化反应的进气浓度和转化器的通气量。这三个条件通称为转化操作的"三要素"。

1）转化反应的操作温度

转化反应的温升情况：转化反应过程中放出的热量，使气体温度升高，它与气体中二氧化硫含量有关。每段转化后气体温度升高情况可用下式计算。

$$t = t_0 + \lambda(x_T - x_0)$$

式中：t 为出触媒层气体温度，$\mathrm{℃}$；t_0 为进触媒层气体温度，$\mathrm{℃}$；x_T 为出触媒层的转化率；x_0 为进触媒层的转化率；λ 为绝热系数（在绝热反应过程下，由开始的气体组成而决定的系数），相当于转化率从 0 增加到 100% 时的气体温度升高数。

采用平均温度为 500$\mathrm{℃}$，转化率为 50% 时，算得 SO_2 浓度与 λ 值的关系，如表 4 - 1。

表 4 - 1　SO_2 浓度与 λ 值的关系

SO_2 浓度/%	2	3	4	5	6	7	8	9	10	11	12	20
λ	59	88	117	145	173	200	226	252	278	303	328	506

二氧化硫气体在触媒的作用下反应放出的热量，既没有移走，也没有损失（无热损），全部用于加热触媒和反应气体本身，这个过程一般称绝热反应过程。气体温度的升高，如表 4 - 1 中所列数值叫绝热温升值（习惯上称温升值）。知道了这个绝热温升值，可以帮助我们判断转化率和温度的数值是否正确。

转化反应的最适宜温度：根据前面所述的转化反应的物化原理和触媒的特性，选择转化操作的温度，应符合以下三个要求：

①要保证获得较高的转化率；

②要保证在较快的反应速度下进行转化，以尽量减少触媒用量，或在一定量的触媒下能获得最大的生产能力；

③要保证转化温度控制在触媒的活性温度范围之内，即应将转化反应温度控制在触媒的

起燃温度之上、耐热极限温度之下。

2)转化反应的进气浓度

进入转化器的二氧化硫浓度是控制转化操作中的最重要的条件之一,它的波动将引起转化温度、转化率和系统生产能力的变化。在一定触媒用量和一定通气量下,转化反应能否最有效地进行,主要是取决于二氧化硫浓度的平稳性,通常保持其浓度≥6.5%。

4.3.1.3 吸收工序

1)炉气干燥过程中要考虑的因素

(1)炉气温度和含水量。炉气经过干法除尘、洗涤降温和除雾以后,尘、氟、砷等杂质一般均达到了规定指标。但炉气中的水分却增加了,一般达到了饱和状态。炉气中的水分含量与炉气温度有关,温度愈高其水分含量就越多。具体含水量 $G_0(\text{kg/m}^3)$ 可用下式计算:

$$G_0 = \frac{18}{22.4} \times \frac{p_{\text{H}_2\text{O}}}{p - p_{\text{in}} - p_{\text{H}_2\text{O}}}$$

式中:$p_{\text{H}_2\text{O}}$ 为在一定温度下的饱和水蒸气压,kPa;p 为大气压力,kPa;p_{in} 为干燥塔入口操作压力,kPa。

(2)干燥时的硫酸浓度和温度。一般根据 4 个因素来确定干燥炉气用的硫酸浓度和温度:

①硫酸液面上的水蒸气分压要小,保证经干燥后的炉气含水量小于 0.1 g/m³(标);

②在干燥过程中尽量少产生酸雾或不产生酸雾;

③在干燥过程中对水的吸收速度要快,需要的吸收面积要小;

④对二氧化硫气体溶解要少,尽量减少炉气中二氧化硫的损失。

硫酸液面一般有水蒸气、硫酸蒸气和三氧化硫等三个组分。组分的含量通常以其蒸气压的高低或以浓度[(g/m³)(标)]来表示。这三个组分的多少,主要与硫酸浓度和温度有关。浓度低于 85% 的硫酸,在 100℃ 以下,硫酸液面上的硫酸蒸气和三氧化硫很少,实际上可认为只存在水蒸气。浓度超过 85% 以后,随着酸浓度的升高,硫酸蒸气的含量逐渐增加,水蒸气含量在逐渐减少。要待酸浓度达 94% 时,温度在 100℃ 情况下,硫酸液面上才会出现微量 SO_3。

硫酸浓度对水蒸气的干燥速度也有一定影响,由于硫酸液面上的水蒸气分压随着酸浓度的增高而降低,所以酸浓度越高,干燥炉气中水分的推动力越大,干燥水分的速度也越快。若所需干燥水分一定,速度快就可减少干燥塔内的填料面积。但是,硫酸浓度愈高,硫酸液面上的硫酸蒸气分压愈高,就愈容易生成酸雾,而且生成的酸雾粒子愈细。同时,温度愈高,生成的酸雾也愈多,从理论上推算,湿炉气进入干燥塔底部与硫酸蒸气混合后,露点在 150℃ 左右,而炉气和酸的温度都远低于这一温度,所以硫酸蒸气在干燥塔下部几乎全部变成酸雾。因此,硫酸浓度越高,温度越高,硫酸蒸气含量就越大,产生的酸雾就越多、越细,如表 4-2 所示。

表 4 - 2　硫酸浓度、温度和产生酸雾量的关系

喷淋硫酸浓度 /%	酸雾含量/(g·m⁻³)（标）			
	40℃	60℃	80℃	100℃
90	0.0006	0.02	0.006	0.023
95	0.003	0.011	0.033	0.115
96	0.006	0.019	0.056	0.204

另外，在硫酸浓度超过93%以后，浓度愈高，温度愈低，溶解的二氧化硫就愈多，随干燥塔的循环酸一起带出的二氧化硫损失也愈大，如图4-4所示。所以，一般工厂都把干燥炉气的酸浓度确定为93%，入塔酸温度控制在35～45℃之间。此种酸的结晶温度比较低，为-27℃，对冬季的硫酸生产和贮存运输很有利，这也是硫酸浓度选用93%的原因之一。为了保证干燥效率和控制酸雾的生成量，出塔酸浓度比进塔酸浓度一般降低0.3%～0.5%，酸温升高15～20℃。某厂生产中控制干燥炉气的酸浓度92.6～94.5%，入塔酸温度≤45℃。

经干燥后的炉气中残余的水分，与转化生成的三氧化硫结合为硫酸蒸气，在进入吸收塔时生成酸雾。从排气烟囱可观察到，当干燥后炉气中水分含量在0.1 g/m³（标）以下，吸收率达99.95%时，尾气的颜色是很浅的。如果水分含量增高，尽管吸收效率仍然很好，吸收塔顶排出的就是白烟。为了便于说明问题，假定干燥后的残存水分全部变成酸雾，可算出最大的酸雾生成量，见表4-3。

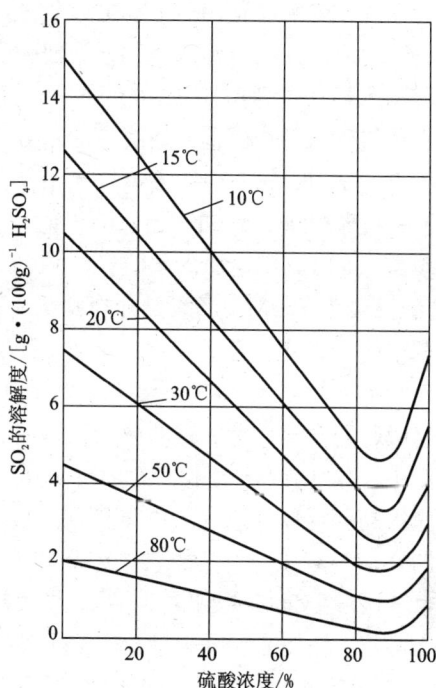

图 4 - 4　SO_2 在硫酸中的溶解度

表 4 - 3　干燥后炉气中不同水分含量时可能生成的最大酸雾量

干燥后水分/(g·m⁻³)（标）	0.05	0.10	0.15	0.20
水分全生成酸雾量/(g·m⁻³)（标）	0.306	0.005	0.908	1.21

炉气中水分含量不同，经转化后硫酸蒸气的露点就不同。随着干燥后水分含量的增高，可能生成的酸雾数量变大，露点温度升高，如表4-4所示。

表 4-4   不同水分含量下转化后气体中硫酸蒸气的露点

炉气含水/(g·m⁻³)(标)	0.1	0.2	0.3	0.4	0.5	0.6	0.7
硫酸蒸气露点/℃	112	121	127	131	135	138	141

2) 影响三氧化硫吸收效率的主要因素

(1) 硫酸浓度的影响。从相平衡的观点看,吸收酸的浓度在98.3%时吸收SO_3最完全,因为此时硫酸液面上的水蒸气压力最低。浓度低于98.3%的硫酸液面上有水蒸气和少量硫酸蒸气存在,在吸收含SO_3气体混合物的同时,气体中SO_3与水蒸气相互作用生成硫酸蒸气。硫酸蒸气生成后,气相流的蒸气分压便大于酸液面上硫酸蒸气压力,此时硫酸蒸气会被酸吸收。由于水蒸气与SO_3作用,故气体中水蒸气含量就会减少,使气相中水蒸气分压比酸液面上的水蒸气压力低。因此,酸液中的水分不断地向气体中蒸发。当水的蒸发速度大于硫酸蒸气的吸收速度时,气相中硫酸蒸气含量便不断增多,直至超过其饱和含量,于是产生硫酸蒸气过饱和现象。如过饱和度超过临界值,则硫酸蒸汽将会凝结成酸雾。硫酸浓度越低,淋洒酸温越高,则由其中逸出的水蒸气越多,生成的酸雾就越多。实践证明,用浓度大大低于98.3%的硫酸吸收SO_3时,当酸温升高到某一数值(临界值),水的蒸发速度会大到足以使水蒸气和气相中的二氧化硫全部结合成酸雾,使吸收过程完全终止。

硫酸浓度高于98.3%的硫酸,液面上有硫酸蒸气和三氧化硫蒸气存在,三氧化硫便不能被它吸收完全。因此,一部分SO_3会随尾气排出,与大气中水蒸气化合,形成酸雾。在实际生产中,不可能在整个吸收过程中自始至终保持同一硫酸浓度。硫酸吸收了SO_3之后,浓度相应提高。这就要求吸收酸浓度保持在某一允许的范围而不是某一个浓度。因此喷淋酸浓度控制在98% ~98.3%,出塔酸浓度即使达到99%也是允许的。

(2) 吸收温度的影响。影响吸收温度的主要因素是酸温和气温。

① 酸温。任何浓度的硫酸,随着酸温的升高,液面上的三氧化硫、水蒸气、硫酸蒸气的平衡分压都相应增加。对吸收过程来说,在进塔气体条件不变的情况下,随着酸温的不断升高,推动力越来越小,与酸浓度升高一样,酸温无限制地升高也会出现液面上三氧化硫的平衡分压(p_{SO_3})和进塔气体中三氧化硫分压相当,这时三氧化硫的吸收过程停止,吸收率等于零。因此,三氧化硫的吸收是否完全,在很大程度上取决于吸收过程的温度,主要取决于硫酸的温度。温度低,则吸收过程进行得完全,吸收率高。

② 进塔气温。从气体吸收的情况看,进塔气温控制得低一些对吸收率有利。但对三氧化硫来讲,它是有限度的,进塔气温不能太低,否则,需增大气体冷却设备和动力消耗,且在低于露点温度时会产生酸雾,引起吸收率下降并造成烟害和设备腐蚀。

因此,为了达到较高的吸收率,必须在操作上对影响吸收温度的因素实行控制,通常的办法是:调节进塔气温、进塔酸温和喷淋酸量等,目前各生产厂进塔酸温多数控制在60℃左右,进塔气体温度多数控制在160℃左右,出塔酸温为80℃左右,出塔气体温度为65℃。某厂实例:控制进塔酸温≤65℃,出塔酸温在85℃左右,出塔气体温度为80℃。

(3) 循环酸量的影响。循环酸量过小,则吸收酸浓度被提高的幅度大,温升也过高;循环酸量过大,则增加流体阻力,增大动力消耗,还会造成液泛现象。循环酸量的大小在设计时是根据液气比(指被吸收的SO_3量与喷淋量之比)选定的,在生产上通常以喷淋密度来表示。我国各硫酸厂喷淋密度多数控制在 $15 \sim 25 \ m^3 / (m^2 \cdot h)$。

（4）气流速度和设备结构的影响。所谓气流速度，是指在单位时间内，气体通过塔截面的速度，单位为 m/s，又称此为空塔气速，也称操作气速。不同塔型的操作气速是不同的，操作气速由传统的 $0.8 \sim 1.4 \ m/s$，发展到现在的 $1.8 \sim 2.5 \ m/s$。通过消化吸收引进技术，干吸设备已得到一定程度的强化：分酸装置采用管槽式分酸器，分酸点密度超过 40 个/m²，采用 SX 或 ZeCor，或 316L 材质的阳极保护管槽式分酸器；干燥塔设置了合金材质丝网除沫器，新设计也有采用玻璃纤维或特氟龙丝与合金交织缠绕的组合式除沫器，吸收塔除雾装置普遍采用进口烛式纤维除雾器；填料支撑结构有改用条梁来降低塔高度的，新设计的干吸塔塔底结构为蝶形底，底部出酸，干吸塔的操作气速大幅度降低，塔径缩小，填料高度降低 30% 以上。

4.3.1.4　尾气处理

目前世界各国对尾气的处理，概括起来有以下 3 个方法。

1）建筑高烟囱扩散稀释

将工厂排出的含有二氧化硫的尾气从相当高度的烟囱中排出，利用自然扩散稀释，使降到地面上任何地点的二氧化硫浓度低于最高容许浓度。烟囱高度根据排出的二氧化硫绝对量及当地的气象条件，按地面最高容许浓度与烟囱有效高度的平方成反比关系的公式计算而定。

2）尾气脱硫

这是目前国内外研究得最多，也是比较积极的、有前途的方法。由于尾气中的硫是以二氧化硫的形式存在的，因此脱硫技术相对来讲是比较简单的。但因尾气量很大，二氧化硫浓度又非常低（大多在 0.5% 以下），属于工业回收不经济的范围，所以此法的技术进展不够快。

尾气脱硫的方法，大致分为两类：一类是湿法，即采用液体吸收剂如水或碱性溶液等来洗涤尾气以除去二氧化硫；另一类是干法，即采用粉状或粒状吸收剂、吸附剂或催化剂以除去二氧化硫。

3）减少尾气中二氧化硫的生成量

硫酸工业采用两转两吸流程，使排放尾气的 SO_2 浓度从原来的 $(2000 \sim 3000) \times 10^{-6}$ 降到 500×10^{-6} 以下，降低了尾气中二氧化硫含量的绝对值。一般情况下这种硫酸厂排放的尾气就可以直接用高烟囱排空了。

除此之外，我们在选择尾气处理方法时，还必须考虑以下条件：技术上可以达到国家规定的尾气排放的控制标准（见表 4 - 5）；投资和操作维护费用较省；操作简单可靠，运行周期长；有一定的操作弹性，能适应尾气浓度和气量的一定变化；原料容易得到，副产品有销路；流程设备简单，占地少，安装和检修时不影响正常生产；不会引起二次污染或危害，并能在国家未来提出更严格要求时作进一步的技术改进。

4.3.2　技术经济指标

1）净化收率

净化收率是指炉气在净化过程中硫的收率。水（或酸）洗净化流程时，炉气中的 SO_3 和一部分 SO_2 溶解在水中而造成硫的损失，排放的洗涤水（称为污酸水）中所含的 SO_2 折合成硫酸与由 SO_3 生成的硫酸用总酸度来表示。污酸水的总酸度越高，净化中损失的硫量就越大，净化收率就越低。一般可达 98% ~ 99%。

表 4 – 5　铅、锌工业大气污染物最高允许排放浓度

序号	污染物	污染源	最高允许排放浓度/$(mg \cdot m^{-3})$	
			现有污染源	新建污染源
1	颗粒物	粗铅冶炼	100	50
		铅精炼	50	10
		锌冶炼	100	50
		干燥窑	200	50
		其他	100	50
2	二氧化硫	制酸	960	800
		其他	1000	600
3	酸雾	所有	45	35

2)干燥效率

干燥效率指干燥塔干燥进入转化器的气体中水分的效率。一般可达 $0.08 \sim 0.1 \ g/m^3$（标）。

3)转化率

转化率是指在转化过程中已反应了的二氧化硫与起始二氧化硫总量的百分比。两转两吸流程最终转化率可达 99.5% ~ 99.6%（使用国产催化剂）。

4)吸收率

正常生产中，SO_3 吸收率可达 99.95% ~ 99.98% 。

5)产酸率

又称采酸率，表示制酸原料中用于制酸部分的百分比。若在制酸生产中无其他中间产品，则产酸率即为硫酸硫利用率。某厂采用净化工序绝热蒸发封闭稀酸洗，接触法转化工序采用两转两吸(3 + 1)换热流程的系统，产酸率可达 94% ~ 95% 。

第 5 章　团矿制备

5.1　工艺流程

5.1.1　制团目的及团矿要求

竖罐蒸馏炼锌所用的原料是由死焙烧矿和碳质还原剂作为主要成分的，但它们必须是团矿形式。竖罐炼锌法得以实际应用正是由于成功地解决了团矿制备问题。良好的团矿在整个蒸馏过程中保持完整，增强了炉料间热能传递和底部送风顺畅，有利于炉料间隙中气体扩散，从而促进了氧化锌的还原。否则，团矿蒸馏后成为粉碎物，使罐内阻力增大，底部风送不上去，锌蒸气无法在团矿表面扩散，阻滞还原反应进行，残渣含锌高，还会使罐体漏率增加、寿命缩短。

竖罐蒸馏过程对团矿的基本要求如下：

（1）在常温与高温操作过程中要有足够的机械强度（抗压性、耐磨性及抛高度等），使生团矿在运输搬运过程中不破碎，同时在焦结与蒸馏过程中亦不破碎，使蒸馏残渣保持完整，提高蒸馏效率，降低竖罐炼锌的单耗。

（2）要有良好的冶金性能，多孔隙，从而保证良好的透气性及导热性，使锌能最快地、最完全地还原出来并导出罐外，以降低残渣含锌，提高冶炼总回收率。

（3）要有良好的还原性能，保证氧化锌得到充分还原，并在不使低熔点杂质黏附和侵蚀罐壁的条件下，使用最少量的还原剂煤。

（4）具有合适的形状和尺寸。

（5）含水分较少，外干内湿，即外层要有明显的干燥层，并能够抗击运输过程的摔打，不碎。

5.1.2　制团的工艺过程

制取完全符合上述要求的团矿，主要取决于煤种的选择，焙烧矿与煤的合理配比、较好的粒度组成、黏合剂的选择和用量、原料的均匀混合、碾磨程度、成型方式以及合理的干燥条件等。

图 5 - 1 为国内某厂近期改建采用的制团工艺流程，其特点主要是：

（1）采用润式棒磨机，实行煤、矿、黏合剂同进棒磨机，取代了原有磨矿的球磨机、碎煤的打煤机、粉煤筛分机和筒式混合机，实行一机多用。并部分代替了轮碾机的功能，减少了轮碾机的台数，简化了流程，节省了电能。

（2）采用电子秤计量和电子计算机控制配料，使工艺条件稳定。

（3）减少了扬尘点，消除了球磨机的噪音，改善了劳动条件。

(4)当还原煤水分低于6%时,省略煤的干燥工序。

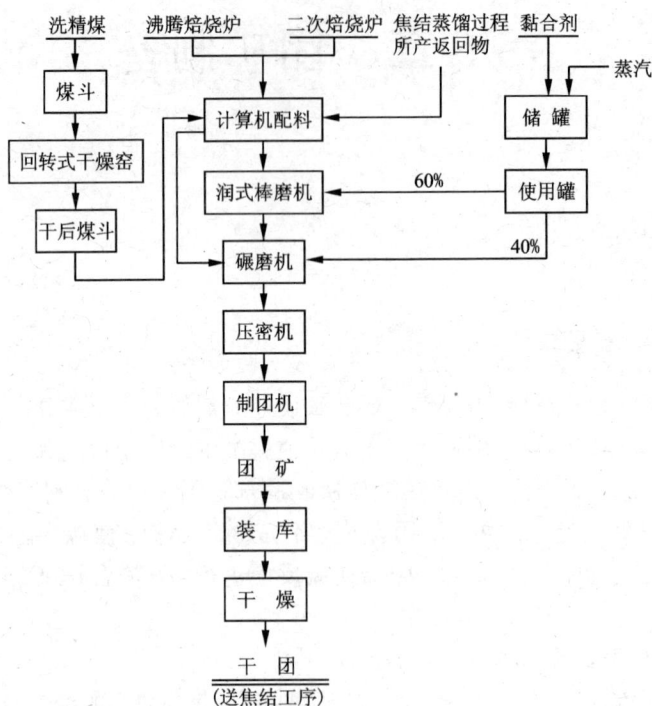

图 5－1　制团工艺流程简图

5.2　主要技术条件及操作

5.2.1　使用原料

　　团矿的原料有焙砂、还原煤、中间返回物、含锌物料(熔铸电镀产生的氧化锌渣子、次氧化锌等)按一定比例配入和精选的黏合剂,在棒磨机混合破碎、再经碾磨机(加一定量黏合剂)、压密机和制团机等设备压制而成。这些原材料的成分、粒度、性质和加工条件的选择,都与团矿质量密切相关。

　　选择焦结性能好的还原煤与焙砂混合压团,是保证团矿强度的关键。因为在团矿的焦结过程中,还原煤中的碳在焦结团矿中起着支撑整个团矿的骨架作用,所以加入团矿中的还原煤在400～450℃下应有很好的流动性,以便在焦结过程中形成液相,把团矿中的矿粒紧密包住,使生团矿在焦结过程的高温下变为具有强硬的焦炭结构的交界团矿。同时还原煤应该含有适当的挥发物,挥发焦结后在团矿内部留有许多孔隙,使其具有很好的透气性。

5.2.1.1　焙烧矿的准备

　　流态化焙烧矿(氧化矿)和二次焙烧矿(二次矿)组成的混合矿,其化学质量标准如表 5－1 所示。

　　物理质量:氧化矿粒度小于 20 mm,堆密度 1.65～1.78 g/cm³,二次矿粒度小于 50 mm,堆密度 1.90～2.28 g/cm³。物料中无杂物,含水量小于 1%,温度小于 100℃。

表 5 - 1　混合矿化学质量标准（%）

元素	Zn	Pb	Cd	S
氧化矿	>56	<1	<0.05	<0.6
二次矿	>50	<2	<0.07	<1.0
混合矿	>54	≤1	≤0.07	≤1

5.2.1.2　中间返回物

竖罐蒸馏产出的中间返回物包括焦结返粉、焦结烟尘、蓝粉、锌粉和氧化锌尘等。按其相近性质分为两种，即焦结返粉和其他含锌物料。

（1）焦结返粉，此种返粉包括焦结烟尘，是数量最多的含锌物料，约占蒸馏使用团矿量的 5%。

（2）其他含锌物料，一般包括蓝粉、锌粉，约占团矿量的 5%。

（3）氧化锌尘、氧化锌渣子、次氧化锌等，约占团矿量的 4%。

上述物料含锌一般高于 40%。次氧化锌堆密度小，在 1 g/cm^3 以下，经圆筒制粒，而后经回转窑烧结成密度大于 1.6 g/cm^3 的粒料，效果会更好。上述各种物料混配在一起，构成中间返回物，质量标准：锌品位 >50%，含水 8% ~ 14%，没有明锌等杂物。

5.2.1.3　还原煤

还原煤的优劣对团矿的物理特性及蒸馏还原效率有直接影响，竖罐蒸馏所有的还原煤必须同时具有焦结性强、固定碳高、灰分低、熔点高、含硫少、含挥发物适量等特性。因在焦结时煤能在团矿内部产生一种有效地包围焙烧矿和其他混合物颗粒的液相，高温下转变为结合力强的焦炭结构，从而使团矿具有坚硬、耐压、耐磨、抗撞击和多孔的性能，以满足生产要求。因此，对还原剂煤的选择十分重要。煤种的选择通常根据实验确定，不同煤种焦结抗压力不同。不同煤种和不同混合配煤，有不同的特点。竖罐炼锌用还原剂煤按下列要求选用。

（1）焦结团矿的高强度主要靠煤的焦结性起作用，因此要求有一定焦结性的煤做还原剂。

（2）膨胀性与收缩性。各种煤的最终收缩度（X）与最大胶质层厚度（Y）不一样。当 X 值大时，则收缩性大，对团矿影响不大。但 Y 值大时，则煤的膨胀性大，促使团矿产生裂纹。但煤的膨胀性又与灰分有很大关系。当加入 60% 左右的焙烧矿后，可克服煤膨胀性大的影响。

（3）固定碳。对同一种焦煤，一般含固定碳高的比含固定碳低的焦结性要好。利用焦结性好、固定碳高的煤配料时，不仅可以降低煤耗，提高矿中碳的含量，保证团矿高锌品位，降低团矿单耗，而且对提高还原效率及阻止罐内形成熔渣也有益处。

（4）灰分。灰分高的煤不但焦结性差，而且增加了团矿中造渣杂质 CaO、MgO、Al_2O_3、SiO_2 的含量，降低了燃料的发热值和团矿的锌品位。灰分熔点低时易形成熔渣，严重时影响操作进程。因此选用煤时，煤的灰分熔点应大于 1250℃。

（5）挥发物。可造成团矿多孔性，对蒸馏有利，也有利于焦结废气余热发电。但挥发物多的煤一般焦结性差。国外的竖罐炼锌厂选用肥煤为还原煤，取得较好效果。我国采用主焦煤与肥煤混配，效果更佳。

（6）水分。还原煤一般含水 8% ~ 12%，经干燥后，含水小于 2.5%。如水分高，不仅破碎困难，还影响黏合剂的加入，成团率低。

近年来发现，最大胶质层厚度(Y)过小(在 18 以下)，对生产影响甚大。料在罐内反应后，强度下降，破碎后阻力增大，残渣含锌高。

洗煤质量标准：

①化学质量：固定碳 >59%；挥发分 26% ~29%；灰分 <13%；灰分熔点 >1250℃；焦结性≥6；收缩度 $X = 20 ~ 25$ mm；胶质层厚度 $Y = 23 ~ 27$ mm；转鼓率 $G > 80$ mm；

②物理质量：存放期不超过 3 个月，粒度 <30 mm，水分≤12%，无其他杂物。干燥后含水≤2.5%。

5.2.1.4　黏合剂

黏合剂用来提高团矿的物理质量，增强团矿抗挤压、抗摔跌能力。

质量标准：密度，常温下大于 1.28 g/cm³；固形物大于 44%；灰分 <22%；Cl⁻浓度 <10 g/L；pH 3 ~7。

纸浆黏合剂的密度对于生团矿甚有影响。密度大，能提高生团矿的机械强度和碾磨效率，所以使用前一般都要蒸发浓缩至密度为 1.26 ~ 1.3 t/m³。此外，温度高，黏合剂流动性好，容易混合均匀，对碾磨制团有利。密度 1.28 g/cm³ 的纸浆不必浓缩，但在使用前需用蒸汽间接加热至 60℃以上。

5.2.2　混合配料棒磨作业

根据生产实践，我国的竖罐炼锌厂采用如下的配比：锌焙烧混合矿 50% ~60%，还原煤 30% ~33%，纸浆废液 5% ~6%(干量)，焦结返粉 2% ~6%，理论碳倍数 2.8% ~3.2%，配好的制团料含锌 34% ~37%。

焙砂、中间返回物、还原煤、黏合剂在棒磨机内混合均匀和破碎后，再经碾压，使矿粒与煤粒紧密地结合成塑性良好的混合料，经初步压密后，用对辊式压团机压成一定形状与大小的湿团矿。湿团矿表面应该光滑致密、无裂纹。

经过制团产出的湿团矿应以不摔裂、不压碎为原则，抗压强度大于 3.0 MPa。这种团矿先送去干燥，经 5 ~7 天的热风(70 ~120℃)干燥后，团矿的抗压强度达到 25.0 MPa 以上。这种干团矿即可送去焦结。

皮带上安装电子称计量。黏合剂用泵输送，流量计计量。

开车前检查配料秤的运行状况，检查皮带是否跑偏，载台及托轮部分有无异常，要求零点波动不超过 ±5 kg，校零时间波动不超过 ±5 s。

由技术人员根据使用料的情况编制配料卡片，操作工严格按配料卡进行操作。随时检查煤、矿及返回物累计量，计算误差，每半小时记录一次。连续开车 1 h 后方可留样缩分，取样分析。

焙烧矿、洗煤、返回物、黏合剂同时加进棒磨机(或球磨机)，在棒磨机内进行混合配料和破碎。具体操作：

①每天清除棒磨机排料口黏料一次，并检查棒磨机棒折损与弯曲情况。

②棒磨机开动后，检查运转是否有异常声音和振动，各油封情况。

③每小时取一次粒度样，要具有代表性。

④供应符合技术要求的调合料，确保碾磨机用料。棒磨机出口料粒度：小于 0.074 mm

的大于40%，大于0.25 mm的小于25%；棒磨机出口料湿度：以出口料有3~5 mm团状颗粒且手捏成团不散为宜；棒磨机出口堆密度：1.15 g/cm³。

⑤棒磨机黏合剂瞬时加入流量（L/min）：大于棒磨机台时处理量。

⑥棒磨机黏合剂加入比例（干量）：4%左右。

5.2.3　碾磨压密作业

碾磨的目的是使棒磨的料增密而带有塑性。影响团矿成形率及团矿强度的因素，主要是碾磨料的块率、水分、温度和黏合剂的浓度及加入量的多少。

（1）碾磨遍数。碾磨料的块率与棒磨料的密度和碾磨遍数有关。一次碾磨后的块率较低，压成的团矿强度较低，抗压力仅1.5 MPa。二次碾磨的块率为60%左右，其中20 mm者占30%，成形后团矿强度显著提高。但考虑经济效益，一般碾磨2~3遍即可。生产实践表明，若达到最好的团矿成型和强度，碾磨遍数应在3~4遍为好。

（2）碾磨料的水分。碾磨料的水分来自纸浆黏合剂（含水50%左右）、中间返回物和煤。水分多，碾磨料软，团矿抗压力低；水分少、料硬，团矿的抗压力高。水分和生团矿强度实测数据列于表5-2中。通常各工厂根据各自原料的特点和操作情况，通过实践确定适宜的碾磨料水分一般在4.5%~5.5%。

表5-2　水分和生团矿强度实测数据

团矿水分/%	5.6~6.0	5.0~5.6	4.6~5.0	4.2~4.6	3.6~4.2
生团矿抗压力/MPa	1.8~2.5	2.2~2.7	2.7~3.5	3.5~4.6	4.6~5.5

碾磨料一般贮存一段时间对压密制团有利。日本三池厂曾经为碾磨料专设闷料坑，自然堆存3天，而后进行制团，脱碗顺利，团矿强度明显提高，可直接送焦结炉焦结。一般不贮存，立即压密制团，经干燥后再送焦结系统，焦结返粉较低。

（3）碾磨料温度。碾磨料时由于在碾磨过程中物料激烈摩擦生热而温度升高。纸浆黏合剂也带入少部分热量。碾磨温度高料柔软，塑性好，结合紧密。在正常情况下，混合料为28℃，一次碾磨后上升至35℃，二次碾磨后达43℃。但温度过高，水分蒸发快、黏合剂消耗增加。故碾磨温度不易太高，碾磨次数也不宜过多。一般经过棒磨的物料碾磨次数不超过3次，温度在50℃左右。

（4）碾磨具体操作。碾磨机内料层及料面的控制：碾磨机料层最薄不能露出碾键，最厚不能超过150 mm，否则电机会超过额定电流。控制好料层，杜绝碾内料面薄厚不均，加入黏合剂后要求碾内料面有1~2 mm裂纹为宜。碾磨机内料层表面要有油光面，要有50 mm左右的料块。将合格的调合料送往制团工序。湿团水分要求控制在4.5%~5.5%，湿团返回率<4.0%。

（5）压密具体操作。压密（又称初压）的作用是将碾磨料压成小团，以提高碾磨料的密度。经压密后制成的生团矿，通常抗压力可达0.3 MPa以上。为防止料中混入铁器损坏辊套，压密机前物料需经过磁选器。为使团块易于脱模，辊套表面须以少量水润湿。要使物料满模，需要调整块料与粉料比，正常情况块料占2/3，粉料占1/3。

压密具体操作：检查辊缝间隙是否符合工艺技术条件。根据季节及气候适量淋水。在满足生产的前提下，压密机间隙要求控制在 20~30 mm。压密后要求调合料块面比为 2:1。

5.2.4 压团作业

压密机压出的料，经皮带运输机送至制团机上部料斗，放至制团机内，当辊套转动时，由于辊碗相互吻合，便将压密料压成一定强度的团矿。团矿的成型压力、形态及大小等对团矿的强度、制团效率和蒸馏效率都有直接影响。

（1）成形压力。一般来说，增大压团机的压力，会相应提高生团矿强度。图 5-2 为单位面积的压力与压缩程度的关系。

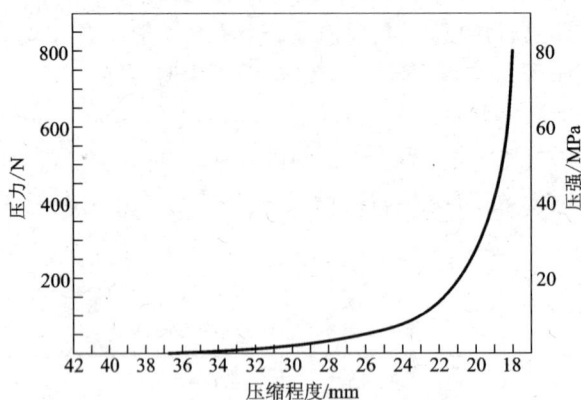

图 5-2 单位面积的压力与压缩程度的关系

由图可知，压强在 0~30 MPa 时，混合料的压缩程度很大；在 30~70 MPa 时，压缩程度不大；在 70~80 MPa 时，压缩变化很小。生产实践说明，压强为 15.0~20.0 MPa 的对辊压团机可以得到足够强度的团矿。如成形压强大于 25 MPa，焦结团矿易崩裂。

（2）团矿规格。适合的团矿形状应能保证团矿在竖罐内成点接触，形成孔隙度大、单位容积装团量多的条件以及较大的团矿表面积，有利于罐内反应。目前，多选用椭圆形或枕形团矿，其大小（长×宽×高）多为（100~105）mm×（72~75）mm×（50~65）mm，团矿单重为 0.5~0.6 kg。

（3）成形时间。实践表明，制团机转速与团矿质量有关，制团机转速过大，虽然能提高制团机的生产能力，但是辊套对团矿的挤压时间短，压力达不到团矿内部，导致周边和中间密度相差太大，使团矿弹性变形变成塑性变形的分量减少；转速过大，震动也大，两个辊套之间产生的掰力也大，从而造成团矿脱模过快，产生裂纹。相反如果转速过小，虽说对质量有好处，但生产效率太低。一般选择转速为 6~8 r/min。有的工厂其转速可高达 10.5 r/min。

（4）制团具体操作。每小时从皮带上随机取 5 个湿团矿测抛高度，每半小时检查一次。随时检查生团矿完整率。检查辊缝和偏碗情况，发现不符合技术条件及时更换辊套。开车后认真检查设备运行情况有无异常，及时清理制团机料斗以防止托料。随时调整制团机淋水大小及雾化情况，使产出的湿团矿无水坑无黏碗及掰碗，符合质量要求。及时处理制团机黏碗，必要时停车处理。

技术条件及质量标准：制团机辊缝间隙≤3 mm，偏碗≤4 mm，无错碗，无压不严、破头子、掰碗及团矿结合部裂纹等现象。制团机碗形要求光滑规整。

湿团矿质量标准：抛高度 2 m 1 次不碎(2 m 1 次即从 2 m 高处自由落体在水泥地面或铁板上 1 次)；裂纹宽≤1 mm，长≤30 mm；湿团矿含水，4.5% ~5.5%。

5.2.5　团矿干燥作业

湿团矿在运输中容易破碎，焦结强度和完整率低。因此，必须进行干燥。干团矿应满足如下要求：抗压力 24 ±1 MPa；抛高度 4 次/m 不碎；表面光滑，无裂纹；干燥层厚度 8 ~12 mm；水分 1.8% ~2.2%。

若干燥后水分过低，抗压力虽高，但团矿发脆，抛高度不好，尤其是在热的时候更如此。为此干燥后的团矿需保持一定的水分。反之，如果水分过高，焦结时，因受热不同，里外蒸气压差大，易使水蒸气冲破致密的表面，造成团矿破裂。团矿含水为 2% 时，破碎率为 2% 左右；团矿含水上升到 4%，则焦结返粉率会成倍增高。团矿经过干燥，具有一定的干燥层厚度。在有一定的冷却时间作保证的情况下，干燥层厚度与干团抗压力成正比关系。

团矿干燥是将热风通过团矿堆进行的，其操作条件如下：

(1)湿团矿堆高。湿团矿堆高度应以不摔裂、不压碎为原则。抗压力大于 3.0 MPa，抛高度 2 m 1 次不碎的团矿料堆高度为 1.8 ~2.3 m。

(2)热风温度、速度和压力。干燥所用热风可由重油或煤气燃烧供给。热风温度应根据团矿含水量确定。生团矿开始干燥时的热风温度以冬季大于 70℃、夏秋季不超过 60℃ 为宜。随团矿内水分减少，温度可逐步升高，一般为 70 ~120℃。如开始温度过高，易造成团矿开裂；温度过低则会延长干燥时间，库存量增大。

热风速度指送入团矿库热风管道处的风速，一般为 8 ~12 m/s。热风压力以克服管道阻力和团矿堆高度阻力为宜。

(3)干燥时间。干燥时间与季节的温度及相对湿度有关。如在相对湿度为 65% 的夏季，干燥所需时间较相对湿度为 45% 的秋天要延长 1 天。通常干燥周期为 5 ~7 天。送风干燥时间为 30 ~48 h，冷却时间大于 3 天，所获得的干团质量较好。干团矿由下部放料门放出。

(4)质量指标。

①干团破碎率：≤2%；②团矿干燥层：8 ~12 mm；③抗压力值：≥22 MPa；④干团抛高：1 m 4 次不碎；⑤干团矿含水：1% ~3%。

(5)团矿干燥送风具体操作。从送风第三个班(每个班次 8 h)开始，每趟检查中间一点，每班至少检查二次。从第四班开始，每趟检查三点，其中要求两边距墙大于 1 m 处。干团矿取样分库头、库中、库尾及上、中共五点取样。

送风原则见表 5 -3。

①等湿团堆满一段后，应立即点炉送热风，以延长冷却时间。

②送风温度要求从低温到高温送风，严格执行送风计划。

③要求送风均匀，确保所干燥团矿符合质量要求。

④送风温度、风量应随气候、季节变化做适当调整。

表 5 - 3　送风温度时间控制

表 5 - 3　送风温度时间控制

温度/℃	70	75	80	85	90	95 ~ 105
送风时间/h	4	4	8	4	4	到干燥层达标

5.3　主要设备

5.3.1　球磨机和棒磨机

流态化焙烧矿(氧化矿)和二次焙烧矿(二次矿)组成的混合矿、中间物料、洗煤等制团的原料,粒度较粗,所以在制团之前必须进行破碎。破碎一般是在球磨机或棒磨机中进行,经球磨或棒磨处理后,达到粒度质量要求,方可制团。

5.3.1.1　球磨机

焙烧矿的粉碎在球磨机内进行。球磨机的生产能力和粉碎后的粒度,除与焙烧矿的硬度有关外,还与球磨机的转速、球径大小、球的装填系数有关,其生产能力可由下式计算:

$$G = \frac{C\gamma}{0.5g}DLn^{0.8}\phi^{0.6}$$

式中:G 为球磨机小时产量,t/h;γ 为球的堆密度,t/m³;g 为重力加速度,9.8 m/s²;D 为球磨机直径,m;L 为球磨机长度,m;n 为球磨机转速,r/min;ϕ 为球的装填度,%;C 为系数,一般是 0.006 ~ 0.01。

为了保持球磨机的生产能力和磨后矿的粒度大小合乎蒸馏要求,对装入的球量和球的大小要选择适当。例如直径×长为 ϕ1.75 m × 6.10 m 的球磨机,转速 23 r/min,装球量 17.8 t,球径由 40 ~ 100 mm 适当配合时,其生产能力为 16 ~ 18 t/h,磨后矿粒度情况如表 5 - 4 所示。

表 5 - 4　磨后矿粒度（%）

粒级/mm	- 0.841 ~ 0.150(20 ~ 100 目)	- 0.150 ~ - 0.080(100 ~ 180 目)	- 0.080(180 目)
磨后矿/%	10 ~ 15	25 ~ 30	50 ~ 60

这种矿适合于制团要求。在磨矿过程中除要求均匀加料外,到一定时候还要添加钢球,以补其磨损。对磨碎中等硬度的矿来说,球的消耗约为 0.077 kg/t(矿)。

还应该指出,矿的粒度也不宜过细,如 - 0.080 mm 的矿粒 >60%,料堆密度变小,在以后的碾磨中很难控制料层,严重影响黏合剂的加入和碾磨产量的提高。

为了避免焙烧矿的飞扬损失和危害人体健康,在球磨机的出料端以及与其相连的螺旋、提升运输设备上,装有密闭罩,并与布袋收尘室相连,罩内保持负压。在磨矿时如果矿内含有水分,则引起磨矿出料困难,注意避免。

球磨机规格实例、装球实例及产料粒度实例分别见表 5 - 5、表 5 - 6 及表 5 - 7。

表 5 - 5 球磨机规格实例

项目	长度/m	直径/m	转速/(r·min⁻¹)	电机功率/kW	装球/t	球耗/(kg·t⁻¹)	球径/mm	单机重/t	机体材质	衬板材质	生产能力/(t·台·h⁻¹)
2#机	6.026	1.75	23	280	14 ~ 17	0.077	φ60 ~ 100	52	50#钢	锰钢	14 ~ 16
3#机	4.36	2.218	22.70	280	16 ~ 18	0.077	φ60 ~ 100	54	50#钢	锰钢	18 ~ 20

表 5 - 6 球磨机装球实例

球径/mm	前仓			后仓			合计装球/t
	球量/t	计划/%	实际/%	球量/t	计划/%	实际/%	
80 ~ 100	2.36	40	39.46	2.42	20	20.50	4.78
70 ~ 80	2.14	35	35.80	2.97	25	25.15	5.11
50 ~ 60	1.48	25	24.74	2.38	20	20.15	3.86
40 ~ 50	0	0	0	4.04	35	34.20	4.04
合 计	5.98	100	100	11.81	100	100	17.79

表 5 - 7 球磨机产料粒度实例

粒级/mm	0.25(60 目)	0.080(180 目)	0.074(200 目)	-0.074(-200 目)
平 均/%	4.03	43.30	5.80	46.87

5.3.1.2 棒磨机

20 世纪 80 年代以前,小型化竖罐生产都采用球磨机,20 世纪 80 年代以后,葫芦岛锌厂改建采用矿、煤同进润湿棒磨机,加部分纸浆黏合剂。与上述工艺技术相比,具有钢棒与物料成线接触的机会多、磨混效果好、磨料细而均匀等特点。尤其是棒磨筒体内衬耐磨橡胶时,被磨物料含水可达 5% 。润湿棒磨具有耐磨、质量轻、有弹性、噪音小等优点,可以把焙烧矿、洗精煤、含锌返料以及部分纸浆废液(黏合剂)等同时加进筒内,实现一机多用,产出的物料粒度较匀、较细、密度增大,塑性增加。配料与棒磨可采用皮带电子秤半自动配料联用,也可用电算机进行自动控制。

焙烧矿、洗精煤、含锌物料按规定配料后连续均匀地加入棒磨机,并喷入占配加总量 1/2 ~ 3/5 的纸浆废液。经磨后产出的混合料质量应达到如下标准:粒度 -0.074 mm >40% ;堆积密度 >1.15 t/m³。

棒磨后的混合物质量对碾磨和制团的成效有重要影响。除原料的性质(粒度大小及密度)外,与筒体装棒数量、规格、钢棒的水平度以及处理能力等有关。表 5 - 8 是国内某厂的棒磨机内钢棒数量与规格。表 5 - 9 为润湿棒磨机性能特征实例。

表 5-8　棒磨机内钢棒数量与规格

钢棒直径/mm	100	90	80	合计
根数	68	47	39	154
质量/t	15.98	8.93	5.85	30.76

注：棒长 3800 mm，筒体 $\phi2.7$ m×3.9 m。

表 5-9　润湿棒磨机性能特征实例

项　目	2#机	1#机
排料方式	端部周边排料式	端部周边排料式
给料方式	螺旋给料机	螺旋给料机
转速/(r·min^{-1})	16.4	16.4
筒体尺寸(内径)/m×m	$\phi2.7\times3.9$	$\phi2.850\times4.035$
筒体容积/m^3	22.33	25.74
筒体材质	钢板、内衬耐磨橡胶	钢板、内衬耐磨橡胶
装棒数量	$\phi100$ mm,30.5 t,碳素钢	$\phi100$ mm,37 t,碳素钢
主电动机	绕线型,290 kW,8 极,6000V	YR 型,400 kW,8 极,6000 V
主减速机/(r·min^{-1})	1200/800	
设计处理能力/(t·h^{-1})	30.5	37

1）混合料粒度

细料是精料制团条件之一，对团矿强度和蒸馏效率有重要意义。棒磨料按技术条件作业，-0.074 mm 所占比例可基本达到规定值。表 5-10 是连续 4 天取样的棒磨出口混合料分析测定值。

表 5-10　棒磨出口混合料(-0.074 mm)(%)

取样时间	1	2	3	4	5	6	7	8
第1天	46.73	44.72	47.34	43.99	39.50	44.52	45.30	44.28
第2天	41.79	42.29	40.19	44.85				
第3天	38.92	37.36	37.00	38.47	41.32	40.65	41.76	40.05
第4天	40.22	37.31	41.25	38.59	38.01	38.92	41.85	40.52

2）混合料密度

混合料密度对下工序碾磨料有直接影响，是润湿棒磨机能否减少碾磨机的关键指标。表 5-11是混合料进口与出口取样密度实测值。用堆密度测定，其特定含意即用一带刻度的玻璃量筒，将拟测定物料以自然落体方式定位，注入量筒内到一预定刻度后将筒体轻磕三

下，再注入物料到原预定刻度，然后倒出物料称重得出单位容积的质量，简称堆密度，用以
验证棒磨前后物料质量的相对变化，与一般所称的堆密度有别。

表 5 – 11　棒磨机进料与出料的密度实例（t/m³）

棒磨机进口混合料密度	棒磨机出口混合料密度		
	1	2	3
0.950	1.210	1.213	1.219

3）润湿式棒磨机选择计算（见图 5 – 3）

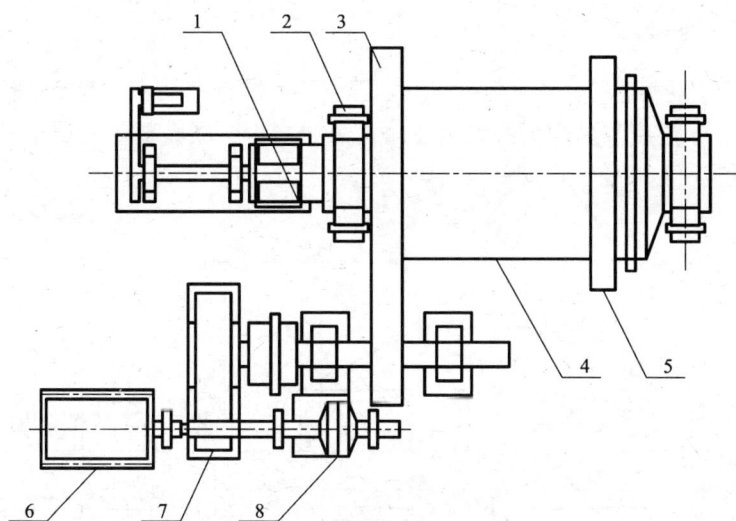

图 5 – 3　润湿式棒磨机示意图

1—螺旋给料机；2—耳轴承；3—传动齿轮；4—筒体；5—排料口；6—主电机；7—主减速机；8—微动装置

筒体尺寸由生产能力 Q 按下式得出。

棒磨机直径：

$$D = \sqrt[2.5]{\frac{Q}{K}}$$

式中：D 为棒磨机的直径，m；Q 为棒磨机实际要求的生产能力，t/h，5 ~ 40 t/（h·台）；K 为
棒磨机系数，一般为 2.2。

棒磨机的筒体长：

$$L = 1.5D$$

棒磨机的转数：

$$n = \frac{27.5}{\sqrt{D}}$$

棒磨机应装棒量：

$$G = 1.1D^2L$$

电动机功率：

$$N = 6.7G\sqrt{D - 2\delta}$$

式中：δ 为机体外壳厚度，0.1 mm；G 为装棒量，t。

棒磨机进出料端盖为锰钢衬板，筒体内衬硬橡胶板，进料口由单独传动的螺旋给料器给料，纸浆废液由具有一定压力的螺旋泵通过进料螺旋的中空轴打入筒体内，按一定量喷入与矿煤混合，如果配料采用干式黏合剂(如木质磺酸钙等)可在入机前于配料皮带上定量配入，并由不经干燥的湿煤中的水分形成棒磨内物料的润湿效果，棒磨后料由筒体的端部周边排料。

5.3.2 碾磨机

碾磨的目的是使棒磨料增密而带有塑性。影响团矿成型率及团矿强度的因素，主要是碾磨料的块率、水分、温度和黏合剂的浓度及加入量的多少。碾磨要求有碾磨遍数，碾磨料的水分，碾磨料的温度要求前已说明。

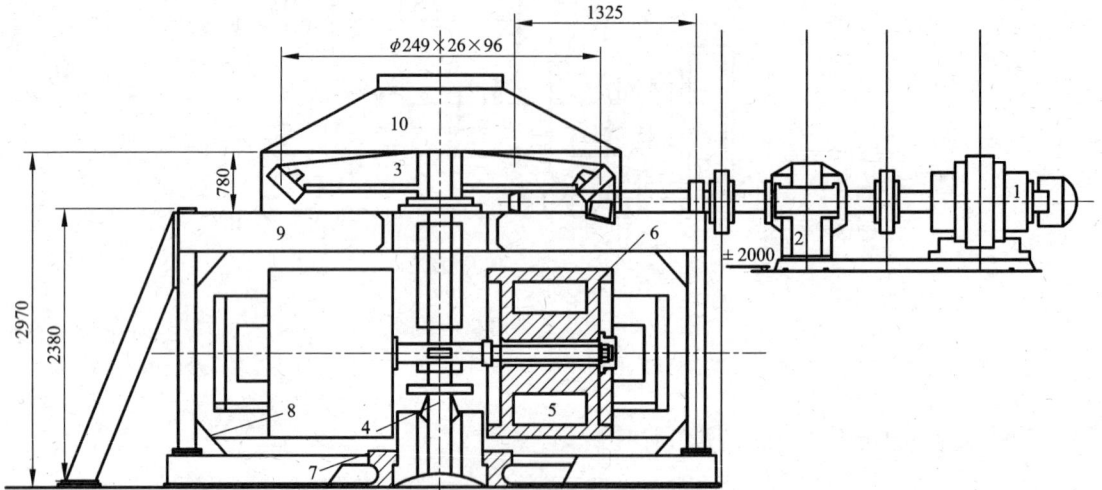

图 5-4 碾磨机示意图

1—电动机；2—减速机；3—传动齿轮；4—主轴；5—曲拐轴；6—碾轮；
7—碾盘；8—碾外壳；9—传动横梁及支架；10—传动安全罩

碾磨机一般按操作是否连续、传动装置的位置及滚轮旋转的方法分类。

根据国内外资料，中大型炼锌都选用连续进料、卸料，上面传动的碾磨机。小型炼锌厂有用间歇式、底盘旋转和下面传动的，这种碾磨机动力小，单位耗电小(见图 5-4)，投资小。碾磨机选择计算如下。

(1)生产能力。目前，因为影响生产能力的多种因素之间关系复杂，因此，计算碾磨机的生产能力一般都用经验公式。根据炼锌制团物料的特殊性，概略计算碾磨机生产能力时，用下式进行。

$$Q = \frac{nD\overline{W}}{84}$$

式中：Q 为碾磨机生产能力，t/h；n 为碾磨机辊子的转数，r/min；D 为碾盘的直径，m；$\overline{W}$ 为辊子的质量，t。

小型间歇式的碾磨机生产能力的计算，还可根据每个碾磨循环时间和装入的物料量，用下式求出：

$$Q = \frac{60q}{J}$$

式中：Q 为碾磨机生产能力，t/h；q 为每次加入物料质量，t；J 为每个循环所需时间，min。

(2)碾磨机的选型和尺寸。国内外竖罐炼锌厂，基本选用同一类型的两辊连续回转式碾磨机。碾盘直径一般选用 $\phi 3.7 \sim 4$ m。碾辊尺寸为 $\phi 1.6$ m $\times 1.0$ m，单辊为 $10 \sim 12$ t。碾磨机台数一般根据生产能力和需要处理的料重而定。分别采取 $2 \sim 4$ 台串联或分系列多台串联形式。

我国某厂以棒磨机单台配 $3 \sim 4$ 台碾磨机和相应的制团机配套成多系列组合，一个系列供应年产 $6 \sim 7$ 万 t 锌用料，并互为备用。但国内小型竖罐炼锌厂（年产锌能力约 1 万 t），一般采用间歇式底盘旋转的碾磨机，盘直径为 3 m。碾辊尺寸为 $\phi 1.6 \sim 0.45$ m，单辊为 4 t。其组合形式按单机生产能力和需要处理物料量，2 机串联或 $3 \sim 4$ 机串联。

(3)电动机功率。碾磨机操作功率，消耗在克服碾辊与物料间的滚动摩擦力与滑动摩擦力及克服碾机零件（轴承、刮刀与圆盘传动装置等）的摩擦（后者可按碾机效率估算）等方面。

碾磨机所需的功率可按以下公式计算：

$$N = \frac{0.75inG}{\eta}\left(\frac{rf_2}{716R} + \frac{\beta f_1}{2860}\right)$$

式中：N 为碾磨机所需功率，kW；i 为碾磨机单机中的碾辊数，个；n 为碾辊转速式碾盘转速，r/min；G 为碾辊单重，kg；η 为碾磨机的效率，一般为 $0.5 \sim 0.6$；r 为碾辊的滚动半径，m；R 为碾辊的半径，m；f_2 为碾辊在碾盘中的滚动摩擦系数，一般为 0.04；β 为碾辊的宽，m；f_1 为碾辊在碾盘中滑动磨擦系数，一般为 0.35。

5.3.3　压密机

压密（又称初压）的作用是将碾磨料压成饼，以提高碾磨料的密度。经压密后制成的生团矿，通常抗压力可达 0.3 MPa 以上。为防止料中混入铁器损坏辊套，压密机前物料需经过磁选器。为使团块易于脱模，辊套表面须以少量水润湿。要使物料满模，需要调整块料与粉料比，正常情况块料占 2/3，粉料占 1/3。

压密机性能实例如下。

1)国内某厂辊式压密机

对辊规格：$\phi 559$ m $\times 340$ mm；　　　　　　　8 排碗形；

密球尺寸：40 mm $\times$ 40 mm $\times$ 30 mm；　　　　转速：$12.5 \sim 14$ r/min；

生产能力：$14.5 \sim 15$ t/（台·h）$^{-1}$；　　　　　对辊间隙：$10 \sim 15$ mm；

块率：70%；　　　　　　　　　　　　　　压密料密度：大于 1.88 t/m^3。

2)美国得甫厂辊式压密机

对辊规格：ϕ610 mm；4 排碗形；密球尺寸：50 mm × 50 mm × 32 mm；转速：5 ~ 13 r/min；生产能力：6 t/(台·h)$^{-1}$。

5.3.4 压团机

压团采用对辊压团机。团矿的成型压力、形态及大小等对团矿的强度、制团效率和蒸馏效率都有直接影响。

一般，增大压团机的压力，会相应提高生团矿强度。

表 5 – 12 为不同成型压力下制得的团矿经焦结蒸馏后的强度实验数据。

表 5 – 12 焦结团矿和蒸馏残渣强度实验数据

团矿成型压力/MPa	焦结团矿抛高(1.5 m)试验				蒸馏残渣在密闭圆筒内振荡 50 次试验	
	抛高次数	产生碎块料数量/%	产生粉碎料数量/%	一次抛高产出粉碎料量/%	碎块量/%	碎粉量/%
12.0	18	2.5	4.8	0.27	2.2	21.9
22.0	24	1.3	5.0	0.21	2.0	13.4
40.0	25	1.0	6.7	0.27	1.0	8.5

制团机选择计算：

1)制团机生产能力 G_1

$$G_1 = 0.00006nimg$$

式中：n 为制团机转数，r/min，一般为 5 ~ 10；m 为制团机对辊凹窝排数，为 2 ~ 3 排；i 为每排的凹窝个数，个/排；g 为团矿单重，g/个，一般为 500 ~ 600 g/个。

2)制团机台数 E

$$E = \frac{G_2}{24G_1\eta}$$

式中：G_2 为每日需生产团矿量，t/d；η 为开动率，取 0.94。

3)对辊制团机驱动功率 N'

$$N' = \frac{TV_{R_0}}{75 \times 1.36}$$

式中：N' 为制团机驱动功率，kW；T 为作用于压制料带的圆周力，取 33026 N；V_{R_0} 为压制料带半径 R_0 的圆周速度，取 0.317 m/s。

4)实际电功率 N

$$N = \frac{N'}{\eta}$$

式中：η 为制团机的机械效率，一般取 0.75。

5.3.5　团矿干燥库

1）团矿储备量 G

$$G = G_2 T$$

式中：T 为干燥周期，d，一般为 5～7；G_2 为平均每日耗（产）湿团矿量，t/d。

$$G_2 = \frac{A}{365} n_t (1 + W)$$

式中：A 为年蒸馏锌产量，t/a；n_t 为每吨锌耗团矿量，t/t，一般以锌品位 35% 计，取 3.2～3.6；W 为团矿含水，一般为 0.055。

2）干燥面积 F

$$F = \frac{W'}{a}$$

式中：a 为干燥强度，kg/(m^2·d)，取 14～16；W' 为干燥脱水量，kg/d。

$$W' = G_2 \frac{W - W_1}{100 - W_1}$$

式中：W 为干燥前团矿含水量，%，一般为 4.5～6.0；W_1 为干燥后团矿含水量，%，一般为 1%～1.5%。

3）干燥容积（包括风筒体积）V

$$V = FH$$

式中：H 为团矿堆高度，m，一般取 1.8～2.2。

4）有效干燥容积 V'

$$V' = V - V_1$$

式中：V_1 为风筒体积，m^3。

$$V_1 = \frac{1}{4} \pi D^2 ln$$

式中：D 为风筒直径，m，一般为 0.5；l 为风筒长度，m，由桥式布料机跨度决定；n 为风筒排数。

5）干燥库总面积

除了干燥面积外，运输设备及楼梯所占的面积一般约占干燥面积的 5%。

5.3.6　干煤窑

煤的水分随季节不同而有不同，一般在 10% 左右。制团要求煤含水在 1% 以下，因此需要进行干燥。煤的干燥一般在圆筒式干煤窑内进行。窑的形式如图 5-5 所示。窑头有火心。燃烧室燃烧的高温废气通过火心进入窑中，并和煤接触，将其中水分蒸发。该废气和蒸发出的水分一起经排风机和旋涡收尘器由烟囱排入大气中。窑内有竖起的挡板，以延长料在窑内的停留时间，增大处理量。因为窑转动时能使煤扬起，增加干燥面积，提高干燥效率。干燥过程效率高低取决于煤水分多少、煤的粒度、窑内温度、废气流动速度及干燥带的长短。干燥窑燃烧室高温废气保持在 1100～1300℃，排料端保持在 80～120℃。为防止煤灰在收尘器和烟道中黏结，尾气温度应保持在露点以上，以 75℃ 为宜。干煤操作停窑时要求温度小于 700℃，否则温度高、煤干易引起着火放炮，并使窑身变形。

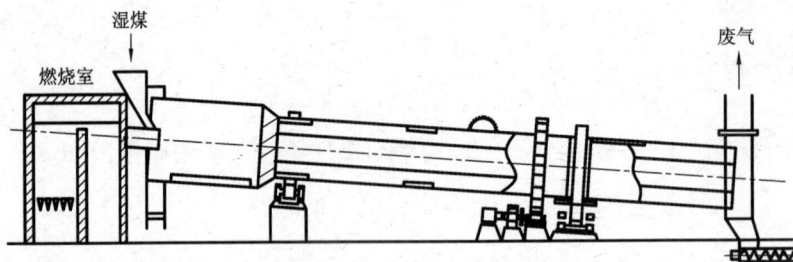

图 5-5 圆筒式干煤窑

5.4 洗煤及黏合剂的检验方法

竖罐炼锌工艺中还原煤的选择直接影响着团矿的质量及蒸馏还原效率,而团矿的质量又是竖罐炼锌生产的决定性因素之一。还原煤只有同时具有焦结性强、固定碳高、灰分低、熔点高、含硫少、含挥发物适量等特性,焦结时才能在团矿内部产生一种有效地包围焙烧矿和其他混合物颗粒的液相,高温下转变为结合力强的焦炭结构,使团矿具有坚硬、耐压、耐磨、抗撞击性和多孔的性能,保证团矿在各工序运输过程、焦结与蒸馏过程中不破碎,以提高蒸馏效率,降低团矿单耗。竖罐炼锌对使用的还原煤的特殊要求,使煤种的选择具有很大的局限性。特别是近年来,煤炭资源越来越短缺,迫使生产企业频繁更换煤种,这就使还原煤使用前的检验作用十分突出。

5.4.1 还原煤使用前的检验方法

不同的煤种和不同混合配煤有不同的特点,因此煤种的选择通常根据试验确定。试验采用所选的还原煤按各种配煤比例(碳倍数 3.0 左右)制成小团,与标准煤(开滦:林盛 = 3:1)制成的小团(以下称标团)进行对比试验,团矿质量和蒸馏残渣强度及锌还原效率达到或接近标团,即认为该煤种适应竖罐炼锌生产的要求,否则就认为不能适应竖罐炼锌生产的要求。

5.4.1.1 检验项目

(1)湿团:抛高度。

(2)干团:抗压力、抛高度、干团含 Zn(%)。

(3)焦团:抗压力、抛高度、转鼓率、焦团含 Zn(%)。

(4)蒸馏残渣:转鼓率、残渣含 Zn(%)。

5.4.1.2 检验方法

1)工艺流程

试验采用小型模拟生产试验设备在室内进行,试验流程与生产一致,即配料混合→碾磨→压团→干燥→焦结→蒸馏。制团配料按生产配料比,即矿:煤:黏合剂 = 62:32:6(黏合剂以干量计)。通过测试试验团与标准团的各种性能,并加以对比,鉴定团矿是否满足竖罐炼锌要求,也就是鉴定还原煤是否满足竖罐炼锌要求。工艺流程见图 5-6。

2) 工艺过程描述

(1) 采用小型棒磨机分别将氧化矿和还原煤磨至指定粒度范围。经棒磨后矿的粒度：+0.25 mm <5%，-0.075 mm >45%~55%，煤的粒度：-0.075 mm >25%~35%。小型棒磨机的型号：XMB-68 型，规格：ϕ240 mm×300 mm，转数：96 r/min，内装铁棒长度 335 mm。

(2) 合理配料是保证制团质量的首要操作环节，配料比为：焙烧矿 52%~60%，煤 29%~33%，黏合剂（干量）5.5%~6.5%。按照试验设计方案进行配料，人工在搪瓷盘内混合均匀，产出混合料。

(3) 碾磨的目的是把松散的混合料，经过反复揉搓，增加塑性和韧性，紧密结合，同时随碾磨过程的进行，物料温度逐渐升高，脱去一部分水分。碾磨后的物料内部均匀，接触程度完善，有利于团矿强度和蒸馏效率的提高。碾磨机由两个碾砣组成，碾砣的直径为 ϕ230 mm。将混合料加入碾磨机中碾磨 20 min，产出碾磨料。

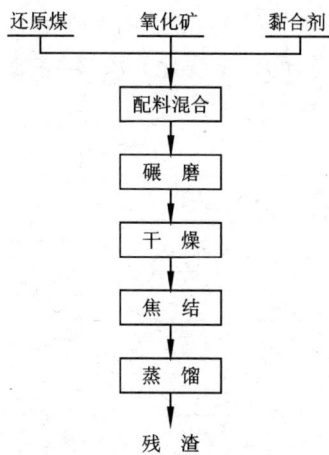

还原煤　氧化矿　黏合剂

配料混合

碾磨

干燥

焦结

蒸馏

残渣

图 5-6　竖罐炼锌用还原煤
检验工艺流程图

(4) 碾磨料制团，将 50 g 碾磨料装入钢模内，上油压机加压成型，成型压力为 18~24 MPa，间断制成湿团矿，湿团矿为圆柱形，直径 36 mm，高 20 mm。

(5) 湿团干燥，湿团含水约 4%~5%，经过一天的室内自然干燥后，送入烘箱恒温 60℃，干燥 16~24 h，干燥后团矿含水小于 2%。每种配煤比取 3 个样在液压式油压机上测试其抗压力，取平均值为该配煤比的干团抗压力。

(6) 干团焦结在能自动控温的卧式电阻炉内进行，电阻炉的规格：ϕ135 mm×800 mm。先将焦结炉升温至 850℃，待温度恒定后，加入 7 个已称重的干团，焦结时间 20 min，产出焦团迅速埋入河沙，防止其氧化，待焦团冷却后（约 5 min），称重并计算其烧成率。每种配煤比取 3 个样在液压式油压机上测试其抗压力，取其平均值为该配煤比的焦团抗压力。同时取 2 个样分别测其质量后加入罗加指数仪测定其转鼓率，转动 20 min 后用 10 目筛子筛分，再称筛上部分质量，计算出转鼓率，即团矿转鼓后 +1.63 mm 物料的质量分数。

(7) 焦团蒸馏设备同焦结设备相似，蒸馏用卧式电阻炉的规格：ϕ80 mm×1000 mm。先将蒸馏炉温度升至 1050℃，待温度恒定后加入已分别称重的 7 个焦团，蒸馏时间分别为 20 min、40 min、70 min、90 min、120 min、150 min、180 min，即时间分别达到上述时间时打开炉门，每次取出一个团并埋入河沙中，待冷却后称其质量，然后加入罗加指数仪测定其转鼓率，转动 20 min 后用 10 目筛子筛分，再称筛上部分质量，计算出其转鼓率（团矿转鼓后 +1.63 mm 所占质量分数），对比残渣团的强度。分析不同蒸馏时间的残渣含锌，计算不同时间团矿的蒸馏效率，并与标准团对比。

(8) 试验过程中要测定湿团的抛高度，干团的抛高度和抗压力，焦团的抗压力和转鼓强度，残渣的转鼓强度及各种团矿含锌。

5.4.1.3　试验数据的统计及结论

1) 试验数据的统计

下面以前旗煤的试验数据为例说明。试验所测团矿的性能指标列于表 5-13 中，不同时间下残渣转鼓情况列于表 5 – 14 中，以残渣含锌为计算依据得出的还原效率列于表 5 – 15 中。表 5 – 13 ~ 表 5 – 15 中编号 1 团（标团）的配煤比为开滦煤：林盛煤 = 3：1，编号 2 ~ 6 团（试验团）的配煤比开滦煤：前旗煤为 1：1，2：1，3：1，1：2，1：3。

表 5 – 13　团矿的性能指标

编号	湿团	干团		焦团		
	抛高/次	抛高/次	抗压/MPa	抗压/MPa	含 Zn/%	转鼓/%
1	5.7	17.7	16.63	43.53	41.64	97.03
2	4.3	15.7	19.80	57.87	39.01	96.13
3	4.7	15.3	19.43	55.27	41.64	95.35
4	6.7	9.0	22.87	53.60	40.87	90.19
5	4.3	16.3	20.37	39.40	42.10	95.24
6	5.0	2.0	20.57	52.60	41.49	96.23

表 5 – 14　不同时间残渣转鼓 （%）

编号	20 min	40 min	70 min	90 min	120 min	150 min	180 min
1	91.07	81.64	76.72	74.04	80.78	74.36	72.28
2	92.03	86.08	75.76	75.42	75.43	61.51	62.85
3	89.84	84.99	77.71	75.19	71.86	70.85	72.03
4	92.67	85.77	78.62	74.49	70.33	78.15	75.12
5	93.96	83.83	78.19	75.24	74.48	70.96	77.27
6	91.27	85.47	74.79	74.67	72.51	71.35	61.66

表 5 – 15　不同时间锌的还原效率 （%）

编号	20 min	40 min	70 min	90 min	120 min	150 min	180 min
1	31.74	55.90	78.50	85.30	90.70	93.54	94.44
2	17.75	37.82	61.76	72.65	85.52	92.10	92.92
3	26.73	57.90	65.41	81.81	88.54	91.48	92.10
4	28.77	45.50	72.46	84.12	90.47	92.55	93.51
5	31.60	57.34	80.07	88.15	91.50	91.46	93.13
6	26.75	45.42	71.02	77.50	89.34	92.07	92.90

为使试验数据的对比明显，根据表 5 – 14、表 5 – 15 中的数据还可以作出还原效率 – 残渣转鼓曲线图、不同时间下的还原效率曲线图及不同时间下还原效率对比图。

由于煤主要影响焦团强度、残渣强度和锌的还原效率，而试验是在静态下进行的，所以判断煤是否适合竖罐炼锌生产,首先考察焦团和残渣强度(转鼓数和抗压力)以及还原效率等三项指标,在煤的粒度相同的条件下,湿团、干团的强度变化不大,仅作参考。

2)结论

从焦团强度看,编号 2、3、4、6 团的抗压力均好于标准团,所有试验团的转鼓全低于标准团,只有编号 2、6 团的转鼓接近标准。编号 4、6 团的残渣强度好于标准,根据竖罐炼锌原理,只有团矿强度高,才能保证竖罐内团的完整率,编号 6 团的焦团、残渣强度均接近标准团。但还原效率比较低,因此得出结论,前旗煤不适合竖罐炼锌生产。

5.4.2　对现行检验方法的评价

上述检验方法,20 世纪 60 年代以来就一直在实践中使用,但面对今天优质还原煤日益短缺、使用煤源千变万化的大趋势,用其指导竖罐生产中的配煤,已经越来越不适应,突出表现在以下方面。

(1)对还原煤化学成分的要求不合理。在竖罐炼锌用还原煤化学成分的标准中,挥发分要求的范围极窄,这就使煤源的选择受到了很大的限制。而挥发分这一指标在配煤中,多数情况下是有可加性的,完全可以通过高、低挥发分煤种的合理搭配使配后煤达到入炉前要求。

(2)对还原煤物理性质的要求不确切。现行还原煤物理性质标准,从煤的黏结性角度考虑,提出了两个指标:一个指标是胶质层厚度最大值 Y 和最终收缩度 X,用这一指标反应煤的黏结性,对某些煤并不确切,且测量的主观因素影响较大,不容易测准;另一个指标是焦结性,实际上就是坩埚膨胀序数,该指标的测定方法主观性也较强,特别是用此测定方法确定膨胀序数 5 以上的煤时,分辨能力更差。

(3)对检验用还原煤的要求不规范。现行标准提出了存放期的要求,这一点实际上根本做不到。拿标准煤来说,虽然确定了以开滦:林盛 =3:1 为标准,但两种煤的具体要求根本没有,只是应用时随机到两个煤矿取样作为标准使用。也许这种做法在二三十年前可以,但如今这两个煤矿已经发生了相当大的变化,随机取来样品就作为标准,实践证明已经不具备原来意义上的"标准"要求了,这还不算,由于标准样的用量较少,经常是取一个煤样就使用一年半载,而绝不是 3 个月的存放期,这就造成了标准煤不"标准",检验结论失真的情况是存在的。

(4)检验用主要设备的生产模拟性差。在现行检验流程中,主要的检验设备为卧式电阻炉,炉内为常压下的自然空气气氛。而在生产中,焦结炉为负压下的 CO_2 气氛(气体中含氧小于 2.4%),蒸馏炉也是负压下的以 CO 为主的还原性气氛,而且试验团矿的规格很小($\phi 36$ mm ×20 mm),生产中使用的团矿规格为$(100 \sim 105)$ mm ×$(72 \sim 75)$ mm ×$(50 \sim 65)$ mm 的椭圆形,差距很大,所以反应的条件并不相同,试验条件与工业条件有偏差,对比的真实性不高也是必然的。

(5)对试验数据的总结太笼统。前述的检验数据举例是生产中一次实际检验的真实结果,也可以说是生产中还原煤检验的标准程序。不难看出,这种检验方法只属于粗略的定性检验,不看实际数据的绝对值,只是与标准团矿作对比。而且"与标准团指标接近"及"指标好于标准团"的概念不清楚,只凭试验人员的经验主观决定。显然试验结论用于指导大规模生产,缺欠较多。

(6)还原煤配比组合过于简单。现行的还原煤检验方法,对还原煤的配比并没有统一的规范或条理清晰的理论做指导，只是试验人员的长期习惯随机选取配比，而且受试验时间和工作量的限制，不可能选择太多的配比组合。另外，多年来基本上把思路局限在2种煤的搭配使用上，没有涉及3种煤的组合搭配情况，至于4种以上煤的合理搭配使用就更无从谈起了。这就使还原煤配比的选择性极小，灵活性极差。

5.5 洗煤及黏合剂的使用标准

5.5.1 洗煤的使用标准

（1）不同洗煤的特性。竖罐炼锌对洗煤的要求前已叙述。要求是肥焦煤，国内工厂使用的洗煤特性见表5-16。

表5-16 不同地区的洗煤特性

名 称	固定碳 /%	挥发分 /%	灰分 /%	膨胀情况 Y 值	转鼓强度 G 值	焦结矿抗压力 /MPa
矿山1	58～60	24～29	10～14	18～25	75～85	40～60
矿山2	60	26～29	10～12	23～28	83～92	60
矿山3	55	29～31	10～12	25～30	85～90	50
矿山4	65	19～21	11～13	19～23	75～80	40

从以上使用的洗煤看，矿山1洗煤是肥焦煤，质量不稳定，波动范围较大，好时能满足生产，差时不能满足生产且对生产影响也较大；矿山4洗煤是焦煤，不能单独使用，满足不了生产；矿山3洗煤是肥煤，单用效果也不完全理想；矿山4洗煤和矿山3洗煤混配使用效果较好；矿山2洗煤是肥焦煤，且一直很稳定，可单独使用，效果非常好。故根据几种洗煤特性，使用时必须混配，才能达到质量标准。

（2）洗煤的质量标准（表5-17）。

表5-17 洗煤的质量标准

等 级	固定碳 /%≥	挥发分 /%	灰分 /%	硫 /%	焦结性	水分	X 值	Y 值 /mm	G 值	灰熔点 /℃
一级品	≥58	26～29	≤12	≤1.8	≥7	≤8	20～25	≥25	≥85	≥1250
合格品	≥57	24～29	≤13	≤1.8	≥6	≤8	20～25	≥23	≥80	≥1250

5.5.2 黏合剂的使用标准

竖罐炼锌使用的黏合剂具体要求除前已叙述外，还要求必须是酸性，因碱性会在焦结、蒸馏过程中裂解。焦结矿破碎，对生产影响很大。国内工厂使用的黏合剂特性、质量标准见表5-18～表5-22：

表 5 – 18　厂家 1 黏合剂特性、质量标准

等级	密度/(t·m⁻³)	固形物/%	灰分/%	pH	水溶氯/(g·L⁻¹)
合格	≥1.28	≥47	≤18	4 ~ 6	≤8

表 5 – 19　厂家 2 黏合剂特性、质量标准

等级	密度/(t·m⁻³)	固形物/%	灰分/%	pH	水溶氯/(g·L⁻¹)
合格	≥1.26	≥46	≤18	4 ~ 7	≤8

表 5 – 20　厂家 3 黏合剂特性、质量标准

等级	密度/(t·m⁻³)	固形物/%	灰分/%	pH	水溶氯/(g·L⁻¹)
合格	≥1.24	≥47	≤18	4 ~ 7	≤8

表 5 – 21　厂家 4 黏合剂特性、质量标准

等级	密度/(t·m⁻³)	固形物/%	灰分/%	pH	水溶氯/(g·L⁻¹)
合格	≥1.25	≥47	≤18	4 ~ 6	≤8

表 5 – 22　厂家 5 黏合剂特性、质量标准

等级	密度/(t·m⁻³)	固形物/%	灰分/%	pH	水溶氯/(g·L⁻¹)
夏季	≥1.235	≥46	≤12	3 ~ 7	≤8
冬季	≥1.230	≥46	≤12	3 ~ 7	≤8

制团所用黏合剂曾试用多种，如黏土、沥青、石灰和纸浆废液等。国内小型试验表明，不同黏合剂的制团效果如下。

黏土：将黏土加水调合成密度为 1.28 t/m³ 的浆液。制团按干量 8% 左右加入。此种浆液虽可制团，但焦结时易碎，强度低，表面易氧化，气孔率低，降低团矿锌品位，还原效率低。

沥青：需加温，成型困难，制团过程劳动条件差。

石灰：成型困难，降低团矿锌品位。

中性亚硫酸：在较低温度仍有良好流动性，使用方面，团矿有良好强度。

纸浆废液：不影响还原效率，是制团较为理想的黏合剂。

黏合剂通常根据试验确定。一般应具备以下特点：①能满足生产工艺要求；②来源容易，数量大，运输方便；③价格便宜。

美国得甫厂使用 8% ~ 9% 塑性及耐火度均高的黏土和 1% 的中性亚硫酸盐纸浆废液。英国埃文茅斯厂使用 3% ~ 3.5% 黏土和 1% 纸浆废液。我国工厂也以亚硫酸盐纸浆废液做黏合剂，效果良好。近年还发现用木浆造纸的木素磺酸钙粉状物作制团黏合剂，也有异曲同工之效，但价格昂贵。

纸浆黏合剂的密度对生团矿甚有影响。密度大，能提高生团矿的机械强度和碾磨效率。

所以使用前一般都要蒸发浓缩至密度为 $1.26 \sim 1.30$ t/m^3。此外，温度高，黏合剂流动性好，容易混合均匀，对碾磨制团有利。密度 1.28 t/m^3 的纸浆不必浓缩，但在使用前需用蒸汽间接加热至 60℃ 以上。

使用浓缩纸浆做黏合剂，可以缩短干燥时间，也可不干燥直接进行焦结。表 5-23 为黏合剂浓度与制团效果的关系。表 5-24 为纸浆黏合剂的性能与组成。表 5-25 为纸浆废液黏合剂密度与水分的关系。

表 5-23 纸浆黏合剂浓度与制团效果

黏合剂密度/(t·m^{-3})	碾磨能力/(t·台$^{-1}$·h^{-1})	生团矿抗压力/MPa	生团矿水分/%
1.24 ~ 1.25	6.5 ~ 7	2.0 ~ 2.5	4.5 ~ 5.2
1.27 ~ 1.28	6.5 ~ 8	2.8 ~ 3.5	4.2 ~ 4.8
1.30 ~ 1.32	8 ~ 10	4.0 ~ 5.5	3.5 ~ 3.8

表 5-24 纸浆黏合剂的性能与组成

项目		不加纯碱黏合剂 (25℃)	加纯碱黏合剂	
			(25℃)	(14℃)
密度/(t·m^{-3})		1.269	1.297	1.288
pH		5.8	7.0	7.0
组成/%	全固形物	57.30	57.95	48.12
	水分	42.70	42.05	51.88
	全固灼减	82.20	84.07	85.80
	全固水不溶物	1.06	1.75	2.45
	灰分	10.20	7.38	13.90

注：纸浆黏合剂密度为 1.31 t/m^3，全硫 4.9%，全糖 21.7%，酸度(pH)5~6，全纤维 53.76%，木质素 20.68%。

表 5-25 纸浆废液黏合剂密度与水分的关系

15℃		30℃		35℃		50℃	
密度/(t·m^{-3})	水分/%	密度/(t·m^{-3})	水分/%	密度/(t·m^{-3})	水分/%	密度/(t·m^{-3})	水分/%
1.25	57.20	1.1	80.80	1.22	58.60	1.35	41.6
1.28	51.25	1.15	72.45	1.23	57.10	1.37	34.4
1.30	48.60	1.20	62.90	1.24	55.60	1.34	43.0
1.32	45.80	1.25	57.20	1.25	54.00		
1.35	46.50	1.28	51.25	1.26	51.55		
1.37	41.20	1.30	47.90	1.27	48.8		
		1.32	44.40	1.28	47.40		
		1.35	39.60	1.29	46.0		
				1.30	44.50		

表 5 - 26 为国内某厂使用纸浆黏合剂实例。

表 5 - 26　纸浆黏合剂成分（%）

挥发分	固定碳	硫	氯离子	灰　　分					水分
				Fe_2O_3	Al_2O_3	CaO	MgO	K, Na	
29.8	8.0	3.85	0.26	0.057	0.06	0.32	5.3	2.35	50

注：该厂使用纸浆黏合剂的密度 25℃时为 1.28 ~ 1.30 t/m³。

表 5 - 27 为黏合剂（纸浆废液）中固形物的成分。

表 5 - 27　纸浆废液固形物的成分（%）

C	H	S	O	灰分
54.50	4.60	5.00	25.90	10

纸浆黏合剂的加入量影响成形与团矿强度。一般在密度 1.28 t/m³ 时配 5% ~ 6% 纸浆黏合剂（干量）。低于 4% 时，团矿成形率和团矿强度大大降低，制成的团矿发脆；过多则增加用量，带入的水分多，团矿强度低，且不经济，当黏合剂密度为 1.28 t/m³ 时用量与制团效果的关系如表 5 - 28 所示。

表 5 - 28　黏合剂密度为 1.28 t/m³ 时用量与制团效果的关系

黏合剂用量/%	2	3	4	5	6
湿团矿强度/MPa	<1.5	<2.0	<2.5	2.5 ~ 3.0	3.0 ~ 3.5

主要技术经济指标为：

（1）锌回收率。制团工序锌的回收率系指产出团矿含锌量与使用物料含锌量的百分比。制团过程中锌的损失主要是机械损失。因此，加强设备密闭，在物料加工过程、干团矿装料处设置收尘装置，减少运输过程中的飞扬掉料，均可提高锌的回收率。一般制团工序锌回收率为 99.96%。

（2）干团矿破碎率。干团矿破碎率是衡量干团矿质量的重要标志之一。干团矿破碎率与碾磨料质量、压团和干燥操作等因素有关，其计算公式如下。

$$干团破碎率 = \frac{破碎干团矿量}{合格干团矿量 + 破碎干团矿量} \times 100\%$$

在正常情况下，破碎率小于 3%。

（3）干团矿耗燃料量。干团矿耗煤气系指干燥团矿使用中块煤与产出合格干团矿量之比。一般小于 50 kg/t 干团矿。

（4）团矿耗电量。团矿耗电量系指制团用电量与产出合格湿团矿量之比，一般情况下其数值小于 36 kW·h/t 湿团矿。

(5)团矿耗黏合剂量。团矿耗黏合剂量系指使用黏合剂干量与产出合格干团矿量之百分比,一般为6%。

5.6 制团技术经济指标实例

(1)锌回收率:99.96%;

(2)干团破碎率:2% ~3%;

(3)干团矿耗中块煤:18 kg/t;

(4)制团耗电:39 kW·h/t;

(5)棒磨机耗棒:0.077 kg/t;

(6)团矿耗黏合剂:5.5% ~6.0%;

(7)湿团矿抗压力:3.0~3.5 MPa;

(8)干团矿抗压力:>25.0 MPa;

(9)湿团矿抛高度:1 次/2 m;

(10)干团矿抛高度:4 次/1m;

(11)压密机寿命:>100000 t(团矿)/台;

(12)制团机寿命:20000 t(团矿)/台;

(13)团矿锌单耗洗煤:0.96 t/t。

5.7 团矿制备用还原煤配煤技术探讨

选择合适的煤作为还原剂是竖罐炼锌最核心的技术之一,而且竖罐炼锌的技术特点决定了煤是唯一可用的还原剂,这就使竖罐炼锌与煤结下了不解之源。研究竖罐炼锌技术必须研究还原煤的选择技术。

5.7.1 煤在竖罐炼锌中的作用

竖罐炼锌对还原用煤的选择有特殊的要求。所选择的还原煤要起到如下作用:矿粉与煤能充分混合并制团。在焦结过程中,当温度在400~450℃时,煤要形成液相并具有良好的流动性,把团矿内的矿粒紧密包住,并通过后续的高温形成高强度的焦炭结构,满足蒸馏过程竖罐内荷重的要求;当温度在800℃左右时,煤内适量的挥发分要挥发出来,使团矿内留出大量孔隙,具有良好的透气性,满足蒸馏过程锌蒸气逸出的要求。

因此,煤在竖罐炼锌中的作用可以归结为两点:一是结焦性作用,另一个是挥发分的作用。对这两点要求缺一不可。

5.7.2 竖罐炼锌对还原煤的指标要求

根据多年的生产实践,竖罐炼锌对还原煤的指标要求如下。

(1)化学成分。固定碳 >60%;挥发分23% ~ 25%;灰分 <3%;硫 <1%;游离水 < 3.0%。

(2)物理性质。灰熔点 >1250℃;焦结性6以上;最终收缩度 $X = 20 ~ 35$;胶质层厚度最

大值 $Y = 23 \sim 25$。

（3）其他要求。存放期不超过 3 个月，且无掺杂物。

在上述竖罐炼锌用还原煤使用标准的应用实践中，较难掌握的是其中的物理性质。

该物理条款中涉及四项指标。第一项灰熔点指标是煤的结渣性指标，实际上是指煤中矿物质在高温过程中，煤灰软化、熔融而结渣的性能，常用的测定方法为角锥法（GB 219）。该指标测定的误差基本上对竖罐炼锌不产生影响。

后三项指标为煤的黏结性和结焦性指标。煤的黏结性是指烟煤在干馏时黏结本身或外加惰性物的能力。煤的结焦性是指煤在工业焦炉或模拟工业焦炉的炼焦条件下，结成具有一定块度和强度焦炭的能力。

"焦结性 6 以上"是采用的坩埚膨胀序数指标表示的，相当于"坩埚膨胀序数 6 以上"。坩埚膨胀序数的测定方法（GB 5448）受焦型的规则度影响而使判断带有较强的主观性，特别是在确定坩埚膨胀序数 5 以上的煤时分辨能力较差，该参数是表征煤的膨胀性和黏结性的指标。

"最终收缩度"和"胶质层厚度最大值"是煤的胶质层指数的表征，测定方法（GB 479）模拟工业炼焦条件，对装在煤杯中的煤样进行单侧慢速加热，并观察形成的特征。最终收缩度 X 值取决于煤的挥发分、熔融、固化和收缩等性质。胶质层厚度最大值 Y 表征煤黏结性的好坏，Y 值主要取决于煤的性质和胶质体的膨胀（与胶质体的流动性、热稳定性和不透气性等有关）。一般情况下，煤的 Y 值越大黏结性越好，且 Y 值随煤化度呈现有规律的变化。当煤的挥发分为 30% 左右时，Y 值出现最大值。挥发分小于 13% 和大于 50% 的煤，Y 值都几乎为零。Y 值对中等黏结性和强黏结性烟煤有较好的区分能力。但 Y 值多数情况下只能表示胶质体的数量而不一定能反映其质量。Y 值的测定主观因素影响大，煤样用量大，仪器的规范性很强。虽然近年对测试仪器做了自动化方面的改进，但当 Y 值小于 10 mm 和大于 25 mm 时，数据的重现性仍然不理想。

在竖罐炼锌的生产实践中，对还原用煤的使用标准，虽然制定了多项指标，体现了竖罐炼锌的技术特点对煤质的要求，但就其中的物理性质而言，在很大程度上仍然属于煤焦化技术的研究范畴。

对上述提及的煤的物理性质来说，无论是竖罐炼锌还是焦化生产实践都表明，其具体的指标及测定方法都存在一定的局限性，不能准确指导生产。

值得一提的是，我国的煤炭资源虽然十分丰富，但煤种和储量的分布并不均匀，很难长期稳定的使用几个煤种满足竖罐炼锌生产的需要。选择多个单种煤，按适当比例均匀配合，制成满足竖罐炼锌需要的配合煤是必然的要求。这就使现行竖罐炼锌用还原煤使用标准的指导意义缺少了权威性，制定竖罐炼锌用还原煤的配煤技术标准势在必行。

5.7.3　配煤技术的现状

1）最早使用的配合煤

国内的竖罐炼锌生产，最早使用的效果较好的配合煤是开滦煤和林盛煤混合。由于当初这两种煤按摸索好的配煤比混合后完全满足竖罐炼锌的工艺要求，且煤源保证良好，便长期稳定的应用起来。

随着时间的推移，这两种煤的供应逐渐紧张，到近些年已经无法购买。在被迫开发新的配合煤种过程中，仍然使用开滦煤和林盛煤的最佳配比作为竖罐炼锌配合煤的标准样，一直延用。

2）现行配合煤煤种配比的选择

生产实践中，对新煤种配比的选择，主要依赖于竖罐炼锌用还原煤的使用标准。具体来说，主要依赖于使用标准中的"化学成分"和"物理性质"两个条款。

其中的"化学成分"条款，涉及的各项指标均具有加和性，所以使配合煤的化学成分满足竖罐炼锌的生产要求在配比选择上没有问题。

但"物理性质"条款涉及的各项指标中，"灰熔点"和"焦结性"（坩埚膨胀序数）不具有加和性，胶质层指数（主要指 Y 值）在一定条件下才具有加和性，所以在配合煤的配比选择上，没有依据可循，只能近似地认为 Y 值具有普遍的加和性并以此为依据选择配合比使配合煤的 Y 值满足还原煤使用标准的要求。

由于配合煤的煤种配比选择具有不确定性，所以只能使配合比数字简单化（例如 1:1，2:1，3:1，2:3 等），且参与配煤的煤种尽量少（基本上为两种煤配合使用）。初选了混合煤后，不能直接用于竖罐炼锌生产，必须经过固定的检验方法试验后才能确定是否可以用于生产。

3）现行配合煤的检验方法

现行的竖罐炼锌用还原煤的配煤检验方法，属于对比实验法。采用开滦煤和林盛煤的最佳配合比混合后的煤样作为标准煤样，将待选煤种按各种可能的配合比混合作为待检验配合煤，统一使用规定的检验方法做试验，若待检验混合煤的试验效果好于或接近于标准煤样的试验效果，则认为待检验配合煤可用，并同时确定了各煤种的配合比例。

该检验方法实际上是根据罗加指数的测定方法（GB 5449）制定的。其实质是通过测定烟煤对惰性添加物的黏结能力来确定煤的黏结性。这种方法现阶段已经存在相当大的误差，无法满足竖罐炼锌生产实际的需要。

5.7.4 竖罐炼锌配煤新技术

生产实践表明，竖罐炼锌对还原煤的使用要求，与炼焦对煤的使用要求极其相似，完全可能将炼焦配煤技术应用在竖罐炼锌的配煤技术中。

5.7.4.1 炼焦的配煤原理

炼焦的配煤原理是建立在结焦原理基础上的。迄今为止，结焦原理可归纳为三类：第一类为基于烟煤的大分子结构及其热解过程中形成的胶质状塑性体，使固体煤粒黏结的塑性成焦原理；第二类为表面结合成焦原理；第三类为中间相成焦原理。对应上述三种成焦原理，派生出相应的三种配煤原理，即胶质层重叠原理、互换性原理和共炭化原理，而长期指导我国炼焦配煤技术的当属胶质层重叠原理。

5.7.4.2 配煤依据的主要参数

能够表征煤在炼焦过程中特性的指标有许多，但最终用于指导炼焦配煤并能预测炼焦效果的参数，各国研究者基本上都简化为两个。这一点与竖罐炼锌对还原煤的要求也十分相似，即均强调为对煤的挥发分要求和黏结性要求。

对挥发分指标，一般认为具有加和性。特殊情况是，如果煤中碳酸盐含量较高，在测定挥发分时，碳酸盐会分解放出二氧化碳，这部分二氧化碳被计算在挥发分内，使测量值偏高。

这一不利因素可以通过对煤中固定炭和灰分的要求避免，所以认为挥发分具有加和性，用于指导配煤不存在问题。

近年北京煤化研究所在进行中国烟煤分类方案研究的基础上提出的用黏结指数作为黏结性指标很有代表性。黏结指数的测定方法（GB 5447）与罗加指数的测定方法相似，但克服了罗加指数测定方法的不足，生产实践表明，可以用于指导配煤。

根据理论分析，采用这两个参数来指导竖罐炼锌用还原煤的配煤技术具有合理性和可行性，已经有生产实践并运行良好。

5.7.4.3 采用挥发分和黏结指数指导竖罐炼锌配煤的总体思路

（1）修订竖罐炼锌用还原煤使用标准指标，将焦结性、最终收缩度和胶质层厚度最大值三项指标去掉，增加黏结指数指标，其他要求不变。

（2）研究确定竖罐炼锌用还原煤黏结指数的具体数值范围。

（3）根据挥发分和黏结指数测定方法的国家标准，完善测定方法的测量自动化水平。

（4）根据挥发分和黏结指数在一定条件下具有加和性的特点，重点以挥发分和黏结指数为依据，辅助参考竖罐炼锌用还原煤的其他指标，开发计算机应用软件，通过应用软件提出可能的配煤方案。

（5）取消现行的还原煤种检测方法，建立专门的煤种挥发分和黏结指数等指标测定的实验室。按计算机应用软件提出的配煤方案实际配煤，并对配合煤做挥发分和黏结指数的最终检测。若检测结果符合竖罐炼锌用还原煤的新使用标准，则直接用于生产。

第6章 团矿焦结(废热式)及焦结炉烟气的处理

6.1 团矿焦结

6.1.1 基本原理

干燥后的生团矿不仅机械强度低,而且含有7%~10%挥发物及2%左右的水分,如果直接加入竖罐内受热,生团矿中的水分和挥发物将蒸发出来,使竖罐罐口及上延部压力剧烈增大,冲淡和污染锌蒸气,使冷凝条件恶化,团矿自身也将碎裂,乃至使蒸馏无法进行。因此,生团在蒸馏前要进行焦结。

对焦结团矿的要求:脱除全部水分;挥发物降到1%左右;提高团矿的机械强度,抗压力大于45 MPa,团矿温度达到780~820℃。此外,焦结过程还应完成对余热综合利用,以及进行有价金属的回收。

焦结近于焦化,利用还原煤在390~450℃时液化性较高的特点,凭借煤中液相胶体物的黏度,均匀有效地包围着焙烧矿和其他黏结性的组分,形成坚实多孔的骨架。同时,团矿内的水分及挥发物依次被蒸发。焦结先从团矿表面开始,由于热量不断向团矿内部传递,上述过程也逐步向内部扩散进行。焦结一般是在中性气氛的燃烧废气直接加热下,在竖井式焦结炉内进行的。

6.1.2 工艺流程

干燥后的生团矿由皮带运输机带入焦结炉加料口,团矿在焦结炉焦结室内由上向下运动,同时被高温废气加热进行焦结,焦结好的团矿由焦结炉下部排出。工艺流程如图6-1所示。团矿焦结后产出挥发物及焦油,在专置的燃烧室全部燃烧,高温废气经余热锅炉生产高温蒸汽,热能得到充分利用。

6.1.3 主要技术条件

竖井式外热焦结炉(废热炉)使用的加热废气来自蒸馏炉。蒸馏炉燃烧室需要的负压(抽力)又是由焦结炉后面的排风机提供的。所以两者的技术操作与条件控制密切相关。经验指出,焦结过程的技术条件控制,应以焦结炉进口温度为重点,以焦结矿质量为标准,根据生团矿质量、加热废气温度、含氧,调整出口废气管道挡板、副烟道以及补充煤气量,以满足出口温度与系统抽力的指标要求,确保焦结团矿质量。

某厂废热炉主要技术指标如下:焦结炉进口温度,900~1050℃;焦结炉出口温度,300~650℃;贮矿室温度,(800±20)℃;焦结炉进出口压差,200~600 Pa;蒸馏炉燃烧废气温度,750~800℃;蒸馏炉废气含氧<3%;焦结炉废气总道负压(480±10) Pa。

```
                        生团矿
                          │
                       ┌──┴──┐
                       │运输皮带│
                       └──┬──┘
            ┌ ─ ─ ─ ─ ─ ─│─ ─ ─ ─ ─ ─ ┐
            │          ┌──┴──┐         │
            │          │加料口 │         │
            │          └──┬──┘         │
            │          ┌──┴──┐         │
            │          │储料室 │         │
  补充煤气    │          └──┬──┘         │
    │       │             │            │
    ↓       │          ┌──┴──┐   挥发废气      燃烧室         烟气处理系统
蒸馏炉燃烧废气 ─────────→│焦结炉 │──────→┌────┐──────→┌────┐──────→┌────────┐
            │          └──┬──┘         │
            │          ┌──┴──┐         │
            │          │储矿室 │         │
            │          └──┬──┘         │
            │          ┌──┴──┐         │
            │          │排矿辊 │         │
            │          └──┬──┘         │
            └ ─ ─ ─ ─ ─ ─│─ ─ ─ ─ ─ ─ ┘
                       ┌──┴──┐
                       │排料溜 │
                       └──┬──┘
                       ┌──┴──┐
                       │吊  筛│
                       └──┬──┘
                       ┌──┴──┐
                       │提升料钟│
                       └──┬──┘
                        焦结矿
```

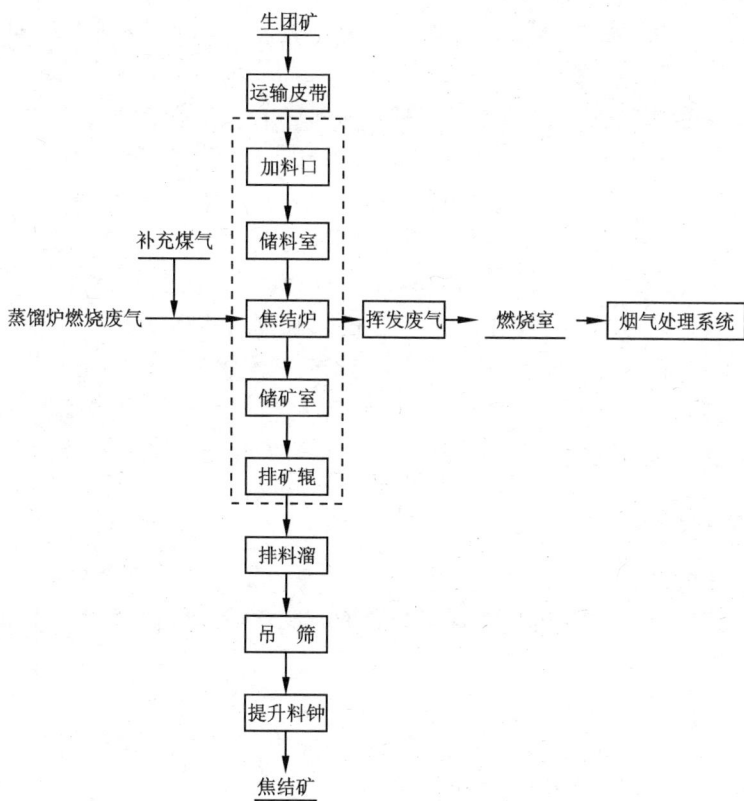

图 6 - 1　竖井外热焦结工艺流程(干法收尘)

6.1.4　主要设备

　　团矿焦结的主要设备是焦结炉,依据炉型的不同,焦结炉可分为竖井式焦结炉和卧式焦结炉两种。依给热方式不同,可分为外热焦结炉和自热焦结炉两种。目前普遍应用的是竖井式外热焦结炉。竖井式焦结炉外壳为铁板,内衬耐火砖,中间设有直接加热的横断面为狭长矩形的焦结室,纵断面为直角梯形,上小、下大。两侧汽化冷却炉栅是用无缝钢管制成的,排管间距一般为 35 ~ 40 mm,以便废气通过,产生的中压蒸汽可供发电。顶部为储料斗和加料器,底部为储矿室,下面承受焦结矿全部压力的是星形排矿辊。

　　焦结炉热源是蒸馏炉燃烧废气。团矿在焦结室内与废气直接接触,团矿自上而下运动,中性燃烧废气经由炉气分布室,大致按正交方向穿过炉料层进入分布室排出。因为焦结炉是负压操作,所以要严防漏入空气,要求炉体结构严密。在加料口与排料口均设有特别的水封装置。在加料炉门四周有水封槽,加料后炉门盖于水封槽内。排料口在排矿辊下部有一弧形盖水封,推动外连手柄可以开放或关闭。焦结炉排料间断进行,通过人工开启电动排矿辊,把已焦结好的团矿由矿室排出。排矿辊有六个凹形槽,每槽可装盛料量 60 ~ 110 kg,依据转动次数,可控制每次排出矿量。排出道有铁制弯梁,内通冷却水,防止受热变形。焦结矿由条筛筛去碎粉,变成赤热的团矿排入提升矿斗的料钟内,由桥式吊车运往蒸馏炉。

焦结炉后部相连通的废气燃烧室由耐火砖砌筑而成。焦结炉产生的废气含有大量的挥发物、焦油和矿尘,进入燃烧室后挥发物和焦油得到充分燃烧,一部分矿尘因重力作用沉降在燃烧室下部的集尘斗内,可定期排出返回制团系统配料。由焦结炉焦结室排出的废气温度平均在450℃左右,在燃烧室充分燃烧后温度可升高到950~1015℃。

焦结炉温度的调整,是靠改变进入炉内的加热废气量来进行的。为了便于控制废气量,加热废气在进入焦结炉之前,分成两条支道,一条进入焦结炉,另一条进入直通余热锅炉前高温管道的副烟道。在焦结炉出口和副烟道末端,均设有调节灵敏的废气挡板,可使通过焦结炉的废气量增减,从而使温度提高或降低。控制焦结温度,主要是依据加热废气温度、通入废气含氧量以及炉内情况进行操作。为了便于控制,在焦结炉前设一废气碉堡,碉堡结构为钢制外壳内衬耐火砖,直径6~7 m,高度8~12 m的空腔筒体外接补充煤气管道。来自蒸馏炉的高温废气首先进入废气碉堡,在这里与补充煤气混合燃烧,消耗掉过剩的氧,并适当提高加热废气温度,从而保证焦结矿质量。

6.1.5 产品质量及控制

1)焦结矿质量标准

焦结矿抗压强度:≥45 MPa;焦结矿温度:780~820℃;焦结矿外观:完整、不烧、不乌。

2)焦结矿质量控制

(1)生团矿的质量。生团矿所含水分与成型状态,对焦结矿质量有较大影响。含水高的生团矿焦结时,由于水分迅速蒸发,冲破团矿的紧密表面,促使团矿产生裂纹,进而造成焦结矿破损率增加。其关系见表6-1。

表6-1 生团矿含水与焦结质量的关系(%)

生团含水量	2	3	4	5	6
焦结破损率	4	4.5	5.5	7.5	9

湿团一般不宜直接进行焦结,应事先进行干燥,并控制水分在2%以下。生团矿成型压力低,同样可造成生团矿内部结合不紧密,焦结后稍遇冲击,就会破损。生团矿内还原煤质量的好坏是决定焦结矿质量好坏的关键,必须搭配好各种还原煤的使用比例,在保证碳倍数的情况下合理控制配煤比。

(2)加热废气含氧。焦结使用的加热废气,一般含氧2%~5%,个别情况可达6%~7%。在高温状况下,废气中的氧能把团矿表面的碳烧掉,从而使表面脱落。同时,团矿中挥发出来的碳氢化合物,在有氧存在时,能迅速地燃烧,使焦结室温度升高,造成团矿中氧化锌被还原而挥发。不仅造成锌的损失,也使焦结团矿的温度降低。实践证明,在焦结温度和时间相同的条件下,使用的废气含氧分别为2%或4%,后者产出的焦结矿抗压力比前者低得更多一些。为此,必须在加热废气道内,通入一定量的煤气,使之与氧燃烧,以便控制进入焦结室的废气含氧在3%以下。

(3)焦结温度与时间。焦结温度确切地说应是焦结炉进出口废气温度的平均值。它与加热废气温度、气流速度、焦结室结构(焦结室平均宽度)以及团矿与煤种的性质等一系列因素有关。因此,任何理想的焦结温度,都是满足上述条件的特定值。一般使用的加热废气进口温度为 900~1050℃,出口平均温度为 450℃时,焦结温度确定为 750~850℃,焦结的时间相应为 60~90 min,可产出良好的焦结矿。在相同的时间内,提高焦结温度可使焦结矿强度增加。但必须指出,焦结温度过高过低都是有害的。高于 900℃时团矿中的锌就被还原出来,在焦结过程中造成大量损失,这种现象大多为废气含氧过高所致。低于 700℃时即使延长焦结时间,焦结情况也不良,焦结团矿的抗压强度也相应降低。

由于焦结是由团矿表面向内部逐渐进行的,在相同的焦结温度下,团矿的强度是随时间延长而增加的。时间过短,不仅团矿内部的部分煤尚未焦化,同时大量挥发物也未被蒸发出来,而残留在团矿中。无疑,此种团矿是不合要求的。充足的废气量是维持焦结的重要条件,严格控制废气量,可在一定的限度内调整焦结时间。

6.1.6　主要技术经济指标及控制

1)焦结炉的主要技术经济指标

(1)焦结炉生产能力:9 t/(台·h);

(2)焦结炉生产强度:0.7~0.9 t/(m² · h);

(3)烧成率:78%~82%;

(4)返粉率(破碎率):<4%;

(5)换炉周期(开动炉期):4~6 个月;

(6)炉体寿命:4 年以上。

2)技术经济指标的控制

为保证完成焦结技术经济指标,应加强各岗位操作,主要做好以下工作:

(1)加强堵漏抹缝,降低进口废气含氧;

(2)控制焦结炉进口温度不低于 1000℃,出口温度不能过高;

(3)搞好排料口各部位密封,严防漏气,减少团矿表面氧化;

(4)保障生团矿质量;

(5)提高焦结炉砌筑质量,延长炉体寿命,控制换炉周期在 6 个月以上;

(6)防止炉内结疤;

(7)防止半边下料和悬料。如出现这种情况要及时处理。

6.1.7　特殊操作

焦结炉温度和压力调整、故障的分析和处理如下。

(1)焦结炉出口温度高于规定要求,团矿温度偏高。主要原因是总给热量过多。调整与处理方法是减少废气量,开副烟道(灵敏)或关废气出口挡板。

(2)焦结炉出口温度低于规定要求,团矿温度偏低。主要原因是总给热量不够,抽力不足。调整与处理方法是增加废气量,关副烟道或开废气出口挡板(灵敏)。

(3)焦结团矿温度不均,部分团矿发黑。主要原因有如下几种:

进口炉栅漏水,调整与处理方法是停换炉进行检修;出口炉栅漏水,调整与处理方法是可关小冷却水量,维持生产(因出口温度低,气流向外,影响不大);半面下料,调整与处理方法是用工具从排矿门向上或从出口炉栅由上向下打通;废气进口堵塞,调整与处理方法是处理废气进口漏斗；出口炉栅结疤，调整与处理方法是用铁钎及时处理。

（4）进口废气温度低于规定要求。主要原因是废气含氧高。调整与处理方法是开大副道增加煤气，关小出口挡板，迅速检查漏气处，堵漏抹缝。

（5）排出焦结团矿温度偏高，表面有绿色锌蒸气氧化火焰并开始剥皮。主要原因是废气含氧过高（一般大于5%）。调整与处理方法是开副道给煤气，消除含氧。

（6）排料开始时表面有绿色锌蒸气氧化火焰，以后逐渐恢复正常。主要原因是炉门局部漏气。调整与处理方法是开大副道增加煤气，关小出口挡板，迅速查找漏气处，堵漏抹缝。

（7）炉内排不出料或是有悬料与炉栅结疤。主要原因有如下几种：

排矿辊或炉门不严，漏气，调整与处理方法是检查排矿辊做相应处理；系统含氧过高、氧化锌还原，或处理蒸馏废气管道，调整与处理方法是应与蒸馏热工取得密切联系，控制时间，采取措施；炉门关闭不严，水封干涸或执行机构失控，炉门敞开，调整与处理方法是做相应处理；排矿辊下部漏气严重，调整与处理方法是加强密封，堵漏。

（8）系统负压不足。调整与处理方法是开大排风机进口闸门（可由蒸馏热工按需要直接调整）。

（9）出口废气挡板开全抽力仍不足，风机压头正常。主要原因是焦结管道堵塞或副道堵塞（矿室进口阻力会增大）。调整与处理方法是及时做相应扫除清理。

（10）进口压力增大（大于600 Pa），可焦结热量不足。主要原因是进口氧化锌堵塞。调整与处理方法是清理进口后部氧化锌。

（11）风机运转不正常，发生振动（设备本身无结构松动，电器部分正常）。主要原因是叶轮积灰过多。调整与处理方法是停车清扫风机叶轮。

（12）短期停电。主要原因是线路故障或电源系统掉闸，暂开不起来。调整与处理方法有二。一是系统停电时：停煤气（系统负压送煤气，易发生爆炸）；全开副烟道，使用自然抽力；停止加排料；停电时间长可开放管道扫除门，以减少爆炸危害，处理时要特别小心，防止爆炸伤人。二是局部（联锁系统）停电时：停煤气；全开副烟道，使用自然抽力；应间断排料，降低料面；停电时间长可开放烟道扫除门，以减少爆炸危害，处理要特别小心，防止爆炸伤人。

（13）临时停水。调整与处理方法是，一般不能超过15 min，可关闭废气出口挡板，开副道，减少给热量。把水管出口闸门全部打开，按开停炉操作。汽化冷却的炉栅，应根据汽罐储量和蒸发量，确定停水时间。

6.2 焦结烟气的处理

由焦结炉焦结室排出的废气平均温度约450℃，并且含有大量挥发物、焦油和矿尘。焦结炉烟气成分实例如表6-2所示。

表6-2 焦结炉烟气成分（%）

成分	O_2	CO_2	CO	SO_2（mg/m³）	SO_3	N_2	H_2O
含量	10~12	4.6~7.6	1.6	70~400	0.0014	80	25~45

焦结炉烟气含尘的主要成分有氧化锌、氧化铅、氧化镉、氧化铟等,品位实例如表 6 - 3 所示。

表 6 - 3　焦结炉烟气含尘品位(%)

成分	Zn	Pb	Cd	In	Cl$^-$
品位	35.8 ~ 51.45	3.3 ~ 8	6.1	0.1 ~ 0.5	2.6 ~ 14.61

6.2.1　烟气处理工艺流程

由焦结室排出的废气首先引入燃烧室,让焦油和挥发物充分燃烧,出口废气温度可升高到 800℃以上,进余热锅炉生产蒸汽用于发电,粗颗粒粉状氧化锌在锅炉沉降室靠重力沉降下来。换热后的低温烟气含有大量干净的细粒含铟氧化锌,通过电收尘器收捕(生产实践证明,电收尘器优于布袋收尘器),净化后的烟气经引风机由烟囱排空。工艺流程如图 6 - 2 所示。

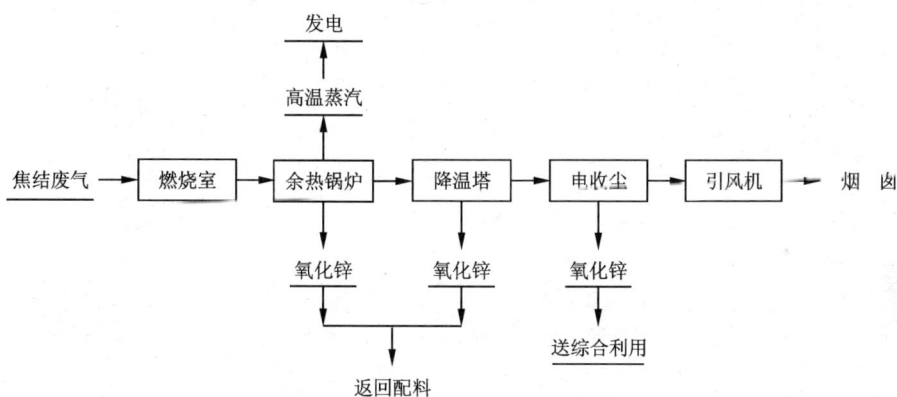

图 6 - 2　焦结废气处理流程

6.2.2　主要设备

6.2.2.1　余热锅炉

某厂焦结系统使用余热锅炉实例如下。

(1)余热锅炉结构。余热锅炉采用水平直通烟道式结构,强制循环,半露天布置。

余热锅炉入口通过柔性织物补偿器与蒸馏炉尾部烟道相接。余热锅炉前部为辐射冷却室,其四周均采用膜式水冷壁结构,管子间距为 80 mm。膜式壁由 ϕ38 mm × 4 mm 的高压锅炉钢管和厚 5 mm 的扁钢焊制而成,使锅炉具有良好的气密性。辐射室直段高度为 7 m,宽度为 3.8 m,辐射室长度为 7 m。烟气水平流过辐射冷却室,通过辐射换热被冷却到 650℃左右。辐射冷却室中烟气流速较低,这有利于烟尘沉降。

辐射冷却室后为对流区,内部布置凝渣管束和对流管束。凝渣管束和对流管束均由

ϕ38 mm×4 mm 的高压锅炉钢管弯制，采用顺列布置。烟气通过对流区后温度降到350℃左右排出余热锅炉进入收尘系统。

凝渣管屏采用屏式管束结构，管排横向间距为235 mm，纵向间距为40 mm，采用ϕ38 mm×4 mm 的高压锅炉钢管，材质为20G。有效受热面积为280 m²。

第一对流管束，采用顺列管束结构，管排横向间距为152 mm，纵向间距为100 mm，采用ϕ38 mm×4 mm 的高压锅炉钢管，材质为20G。有效受热面积为320 m²。

第二对流管束，采用顺列管束结构，管排横向间距为131 mm，纵向间距为100 mm，采用ϕ38 mm×4 mm 的高压锅炉钢管，材质为20G。有效受热面积为373 m²。

第三～六对流管束，采用顺列管束结构，管排横向间距为122 mm，纵向间距为100 mm，采用ϕ38 mm×4 mm 的高压锅炉钢管，材质为20G。有效受热面积为400 m²。

对流区外壁采用膜式水冷壁，管间距为100 mm。由ϕ38 mm×4 mm 的高压锅炉钢管和厚5 mm 的扁钢焊制而成，使对流区具有良好的气密性。

余热锅炉共设置52组弹性锤击式振打清灰装置，可以及时有效地清除受热面的积灰，保证余热锅炉的正常运行。

余热锅炉灰斗下部装有埋刮板除灰机，余热锅炉中沉降下来的烟尘和清灰装置振打下来的灰渣由除灰机排出炉外，再由汽车或手推车运走。

锅炉炉体支承在钢架上，钢架由型钢加工制成，锅炉柱子和主要横梁利用原有锅炉的梁柱，主次梁和平台的位置根据需要进行调整，用于支吊锅炉的炉顶梁按需要增加。

（2）余热锅炉主要技术参数。锅炉进口烟气量：110000 m³/h；锅炉进口烟气温度：750～850℃；烟气含尘量：4.0 g/m³；锅炉蒸发量：27～34 t/h；蒸汽压力：3.0 MPa；蒸汽温度：235.7℃；给水温度：104℃；排烟温度：350℃。烟气成分如表6-4所示。

表6-4 烟气成分（体积分数%）

SO₂	SO₃	CO₂	N₂	O₂	H₂O
0.1	0.0013	8	78	5	7

（3）锅炉给水要求。为了满足余热锅炉安全运行的要求，本余热锅炉给水水质应为除盐水。给水指标为：悬浮物 ≤5 mg/L；总硬度 ≤5 μg/L；pH ≥7；油 ≤2 mg/L；溶解氧 ≤0.05 mg/L。

（4）余热锅炉热力系统。由锅炉水处理站来的软化水送至除氧器，脱除水中的氧气后贮存在除氧水箱。除氧水由给水泵通过管道送入余热锅炉锅筒，在锅筒中与炉水混合后通过下降管进入热水循环泵。经热水循环泵加压后的循环水送到余热锅炉各受热面，在受热面中加热后返回锅筒。返回锅筒的汽水混合物在锅筒中进行汽水分离，分离出来的水继续循环，饱和蒸汽引出锅筒，进入厂区管网，送至热用户。

6.2.2.2 电收尘器

1）烟尘粒度分布

由生产实际取样分析的烟尘粒径分布如表6-5所示。

表 6 - 5　烟尘粒径分布

粒径/μm	<2	2~5	5~10	10~20	>20
数量	201	73	22	4	0
计数频率/%	67	24.33	7.33	1.33	0

2)粉尘比电阻

电除尘器适合捕集的粉尘的比电阻为 $10^4 \sim 10^{12}$ Ω·cm。比电阻小于 10^4 Ω·cm 时,由于其导电性好,粉尘到达收尘极时,立即失去电荷,而且还获得与收尘极相同的电荷,粉尘受斥力离开收尘极重返气流中,形成粉尘再飞扬,达不到收尘效果,影响除尘效率。比电阻大于 10^{12} Ω·cm,粉尘到达收尘极时,由于电阻高而不易放出电荷,粉尘在极板上将越积越多,粉尘层上电荷越来越多,这些电荷将排斥后来的带电粉尘,从而降低除尘效率。

影响粉尘比电阻的因素比较复杂,除了粉尘化学成分外,还与温度、粉尘粒子和烟气的化学成分有关。

某厂从现场取焦结烟尘样后,在某大学进行的实际比电阻测量结果是,在 150℃ 时其值为 10^9 Ω·cm,在常温下测试的结果为 10^7 Ω·cm(由于样品来自于现场的布袋除尘器,因此样品的纯度、湿度和温度可能与现场工况有一定偏差)。同时,在烟气中含有 SO_3,这可以有效地降低其比电阻,增加除尘效果。从测试结果看该粉尘适合用电除尘器进行捕集。

3)电收尘工作原理

电除尘器是利用静电力实现粒子与气流分离的一种除尘装置。其除尘过程可分为三个阶段。

(1)粉尘荷电:在放电极(与高压直流电源相连)与集尘极(接地)之间施加直流高压,使放电极发生电晕放电,气体电离,生成大量的自由电子和正离子。在放电极附近的所谓电晕区内正离子立即被电晕极吸引过去而失去电荷。自由电子和负离子则因受电场力的驱使向集尘板(正极)移动,并充满到两极间的绝大部分空间。含尘气流通过电场空间时,自由电子、负离子与粉尘碰撞并附着其上,实现了粉尘的荷电。

(2)粉尘沉降:荷电粉尘在电场中受库仑力的作用被驱往集尘极表面,放出所带电荷而沉积其上。

(3)清灰:集尘极表面上的粉尘沉积到一定厚度后,用机械振打等方法将其清除掉,使之落入下部灰斗中。放电极也会附着少量粉尘,隔一定时间也需进行清灰。最后由卸灰装置将捕集的粉尘输送出去,实现废气净化、除尘全过程。

电除尘系统由电除尘器、高压供电机组、低压控制柜和卸灰装置组成。电除尘器本体是高压电场,由高压供电机组供给高压电场以高压脉动直流电,低压控制柜控制低压设备,捕集的粉尘由卸灰装置输出。

4)结构特点

根据现场测试烟尘具有比电阻高,温度高,粉尘黏的特性。某厂电收尘结构特点实例如下。

入口设三层气流分布板,含尘气体经负压进入除尘器,先进入三层多孔分布板将烟气均匀分布,根据气流分布模拟试验,三层分布的开孔由内向外逐渐加大为防止粉尘堵塞,一般

可采用 $\phi50\sim60$ mm，开孔率为 50%～65%。为防止集尘，又采用了振打清灰装置，使烟气均匀通过。

设两道槽板，一是提高收尘效率，收集在电场中未被阳极捕获的荷电粉尘；二是捕集振打时产生的二次扬尘。

阻流板，各电场周围和灰斗内均设阻流板，以使废气全部通过除尘区域，防止气流短路与串动。

阳极，一、二、三电场均采用 c480 极板，材质为 SPCC/1.5 mm，振打为中部单侧摇臂振打，极距为 400 mm，振动锤头采用整体切割淬火处理减少连接环节，回转轴采用耐磨耐温合金钢轴套。

阴极采用日本 ND 振打机构。通常的振打靠振打力传递，而 ND 主要靠谐振，通过偏心轮振打产生振动频率，接近于阴极线应有的频率，振打大小可调整，清灰更彻底。阴极采用不锈钢鱼骨针刺线从而减少电晕肥大。

壳体采用钢结构外壳，立柱侧壁组合式，考虑优先选择 H 型钢，绝缘子室及灰斗梁、外壳均由钢板及角钢制成。且纵向（气流方向）灰斗梁采用工字型钢。

灰斗，灰斗角度设为 56°，大于安息角，为防止结露、板结采用了蒸汽加热，即灰斗设有盘管。侧壁放有振打器以防止板结、结露。灰斗内部四角设弧形衬板以防止积灰，外部设有保温，厚度为 100 mm。

支座，为防止壳体膨胀，钢支座除设有固定支座，其余均设计为活动支座（单向或多向）。在柱脚与基础之间采用摩擦系数较小的聚四氟乙烯板。

防止瓷瓶爬电和破坏措施：

①为防止绝缘瓷瓶的损坏，特采用 4 个瓷支柱为一组共同支撑阴极吊杆，可减轻偏心力对瓷支柱的影响。

②绝缘瓷瓶置于密封的箱体内，与含尘电场隔离，不会黏结粉尘，同时设电加热器保持箱体内温度高于露点，以防结露。

③为保证除尘器的密封性，外壳采用钢板制成，并且所有密封处采用连续焊缝，并要求做渗油试验，凡振打轴穿过壳体均采用双层密封套。

④人孔门采用新型密封材料——硅橡胶玻璃纤维编织绳。

⑤为了防止设备内部温度下降，致使侧臂等处露而腐蚀设备，壳体要求外部均设保温，保温层用岩棉毡 $\delta=100$ mm，外护板采用彩涂波纹板，造型美观。

5）电除尘器主要技术性能指标

某厂选用的三电场 XKD125 m^2 型电除尘器技术参数见表 6－6。

表 6－6　XKD125 m^2 型电除尘器技术参数

序号	技术性能	型号规格	序号	技术性能	型号规格
1	电场有效面积/m^2	125.6	2	处理气体量/（m$^3\cdot$h^{-1}）	340000
3	电场风速/（m·s^{-1}）	0.756	4	极板间距/mm	400/400/450
5	电场长度/mm	4500/4500/4500	6	通道数	31/31/27

续表6-6

序号	技术性能	型号规格	序号	技术性能	型号规格
7	槽形极板长度/m	10.5	8	每电场阳极排数×每排块数	32×9/32×9/32×9
9	电晕线型式及每排根数	鱼骨线9/鱼骨线9/星形线9	10	每电场电晕线排数	31/31/27
11	每电场有效电晕线长度/m	2929/2929/2551	12	总收尘面积/m²	8074
13	最高允许气体温度/℃	<250	14	阻力损失/Pa	<300
15	最高允许含尘浓度/(g·m⁻³)	60	16	设计除尘效率/%	99.7
17	配用高压恒流源电源容量/mA×kV	0.8×72/0.8×72/0.8×100	18	沉尘极振打方式及减速传动电机数	侧向摇臂锤×6
19	电晕极振打方式及减速传动电机数	侧向摇臂锤×6	20	卸灰装置及减速传动电机数	两级翻板阀×6
21	设备外形尺寸(长×宽×高)/m×m×m	25×14.6×22.3	22	设备总体质量/t	420

6.2.3　产品质量及控制

焦结烟气处理的主要产品为电收尘回收的氧化锌,其质量标准如下:Zn品位>50%;游离水<10%。

为保证回收氧化锌的质量应做到:

(1)保证生团矿质量,特别是保证还原煤挥发分在26%~29%,使焦结炉燃烧室保持着火状态,燃烧室温度>950℃,保证余热锅炉进口温度在800℃以上。

(2)加强降温塔操作,塔顶水枪喷嘴采用螺旋喷嘴,保持水压≥1.2MPa,喷水呈雾状,塔出口烟尘为干式,控制、调整开枪数量,保持电收尘入口烟气温度:200~240℃

(3)各电场送电应满足表6-7要求。

表6-7　电场送电要求

电场	第一电场	第二电场	第三电场
二次电压/kV	≥60	≥65	≥65
二次电流/mA	≥800	≥800	≥800

(4)电收尘出口含尘:<100mg/m³。

(5)保持系统负压,加强堵漏抹缝降低系统漏气率,控制系统漏气率<80%,蒸馏炉热工操作实行小负压、小煤压,杜绝大负压、大煤压操作;电收尘器定期除尘定期停车检修,保持电收尘阻力<300Pa。

第7章 竖罐蒸馏

7.1 基本原理

7.1.1 蒸馏炼锌概述

蒸馏炼锌就是将锌精矿的氧化焙烧矿与还原剂(目前主要是煤)混合成型的炉料置于密闭的蒸馏罐内,经外部加热,炉料中的金属氧化物在高温下进行还原反应,反应的产物是以金属锌蒸气为主要成分的炉气,炉气经冷凝后其中的锌蒸气就成为液态金属锌,生产中常常称为液体锌。蒸馏后的固态干渣称为蒸馏残渣,在以煤为还原剂的情况下其主要成分是碳并含有铁、铜、银等元素。

火法蒸馏炼锌有两大特点:①锌的冶炼不像铜、铁、铅冶炼那样可以直接得到液体金属,其过程只能得到气态金属。这是因为,生产中氧化锌的还原反应是在1000℃以上高温下进行的,而金属锌在906℃就已经沸腾。②氧化锌还原反应是吸热反应,反应所需热量须间接加热提供。这是因为,在以煤为还原剂的情况下,还原氧化锌需要很高浓度的CO,必须保持高温强还原气氛,另外,锌蒸气又极易被二氧化碳和水蒸气氧化。因此,不允许提供热量的燃烧气体与蒸馏炉气直接接触,只能采用间接加热方式。

以锌蒸气为主要成分的蒸馏罐炉气还包含一氧化碳、少量二氧化碳、微量氧以及气流机械夹带的烟尘等。竖罐蒸馏中,由蒸馏罐导出的炉气须经过二段冷凝器,分别称为一冷器和二冷器。大部分锌蒸气在一冷器内冷凝为液体金属锌,机械夹带的烟尘(主要为二氧化碳和锌蒸气再氧化后的氧化锌)在一冷器内成为锌粉,一部分不能很好冷凝的锌蒸气,在二冷凝器内成为蓝粉,这些锌粉、蓝粉收集后作为返回物再处理。蒸馏罐气体中的一氧化碳被导出,可作为燃料。

蒸馏炉料是由锌精矿的氧化焙烧矿、返回物(主要是蓝粉和锌粉也包括一些其他的含锌物料)、还原剂煤等所组成。还原剂煤的加入量约为理论需要量3倍左右(生产上称作碳倍数),煤的性质依蒸馏方法不同而异,竖罐蒸馏使用将焦煤和肥煤按一定比例混配的煤效果较好。

7.1.2 氧化锌还原反应和还原条件

焙烧矿中的锌以氧化锌(ZnO)、铁酸锌($ZnO \cdot Fe_2O_3$)、硅酸锌($ZnO \cdot SiO_2$)、铝酸锌($ZnO \cdot Al_2O_3$)和少量硫化锌(ZnS)等形态存在,主要为游离态的ZnO。蒸馏炉内氧化锌的还原可用下列反应式表示:

$$ZnO + CO \Longrightarrow Zn + CO_2 \qquad (7-1)$$

$$CO_2 + C \Longrightarrow 2CO \qquad (7-2)$$

氧化锌还原是强烈的吸热过程,需要高温和强还原气氛。在竖罐内氧化锌开始还原的温度是 904℃,1150℃时还原速度是 950℃时的 4 倍。在蒸馏还原区式(7-1)不可逆。反应(7-2)因有金属铁存在,可逆。低温下,反应(7-2)比反应(7-1)的速度小得多,温度只有超过 950℃,反应(7-1)和反应(7-2)才能基本平衡,即反应都可向右进行。氧化锌还原速度受反应(7-2)控制。因此要使氧化锌还原迅速而完全,重要的是必须加速二氧化碳转化为一氧化碳,即促使反应(7-2)加速进行。

加速反应(7-2)的重要条件是:保持 1000℃以上高温,在有碳存在的条件下,二氧化碳可以在短时间内转化为一氧化碳;要有过量的碳,并具有较大的活性表面,以促进二氧化碳充分地被还原,有利于造成强烈的还原气氛;炉料要有良好的透气性,使反应后产出的气体能够迅速地扩散排出,保证整个还原过程连续地、完全地进行。

竖罐炼锌从焙烧矿开始,采取精确制团,在中性气氛中高温焦结,得到坚实多孔的焦结团矿,连续高温蒸馏,蒸馏效率可达 99%。

7.1.3 锌焙烧矿中其他组分在蒸馏过程中的行为

(1)铁酸锌。铁酸锌按下列反应分解和还原:

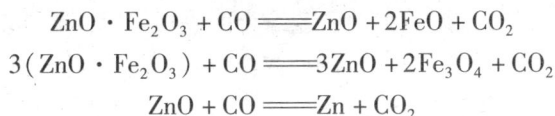

$$ZnO \cdot Fe_2O_3 + CO = ZnO + 2FeO + CO_2$$
$$3(ZnO \cdot Fe_2O_3) + CO = 3ZnO + 2Fe_3O_4 + CO_2$$
$$ZnO + CO = Zn + CO_2$$

铁酸锌与游离状态的氧化锌一样,可以很好地被还原,所以,焙烧过程中是否形成铁酸锌,无关紧要。

(2)铝酸锌。在蒸馏条件下不还原,而进入蒸馏残渣中造成锌的损失,但在焙烧矿中铝酸锌含量甚微。

(3)硅酸锌。在焙烧中锌以硅酸锌形态存在时,蒸馏还原速度比氧化锌及铁酸锌慢些,但对蒸馏过程影响不显著。

(4)硫化锌。蒸馏过程中不能被还原,而损失于残渣中,故焙烧过程中要最大限度地除去硫。

(5)硫酸锌。在焙烧矿中含量甚微,但其结果也与硫化锌一样,在硫酸锌中的锌损失于残渣中。

(6)铁的化合物。在焙烧矿中铁呈三氧化二铁(Fe_2O_3)和四氧化三铁(Fe_3O_4)状态。通过蒸馏还原,它们被还原成氧化亚铁(FeO)和金属铁。氧化亚铁与游离二氧化硅作用形成硅酸铁,对罐壁有侵蚀作用。金属铁在竖罐内有时与其他低熔点物结合而形成积铁,黏附于罐壁,影响罐壁传热和炉料通过。为此,当焙烧矿含铁过高时(12%以上),常在团矿中增加配煤比例,使焦结矿增强吸附能力,以防积铁的危害。

(7)铅的化合物。焙烧矿中铅呈氧化物和硫酸盐状态。铅的氧化物容易被一氧化碳还原成金属铅。硫化铅与其他硫化物形成铅铜硫,对罐壁有侵蚀作用,但数量甚微。

(8)镉的化合物。一般呈氧化镉存在。在蒸馏中,较氧化锌易还原。镉氧化物还原后形成镉蒸气,与炉气同时进入冷凝器,一部分进入锌锭,使锌不纯;一部分进入蓝粉中。

(9)砷和锑。一般以五氧化二砷、五氧化二锑和盐类的形态存在于焙烧矿中。在竖罐蒸馏过程,焙烧矿中的砷与锑 80%~90%进入残渣中。

(10)铜的化合物。主要以氧化铜形态存在于焙烧矿中，也可能有硫化物，其量甚微。蒸馏时氧化铜被一氧化碳还原成氧化亚铜和金属铜。金属铜有时与其他硫化物反应生成硫化亚铜，并与其他硫化物结合成冰铜，留在残渣中。

(11)金和银。银在焙烧矿中呈 Ag、Ag_2O、Ag_2S 和 Ag_2SO_4 等状态。Ag_2O 易分解为金属银，并溶于铅中。Ag_2S 易被其他金属夺去银而分解。银不论是金属还是化合物都留在残渣中。金一般呈单体状态，蒸馏时易溶于铅而留在残渣中。

(12)脉石。焙烧矿中主要有二氧化硅、氧化铝以及钙钡的氧化物。在蒸馏条件下，二氧化硅可与氧化钙、氧化亚铁和氧化铅形成硅酸盐；它还促使硫酸盐、铁酸盐及铝酸盐分解。当铁钙硅酸盐混合形成溶渣时，腐蚀罐壁。氧化铝较二氧化硅活性小，属两性氧化物，它与氧化锌能生成难溶的铝酸锌，不能被还原。钙主要以氧化钙形态存在残渣中。

7.1.4 竖罐蒸馏炼锌特点

(1)对原料有较强的适应性，可处理含铁12%以下，含二氧化硅8%以下的锌精矿。

(2)可以利用廉价煤，并可实现余热回收和余热发电来弥补间接加热的低热效率，能源成本低。

(3)可以有效地回收有价金属。我国已能综合回收铅、铟、镉、铊、汞、银等金属，并将焙烧烟气中的二氧化硫回收制酸，锌和硫的回收率可分别达到95%和95%以上，也可较好地控制环境污染。

(4)只能直接生产国标 3~4 级锌。还要经过精馏过程才可得到各种高纯度锌(含锌99.99%~99.997%)。

(5)需要高导热性的耐火材料——碳化硅砖，故大、中型工厂还应配备生产碳化硅制品的辅助设施。

7.2 工艺流程

焦结矿在蒸馏炉顶部加入，经上延部后进入竖罐开始氧化锌的高温还原，还原过程中矿球自上向下运动，还原出来的锌蒸气向上运动，锌蒸气经倾斜部导入冷凝器，在冷凝器内锌蒸气被转子扬起的锌雨捕集成液体锌，冷凝后的废气(含 CO >68%)经洗涤除尘后导入煤气系统，还原后的渣球由蒸馏炉下延部排出，蒸馏炼锌工艺流程如图 7-1 所示。

7.3 主要工艺过程

7.3.1 加料与排料

加料排料是竖罐的重要操作之一。作业的好坏，直接影响炉日产量、蒸锌质量、锌冶炼回收率和罐体寿命。竖罐加料是间断进行的，加料频率一般为 1 次/h。正常状态下，每批炉料加入量应保持固定不变，料量调整与含锌品位和蒸馏残渣含锌有关。排料是间断的，通过竖罐下延部的排矿辊进行。排料速度可通过调整排矿辊转动频率，或排矿装置转矩(曲拐的偏心距)来控制，排料频率一般为 30~50 次/h。

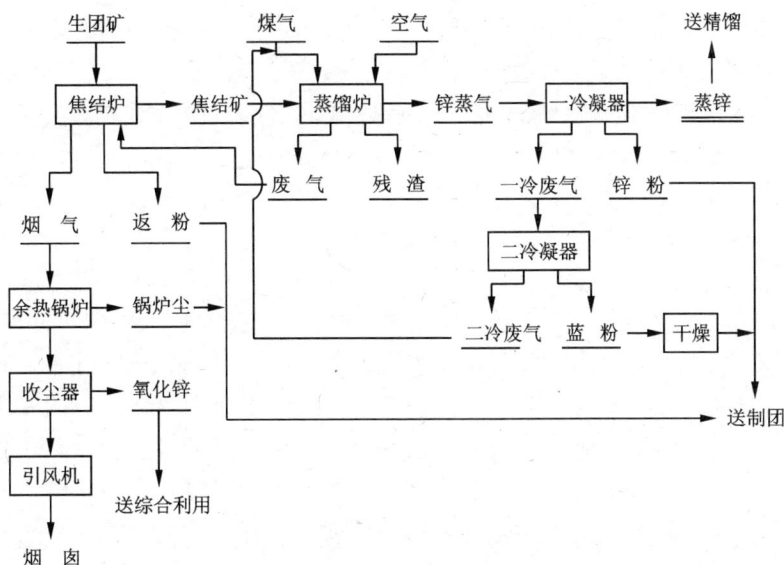

图 7-1 蒸馏炼锌工艺流程

加排料操作要点：

(1)保持罐内相对稳定的料柱,使排出渣与加入料量相平衡。

(2)为保证炉气上升和罐内温度分布均匀,有利于脱出有害杂质,确保蒸馏锌质量,要求罐内各点排料均匀。上、下延部应保持密封,防止气流分布不均影响渣含锌和下料。

(3)保证排料速度既均匀,又让炉料处于经常运动状态,使罐内料柱松散,锌蒸气最大限度地扩散。

在生产实践中,常用专设的铁钎和标尺来测量料柱高度。料面钎子长度:2500 mm。加料前后分别探测一次,在两次加料间隙内,还应定期探测,以了解料面下降是否均匀。料面深度的具体控制指标是:料前 1400 ~ 1600 mm;料后 600 ~ 800 mm,打悬矿时另定。如遇有排矿中断,可能是排料装置打滑,排矿辊上面产生杂质以及在下延部出现卡矿悬料等原因造成。当下部正常,而料面不再下降时,说明上延部出现卡矿造成悬料。发现上述情况必须及时进行处理扎通,以保证加排料顺利进行。调整排出挡板的原则:下料不均匀时,调节排出挡板。调整时遵循两端间距大,中间间距小的原则。应特别指出,控制稳定的高料柱,有利于锌蒸气与焦结矿的热交换;有利于上延部温度控制,减少锌蒸气再氧化反应的进行;有利于上延部对杂质铅、锡的过滤。

7.3.2 下延部送风与罐内压力

(1)下延部送风。竖罐下延部送风,是一项强化生产过程的措施。在燃烧室供热充足的条件下,采取下部送风的办法,可使残渣含锌显著降低,炉日产量相应提高。送风的主要作用是强制炉气向上流动,有利于蒸馏过程中锌蒸气从团矿表面扩散,降低渣含锌。

团矿在蒸馏还原时产生的锌蒸气,在其自身的吸附作用下,不易立即从固相表面脱附;同时,竖罐中、下部产生的锌蒸气上升阻力较大。这些因素不仅阻碍还原反应的进行,也造成了随料柱向下部扩散的可能，金属锌随蒸馏残渣排出损失掉。送风既可以造成强制向上的均匀气流，又可以阻止锌蒸气向下部扩散。当然，送风也同时带来不利的影响，它可以冲淡炉气，使冷凝效率降低，蒸锌含铅增加。为此，送风量的选择控制，除与竖罐结构和生产能力有关外，尚需考虑对冷凝的影响，一般均小于 $1.2\ m^3/min$。送风压力则以克服罐内阻力为准。生产实践中，通常通过检测罐口 CO 含量，调整送风。

（2）罐内压力控制。由于连续进行排料，罐内压力经常处于波动状态，排料时压力比正常时要增加 $1 \sim 2$ 倍，排料愈不均匀，罐内压力波动愈大，这种压力冲击的结果，可以加速罐壁漏损。当罐内压力过大，燃烧室压力较小，锌蒸气则顺罐头沙封或漏损处进入燃烧室，并迅速燃烧产生局部高温，加速了罐体损坏；反之，则有燃烧废气进入罐内，冲淡了炉气浓度，使锌蒸气氧化，对竖罐生产率和冷凝效率都带来不利影响。生产中通常用罐口压力和排出压力的显示数来控制炉压。罐口压力可控制在 $40 \sim 140\ Pa$，排出压力则为 $200 \sim 500\ Pa$。罐内压力变化和送风效果，可以从开、停送风的压力差（送风压差）来检查。压差过小，说明空气没有送入罐内，或中、下部罐漏严重，进入燃烧室短路；压差太大，说明送风量过多。一般应保持 $80 \sim 150\ Pa$。罐漏时，罐内压力均应保持下限指标，罐口压力为 $10 \sim 50\ Pa$，送风压差为 $30 \sim 80\ Pa$。

7.3.3 锌蒸气的冷凝与出锌

冷凝为火法炼锌的重要组成部分。含锌蒸气的炉气，借助冷凝器进行冷凝从而获得液体锌。冷凝效率的高低直接影响炉日产量。对于竖罐炼锌，冷凝操作还是控制蒸锌质量（主要为蒸锌含铁）的重要手段。

1）冷凝出锌的操作过程

锌蒸气进入冷凝室后，被转子飞溅的锌雨收集下来并聚集在储锌池内。为维持冷凝持续进行，要及时调整冷却水管在锌槽的部位和浸入深度，控制冷凝室温度在 $480 \sim 520℃$。冷却水管要定期检查和更换。在间断出锌的情况下，为保证转子的最佳工作状态，出锌时间愈短愈好，每次出锌量为 $800 \sim 1000\ kg$。冷凝器要定期扫除，清除锌粉。炉气进入二冷器，经洗涤后送入废气洗涤机。进入水箱的蓝粉要定期清理，周期为 $3 \sim 6$ 次/昼夜，细颗粒蓝粉溢流到水沟，由沉淀池回收。

2）冷凝操作要点

为使冷凝正常进行，提高冷凝效率，确保安全生产，冷凝操作必须注意以下要点：

（1）全部冷凝系统必须经常保持正压，各点压力均应大于 $20\ Pa$，防止外部空气进入。如果出现负压，吸入空气量少时，锌蒸气被氧化，使冷凝效率降低，当吸入空气量较多时，与炉气中大量一氧化碳接触，将有发生爆炸危险。为此，必须加强系统密封，经常保持炉气畅通，防止堵塞引起后形成负压。对系统各部位要按规定扫除。

（2）严格控制冷凝温度，在保证锌池不凝结的前提下，以较低为好。为了出锌时便于运输和铸模，可适当提高温度。

（3）经常检查转子工作角度、转速、转头磨损情况，以及锌液面控制等是否处于最佳状态。

（4）保持二冷凝器水力喷射机经常处于良好状态，使气流畅通无阻。

（5）冷凝系统作业，严禁两个或两个以上岗位同时进行操作，防止引起压力波动或废气回流发生爆炸和喷火伤人。同时防止冷凝废气发散引起煤气中毒。

　　3)冷凝系统的积灰和清扫

　　在冷凝过程中，由于温度的变化，使锌蒸气再氧化，加之物理原因而形成锌粉和蓝粉。锌粉积聚在倾斜部、一冷凝器后部和方箱下端。而由极细微锌滴组成的锌雾或氧化锌，随气流一起带入二冷凝器和冷凝废气管道的称为蓝粉，容易引起局部堵塞，要及时清除和处理。堵塞部位可按照压差或据经验判断，定期处理。

　　在倾斜部和冷凝室内，产生的锌粉密度较小，漂浮于锌液上面。正常情况下，锌池中部的桥式隔墙可以阻止锌粉向冷凝器前部(转子工作区)移动，保证转子正常工作。锌粉增多后越过隔墙污染扬锌区，阻碍气流畅通并加速转头磨损。锌粉增多的表现特征是：转头磨损快；方箱易堵；压差增大；出锌时锌液面下降但单位高度的锌量减少。此外，锌池后部的锌粉，对冷凝下来的锌液中的杂质铁有明显的过滤作用。分析锌粉含铁经常在 0.13% ~1.2% 波动，较锌液含铁高 4~40 倍。锌粉含铁增多时，如果锌液温度升高，锌粉中的铁就有少量重新进入锌液，影响蒸馏锌的质量。所以，必须对锌粉定期处理。

　　4)冷凝技术条件控制实例(见表 7-1)

　　温度控制：直管温度 340~420℃，出锌提温 <500℃。

表 7-1　冷凝系统各点压力控制

部位	出口	方箱	二水封	二冷凝器出口	废气总道	洗涤机进口	洗涤机出口
压力/Pa	80~120	<100	10~40	740	10~40	40~80	<2300

7.3.4　蒸馏炉的热工调整

7.3.4.1　供热特点

　　由于竖罐内进行的主要反应是吸热反应，以及锌蒸气易被氧化的特点，决定了竖罐必须采取间接加热的方式供热。竖罐供热的特点是：罐体受热面积大，目前单罐已达 110 m^2，要求受热均匀；燃烧室与竖罐都是很高的狭长体，受热罐壁较宽，要求温度达到 1300~1340℃，并保持连续、均衡、稳定，上、中、下部及左右两侧各点温差小于90℃；因为燃烧室排出的燃烧废气是焦结炉的主要热源，因此，其温度和成分(主要是含氧)有较为严格的要求。既要保证燃烧充分完全，又不能使过剩空气系数过大；蒸馏炉多组成较大的炉群，由若干个炉组成炉组，这种结构虽然对温度有利，但由于炉组有煤气和废气的共同通道，连通性较强，调整时容易引起相邻炉温度与压力的波动。

7.3.4.2　供热要求

　　(1)燃料。多使用易于控制的气体燃料。一般使用发生炉煤气，也有的用重油、天然气、焦炉煤气和石油液化气等。由于燃料种类不同，在使用时所需的设备与控制条件也不同。粗煤气自身的显热较大(400~500℃)，使用时可直接送入燃烧室煤气通道内。换热室只承担对空气预热，废气出口温度较高。净化煤气含尘少，便于远距离输送，压力易控制，但自身显热很低，不易直接入炉燃烧，换热室需分别预热空气和煤气，废气出口温度较前者为低。

　　(2)炉温控制。竖罐内温度主要靠调整燃烧室温度进行控制，而燃烧室温度指标除决定于罐内炉料热阻与反应吸热外，在很大程度上依赖于碳化硅罐壁的热传导性能。罐内中心平均温度应控制在1150℃以上，内外部温差80~150℃。当降低炉料热阻、改善燃烧状况以及使用传热效率高的碳化硅砖时，燃烧室温度可以大幅度下降。罐内各点温度不易直接测量，从竖罐加料口向下算起，上延部范围内的温度分配规律一般是以50℃/100 mm的温度梯度升高。加料口（罐口）温度为790~830℃。在罐本体上部因还原反应激烈，温度在950℃左右。中、下部温度逐渐升高到1200℃。下延部在约2 m的距离内，温度由1000℃下降到500℃，温度下降梯度为28~32℃/100 mm。

7.3.4.3 热工调整

正常状态下的热工操作主要是使燃烧室煤气和空气充分有效地燃烧，保证进入燃烧室热量多，火焰分布广，各点温度均匀稳定，燃烧废气经充分换热后均匀顺利地排出。

(1)热工调整应遵守下列原则：低压大量，多稳少动，即燃烧室内负压和供给的煤气压力在保证生产的前提下尽量要低，维持燃烧室内大气体量，实现热量饱和；温度要尽量稳定。当温度变化需要变动条件时要及时，要少动、勤动。温度分布上高下低。空气挡板上大下小。在合理调整的基础上努力提高温度合格率。

(2)热工调整操作要点：首先应保证煤气的质量和压力稳定。煤气质量主要指可燃成分高、热值大。可燃煤气质量除要求一氧化碳含量（一般大于28%）外，尚需要注意到其中氢和其他碳氢化合物的含量。对煤气压力要求控制小而稳定，一般为30~60 Pa，以确保在燃烧室内分布均匀。

在煤气供应稳定、废气排出正常的情况下，燃烧室内各层空气道挡板开放程度应遵循由上至下逐次减少的原则加以控制，使大量空气由一、二层空气道进入燃烧室。以下各层空气支道挡板只有在必要时才做适当开启，借以调整燃烧室上、下温度分布的均衡性。

由于空气自换热室进入燃烧室以及燃烧废气排出是靠系统排风机所产生的压差来控制的，如果换热室和废气系统堵塞，不仅影响换热，还要影响系统负压，妨碍空气入炉和空气、煤气的正常燃烧。事实上，由于竖罐罐体的漏损，罐内压力大于燃烧室压力，锌蒸气进入燃烧室迅速氧化成氧化锌，并逐渐沉积黏附在整个废气系统。因此，经常扫除换热室、废气道以及排风机叶轮的积尘，保持废气畅通，是蒸馏热工操作的重要组成部分。一般废气支道压力为-200 Pa。经常检查炉体以及废气总道系统的缝隙漏气，以减少冷空气吸入，降低燃烧室温度，避免废气含氧高（废气含氧一般为4%）。由于蒸馏炉与焦结炉热源的相互牵连，在调整时应充分注意对焦结的影响。

(3)温度调节方法：对燃烧室各点温度的测量是使用铂铑-铂热电偶的多点电子电位计。温度调节尚多由人工进行。几种常用的调节温度方法列于表7-2。

(4)某厂蒸馏炉热工调整控制指标实例如下：

燃烧室温度指标：上部、中部1310~1350℃；下部、底部1260~1310℃；

换热室温度指标：上部850~1080℃；总温度指标<850℃；

压力指标：煤气压力200~800 Pa；废气总道压力（-230±10）Pa；尾压≥-160 Pa。

对燃料煤气的要求：净化煤气CO浓度≥28.0%；冷凝废气CO浓度≥69.5%；混合煤气CO浓度≥39%，发热值≥1600 kcal/m³（6688 kJ/m³）。

表7-2 常用的调节温度方法

序号	温度变化情况	产生原因	调整方法
1	燃烧室上、中、下底部温度都低,换热室废气温度也低	总热量供应不足	开大抽力挡板或开大煤气蝶阀
2	上部温度低,中、下底部温度也低	煤气量不足	开大煤气量
3	上部温度低,中、下底部温度满足指标	上部空气量不足	开一层空气挡板
4	上部温度低,中下底部、废气温度都高	煤气过多	减少煤气量
5	上、中、下、底部温度高,废气温度也高	总热量多	关抽力,减煤气
6	上部温度高于指标,下、底部温度满足指标而中部温度低	中部空气量少	开二、三、四层空气挡板
7	上、中温度都在指标以上,底部温度不低,下部温度低	下部空气量少	开五、六层空气挡板
8	上、中、下部温度都在指标以上,而底部温度低	底部空气量不足	开七层空气挡板
9	燃烧室各点温度在指标以上,换热室废气温度超指标	抽力大,煤气大有过剩的CO在换热室燃烧	关小抽力和煤气,开在中、下、底空气挡板
10	燃烧室某一点温度突然升高	罐漏,锌蒸气氧化燃烧	通知工段或补炉岗位查罐补炉

7.3.5 开炉升温与停炉

7.3.5.1 开炉

为了减少对耐火材料急冷急热的温度冲击,延长炉体寿命,对大、中修及新砌筑的竖罐蒸馏炉均要求按计划升温开炉,然后才能转入正常生产。开炉主要包括:罐体、燃烧室、冷凝器升温;罐内充填底料(焦炭);导通冷凝器。

(1)预热升温。首先应对炉体各部位进行全面检查。要求炉带紧固,炉内不准积存砖石杂物。同时应安装好测温电偶和压差计。关闭换热室空气进口和煤气、空气挡板。罐体排出部分密封,冷却水套通水。上述准备工作就绪后,即可在临时砌筑的燃烧室点火升温。

升温使用净化煤气。一般分低温、中温、高温三个阶段。为了防止煤气燃烧时产生局部高温,在蒸馏炉上、中、下各部位外边砌筑临时燃烧炉。用煤气预先燃烧,将废气引入炉内,从而使整个燃烧室和罐的上、中、下各部温度分布均匀合理。必须指出的是,点火初期燃烧室温度较低,煤气容易灭火。应保证煤气燃烧完全,否则废气中一氧化碳过剩,进入燃烧室或换热室引起爆炸事故。还要注意堵漏抹缝。

当炉温达到950℃以上进入高温阶段。此时停止使用外部燃烧设备,应引入正常生产系统使用的预热煤气(俗称换大煤气)。然后把废气引入与正常生产炉组相连通的废气支道(俗称通废支),继续升温。

换大煤气的操作要点是:一定要先点明火,然后再慢慢开放煤气阀门。在使用净化煤气时,煤气进入燃烧室之前需要预热。但在升温过程中换热室温度较低,并且充满空气,直接送入煤气容易引起爆炸。为此,在换大煤气时,应在换热室下部煤气通道进口处先点明火,然后开启阀门。引燃后让燃烧废气先进入煤气道,将其中空气驱净。一般6~10 min 即可完成。关闭煤气道进口挡板，转入正常升温。上述作业是在燃烧室两侧分别进行的。

升温过程若干指标的控制原则如下。

升温速度：500℃以下小于5℃/h；500~1200℃，小于10℃/h；1200℃以上，小于15℃/h。

升温时间：一般为9~12天。其中，大修后升温为10~12天，中修后升温为9~10天。升温过程各部位允许温差见表7-3。

表7-3　升温过程各部位允许温差

炉型	各部位允许温差/℃				
	上侧	上、下	上、中	中、下	下、底
Z40-80	<30	<60			
Z60-12	<30	<60	<60	<60	<60
Z100-12	<30		<60	<60	<60

换大煤气时温度波动小于50℃；通废支时温度波动小于30℃。升温曲线见图7-2。

(2)罐内加底料(焦炭)。燃烧室温度达到1300℃以上时，定好排出挡板，从加料口加焦，先加底焦(约1.5 t)，开始排焦，排焦速度为1.5 t/h。加焦速度为2.5 t/h。要求在16 h内将罐内加满(也有缩短至10~12 h的，但如若控制不好容易产生悬焦)。焦炭粒度应与团矿大小相似。

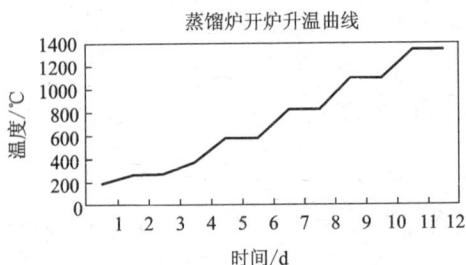

图7-2　升温曲线

(3)冷凝器升温。可与罐内加焦同时进行。首先，点净化煤气管，插入冷凝器内烘炉、预热。待下延部送风产生大量气体时，将加料口及有关操作口密封，借助直管的自然抽力将罐内产生的一氧化碳气体，导入冷凝室并使之燃烧，冷凝器开始升温。升温速度控制在30~50℃/h。为保证可燃气体的充分燃烧，冷凝器可以保持负压，同时用压缩空气管调节空气量助燃。温度达800℃左右时开始恒温。

(4)导通冷凝器。初开炉锌蒸气浓度低，炉气量小，如误操作，最容易造成煤气爆炸事故。加料后封闭冷凝器各扫除孔，在1~2次加料后向冷凝器加锌。为防止锌液凝结，加入锌液温度一般控制在570~600℃。加锌结束即可开动转子。

加锌后盖一水封盖，密封二冷凝器各部。然后，即可打开废气放散管使废气排空，导通废气。二水封强化器应少量给水，以达到降温、熄火、减压之目的。给水量不许过大，否则因煤气量小，有产生负压、造成爆炸的危险。此时应保证冷凝器全部为正压，迅速检查一冷凝器各处是否漏气。漏气处会冒火燃烧，可用黄黏土泥抹缝。

废气接触。废气从放散管导通后应根据气量大小开大强化器水管。水力喷射机适当给水。当炉气量继续增大，二冷凝器压力明显上升时，应关小放散管闸板，打开废气板，再关死放散管，使冷凝废气全部送入废气总道。开大水力喷射机，按正常生产压力指标进行控制。

冷凝室温度达 500℃ 以上时，出锌槽可放入冷却水管。冷凝器开动 8 h，将下延部送风压力转入正常控制指标。加排料及出锌转入正常后开炉即告结束。

7.3.5.2　停炉

竖罐蒸馏炉炉体寿命一般为 3 ~ 5 年。罐体寿命较短，处于下限。当竖罐或燃烧室换热系统之一出现故障不能继续生产或技术指标严重下降时，即需停炉检修。停炉的一般操作程序如下。

首先停止加料。继续按正常情况进行排料。可适当增加下部送风量。当料柱降至脱离上延部后停止送风，并可适当加快排料速度。在继续排料过程中，热工系统逐步调整，关小煤气支道和废气支道闸门，使燃烧室温度与罐内剩余炉料需要的热量相适应。当炉气量显著下降，罐口压力不能维持正常时，停止冷凝系统的一切操作。首先关闭二冷凝器各用水管，同时闸死冷凝废气挡板，开放散管。然后打开罐顶操作孔盖砖（如为悬矿停炉时可打开一水封盖），取出转子，一冷凝器放锌。放锌后封闭出锌槽和转子工作孔。

当料柱降至罐体下部时停止送煤气，关死废气支道闸门。待炉料全部排空时，停止供水。整个停炉过程中，严禁二水封负压操作，保证停炉安全。

停炉时热工调整的具体操作实例：停止加料 2 h 后，蒸馏炉以 25℃/h 速度降温。8 h 后冷凝器放锌。放锌后，先闸死煤气，稍后闸死废支，闷炉降温。中修炉降温时间为六天，具体是：前两天闷炉。第三天开小燃烧室上盖；第四天打开四阶各补炉门，第五天打开三阶，三阶半各补炉门；第六天打开二阶，二阶半各补炉门及各扫除门；第七天扒炉。

7.4　主要设备

竖罐蒸馏炉简称竖罐，主要由上延部、罐本体、下延部、燃烧室、换热室、加排料设施等组成。炉体结构如图 7 - 3 所示。

7.4.1　竖罐（罐本体、上延部和下延部）

（1）罐本体与罐基。罐本体是指炉料通过碳化硅罐壁外部燃烧室吸热，完成蒸馏反应的部分，是一个具有狭长矩形断面的高大碳化硅构筑体，罐高一般为 8 ~ 12 m。组成罐体的四壁由一对罐头和两面侧壁嵌合而成。这种结构主要为适应炉体温度变化时，罐体可自由膨胀和伸缩，防止炉体断裂。罐体内部尺寸：宽 × 长 = 290 mm × （1900 ~ 2768）mm，大型罐长 = 4610 mm，特大型罐长 = （5070 ~ 5300）mm，罐壁厚为 114 mm。罐本体高度，一般为 8 ~ 12 m。罐体底部至砌筑框梁称为罐基，它承受罐体全部质量，故基础部分较大，壁厚较一般侧壁增加 1 倍（230 mm）。罐基高度占总高的 8% 左右。罐本体全部

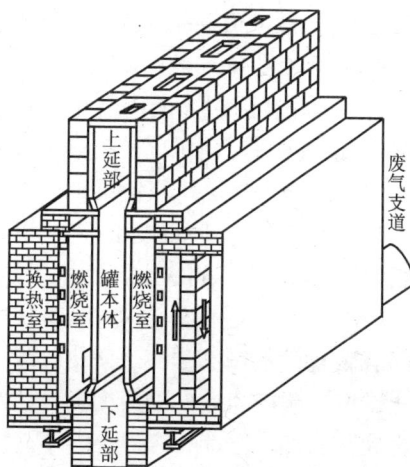

图 7 - 3　Z112 - 12 型竖罐炉体结构

由高导热性碳化硅砖砌筑。筑炉砌料是小于 0.177 mm 的碳化硅灰，加入适量的结合性黏土，用密度为 1.125 g/cm^3 的玻璃水调和制成。罐基框梁材质为大型高铝砖，并用高强度磷酸盐泥浆砌筑，使用寿命较长。

（2）上延部。上延部由小燃烧室和保温套组成，正接于罐本体上口，顶部与加料口相连，前侧接通冷凝器。其作用是使炉料与高温炉气进行热交换，并有脱铅和滤尘的效能。炉气出口经倾斜部与冷凝器相连。因冷凝器与炉体不在同一基础上，更兼受热与膨胀程度不同，冷凝器在高度方向上的延伸远小于罐体，所以倾斜部与上延部嵌接处与罐体结构类似，必须采取砂封套式的活动接头，使之留有伸缩的余地。在主燃烧室的顶部环绕罐体四周，设置一个与主燃烧室相连通的空隙，构成小燃烧室。罐壁为碳化硅砖砌筑。小燃烧室宽度一般在 240 mm 以上，为防止火焰通过，两端各有一砖墙隔开。小燃烧室侧墙内砌轻质黏土砖，外加硅藻土保温砖。其温度是借助主燃烧室的辐射热，以及自然对流的作用保持的。此外，有时由于燃烧室上部煤气过剩，向小燃烧室内送入一定量空气，也可使其温度进一步提高，一般可达 950℃ 以上。罐体与上延部温度差减小之后，可使炉瘤的生成速度变慢，从而延长了悬矿周期。

（3）下延部。正接于罐基下面，由连接部、砖套及水套组成，其内部尺寸与罐基下部完全一致。其底部与水封和排矿机构相连。下延部的作用，除迅速冷却蒸馏炉渣外，还是下部送风进口通道。为防止锌蒸气在底部冷凝，以及强化罐内蒸馏的扩散过程，下延部送入的空气，应转化为一氧化碳，以减少氧对罐体下部碳化硅的侵蚀。在下延部顶端采用砖套保温，内由耐火黏土砖砌筑，外边由硅藻土保温。最底层为钢板保护套，砖套高度一般 1.8～2.4 m。水套与砖套相连，一般厚度为 40～60 mm。送风管斜穿过水套两侧，每侧 4～6 根，与水平线成 15°～16°。

7.4.2　燃烧室

这是供给竖罐反应所需热量的燃烧供热装置。燃烧室对称配置在罐体两侧，其长和高与罐本体尺寸基本相同。除罐基、罐本体顶部及罐头与燃烧室砖体靠近外，受热罐壁与燃烧室侧墙宽度为 350～450 mm。为保证罐体 40～110 m^2 的纵向狭长加热区温度均匀稳定，在燃烧室顶盖的下面各装有一条横向煤气道，其底部有 7～9 个通向燃烧室的小孔（120 mm×65 mm），把煤气垂直引入燃烧室空间燃烧。在燃烧室两侧墙上的一定高度上设置一条空气总道和 5～7 层空气分道。横向空气总道一端与换热室连接，一端与空气竖井相通。第一层空气道设于空气总道上层，其他各层则分别在其下，并都有支道与空气竖井相通。在支道入口均装有调整挡板，用以调节进入的空气量。每层空气道均有与煤气道煤气喷口相对应的 7～9 个分孔（120 mm×60 mm），空气经孔洞进入燃烧室与煤气燃烧。上述结构可使燃烧室前、后、上、中、下、底各部分温度分布均匀，达到 1260～1350℃ 的指标。此外，在燃烧室边墙与罐壁间有碳化硅板制的顶砖，交错设如梅花形，横跨燃烧室空间将罐壁顶住。其主要作用是防止罐壁受罐内团矿的侧压力而产生罐壁向外倾倒，并使燃烧室气体流动形成涡流，有利于防止局部高温。

7.4.3　换热室

换热室是燃烧室的辅助机构，两者紧密相连。其作用主要是利用燃烧废气的余热来预热空气和煤气，使之达到一定温度后，进入燃烧室燃烧，以提高炉温和炉热效率。换热室种类很多，依据换热气流走向、使用燃料特点和预热气体种类，我国采用的换热室有以下几种：标准型顺流式换热室；大型筒砖型顺流式换热室；小型筒砖型顺流式换热室；小型筒砖型逆流式换热室；双筒型砖顺逆流换热室。

换热室设在罐体和燃烧室端头部或两侧部。上述各种砖砌换热室的共同弱点是气密性不好，是今后改革的重要课题。

7.4.4　冷凝器

冷凝器位于上延部端侧，与斜角为 30°～40° 的倾斜部相连，基础砌筑在厂房楼板上的工字钢梁上面。在工业生产中，习惯把冷凝器分为两段。一段冷凝器内，炉气迅速释放热能，降低温度，使锌蒸气迅速冷凝为液体锌。含尘和含锌密度很低的烟气，进入第二段冷凝器（实质为洗涤器）内进行洗涤收尘，同时提供输送烟气的抽力，对罐内压力进行控制。净化后的炉气含一氧化碳成分很高，最高可达 70% 以上，是具有高热值的二次能源。一般送入净化煤气管道内，作为蒸馏炉的燃料。

一段冷凝器（简称一冷器）为飞溅式冷凝器。倾斜部只相当于炉气的导通装置。冷凝是在转子叶轮飞溅扬起的锌雨表面上进行的，锌液强烈洗涤锌蒸气，使之被大量吸收于锌池中，冷凝效率很高。飞溅式冷凝器按转子工作角度，又可分为倾斜式和直立式两种类型。直立式转子体积小，飞溅锌量大，对炉气气流方向无选择性，锌雨充满系数大，冷凝效率高。缺点是安装拆卸不如倾斜转子简便，对转子材质有特殊要求。倾斜式转子安装制作简便，动力消耗小，运转周期也较长，应用广泛。缺点是锌雨充满系数及冷凝效率低于前者。冷凝器的外壳用钢板焊接而成，靠近钢板衬一层石棉板，内砌保温砖，内壁为一层密度大抗磨性好的黏土耐火砖或高铝砖砌成。为防止漏锌，砖的砌缝（灰口）应小于 2 mm。底部为锌池，可贮存适当数量的锌液，锌池底部略有坡度，便于锌液流动，以补偿转子工作时造成的锌液空缺。在冷凝器内部有一石墨制桥式隔墙，将锌池分为前后两室。其作用是挡住浮于后室锌液面上的锌粉流入前室，减少转子磨损，对飞溅扬落到后室的锌液，则可以从隔墙桥下流回前室。冷凝废气经冷凝室前部方箱和直管导入二冷器。为控制冷凝废气流速，常在方箱中装设调整挡板。在靠废气排出端（冷凝器前端），有一成 45° 倾斜角的器壁，中央装有电机带动的转子。整个转子是由传动轮、轴承支架、转子轴和叶轮转头组成，转子头与转轴一般为优质石墨或碳化硅及耐蚀的特殊合金制成，转头一部分浸入锌池锌液中。当电机转动时转轴带动 $\phi 250～350$ mm 的转头，以 360～400 r/min 的速度旋转，将液体锌飞溅成锌雨，把冷凝室整个断面封住，炉气通过锌雨实现冷凝。在冷凝室的一侧设有出锌池，与冷凝室底部相通，用水冷蛇形无缝钢管控制锌液温度。出锌池上设有刻度浮标，控制稳定锌液面，定期出锌、铸锭。在冷凝室另侧设有扫除孔，以定期清除积存的锌粉。冷凝室容积一般为 1.4～1.8 m³，冷凝空间为 0.6～0.9 m³。

二段冷凝器（简称二冷器）是按湿式收尘和水力喷射原理设计的，其主要作用是除尘净化和气体输送。二冷器由洗涤塔（二水封），水箱以及水力喷射机等部分组成，均为钢板和铸铁结构。冷凝废气进入二冷器时温度为 400℃ 左右，含尘主要为氧化锌和蓝粉，含量为 50～60 g/m³（标），净化洗涤后要求达到 1～3 g/m³（标）。含尘量高，会造成管道堵塞，使炉气不能远距离输送。为此在二冷器后部还应安装洗涤机（与煤气洗涤相同），用以进一步洗涤废气和提高输送压头，将冷凝废气送入净化煤气系统。

7.4.5 加料、排料装置、矿渣输送装置及铸模机

(1)加料器。加料器由圆锥形加料斗、加料砣和砣盘、条筛、返料斗及操纵杆等部分组成，全部为钢铁结构。在加料器上部设有收尘罩(平时常闭，加料时开启)，经布袋收尘器回收氧化锌。加料砣内径 340 ~ 360 mm，外径 540 mm，内通冷却水延长使用寿命。

(2)排料装置。排料装置由排矿辊、排料挡板、摩擦传动装置和螺旋输送机组成。排矿辊由多片星轮组合而成，其尺寸与罐体下延部配套，一般为 $\phi(560 \sim 600)$ mm $\times (10 \sim 12)$ 排，长度与下延部水套相同。螺旋输送机与排矿辊水平中心线呈 $20° \sim 28°$ 向上倾斜，下部充水密封防止炉气外泄。

(3)矿渣输送装置。矿渣输送装置，可采用机械运输，如螺旋、皮带、刮板输送等。我国某厂采用较方便的水力输送。为节约用水，冲渣水应保持封闭循环。厂房外汇总水沟，均具有一定坡度，用以加强输送距离和效果。在水沟末端设有铁篦子和螺旋输送机，经铁篦子截留的大颗粒残渣，由螺旋机传送到皮带运输机上，带入储仓。细颗粒随水流入沉淀池，沉淀后用龙门吊抓斗抓出。

(4)铸模机。在以蒸锌为最终产品时，须对液体蒸锌进行铸锭。液体锌铸锭，一般使用直线浇铸机进行。

7.4.6 附属设备的结构和性能

7.4.6.1 陶瓷真空过滤机

陶瓷过滤机是新一代高效节能的固液分离机械，其基本原理类同于普通圆盘真空过滤机，关键区别是它采用多孔陶瓷过滤板作为过滤介质，由于毛细管的作用，过滤过程中，只有水能通过过滤板，而空气始终不能通过，因而具有高效节能的优异性能，与传统圆盘过滤机比较，节约能耗80%以上。同时该机还具有过滤物含水率低、穿漏少、耐酸、耐腐蚀等特点，并采用自动化操作，劳动强度低、安全性好、工作环境整洁。陶瓷过滤机实例如图7-4所示。

图7-4 BST18系列陶瓷过滤机

1)过滤原理

装有陶瓷过滤板的圆盘旋转浸入浆液时，通过真空作用抽取浆液中的水分而使固体物料吸附于陶瓷过滤板两侧，形成滤饼；脱离浆槽继续抽真空以进一步脱除滤饼中水分，至一定位置时，由陶瓷刮刀刮下滤饼，掉落输送带上送入料仓。

陶瓷过滤板经过一段时间使用后，板内的毛细孔将发生堵塞，使过滤效果下降，须通过反冲洗将陶瓷过滤板疏通。反冲洗有两种方法，一是化学清洗，一是超声清洗。具体的反冲洗安排须根据每个班或每天的使用情况进行调整。

2)工艺流程

陶瓷过滤机对矿浆进行固液分离的工艺流程如图 7 - 5 所示。

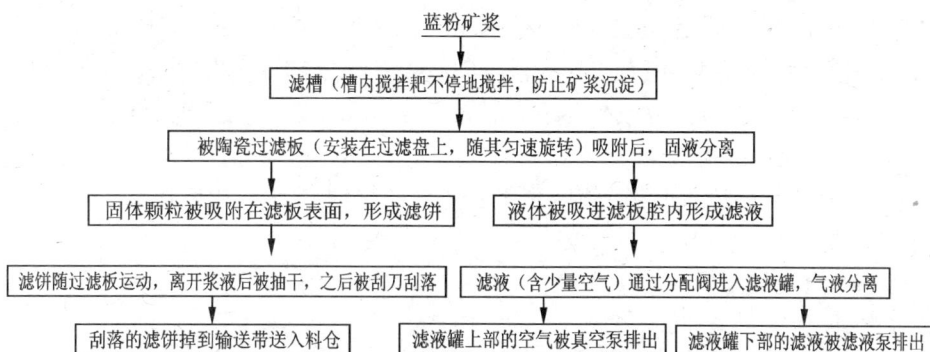

```
                          蓝粉矿浆
                             ↓
        ┌────────────────────────────────────────────┐
        │      滤槽（槽内搅拌耙不停地搅拌，防止矿浆沉淀）      │
        └────────────────────────────────────────────┘
                             ↓
        ┌────────────────────────────────────────────────────┐
        │  被陶瓷过滤板（安装在过滤盘上，随其匀速旋转）吸附后，固液分离  │
        └────────────────────────────────────────────────────┘
              ↓                                    ↓
    ┌──────────────────────┐          ┌──────────────────────┐
    │ 固体颗粒被吸附在滤板表面，│          │ 液体被吸进滤板腔内形成滤液 │
    │      形成滤饼           │          │                      │
    └──────────────────────┘          └──────────────────────┘
              ↓                                    ↓
    ┌──────────────────────────────┐  ┌──────────────────────────────────┐
    │ 滤饼随过滤板运动，离开浆液后被抽干，│  │ 滤液（含少量空气）通过分配阀进入滤液罐，气液分离 │
    │      之后被刮刀刮落            │  │                                  │
    └──────────────────────────────┘  └──────────────────────────────────┘
              ↓                           ↓                        ↓
    ┌──────────────────────┐  ┌──────────────────────┐  ┌──────────────────────────┐
    │ 刮落的滤饼掉到输送带送入料仓│  │ 滤液罐上部的空气被真空泵排出│  │ 滤液罐下部的滤液被滤液泵排出 │
    └──────────────────────┘  └──────────────────────┘  └──────────────────────────┘
```

图 7 - 5 蓝粉干燥工艺流程图

3）陶瓷过滤机的结构

陶瓷过滤机主要由 8 个部分构成。

（1）滤槽及机架。滤槽为贮浆容器，通过超声物位计控制液面高度，机架支撑过滤圆盘、搅拌系统、滤板并安装刮刀架。滤槽用 304 不锈钢整体焊接而成。机架是用优质碳钢厚壁方管整体焊接而成。

（2）搅拌系统。搅拌系统采用耙式结构，由蜗轮—斜齿轮减速机、传动轴、连杆及摇杆机构、搅拌耙架等零部件组成。

（3）过滤圆盘及传动系统。过滤圆盘（主轴）系统由摆线针轮减速机、主轴、轴承、圆盘、陶瓷过滤板组成。主轴与圆盘连为一体，陶瓷过滤板安装于圆盘的法兰盘上，由主轴电机传动。

（4）分配阀。分配阀的结构采用平面接触型，主要分为两个部分：联结在主轴上的旋转部分（由阀座、定位杆、耐磨盘（动）等组成）和联结在机架上的静止部分（由支撑架、分配盘、固定套、弹簧、耐磨盘（定）、调节螺栓所组成）。阀座、耐磨盘上有 12 个直径相同的均布孔，与过滤盘上的多孔轴相对应。静止的分配盘由耐磨盘等份分三个区，与分配阀上的三个孔相通，分别与上位真空管路、下位真空管路及反冲水管路相连。

旋转部分的耐磨盘与静止部分的耐磨盘（材料均为陶瓷）组成了一个滑动密封面。为保证滑动面之间的密封性，适当调整、压紧螺帽，以保证滑动面之间有足够的压紧力。该压紧力由弹簧压力和管道内部真空引起的压力两部分组成。调整固定套上的调节螺栓可调节分配阀上反冲水位置。

（5）真空抽滤系统。真空抽滤系统是整个管路中最重要的部分，其主要部件有滤液罐和真空泵。真空抽滤系统的主要作用，是使陶瓷过滤板在抽滤和干燥区保持足够的真空度，以抽取滤液，形成滤饼，并干燥之。滤液罐顶部通过软管与真空泵相连，以抽出罐体中的气体。底部则通过钢管与滤液泵相连，排出滤液。罐壁的侧面装有液位显示器，用来控制排液气动球阀。

（6）反冲水系统。陶瓷过滤板在经过一个周期的吸滤后，其板面及孔隙中会吸附一些微粒而影响下一周期的过滤。因此，在板面滤饼被刮下之后，下一吸滤之前，必须用具有一定压力的洁净水对陶瓷过滤板由内向外进行反冲洗，使板面清洁。

反冲洗用水简称反冲水，由反冲水系统提供。反冲水系统由反冲水泵、反冲水阀、水箱及管道等组成。反冲水压力由 PLC、压力传感器、变频器及水泵组成的闭环系统控制。

（7）超声清洗系统。过滤板每工作一段时间必须停机进行一次大清洗，彻底清除微孔内及板面的吸附物，以保持其过滤效果不下降。大清洗的方式之一为超声波清洗。超声清洗系统由超声控制器、超声振板组成。

（8）卸料（刮刀）系统。卸料（刮刀）系统由刮刀、卸料板、刀架等组成。

4）主要参数

BST45 系列陶瓷过滤机参数实例如下：

（1）过滤面积：$45m^2$、$30m^2$；

（2）过滤板数量：180 块、120 块；

（3）总功率：30 kW、24 kW；

（4）体积（长×宽×高）：8350 mm×3450 mm×2730 mm、6850 mm×3450 mm×2730 mm；

（5）质量：16 t、11.5 t；

（6）材质：与浆液接触部分全部采用不锈钢。

5）工艺技术要求

（1）真空度。真空度的高低直接决定吸料厚度及含水率，主要由真空泵、分配阀、滤液罐、陶瓷过滤板及橡胶接口和管路系统来保证，一般正常运转时真空度应保持在 0.09 MPa。

（2）反冲水压。反冲水用于正常抽滤过程中每一转对滤板的反冲洗和大清洗时的酸洗，压力应稳定在 0.04~0.08 MPa，压力过低，清洗效果不好，压力过高，会造成过滤板寿命降低和降低浆液浓度，反冲水压力通过操作屏上的调节旋钮来调节（无级）。

（3）浆料液位。浆料液位的高低，决定了过滤板在浆液中的吸浆时间和干燥时间，对吸料厚度和含水率有一定影响，应根据具体情况通过操作屏给予设定，一般通过超声液位计自动控制放浆阀，以保证液位。

（4）浆料性能。浆料性能直接决定了过滤效果，尤其是浆料黏度、粒度和 pH 影响较大。用于蓝粉的过滤浆液 pH 应在 7 以下，达到较佳的过滤效果。

（5）过滤盘转速。过滤转速慢、吸浆厚，转速快则吸浆薄，同时转速快慢对含水率也会带来影响，因此，需根据具体情况选择合适的过滤转速。蓝粉干燥设定三档转速：高、中、低，一般过滤过程采用中、高速，低速用于清洗过程和安装过滤板时移动按钮的控制。

（6）分配阀反冲水位置。反冲水位置以滤板上物料被完全刮除的时刻进行反冲为好，此时最后被刮除物料的滤板角即可见有少量潮湿水。如发生偏移，可以先松紧固螺帽进行调节，调好后再紧固螺帽。

7.4.6.2　其他附属设备（见表 7-4）

表 7-4　其他附属设备

序号	名称	规格型号	处理量
1	引风机	Yg-37-5	21.8 m^3/h
2	加料桥吊		

续表7-4

序号	名称	规格型号	处理量
3	洗涤机		5800 m³/h
4	浓密机	NMJ16×45	360 t/d
5	焦结泵	10sh-6	480 m³/h
6	二冷泵	150D30×5	155 m³/h
7	一冷泵	10sh-6	480 m³/h
8	洗涤泵	150D30×4	155 m³/h
9	残渣泵	10sh-6	480 m³/h
10	高压泵	100D45×9	85 m³/h
11	龙门吊车	A6	5t
12	降温塔	$\phi8000$ mm×22 mm	

7.5 产品质量及控制

1)产品质量标准(见表7-5)

表7-5 蒸馏粗锌质量标准(%)

牌号	杂质,不大于								
	Pd	Cd	Fe	Cu	Sn	Al	As	Sb	总和
99.5%	0.3	0.07	0.03	0.002	0.002	0.005	0.005	0.01	0.50
98.7%	1.0	0.2	0.07	0.005	0.002	0.005	0.01	0.02	1.30

2)产品质量控制

蒸馏锌中的杂质含量主要取决于其在锌精矿中的含量。我国锌精矿蕴藏量虽然丰富,但矿点较为分散,特别是一些大、中型工厂使用的原料常来自数十个大小不等、锌品位和杂质含量各异的矿山。为保证产品质量,必须合理搭配使用,即锌精矿在使用前要进行配料,使锌品位和杂质含量均衡稳定。

7.6 主要技术经济指标及控制

7.6.1 主要技术经济指标

(1)锌回收率:≥95.5%;

(2)冷凝效率:≥95%;

(3)直产率：≥84%；

(4)标团耗：<3.500 t/t(Zn)；

(5)渣含锌：≤1.5%；

(6)中块煤耗：≤1.03 t/t(Zn)；

(7)水耗：≤17.10 t/t(Zn)；

(8)电耗：≤237.50 kW·h/t(Zn)；

(9)蒸馏炉寿命：≥22 个月；

(10)悬矿周期：4~5 个月。

7.6.2 主要经济技术指标的控制

7.6.2.1 蒸锌生产率

蒸馏生产率以日生产能力来表示。除受热面积大小以外，改善物料性质和供热条件是提高蒸馏炉日产量的基本因素。贯彻精料方针是保证团矿质量的重要手段。提高和稳定团矿中含锌品位，降低焙烧(包括二次焙烧)矿残硫，选还原性强、杂质灰分少的焦煤，在保证足够碳倍数的前提下，降低还原煤配入量。严格控制混合烧矿的成分、粒度、配比和制团过程的有关技术条件，使制得的团矿在蒸馏过程中完整，以利于炉料间热能传递和气体扩散。确立合理的热工制度，选择适当的换热结构，提高废气与空气、煤气的换热效率和燃烧室温度。改善碳化硅质量，提高罐壁传热系数。所有这些措施都可以加速罐内反应速度，缩短冶炼时间从而达到提高生产率的目的。

蒸馏工序中竖罐的蒸馏效率以及冷凝效率等指标与生产率有着更为直接的关系。竖罐蒸馏效率标志着炉料(团矿)中锌蒸发的程度。在投料一定的情况下可概略地以残渣含锌来表示。渣含锌愈低，蒸馏效率愈高。然而，降低渣含锌却不一定使炉日产量按比例增加。蒸馏出的锌有可能大量生产锌粉或蓝粉。所以，只有在提高冷凝效率的基础上才可能获得较高的生产率。而为了提高冷凝效率以及确保产品质量，则需保持稍低的上延部温度和小燃烧室温度，以及较低的炉气流速和均匀的上升气流。此外，送风冲淡了锌蒸气浓度，使炉气露点降低，对冷凝不利，所以送风愈小愈好。这就形成了温度与送风量一组技术条件对生产率的矛盾。因此，必须正确掌握蒸馏冷凝过程的技术条件，力求使上述诸因素达到全面平衡合理，以获得较高的生产率。

7.6.2.2 冶炼回收率

锌的冶炼回收率是竖罐炼锌的一项重要技术经济指标。提高回收率，减少冶炼过程的金属损失，是充分利用国家自然资源，加速国民经济建设的重要课题。

提高锌冶炼回收率的主要途径首先是降低渣含锌，其次是充分利用收尘设施，提高收尘效率，减少烟尘量和烟尘的遗漏损失，以及其他一切机械损失。此外，因竖罐炼锌流程较长，在查定和分析回收率这一指标时，还要注意对各种物料(包括团矿)的锌品位检验可靠及库存盘点、输送的计量相应准确，减少各工序之间存在的误差。

7.6.2.3 能源消耗

我国工厂竖罐炼锌的能源以煤为主。其中一部分燃料煤(也称动力煤)经过煤气发生炉制造煤气，用作蒸馏炉等冶金设备的直接燃料；另一部分洗煤(还原煤)用作蒸馏还原剂配入团矿中。除此之外，还有一些使用煤或重油的蒸汽锅炉。竖罐炼锌耗电较少，生产 1 t 锌一般耗电为 500 ~ 550 kW·h,电力主要用于动力设备。

蒸馏锌煤耗是指从原料一直到产品的各工序煤耗的总和。而通常沿用的蒸馏煤耗,则是指焦结炉与蒸馏炉的煤气消耗(折算成煤量),它只是蒸馏锌煤耗的一部分。降低蒸锌煤耗的主要措施有以下几点。

(1)使用锌品位高、杂质铁含量低的精矿。还原煤消耗与团矿单耗和配煤比有关:一般团耗降低 100 kg,吨锌还原煤可降低 30 kg。而降低团耗的主要途径就是提高锌品位和直接产出率。正常情况下,团矿中铁的含量占锌量的 1/6 ~ 1/7。还原铁的高价氧化物需要还原煤。铁量增加不仅增加煤耗,同时还造成罐内积铁不利。此外,降低精矿含水,也可节约干燥用煤量。

(2)严格执行技术条件,提高管理水平和操作水平。降低蒸馏废气含氧,减少焦结炉补充煤气量;提高煤气发生炉技术水平,降低渣含碳,提高煤气中 CO 成分;密封加煤锟,减少煤气放散管泄漏损失;加强还原煤干燥,改善团矿的还原性能,有利于降低渣含锌和提高炉日产量,相应地降低了蒸馏煤耗(动力煤耗);提高各种炉、窑的运转率,减少开停次数,降低燃料的无功消耗;改进炉型结构,如采用大型竖罐和波纹砖,提高热效率和处理能力等。

(3)加强能源的综合利用和回收。蒸馏炉使用的团矿在配料时使用煤量常超过理论计算量的三倍,因而蒸馏残渣中还含有 30% 左右的碳,相当于每吨锌有 500 kg 煤,在回收有价金属时加以充分利用。竖罐产生的冷凝废气含 CO 成分较高,发热值较高,必须回收利用。对于不含腐蚀性气体的高温燃烧废气,应直接进行余热利用。例如,用蒸馏炉燃烧废气预热空气和煤气,焦结生团矿,通过废热锅炉产生过热蒸汽发电等三次利用后,温度低于 250℃,还可生产低压蒸汽提供动力部门使用。对于含有腐蚀性气体的炉气,如精矿流态化焙烧炉炉气,则采用外部加水套的汽化冷却器加以回收,或者直接设中压锅炉回收余热,产出蒸汽并入工厂汽网。此外,如流态化炉的流态化层,竖罐下延部以及发生炉炉体等部分均可设置汽化冷却水套,用来回收余热降低能耗。

竖罐炼锌的综合能耗是由可比能耗与辅助能耗构成的。可比能耗系指生产中直接使用的煤、燃料油,如还原煤、焦炭、蒸汽、电力等能源,扣除自产自用的电力、蒸汽、煤气、焦油等能源消耗,辅助消耗是指动力、运输、检验、机械加工以及生活等辅助部门的能源消耗。

我国的竖罐炼锌工厂能源消耗现状如下:综合能耗 1.9358 t(标煤)/t(锌);可比能耗 1.6998 t(标煤)/t(锌);辅助能耗 0.236 t(标煤)/t(锌)。

7.7 延长竖罐蒸馏炉炉体寿命的措施

7.7.1 影响蒸馏炉炉体寿命的主要因素

通过生产实践总结,影响竖罐蒸馏炉炉体寿命的主要因素有:①炉体砌筑质量;②蒸馏炉升温的控制;③炉体的日常维护;④蒸馏炉下延部送风;⑤竖罐内下料的均匀稳定性;⑥机械外力的作用;⑦悬矿周期。

7.7.2 延长蒸馏炉炉体寿命的措施

1）严格控制蒸馏炉炉体的砌筑质量

（1）保证各种耐火材料的质量。各种耐火材料除了符合硬度、强度、耐火度等指标要求外，还要保证外形完整、尺寸达标、表面清洁。另外，还要保证耐火灰浆的质量。

（2）砌筑时要设专人对砌筑质量进行全程监理。蒸馏炉炉体的砌筑根据各部作用不同，使用相应的耐火材料。罐体使用碳化硅砖，砌筑的灰口缝为 1.5 ~ 2 mm（发酵的灰浆不能使用），罐长 2305 mm，误差 ±3 mm，罐宽 290 mm，误差 ±2 mm，沙封应灌注严密结实；燃烧室采用矽砖砌筑，灰口缝 2.5 ~ 3.5 mm，长度 2305 mm，误差 ±5 mm，宽度 433 mm，误差 ±2 mm；换热室使用高铝砖砌筑，灰口缝：标准砖 3 ~ 4 mm，筒砖 3 ~ 5 mm，要求孔眼对正，错台小于 5 mm。

由于炉体砌筑现场粉尘飞扬较大，在第二天砌筑之前必须将砖和炉体表面的粉尘积灰用高压风吹扫干净，然后方可砌筑。

（3）作好炉体的竣工验收工作。对竣工炉体的每个部位都应严格检查，争取把问题消灭在开炉之前。

2）开炉升温的控制

由于炉体使用的耐火材料不同，它们的晶体转化点及膨胀系数都不同，所以升温时必须注意以下几点。

（1）升温速度要均匀稳定，不能过快，以保证各种材质耐火材料稳定膨胀，不至于造成裂缝。

（2）燃烧室各部温度差不能过大。上、中、下、底各部温差不能大于50℃，同层的四个温度点温差不能大于30℃，以保证炉体各部稳定膨胀，避免局部过速膨胀。

（3）升温过程中，注意各阶炉带定期松动。随着炉体温度的升高，炉体膨胀，如果炉带不能及时松放，会导致炉体膨胀畸形，严重时造成裂缝或断裂。

（4）升温过程中，由于某种事故原因造成长时间降温，恢复时必须以现实温度为基线，仍然按升温曲线缓慢升温，切不可急速升温恢复到原温度指标。

3）日常炉体维护

炉体日常维护工作非常重要，不仅仅是炉体后期的维护，前期的基础工作更为重要。要做好日常的维护工作，主要应从以下几个方面着手。

（1）定期处理顶砖灰及燃烧室疙疤。补炉时不可避免地将灰浆打到边墙和顶砖上，久而久之，灰疙疤越积越多，而且经长时间烧结，非常坚硬，很难处理，严重时会使燃烧室连死，或出现隔墙。一旦出现这种情况不仅减少罐体的受热面积，而且造成隔墙后面的竖罐漏点无法喷补。所以，顶砖灰及燃烧室两侧疙疤必须定期处理。

（2）定期处理罐壁疙疤。罐体漏位喷补后，都要形成一定的疙疤。该漏位如果再次泄露时，就不会像上次那样是一点了，由于疙疤的存在就会串成几点。这样，再喷补后效果就不会很好，而且也会缩短下一次罐漏的时间，所以罐壁疙疤也必须及时清理。

（3）及时清理燃烧室底部的杂质。清理燃烧室底部杂质每次必须清净，如果清不净，时间一长不仅越积越多，而且越来越硬，最后无法清除。杂质越积越多，到炉体后期罐漏频繁时，很容易因超高而把废气出口堵死，造成停炉。所以，平时杂质必须清净。在每次补炉完成后都会有新的杂质产生，最好是当天就将其扒出，这样非常容易清理而且作业时间也较短。

(4)注意作业时间和温度变化。无论是扒杂质、补炉还是打疙疤，作业时间不要太长，避免温度降低过多，减少温度变化对炉体的打击。另外，作业时要注意打门不要过多、过大。因为炉内均为负压，直接抽冷空气会造成罐体局部降温过快，使罐体变形。所以，检查完漏位后不用的补炉门一定要堵好，而且打门时尽量越小越好。

(5)提高补炉质量和一次黏补率。补炉质量高可减少罐漏次数，要提高补炉质量，补炉时必须做到：准、快、好、省。准就是找位要准，快就是伸枪要快，好就是补炉质量要好，省就是用灰浆要省。

(6)合理控制罐内压力。后期炉和罐漏炉的罐口压力必须控制在 0 ~ 50 Pa。

(7)提高补炉及时率。对于罐漏现象必须做到及时发现及时喷补。罐体出现漏点后，由于罐内压力远大于燃烧室压力，罐内锌蒸气会从漏点喷出，锌蒸气遇氧燃烧，温度可达2000℃以上，超过碳化硅的耐火度(1700 ~ 1800℃)，所以漏点会很快被扩大。为了提高补炉及时率，补炉岗位应有夜间值班人员，对炉体每小时检查一次，确保及时发现罐漏，做到24h 补炉。

4)控制下延部送风

送风过小会影响蒸锌产量，送风过大不但冲淡炉气还会使罐内呈现氧化气氛，炉料中的杂质金属 Fe、Cu 等会被氧化成低价金属氧化物。这些氧化物会与罐体发生反应，造成罐体腐蚀。所以，应根据排出压力等工艺条件变化情况调整送风。

5)控制加排料确保罐内下料稳定

下料不均，局部下料快，则炉料对罐体局部磨损加重。下料快的炉料反应不充分，矿球硬度高，对罐体的磨损加剧。因此，应控制加排料确保罐内下料稳定。

6)减少或避免机械外力作用

机械外力作用，在打悬矿时发生，吊拆上延部会对罐体产生震动，处理罐口疙疤会对罐体产生冲击。这样的震动和冲击都会直接造成罐体的裂漏损坏。因此，在吊拆上延部时应事先用适当工具将其打活，然后再吊拆。处理罐口疙疤时必须用钎子将疙疤打活，之后再用吊钩吊出，决不能直接用吊钩吊罐口疙疤。

7)改进炉体结构延长悬矿周期

生产实践表明，竖罐位于二阶半处的罐体是最薄弱的地方，该处由于下延部送风的侵蚀，罐体会较快变薄，又由于承重和炉料侧压力的作用，经常会出现外胀现象，裂漏频繁。解决这一问题的现实办法是，增加该处的顶砖。某厂在生产实践中将该处的顶砖由一块增加为两快，效果显著。蒸馏炉罐体上部的小燃烧室也存在类似的现象，采用同样方法后也取得很好效果。

悬矿周期直接影响蒸馏炉运转周期。决定悬矿周期的主要因素是，上延部变形程度和炉瘤生长速度。针对这两个因素，生产实际中采取的对策是：一在上延部易变形部位砌筑砖垛，进行加固；二增加保温层厚度，加强堵漏抹缝，提高上延部温度。生产实践中这两项措施都收到良好效果。

7.8　特殊操作

7.8.1　停电停水

蒸馏生产工序原则上不许停电、断水。如果停电断水时间超过 30 min，有时可能产生特殊故障。因为停电停水后，煤气发生炉不能加煤，各送风机、引风机不能运转，焦结炉、蒸馏炉不能加排料，时间过长，就会在炉内造成黏结。来电后也无法正常排料。焦结炉、蒸馏炉水套与高温炉料的热交换继续进行，容易产生干涸和爆炸危险。

停电后，正常操作全部停止，应立即采取以下措施：①焦结炉关闭补充煤气阀门，开副烟道使用自然抽力排烟。②煤气发生炉底部无逆止阀者，应迅速切断送风挡板，开大蒸汽。必要时可通知各用户关闭煤气闸门，维护炉内和系统正压，并需要保持各炉间风压平衡。③从冷凝器取出冷却水管，按工作方向定时转动转子防止锌液凝结。④关闭洗涤废气出口闸门，开放散管将冷凝废气排空。

为防止各岗位间误操作，蒸馏、焦结与煤气发生炉各工序间的重要用电设备，一般装有连锁控制。连锁装置应满足以下要求：凡连锁范围内的设备只要有一个机组掉闸，连锁系统全部设备即应掉闸；凡连锁范围内一机组中之单台设备掉闸系统设备不掉闸；凡连锁范围内的煤气发生炉送风机组有一台掉闸，连锁系统全部设备即应掉闸。

系统掉闸后重新开车必须严格按规定的程序进行。

若停供煤气时间不太长，一般可间断少量排料，维持温度，使直管温度大于 300℃，保持锌槽不被凝结。

几项特殊停电掉闸的具体处理方法如下：

1）罐体升温时停电掉闸

（1）关死所有煤气管，关升温孔及挡板，关预热风机，关进口挡板，闷炉。

（2）来电后先按开车顺序开预热风机，开进口插板，抽 10 min 后，按煤气点火顺序由上至下重新点火，调整好温孔插板大小。

若停电时间长，来电升温时，应以现实温度为起点按升温曲线升温，不应提高升温速度。

2）冷凝废气洗涤机停电掉闸

（1）突然停电掉闸，要听从调度统一指挥，首先由电工检查洗涤机的电气联锁是否掉闸，如果没有掉闸，要迅速停车，关死洗涤机出口阀门，关水。

（2）系统保持正压（大于 40 Pa），如果压力过大要打开废气水平管道上的放散口，但切不可将分炉放散管同时打开。

（3）得到开车命令，做好开车的准备工作。

（4）首先将水平管道、总管道扫除口填水密封。

（5）关水平管道放散口，并用水封好。

（6）在系统正压的原则下开车，启动后，再开出口阀门，启动瞬间的入口压力应保持 100～150 Pa，调好冷却水，保持电源正常。

（7）停电掉闸大于 1 h，听从调度指挥，得到开车命令后，可做好开车准备。

（8）开车前要在废气出口管道，总管道吊包进出口取气体样分析，每次分析含氧均小于

2% 时方可开车，否则要用水蒸气驱赶含氧高的废气。

（9）按正常开车顺序进行。

3）热工调整停电掉闸

当负压降到 0，煤压 0～20 Pa，即按停电掉闸处理。具体操作是：

（1）停止一切作业，炉体及管道保持密封。

（2）管道要求正压 0～50 Pa。

（3）班长或调整工持电话听调度指挥。

（4）来电后先按指标的一半开煤压，再按指标的一半开负压。煤压恢复正常后负压再恢复正常。

（5）停电超过 2 h 不能加排料时，温度降到 1200℃，以防罐内料烧结。

7.8.2　炉瘤（悬矿）的产生与处理方法

7.8.2.1　炉瘤的成因及控制

炉瘤又称炉结（工厂习惯称为悬矿），是目前生产条件下尚不能完全避免的现象。产生炉瘤的主要部位是在罐本体与上延部的接头处，从开炉起由小到大逐渐形成。一般开炉后 90～120 天即发生卡矿现象，严重时被迫停炉。

炉瘤主要成分是金属锌和氧化锌。炉瘤的形成是由于进入上延部的炉气温度降低，锌蒸气发生再氧化所致。锌蒸气再氧化的反应是：

$$Zn \uparrow + CO_2 \Longrightarrow ZnO + CO$$

新生成的氧化锌黏附在罐壁上，加之上延部部分回流锌与矿尘形成混合物的渐次沉积，最终形成炉瘤（悬矿）。炉瘤硬度较大，为 5～6（莫氏），层次分明，含锌总量为 73%～79%。呈氧化物存在的锌为 38%～90%，依存在部位不同成分略有差异。愈接近罐体处，金属锌含量愈低，而氧化锌量则愈高。

试验发现，炉瘤生成速度与温度变化梯度存在一致关系。控制上延部温度变化可控制炉瘤的生长。生产实践中采取在上延部外部设小燃烧室延缓炉瘤形成，使处理炉瘤周期由 60～80 天延长至 120～170 天。

7.8.2.2　处理方法

炉结形成以后，使得上延部逐渐变窄，以至罐的后部罐头处积满氧化锌和残留的团矿，造成下料困难。一般在 2～3 个月内生于炉顶部加料口一侧的，可用铁钎打掉上部积存物（俗称打卡矿），使加料得以顺利进行。当炉瘤严重影响炉料运行则停炉处理，有两种方法：一种是降低料柱，打掉炉结后砌筑上延部和冷凝器，继续加料生产。这种方法的特点是有利于罐体维护，锌损失小。但打炉结操作困难，处理时间长。特别是在罐体中、下部炉料有时黏结，当有积铁脱落造成托料（拉棚）时也必须排空才能处理。另一种方法是排空炉料处理。特点是操作方便，处理时间大为缩短，不产生拉棚。但排空后对罐体寿命有影响，锌损失增大。上述两种方法都产生大量的高温氧化锌烟尘，且很难回收，既造成损失又对环境污染很大。

某厂通过生产实践中的摸索和攻关，改进了打悬矿的操作方法，解决了环境污染问题。其处理悬矿的具体实例如下：

（1）冷凝操作。停止加料，蒸馏炉加料斗用铁板盖好，防止加错料。加料工每 20 min 活动一次料面，防止悬料，并向每个罐内加 100 kg 焦炭，保持拆除上延部前用 3.5 m 钎子能摸着料面，用3.5 m钎子能够摸到料面的时间不能少于3.5 h（其间看锌液温度情况提、下冷却水管）。一冷工将水管涮净，提出，做扫除、扒锌粉工作。二冷工根据锌液温度情况指导加料工增大或减小排料速度。5 h后开始连续排料，排料前与温度组联系好，蒸馏炉温度必须降到1150℃以下。连续排料的头1 h不能用高档快速，送风量保持50~60 m³/h，一冷器转子正常运转。7 h后闸死废气管道挡板，使废气走放散管，此时根据锌液情况组织放锌。8 h后加料工将大托盘水管解开，用桥吊吊走加料斗。同时从上延部根部开始打搪钎子孔，穿隔离铁棒，前后两罐各穿5~7根；排出岗位打开排矿辊杂质门，用钩子钩出杂物。上述工作完成后，开始拆除上延部护架，扒保温套，并将保温砖运出回收，再吊拆上延部。

上延部拆除后开始升温脱积铁，升温过程中设专人负责勤观察积铁下落情况，防止积铁拉棚。积铁脱净后，定好排出挡板，从加料口加焦炭，先加1.5 t底焦，之后开始排料。根据下料快慢，将排料器调到1挡或2挡，保持排焦速度为1.5 t/h。加焦速度为2.5 t/h。两个班16 h加满。

2）热工操作。停止加料2 h后，开始以20~30℃/h均匀降温。5 h后上中部降到（1150±10）℃以下，底部大于1000℃。9 h后上中部温度降到1100℃，底部大于950℃，恒温（处理上延部）。降温方法：先减煤气，挡空气道，最后关抽力。脱积铁时，以20~30℃/h均匀升温，提温方法为先给煤气，开抽力后打空气道。

7.8.3 罐壁积铁

在蒸馏过程中，除氧化锌被还原外，其他金属氧化物也被还原。当使用原料含铁过高时常有积铁黏附在罐壁上，厚度可达10~20 mm，甚至更厚。积铁形似铸铁和熔矿，含铁量50%~70%，二氧化硅5%~8%，锌1%~3%。当罐内温度波动大（特别是处理炉结排空）时很容易脱落。如发生在正常生产过程，则随炉料进入排矿装置，易造成不能正常排矿的故障。罐内积铁的形成是由于铁的氧化物被还原成海绵铁，然后与矿粉一起逐渐沉积在罐壁上。也有的认为，氧化亚铁和矿粉沉积在罐壁上后铁被还原出来，其他成分呈渣状流向下部。

预防积铁的根本办法是降低炉料中的铁含量，保持较高的配煤比（提高碳倍数），以增加焦结的炭对熔结物的吸附。此外，提高焦结矿强度和蒸馏残渣完整率，保持均匀排料，都可以减少积铁的生成。

7.8.4 悬料处理

（1）排料时料面不下降，排出岗位操作没问题，视为悬料。

（2）发现悬料，立即停止排料，按悬料操作处理。

（3）罐口压力保持0 Pa，打开料面钎子口，着火后通知二冷工开负压。

（4）用栓绳的长钎子扎掉悬料，注意喷火伤人。

（5）处理完后封好罐口，通知二冷工恢复正常。检查料面，如过深，及时补料。

7.8.5 补炉的操作方法

1）基本任务

全面负责蒸馏炉的热补炉工作。清除燃烧室底部杂质及罐壁疙疤，为提高温度合格率，延长炉体寿命创造条件。

2）技术操作条件

（1）补炉用料的灰浆配比条件见表 7 – 6。

表 7 – 6 灰浆配比

物料名称	化学成分	粒度	熔点/℃	喷浆组成/%	作用
碳化硅灰	SiC > 85%	< 0.25 mm	1775 ~ 1880	90	与罐壁同材质结合
黏土	SiO_2 52%，Al_2O_3 31%	< 0.25 mm	1210	10	高温结合
水玻璃	$m(SiO_2):m(NaO)=3:1$ 水稀释至 1.0598 ~ 1.091 g/cm^3			40 ~ 50 kg/100 kg 干料	增加灰浆黏结力

（2）补炉质量标准见表 7 – 7。

表 7 – 7 补炉质量标准

开动时间	补炉时间	灰量	疙疤寿命	杂质高度
一次悬矿	≤15 min	≤20 kg	≥20 天	≤150 mm
二次悬矿	≤20 min	≤30 kg	≥15 天	≤250 mm
三次悬矿	≤30 min	≤40 kg	≥5 天	≤350 mm

（3）风压：0.4 ~ 0.6 MPa。

3）主要设备及维护（见表 7 – 8）

4）正常操作

（1）补炉操作的基本原则。准：找漏位要准；快：补炉要快；好：补炉质量要好；省：用灰要省。

（2）操作方法。将配好的补炉灰浆注入浆罐内；通知调整工减煤气；查找漏位，首先打开三节燃烧室底门，无漏位有烟，往上打门，无漏位无烟，往下打门，门不用，封严，观察到发亮的绿色火焰即是漏位，裂漏严重时可缩小罐口压力，停风停止排料，查清漏位；用钎子清除裂漏处的积灰和疙疤；枪嘴对准回收筒，开浆试枪，喷出的浆应成雾状；将枪插入燃烧室，对准漏位，间距 10 ~ 20 mm，喷浆，直到补好为止，当罐壁见黑色时，应停止补炉，待全红再继续补炉；枪烧热时，为避免烧枪，将枪拿出，对准回收桶吹出枪内积存的灰浆，同时用刷子蘸水刷枪降温；当罐壁出现大窟窿时，可用干灰合成泥状浆抹，插砖或打顶砖，再用灰浆喷补的办法处理；补完炉后，封门刷缝，通知调整工、二冷工恢复正常操作；浆罐内剩余灰浆打回和浆筒内，按规定刷洗浆罐和有关用具；热补后，黏附在罐壁上的灰料能降低传热性，因此补灰要薄，当灰层很厚时，应戗掉，重新补层灰料；及时扒燃烧室底部的杂质。

表 7 - 8　主要设备及维护

序号	设备工具名称		规格/mm	维护制度
1	浆罐		$\phi 400 \times 400$	补完刷洗
2	补炉枪	长	$\phi 10 \times 4500$	补完刷洗
		中	$\phi 10 \times 3500$	补完刷洗
		短	$\phi 10 \times 2000$	补完刷洗
3	灰浆筛		5 目	补完刷洗
4	枪嘴		4 ~ 6	补完刷洗
5	补炉钩子		1200	
6	大锤		7.25 kg	
7	补炉门		240 × 240	补完刷二遍缝
8	钎子		6000　5000　4500　2000	

第 8 章　粗锌的精馏

通常火法炼锌生产的粗锌和再生锌，其锌品位仅为 97% ~99%。鼓风炉炼锌法、竖罐炼锌法和电热炼锌法等火法炼锌工艺产出的粗锌含杂质大多为 1% ~3%，锌中主要杂质是铅、镉、铁，另外，还有更少量的铜、锡、铝、砷、银、铟、锗等。这些杂质元素都严重影响锌的质量，从而限制了锌的使用范围。因此，就要求对粗锌进行精炼以提高锌的纯度，同时回收其中的有价金属。

目前，粗锌精炼的方法有精馏法、熔析法和真空蒸馏法等。熔析法仅能部分地除去杂质铅和铁，可得到含锌约 99% 的产品。精馏法可以得到纯度很高的金属锌。在精馏法中往往要用到熔析法除去杂质铅、铁、砷和铝等。

8.1　基本原理

8.1.1　锌及其他金属的蒸气压与温度的关系

用精馏法分离锌、铅、镉、铁等金属的基本原理是基于金属之间在一定温度下的蒸气压的差异。

在冶金学中，常把蒸发和升华统称为挥发。而把与挥发相反的过程称为凝结或凝聚。液态的物质在温度 T（热力学温度）时，转变为气态，并达到平衡，其气相物质的蒸气压称为该物质在温度 T 时的饱和蒸气压，简称蒸气压，表示在一定温度下物质的挥发能力。物质的蒸气压可以通过实验测定，也可以由热力学数据进行计算得出。

锌及其他金属的蒸气压与温度的关系见图 8 – 1。

Zn – Cd – Pb 三元系的气 – 液平衡组成列于表 8 – 1。

铅、锌、镉的沸点分别为 1525℃、907℃和 767℃。在铅、锌、镉三元合金中，随着合金中铅的含量增加，粗锌的沸点升高；相反镉的含量增加时，粗锌的沸点降低。加入精馏塔中的粗锌，其中铅与镉的含量并不高，可以把粗锌的沸点看作纯锌的沸点。但是当粗锌中的部分锌与镉已蒸发后，流至铅塔下部的粗锌中铅的含量便会增加，因而沸点也就相应提高。不过，从铅塔下部流出的残余金属仍以锌为主，高沸点的铁、铅、铜的含量仍然在 5% 以下。所以只要保证铅塔内的温度在 1000℃左右，就能保证镉完全蒸发，锌的蒸发量也很大。

从表 8 – 1 中的气相平衡数据可以看出，在合金的沸点下，气相中铅的含量是不高的，可以认为铅在铅塔中完全不挥发而留在残余金属中。平衡气相中镉的含量很大，可认为粗锌中的镉在铅塔中完全挥发，与挥发的锌蒸气一道进入铅塔冷凝器中冷凝为液体（即含镉锌），再流至镉塔中实现锌与镉的分离。

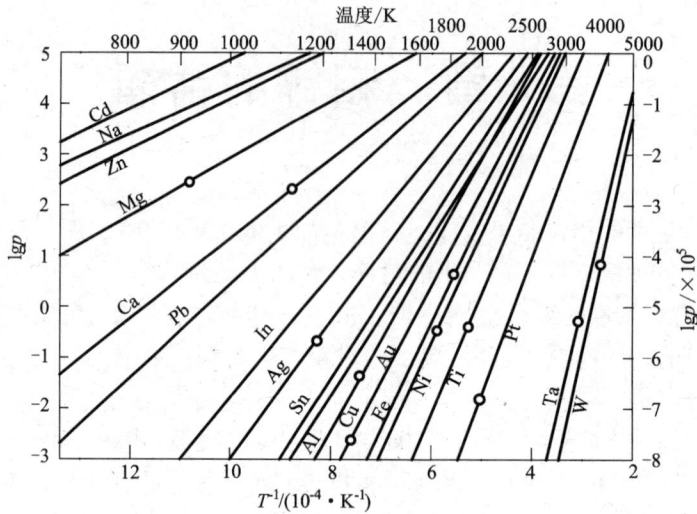

图 8-1　锌及其他金属的蒸气压与温度的关系(图中○代表金属的熔点)

表 8-1　Zn-Cd-Pb 三元系的气液平衡成分

编号	液　相			沸点/℃	气　相		
	$x(Zn)$	$x(Cd)$	$x(Pb)$		$x(Zn)$	$x(Cd)$	$x(Pb)$
1	0.231	0.693	0.077	775	0.096	0.903	0.86×10^{-5}
2	0.429	0.429	0.143	809	0.220	0.780	2.8×10^{-5}
3	0.600	0.200	0.200	846	0.422	0.579	8.3×10^{-5}
4	0.200	0.600	0.200	791	0.105	0.895	2.2×10^{-5}
5	0.333	0.333	0.333	826	0.204	0.760	6.5×10^{-5}
6	0.429	0.143	0.429	869	0.519	0.481	16.0×10^{-5}
7	0.077	0.693	0.231	784	0.042	0.958	2.0×10^{-5}
8	0.143	0.429	0.429	812	0.123	0.877	4.8×10^{-5}
9	0.200	0.200	0.600	860	0.317	0.683	14.8×10^{-5}

注:x 为摩尔分数,表示合金中各组分的浓度。

8.1.2　气液两相平衡(Zn-Cd系)

8.1.2.1　Zn-Cd 二元系沸点组成图简介

在对镉塔中的含镉锌的行为进行分析时,经常用到如图 8-2 所示的 Zn-Cd 二元系沸点组成图。

在恒定外压下(如 100 kPa),测出各种成分液体(如 40% Zn + 60% Cd)的沸点与平衡气、液两相的关系,就可得到 Zn-Cd 二元系沸点组成图。

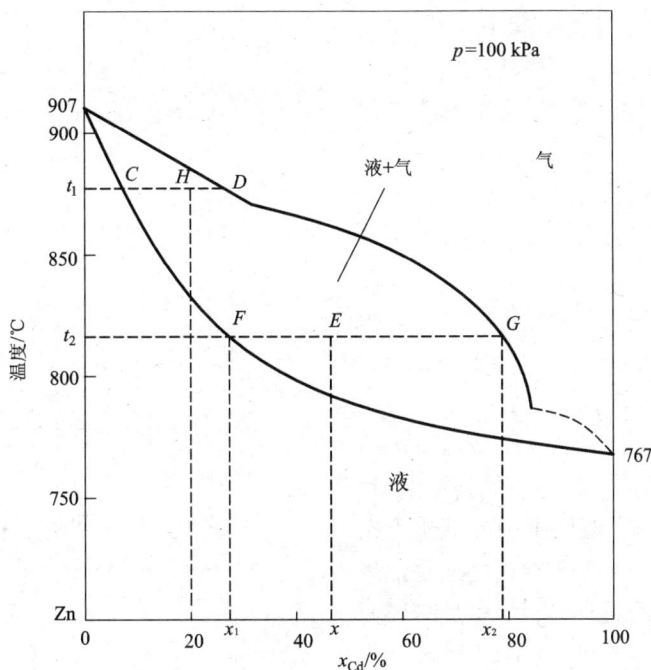

图 8 - 2　Zn - Cd 二元系沸点组成图

图中下边的曲线表示锌中镉含量变化时，Zn - Cd 合金的沸点与气相组成之间的关系，叫做液相线。该线随着合金中镉含量的升高逐渐降低，即合金的沸点沿该线逐渐降低。上边的曲线是气相线，表示该合金沸腾时，与之平衡的气相成分变化规律。气相线上方区域叫气相区；液相线下方区域是液相区；两者之间的闭合区域是气液共存区。

从图中可以看出，在 100 kPa 压力下，纯锌的沸点为 907℃，纯镉的沸点是 767℃。即在一定外压下，蒸气压越高的液体，其沸点越低。同一温度下镉的气相含量高于液相含量。将含镉 20% 的金属加热至温度 t_1，得到平衡的气、液两相，其中气相含镉量（D 点）为 28%，液相含镉量（C 点）为 8%，气相中镉含量高于液相中的镉含量。所以，通过蒸发和分馏可使锌、镉分离。

8.1.2.2　利用相图分析锌、镉分离过程

在铅塔中分离出来的锌、镉蒸气，经冷凝后，便成为液体合金，即含镉锌。为了使镉与锌分离，必须进行分馏过程。

锌和镉的分馏原理，可以用图 8 - 3 说明。将成分为 A 的含镉锌加热至 a 点时，这种含镉的锌便会沸腾，锌与镉会同时挥发。但是低沸点的镉要比高沸点的锌蒸发得多些。镉在蒸气中的含量比在液态中的含量更多。该蒸气相冷却时，其组成沿着Ⅱ线（气相线）变化。从Ⅰ线（液相线）上的 a 点作横坐标的平行线交Ⅱ线与 b 点。b 点所代表的成分，即为 A 成分的合金加热至 a 点蒸发气液两相平衡时气相的平衡成分。当 b 点组成的气相冷凝至 c 点，从 c 点作横坐标的平行线，与Ⅰ、Ⅱ线分别交于 a′ 与 b′ 点，a′ 与 b′ 点即为 c 点温度下液相与气相平衡时的两相组成。可见，被冷凝下来的液相含有的锌较 b 点气相多，含镉却较少。未被冷凝的

气相则相反，气相中富集了低沸点的镉。组
成为 b' 的气相继续冷却便会得到 a'' 和 b' 的
液、气平衡时的两相组成。如此反复多次的
蒸发与冷凝，液相中就富集了较高沸点的
锌，气相中则富集了较低沸点的镉，从而使
沸点有差别的两种金属达到完全分离的目
的。实际生产中上述分馏过程是在镉塔中进
行的，Zn – Cd 合金经分馏后在镉塔中上部
冷凝器得到冷凝产物——高镉锌（其中含镉
达 2% ~20%），在镉塔下部得到精锌含锌可
达 99.99%。

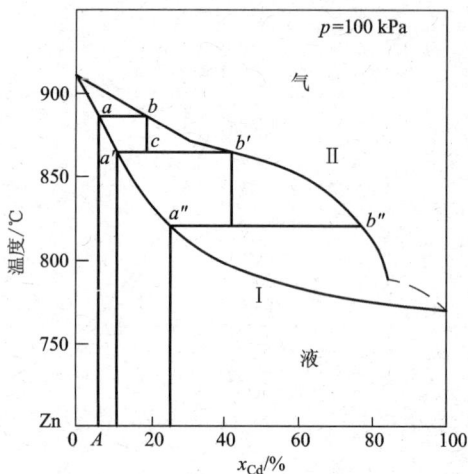

图 8 – 3   利用 Zn – Cd 二元系相图
分析锌镉精馏分离过程示意图

整个粗锌精馏过程分为两个阶段。第一
阶段是在铅塔中脱除高沸点杂质金属铅、铁
和铜等；第二阶段是在镉塔中脱除低沸点杂
质金属镉、砷(As)等。无论在铅塔还是镉塔
中，都包括蒸发和冷凝回流两个物理过程。
无论是在蒸发盘还是在回流盘中，都同时进行着蒸发和冷凝回流。只不过在蒸发盘中主要过
程是蒸发，在回流盘中主要过程是冷凝回流。

用精馏精炼方法脱除粗锌中铅、镉等杂质的程度，除受热力学条件影响外，生产中的其
他因素，例如塔内温度的波动、气流速度及其与回流液体的接触程度、加料量及加料均匀程
度、回流塔外氧化锌"挂被"的薄厚等都有很大的影响。尤其在镉塔中，由于锌与镉的沸点很
接近，而使其难以完全分离，因此要求严格控制生产条件(特别是温度)，并要有较多的锌挥
发，才能保证精锌的质量。

8.1.3   熔析精炼原理

精炼的方法主要有精馏法、熔析法和真空蒸馏法。在粗锌精馏精炼生产中，熔析法仅作
为精馏法的一种辅助方法。

从铅塔下延部排出的铅、铁含量很高的馏余锌进入熔析炉，使锌和铅、铁熔析分离。熔
析精炼的原理是基于锌、铅、铁熔点和密度的不同，通过控制一定的温度，而使它们分层分
离开来。三者的密度见表 8 – 2。

表 8 – 2   锌、铅、铁密度(g/cm³)

Zn	Pb	Fe
6.92	11.34	7.87

当温度在 1063 K(即 790℃)以上，锌和铅能以任何比例相互溶解为均质合金。从图 8 – 4
的 Zn – Pb 系相图中可以看出，当温度低于 1063 K 时，液态铅锌合金分为两层，上层是含有
少量铅的锌，下层是含少量锌的铅；而且随着温度的逐渐降低，上层的含锌量会越来越高，

锌在上层不断富集；同理，下层的铅含
量也逐步增加。只要控制适当熔析的
温度便会使锌、铅分离，从而得到 B#锌
（又称无镉锌，位于上层）和粗铅（位于
下层）。至于铁，也随着熔析温度而变。
如图 8-5 的 Zn-Fe 系相图所示，锌铁
化合物主要以 $FeZn_7$、$FeZn_{21}$ 等化合物
的形态溶于馏余锌中。随着温度的降
低，会不断有 α-Fe、$FeZn_7$ 等物质析
出，锌铁分离愈来愈好。冷却时以糊状
结构——硬锌析出，使锌铁分离。

在精馏生产过程中，控制熔析炉大
池温度，使馏余锌在其中分为三层：上
层为含铅锌，即无镉锌或 B#锌；中层为
锌铁糊状熔体（含 $FeZn_7$、$FeZn_{21}$ 等化合物），称为硬锌；下层为粗铅。

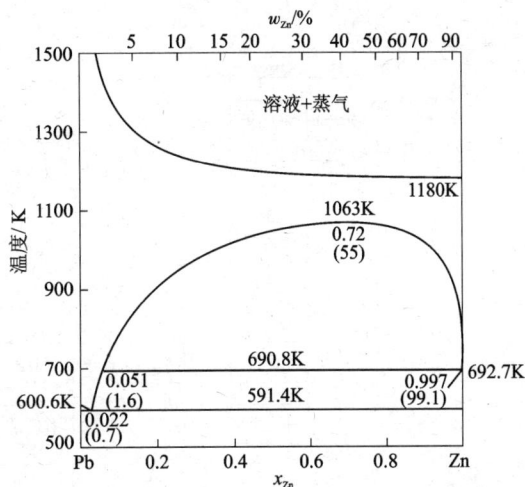

图 8-4　Zn-Pb 系相图

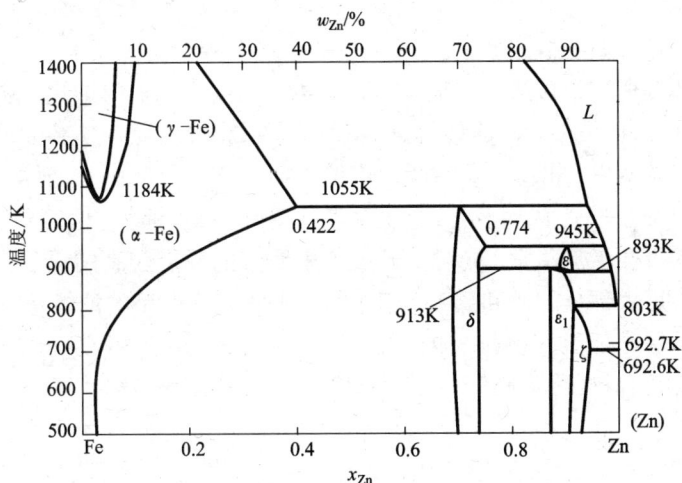

图 8-5　Zn-Fe 系相图

8.2　工艺流程及物料平衡

8.2.1　工艺流程

精馏法精炼锌工艺主要分两阶段完成。第一个阶段在铅塔中进行，脱除高沸点的杂质金属铅、铁、铜、锡、银、砷、锗和铟等，获得含镉锌。第二个阶段是在镉塔中进行，脱除低沸点的杂质镉，获得精锌。图 8-6 是锌精馏的工艺流程图。

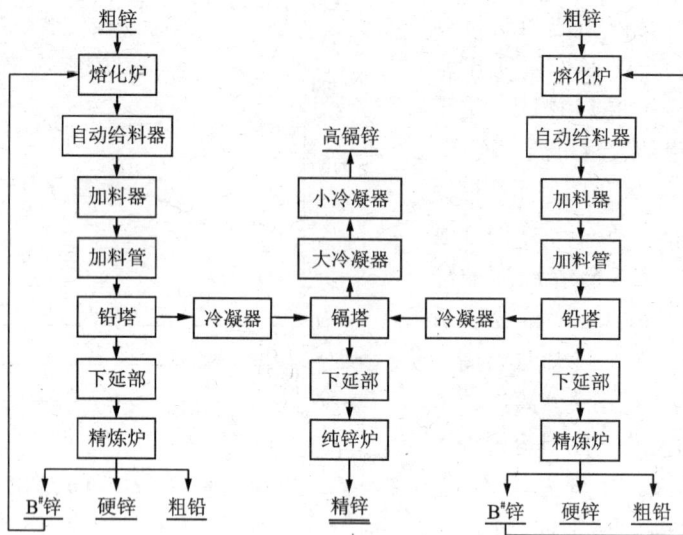

图 8-6　锌精馏工艺流程图

粗锌精馏作业过程简要概述如下：

粗锌锭或液体锌通过机械或人工加入熔化炉内，先在熔化炉内熔化并混合均匀，用煤气预热并保持温度在 600～650℃。液体锌通过流量控制装置按照一定流量均匀加入到铅塔。为保证锌和镉强烈的蒸发，铅塔燃烧室温度应控制在 1050～1300℃。液体金属由各层蒸发盘之气孔流至下面蒸发盘过程中，与上升金属蒸气（主要为锌和镉）密切接触，进行热交换，从而使液体有充分的机会受热蒸发，同时上升气流中挟带的沸点较高的铅、铁等也有充分的机会被洗涤下来。最后大部分的锌和低沸点杂质均气化上升，残留的液体金属锌和高沸点杂质金属由铅塔的最下层底部流入熔析炉内。在熔析炉内进行熔析精炼，产品主要有含锌的铅（称为粗铅）、铁锌化合物（称为硬锌）和精炼锌（称为 B# 或无镉锌），B# 锌再返回熔化炉，加入铅塔进行精馏。

铅塔内上升的锌镉蒸气经过最上面的回流盘导入铅塔冷凝器，蒸气于此冷凝成液体（称为含镉锌），含镉锌经过镉塔加料器进入镉塔。为保证镉蒸发的比较彻底，镉塔燃烧室的温度应保持在 1000～1300℃，依据含镉具体情况控制温度。镉塔内镉的蒸发较锌强烈，同样在进行蒸发和冷凝过程。由于锌和镉的沸点比较接近，为了使镉最大限度的蒸发，以减少精锌中含镉量，故在镉塔精馏过程中，部分锌和镉在蒸发段同时蒸发。当锌与镉的混合蒸气进入大冷凝器后锌首先冷凝，回流到镉塔，而镉富集起来。镉塔大冷凝器排出的是富镉锌蒸气，导入到小冷凝器中冷凝成为高镉锌。镉塔的最下层回流下的就是除去镉的纯锌液，流入纯锌槽后放出铸锭，这就是成品精锌锭。

图 8-7 是某厂精馏系统设备连接图。

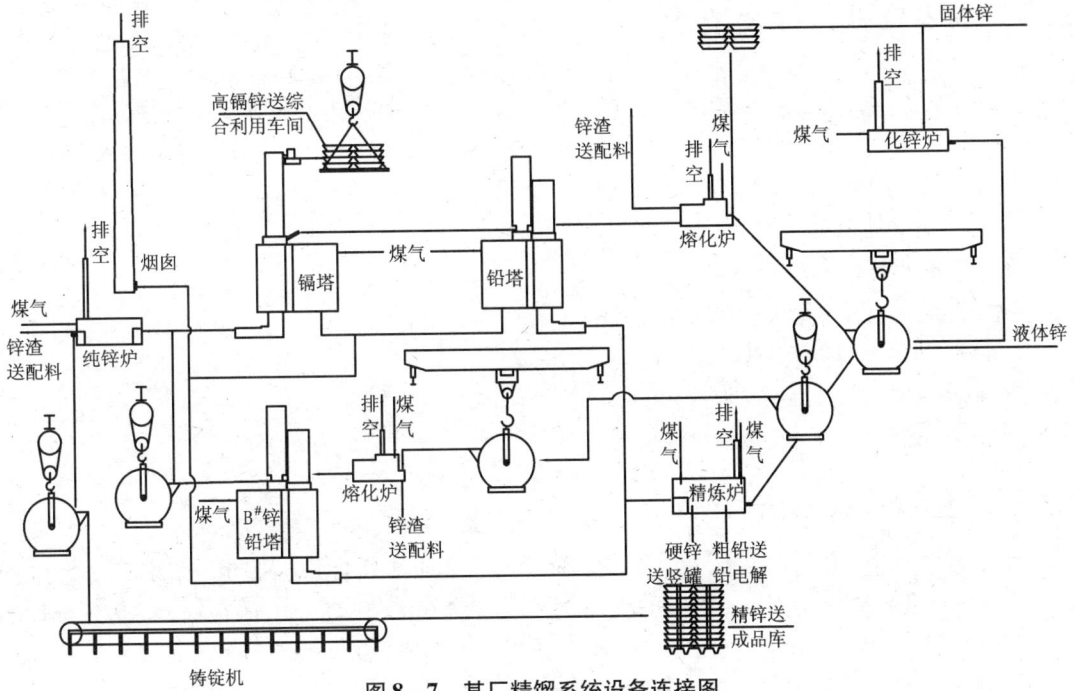

图 8-7　某厂精馏系统设备连接图

8.2.2　物料平衡

表 8-3 是某厂精馏炉金属平衡实例。

表 8-3　某厂精馏炉金属平衡实例

	物料 /(t·a⁻¹)		Zn		Pb		Cd		Fe	
			%	t/a	%	t/a	%	t/a	%	t/a
加入	粗锌	63830.00	97.84	62451.27	1.3	829.79	0.30	191.49	0.03	19.15
	B#锌	40690.24	97.5	39672.98	1.80	732.42			0.04	16.28
	合计			102124.25		1562.21		191.49		35.43
产出	精锌	60000.00	99.995	59997.00	0.002	1.20	0.001	0.60	0.0004	0.24
	B#锌	40690.24	97.5	39672.98	1.80	732.42			0.04	16.28
	硬锌	160.36	75	120.27	2.80	4.49			10	16.04
	锌渣	1272.81	80	1018.25	2.00	25.46	0.02	0.25	0.05	0.64
	粗铅	832.26	1.5	12.48	94	782.32				
	高镉锌	988.32	82	810.42			18	177.90		
	损失			492.85		16.32		12.74		2.23
	合计			102124.25		1562.21		191.49		35.43

8.3 主要技术条件及要求

8.3.1 主要技术操作条件

铅塔燃烧室的温度:1050~1300℃;

镉塔燃烧室的温度:1000~1300℃;

铅塔冷凝器温度:700~850℃;

镉塔冷凝器温度:850~900℃;

熔化炉温度:600~650℃;

精炼炉温度:大池温度450~500℃;

铅塔和镉塔加料要求连续、均匀、稳定。

8.3.2 原料要求

在正常生产中,粗锌要求无外来杂物、渣子等,杂质元素含量的要求与精锌级别、生产率、塔体寿命和操作制度有关。实践表明,为了生产含锌99.99%以上的精锌,并达到合理的技术经济指标,粗锌中铅应小于2%,镉小于0.3%,锡小于0.05%,铁小于0.1%。尤其是铁对碳化硅塔盘有严重的腐蚀作用,缩短塔体寿命,应严格控制其含量。表8-4是某些厂粗锌成分实例。

表8-4 粗锌成分实例(%)

成分	Zn	Pb	Fe	Cd	Cu	As	Sb	Sn	杂质总和
1厂	99.0	0.50	0.04	0.08	<0.005	<0.01	<0.02	<0.002	<1.0
2厂	98.6	1.25	0.013	0.1	0.002	0.028	0.002	0.001	<1.4
3厂	97.9	1.50	0.02	0.3	0.002	0.008	0.002	0.001	<2.1

8.3.3 燃料要求

精馏炉的燃料可用天然气、发生炉煤气、石油尾气、重油裂解煤气、重油,有的工厂最新采用了恩德炉煤气,还有的小型工厂直接用煤作燃料。由于对精馏过程供热的稳定性要求较严格,因此在选用燃料时,除应因地制宜外,还应充分注意选用具有热值高、含尘(包括焦油)少、货源平稳、调节方便的燃料。另外,对燃料的压力或流量的稳定性有一定的要求,应避免频繁和大幅波动。目前,国内精馏炉多采用发生炉净化煤气,某厂对煤气的质量要求如下:煤气发热值大于5440 kJ/m³;煤气中CO含量高于25%;煤气含尘(包括焦油)低于0.2 g/m³。表8-5是某厂精馏用煤气成分实例。

表 8-5　某厂精馏用煤气成分实例(%)

CO	H_2	CH_4	CO_2	O_2	N_2	H_2O	含尘/$(g \cdot m^{-3})$	发热值/$(kJ \cdot m^{-3})$
28.2	9.0	2.5	3.0	0.5	52.5	2.5	0.14	6000

8.4　主要设备

精馏法精炼锌的主要设备由两种精馏塔组成。第一种为铅塔,在此塔内将熔融粗锌中的锌与铅、铁、铜等高沸点杂质分离。第二种为镉塔,铅塔所得的液体锌镉合金在此塔内蒸馏和分凝回流,使镉与锌分离,得到很纯的成品精锌。图 8-8 为锌精馏炉的组合示意图。锌精馏设备主要由铅塔和镉塔组成。铅塔系统包括熔化炉、铅塔加料器、铅塔本体、铅塔冷凝器、熔析炉。镉塔系统包括镉塔加料器、镉塔本体、镉塔大冷凝器、镉塔小冷凝器、纯锌槽。

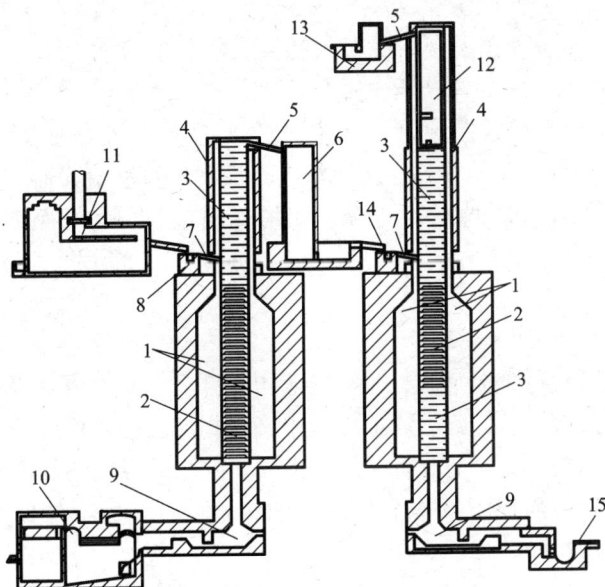

图 8-8　锌精馏炉的组合示意图

1—燃烧室;2—蒸发盘;3—回流盘;4—回流塔保温套;5—溜槽;6—铅塔冷凝器;7—加料管;8—铅塔加料器;9—下延部;10—熔析炉;11—熔化炉;12—镉塔大冷凝器;13—镉塔小冷凝器;14—镉塔加料器;15—纯锌槽

8.4.1　熔化炉

图 8-9 是熔化炉结构示意图,熔化炉是由耐火材料砌筑成的反射式火焰炉,每座铅塔都配有一座熔化炉。固体和液体粗锌分别通过炉门和加料口加入熔化炉内,通过煤气加热到一定温度,液体锌从出口流入自动给料器内。熔化炉的主要作用是:

(1)熔化各种粗锌,并将固、液体锌加热到一定的温度,满足加料的锌液准备;

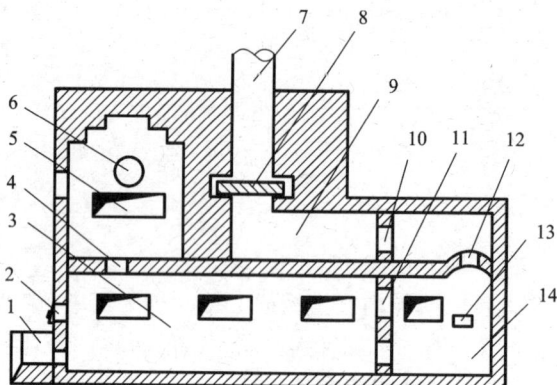

图 8-9 熔化炉结构

1—加料口；2—炉门；3—大池；4—煤气进口；5—空气进口；6—煤气入口；
7—烟囱；8—废气拉砖；9—废气道；10、11、12—废气过道；13—出料口；14—小池

(2)混锌作用，即将各种锌混合在一起，使成分均匀；

(3)除去带入炉内的外来固体杂质，从炉门扒出；

(4)计量作用，通过标尺掌握炉内锌液量，以便均匀地向塔内加入锌液。

熔化炉的出料口外接自动给料器。熔化炉内锌液流进自动给料器后，利用锌液流量控制装置，经过溜槽使其均匀、准确、连续地流入铅塔加料器，然后锌液进入铅塔。图 8-10 是杠杆式针阀给料器结构示意图。

8.4.2 铅塔加料器

铅塔加料器是由碳化硅烧制而成，加料器分为两部分，并形成虹吸封，碳化硅砖隔板与加料器底有高 15 cm 的缝隙，与熔化炉出口流锌流槽相连接的一端是敞开的，与加料管连接的一端用碳化硅盖板密封，这一部分有一缺口以安装碳化硅烧制的加料管。液体锌自熔化炉流入加料器，经碳化硅砖隔板下部的缝隙流入加料管内。然后液体锌流入铅塔内，完成加料。图 8-11 为铅塔加料器结构示意图。

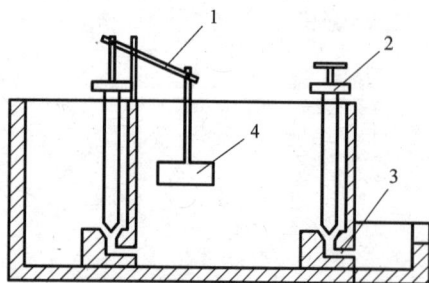

图 8-10 杠杆式针阀给料器结构示意图

1—压力杠杆；2—石墨针状阀；3—自动给料器出口；4—压力砣

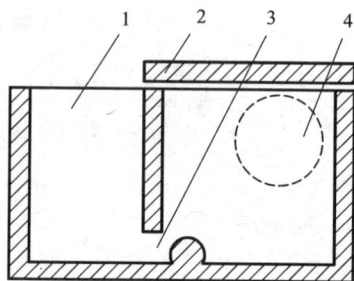

图 8-11 铅塔加料器结构示意图

1—小方井；2—盖板；3—锌封口；4—流管口

8.4.3 铅塔

铅塔的结构示意如图 8 – 12 所示。铅塔的主要作用是脱除粗锌中高沸点的杂质 Pb、Fe、Cu、Sn、In 等。在铅塔燃烧室内及其上部有一个由几十块塔盘叠架的塔，其中主要是由蒸发盘和回流盘组成。塔盘是由碳化硅制成，具有很好的热传导性能。蒸发盘与回流盘的结构分别如图 8 – 13 和图 8 – 14 所示。

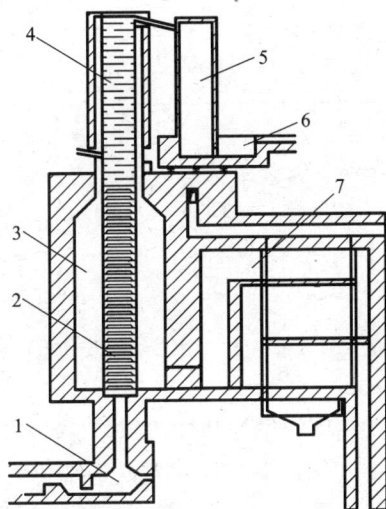

图 8 – 12 铅塔结构

1—下延部；2—燃烧室；3—塔盘；4—上延部；5—冷凝器；6—储锌槽；7—换热室

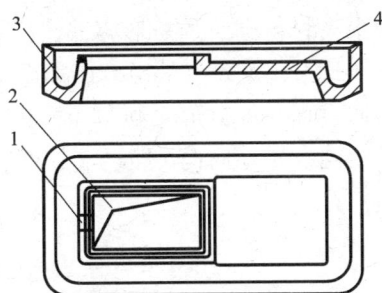

图 8 – 13 蒸发盘结构

1—溢流口；2—气孔；3—沟槽；4—盘底

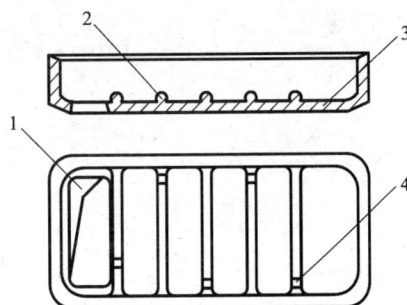

图 8 – 14 回流盘结构

1—气孔；2—导流格棱；3—盘底；4—溢流口

塔盘为长方形，其四角为圆角，可以避免因受热应力作用而破裂。蒸发盘为 W 形，这种盘能使熔体金属存在于盘的周围深沟内，塔盘一端有溢流口，熔体金属自溢流孔流下，蒸发的金属蒸气自气孔上升。由于熔体金属都存在于盘四周的深沟内，而盘周围的盘壁直接与燃烧废气接触，这样就增大塔盘的蒸发能力。回流盘为平底盘，平底盘一端有气孔，以使熔体金属流下和蒸发的金属蒸气上升。回流盘底部均匀聚集一深度不大的熔体金属，超此深度，锌液就经盘上气孔流到下面的盘内，因此蒸发就少，回流就多。塔盘中除了蒸发盘和回流盘外还有底盘、导气盘、大檐盘、加料盘、出气盘、反扣盘、液封盘、顶盘等辅助塔盘。

国内常用塔盘型号规格见表 8 - 6。

表 8 - 6 国内常用塔盘型号规格

塔盘型号	外形尺寸 长×宽×高×厚 /mm × mm × mm × mm	盘气孔尺寸 $L \times b$/mm × mm	面积/m^2	单重/kg
蒸发盘	1372 × 762 × 190 × 38	305 × 241	0.193	157
回流盘	1372 × 762 × 200 × 38	361 × 127	0.1135	167

塔盘组合是精馏塔的核心主体,即塔本体。安装、组合塔盘时,要使其紧密地一块叠着一块,形成一个密封的整体,以免塔盘内金属被塔外燃烧气体所氧化。相邻两块塔盘的开口都转成180°安装,气孔交错布置,这样使整个塔内形成"之"字形(或称S形)通道。塔内的锌液和蒸馏出来的锌蒸气都沿"之"字路下流或上升,使蒸气与液体能更有效地接触。这使锌液在下流过程中有充分机会受热蒸发,同时上升气流中夹带的高沸点金属蒸气有充分的机会冷凝。

铅塔的燃烧室和换热室是精馏塔的供热和换热部位。使用的燃料主要是煤气。煤气经过换热室预热后由燃烧室顶部两侧进入,空气由左右两边墙进入,与煤气成90°相交。混合燃烧后,从底部经废气出口进入直升墙,然后进入换热室,通过反"S"形通道来预热煤气和空气,废气经烟道、烟囱排空。

8.4.4 铅塔冷凝器

铅塔冷凝器见图 8 - 12。铅塔冷凝器是用碳化硅质耐火材料砌筑的矩形容器,下设锌液封闭的底座贮槽。冷凝器的外围设有活动保温窗,以便于调节温度。它的后侧底部设有两个扫除口,用于升温、扫除和特殊情况处理。铅塔冷凝器通过顶端的方形空洞与溜槽相通,将铅塔的含镉锌蒸气导入冷凝室内,散热冷凝,冷凝的锌液储存于底座内,经过液封由底座外池连续排出,进入镉塔加料器。

8.4.5 熔析炉

熔析炉又称精炼炉,是由耐火材料砌筑的长方形炉体。它的作用是熔析分离铅、铁等高沸点金属杂质,储存 B#锌、硬锌和粗铅。铅塔馏余锌经下延部、方井进入熔析炉。在大池内,馏余锌经熔析后分为三层:下层是粗铅,中间层是硬锌,上层是 B#锌。B#锌流入小池内,保温、储存,定时排出。粗铅和硬锌根据储量定期抽出或捞出。熔析炉的结构示意图见图 8 - 15。

8.4.6 镉塔加料器

镉塔加料器的结构与铅塔加料器相似,只是容积较大,这是因为镉塔塔内压力变化较铅塔快。它的一端通过加料管与镉塔加料盘连接,另一端通过流槽接受来自铅塔冷凝器的含镉

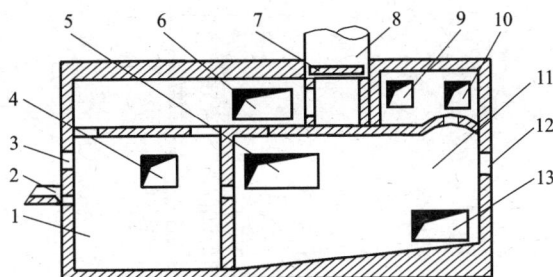

图 8-15　熔析炉结构示意图

1—小池；2—出锌口；3、10—煤气入口；4—小池门；5—大池门；6—废气道；
7—废气拉砖；8—烟囱；9—空气进口；11—大池；12—扫除口；13—过道

锌液。镉塔加料器示意如图 8-16 所示。其主要作用是：①密封作用：密闭塔体，防止空气和渣子进入塔内而造成堵塞，发生事故；②连接作用：连接铅塔与镉塔，把含镉锌液稳定均匀加入塔内。

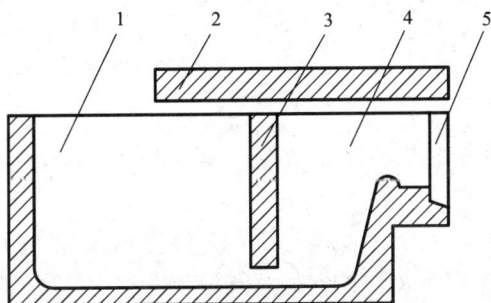

图 8-16　镉塔加料器结构示意图

1—方井；2—盖板；3—锌封砖；4—密封槽；5—流管接口

8.4.7　镉塔本体

镉塔的结构示意如图 8-17 所示。镉塔的主要作用是脱除含镉锌中低沸点的杂质 Cd 等，得到纯度很高的金属锌，同时获得副产品高镉锌。镉塔的塔盘组合与铅塔略不同，除燃烧室内的蒸发盘数量大多少于铅塔外，镉塔的上部几块回流盘与铅塔不同。镉塔的这部分塔盘的一端各有小孔，以便于清扫内壁。塔盘是平底的，在塔盘内有碳化硅异形砖和塔盘溢流孔的边构成的液封。这种结构的作用是当在镉塔冷凝器内产生的金属氧化物或其他杂物落下时，液封可以挡住它们，而不影响液体锌和气体流动，再定期将杂物取出。

镉塔的燃烧室和换热室及烟道部分结构与铅塔完全相同。

8.4.8　镉塔大冷凝器

镉塔大冷凝器见图 8-17。镉塔大冷凝器置于镉塔回流段上部，与镉塔紧密相通，从镉塔回流塔顶部排出的金属蒸气进入镉塔大冷凝器内。大冷凝器用碳化硅砖砌筑而成，顶部有

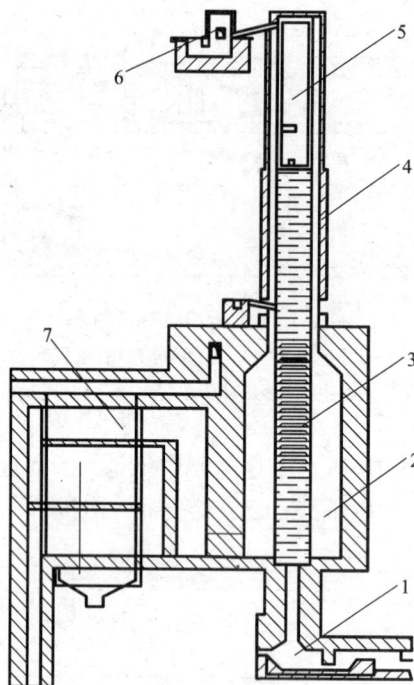

图 8－17　镉塔结构

1—下延部；2—燃烧室；3—塔盘；4—回流塔；5—大冷凝器；6—小冷凝器；7—换热室

小溜槽与镉塔小冷凝器相连。在外壁安装有镶上保温砖的活动门，用以调节冷凝器的温度。

大冷凝器的作用是使来自回流段的含镉蒸气逐步富集，提高浓度，大部分锌蒸气冷凝回流到镉塔，只让少量锌与高浓度的镉蒸气进入小冷凝器产出高镉锌。

8.4.9　镉塔小冷凝器

镉塔小冷凝器见图 8－17，是由黏土砖或碳化硅砖砌筑而成的长方形空间，外形尺寸因粗锌含镉量而异。设有液封、扫除口和溜槽入口，以方便铸锭、扫除等操作。自镉塔大冷凝器来的含镉锌蒸气，通过溜槽进入小冷凝器，经冷凝后大部分成为液态高镉锌（含镉约 5％ ～20％），定时舀出、铸锭。极少部分成为镉灰及锌镉氧化物，需定时从扫除口扒出。

8.4.10　纯锌槽

纯锌槽是镉塔配置的用耐火材料砌筑的长方形槽体（有的工厂用有焰反射炉）。镉塔下延部流出的纯度较高的锌进入纯锌槽，再通过出锌口放出铸锭。纯锌槽作用是储存纯锌、化废返锌和保温。

8.4.11　耐火材料选择及施工要点

8.4.11.1　精馏炉各部位使用耐火材料（见表 8－7）

表 8-7 精馏炉各部位使用耐火材料

炉 体 部 位	耐火材料种类
塔盘、冷凝器	一级碳化硅制品
给料器、加料管、测温管	二级碳化硅制品
燃烧室	一级黏土砖
燃烧室内突出砖	二级高铝砖
换热室、下延部、精锌贮槽、熔析炉、熔化炉、冷凝器底座和流槽等	二级黏土砖
捣固层	耐热混凝土

8.4.11.2 砌筑塔盘的灰浆和涂料(见表 8-8 和表 8-9)

表 8-8 各种灰浆和涂料的配比

名 称	用 途	碳化硅灰	铝矾土	氧化铁粉	软质黏土	水玻璃/($g \cdot cm^{-3}$)	黄泥	净水	养浆期/天
1#碳化硅浆	砌底座	90			10	1.07			
2#碳化硅浆	砌加热区塔盘	90~95			5~10			适量	>7
3#碳化硅浆	砌上部回流槽	90~95			5~10	1.11~1.16			
1#铝矾土涂料	刷塔盘内壁		70		30				
2#铝矾土涂料	刷塔盘内壁		100			1.07			
1#氧化铁SiC涂料	加热区盘外壁	95		5				适量	
2#氧化铁SiC涂料	上部回流盘外壳	95		5		1.20			
黄泥黏土泥浆	砌溜管					1.16~1.26	50		

表 8-9 铝矾土及氧化铁质量要求(%)

名 称	Al_2O_3	SiO_2	Fe_2O_3	CaO	TiO_2	烧碱	粒度/mm
铝矾土	>70	<23	<1.5	<0.5	<3	<0.5	-0.177
黏 土	29~30	<57	<1.5			<4	
氧化铁粉			$Fe_2O_3 + FeO_2 > 95$				-0.177

8.4.11.3 施工注意事项

(1)施工顺序。先砌下延部、燃烧室、换热室,再砌塔体及冷凝器;熔化炉、熔析炉、精锌贮槽可穿插进行砌筑,或与燃烧室同时施工;加料管、冷凝器流槽在塔体热稳定后安装。

(2)塔体预安装。为切实保证塔体严密、垂直,正式砌筑前必须进行预安装,按塔盘组立顺序分为 7~8 组,每组 7~8 块塔盘。对每块塔盘必须按水平和垂直两个方向检查外形和尺寸标准,两方向上的误差不应大于 1.5 mm。两塔盘衔接面采用沿长度方向往反拉磨塔盘的方法(拉磨行程 20 mm 左右),使其紧密衔接,达到不透灯光为准。然后打上若干条垂直安装线,每盘上标明顺序号,并测量预安装高度。

(3)塔底盘标高位置的确定。在砌筑塔盘前应用标杆测量燃烧室底至上盖表面的高度 ($h_燃$)及预安装时测定的塔底盘底部至大檐盘的下沿高度($H_预$),按下式核算:

$$\Delta = H_预 + n_{大檐}\delta_灰 + 5 - h_燃 - h_压$$

式中:Δ 为塔底盘标高位置校正量,负值为塔底盘底应垫起的高度,正值则为底盘应降低的高度,mm;$n_{大檐}$ 为组立中大檐盘的顺序号(即从底盘至大檐盘的塔盘块数);$\delta_灰$ 为塔盘灰缝厚度,mm,取 1.0~1.5;$h_压$ 为压密砖的厚度与应保持的空隙高度,mm,当压密砖的厚度为 120 mm 时,$h_压$ 取 200~210 mm;5 为底盘灰缝厚度,mm。

(4)塔体垂直标注线装置。塔底盘砌好后,即安装垂直标准定位线三条,定位线的重锤悬浸于密度大的溶液中(溶液盛于小桶中),溶液的密度以保持垂线既稳定又灵活,且不因风而随意摆动为准(一般密度为 1.3~1.4 g/cm³)。冬季施工时应防止溶液凝固,且应经常检查垂线是否灵活。

(5)塔体砌筑。底盘砌好后,四周砌 2~3 层砖挤住定位,并使底盘埋入燃烧室底内三分之二左右,过 16~24 h 后再砌第二块盘。一般每小时砌一块,每班砌 6 块,停两班后再往上砌;砌筑前,先刷净塔盘上下打灰面上的灰尘,贴上湿布,然后用净水浸透,直到不吸水为止,再抹灰砌筑;每砌好一块塔盘,即在盘内放两块锌片或铝片盖好,上面再铺好一块布,待砌完上块塔盘时,从盘底孔放入电灯和镜子,借镜面反光作用来观察灰口严密情况,并用具有弹性的薄片(如竹片)抹缝,然后补刷铝矾土泥浆(镉塔不刷),最后清去多余泥浆等物,轻轻用布卷出,取出锌片;塔盘外勾缝,在灰浆半干状态时勾一次缝,勾压成凹形,然后用 1#氧化铁碳化硅涂料和成海绵状再勾一次,成凸形,再用 2#氧化铁碳化硅涂料刷一次;塔体砌完后外壁全部刷涂料,燃烧室内(加热段)塔盘外壁用 1#氧化铁碳化硅涂料,燃烧室上部(回流段)塔盘外壁用 2#氧化铁碳化硅涂料。待第一次涂料干后再刷第二次,总厚度不大于 1 mm。

(6)砌筑质量要求。每块盘前后左右水平误差允许 ±1.0 mm 以内,垂直误差 ±0.5 mm/m 以内,全高范围内偏差应小于 ±3.0 mm。灰缝厚度 1.0~1.5 mm。所有灰缝要求灰浆饱满。

8.4.12 塔龄和运转率

(1)塔龄。塔龄(年工作日)一般是指两次大修之间的生产时间。但精馏炉常以两次塔盘拆修(称为中修)之间的工作时间为塔龄。铅塔塔龄一般为 18~24 个月,镉塔稍长;B#锌塔最短,10~12 个月。但有的工厂铅塔塔龄为 10~12 个月,B#锌塔为 5~7 个月。

塔龄降低的主要原因是:粗锌含铁过高,平均达 0.05%~0.08%;B#锌塔熔析不好,B#锌含铁达 0.1%~0.15%,较一般高 3~5 倍,促使碳化硅塔盘腐蚀加快;冶炼条件控制不严,加料不稳,温度波动幅度大;塔盘材质及筑炉质量要求不严;加料量过大,超过一般塔壁工作温度。

(2)精馏炉运转率。它是指扣除检修和停、开塔时间的实际年生产天数与日历天数之比,一般为 88%~91%。设计时,年工作日可取 330 天。一般两次大修之间时间约为 10 年,期间需要安排 6~8 次中修。表 8-10 为某厂精馏炉的相关检修数据。

表 8 - 10　某精馏炉检修计划数据

检修类别	检 修 时 间/日				
	总 计	拆 炉	砌 筑	降 温	升 温
大　修	55	9	23	4	19
中 小 修	35	6	10	4	15

8.5　产品质量及控制

8.5.1　精锌质量

GB/T 470—1997 锌锭的化学成分如表 8 - 11 所示。精馏法炼锌能够产出 99.995% 的高纯锌，产品质量比较稳定。但是，生产中要特别注意工艺条件的控制、工具的使用和外来杂质的侵入。精锌中杂质铅的含量高主要是由于铅塔温度过高、回流塔散热差、原料含铅高等因素影响。杂质镉的含量高主要是由于镉塔温度低，回流效果差、扫除不及时和原料含镉高等因素影响。杂质铁的含量则主要是工具使用不当和外来带入等因素影响。

表 8 - 11　GB/T 470—1997 锌锭的化学成分（%）

牌　号	化 学 成 分									
	Zn 不小于	杂质含量(不大于)								
		Pb	Cd	Fe	Cu	Sn	Al	As	Sb	总和
Zn 99.995	99.995	0.003	0.002	0.001	0.001	0.001	–	–	–	0.0050
Zn 99.99	99.99	0.005	0.003	0.003	0.002	0.001	–	–	–	0.010
Zn 99.95	99.95	0.020	0.02	0.010	0.002	0.001	–	–	–	0.050
Zn 99.5	99.5	0.3	0.07	0.04	0.002	0.002	0.010	0.005	0.01	0.50
Zn 98.7	98.7	1.0	0.20	0.05	0.005	0.002	0.010	0.01	0.02	1.30

另外，对精锌物表质量通常也有较严格的要求：精锌锭表面无飞边、无大耳、无浮渣、无冷隔层、无夹杂物、无表面污染等。

8.5.2　加料

加料操作是精馏生产中第一个主要环节，也是很关键的环节，直接影响到精锌产量和质量、炉体寿命，甚至关系到生产的安全性。因此，加料操作必须引起足够的重视。粗锌加入精馏炉时要求均匀、连续、稳定、不断料。操作不当引起塔内压力骤升骤降，发生"涨潮"、"抽风"等异常现象，严重时会造成塔顶和冷凝器崩开及溜槽鼓开甚至塔盘裂漏。

要保证均匀、连续、稳定加料，需要注意以下几点：

①无论采用人工或机械加料方式加入液体锌或固体锌，都应尽可能保持熔化炉锌液面恒定，即减少锌液面较大波动。

②为了避免锌液面较大波动，可采取下面措施：缩短每次加料间隔时间；固定每次加料数量；放慢投料速度；保持锌锭干燥；保持熔化炉四壁不挂渣。

③锌液温度也是影响因素之一。温度高，流动性好；温度低则相反。根据所加原料的不同，熔化炉应控制不同的温度。正常时熔化炉温度：600~650℃；专加 B# 锌的熔化炉温度：630~680℃；大量加块锌时熔化炉温度控制在 600~750℃。

④保障供料系统畅通。应勤捞铅塔加料器方井液面浮渣，对自动给料器过道、出口及铅塔加料器锌封经常清理，避免长期不处理造成凝结或者堵塞现象。

⑤熔化炉的温度通常用调节煤气量的大小加以控制。当熔化炉温度过低时，应加大煤气量；反之，则减小煤气量。煤气调节无效可调整空气挡板开度。熔化炉渣的热传导性较差，因此，当炉膛温度过高，而锌液温度低时应扒出锌液表面的浮渣。

熔化炉生产实例见表 8-12。

表 8-12　熔化炉生产实例

项　　目	A 厂	B 厂	维尔诺维茨厂	梅希姆公司
日加粗锌量/(塔)	19~21	15~16	14~16	
加料方式	液体加料(采用杠杆针阀自动平衡给料箱)	固体加料人工定时定量	固体加料人工定时定量	固体加料采用加料机，锭重 1.5 t
燃料种类	净化煤气	净化煤气	净化煤气	重油
液锌温度/℃	580~650	600~650	600~700	600~650
生产强度/(t·m^{-2}·d^{-1})	块料 5.2~6.6 液料 8~9	5~6(块料)	5~6(块料)	
储锌量/(t·炉$^{-1}$)	10~12	6~7	8.5	

铅塔产出的含镉锌在铅塔冷凝器冷凝后，经流槽流入镉塔加料器，然后经加料管流入镉塔，完成镉塔的加料。镉塔加料的连续均匀程度，除了直接受铅塔含镉锌产出稳定性制约外，还与铅塔冷凝器底座锌封、含镉锌流槽、加料器、加料管是否堵塞有关。

8.5.3　精馏炉的温度控制

精馏炉的热量供应稳定是保障精锌产量、质量以及炉体寿命的重要条件，对其要求的严格程度远远高于蒸馏炉。精馏炉大多采用经预热的煤气作为燃料，对所使用的煤气的热值及压力的稳定性要求也极其严格，通常要求波动范围应小于 5%。另外，加入塔内料量的稳定性和其成分也会影响到炉温的变化。因此，在热工操作过程中必须综合考虑所有影响因素，才能保证各项温度指标的完成。

铅、镉塔燃烧室和换热室各部温度和压力指标实例见表 8-13。

表 8 - 13　铅、镉塔燃烧室和换热室各部温度和压力指标实例

		项　目	铅塔	镉塔
燃烧室		最高温度	1300	1300
	温度/℃	正常操作温度	1050 ~ 1300	1000 ~ 1300
		允许波动温度	< 10 ~ 20	< 10 ~ 20
		出口废气温度	< 1250	< 1220
	压力/Pa	顶部煤气压力	± 0	± 0
		顶部炉气压力	- 30 ~ - 50	- 30 ~ - 50
换热室	温度/℃	空气预热温度	600 ~ 750	600 ~ 750
		煤气预热温度	700 ~ 750	700 ~ 750
		换热室出口废气温度	600 ~ 800	500 ~ 700
	压力/Pa	空气总道压力	30 ~ 50	30 ~ 50
		煤气总道压力	40 ~ 60	40 ~ 60
		煤气进换热室压力	180 ~ 220	160 ~ 200

　　精馏炉燃烧室内温度变化情况比较复杂，因而调节方法也各有不同，因人而异、因炉而异。下面介绍一些调温的基本原则和常用的操作方法。

　　热工调整的原则：

　　(1)当各炉燃烧室温度都有同样的变化时，应变动总条件(即煤气阀门和抽力挡板开度)。

　　(2)调整燃烧室的温度时，变动其中一个条件而在温度尚未准确反映具体情况以前，不同时变动第二个条件，以勤动少动为宜。

　　(3)炉内燃烧情况未能确定掌握以前，不能盲目的进行调整，必须首先了解和掌握炉内燃烧的基本情况，才能相应采取措施。

　　(4)经常了解加料和冷凝器保温窗开关情况，勤观察下延部流量情况。

　　在生产实践中，若精馏炉换热室和废气系统堵塞，不仅影响换热而且还会影响燃烧室温度。因此，在这些部位堵塞时就需要扫除，保持废气畅通，这也是调整操作的重要组成部分。常用的燃烧室调整方法见表 8 - 14。

　　铅、镉塔冷凝器的温度直接关系到产品产量和质量，也是精馏炉生产及安全状态的标志，是调整操作的最重要指标。冷凝器直接与铅塔或镉塔相连，温度的高低直接受主塔的制约。加料量、燃烧室温度及冷凝器保温窗开关情况都是冷凝器温度的主要影响因素。调节冷凝器保温窗开关可以在一定程度上调节冷凝器的温度，也是比较快捷有效的方法之一。当冷凝器温度过高时，应打开保温窗，加速散热。当冷凝器温度过低时，应加强冷凝器保温。铅塔冷凝器温度一般控制在 700 ~ 850℃，镉塔大冷凝器温度一般控制在 850 ~ 900℃。实践中应根据粗锌含杂质和对精锌质量要求等情况，合理控制铅塔和镉塔冷凝器温度。

表 8-14　精馏塔燃烧室调整方法

燃烧室上部	燃烧室下部	燃烧室直升墙	废气支道	调整方法
高	正常	正常	正常	关一层空气挡板
低	正常	正常	正常	开一层空气挡板
高	高	高	高	关煤气
低	低	低	低	开煤气
正常	低	高	高	开三层空气挡板
正常	高	低	低	关三层空气挡板
高	高	高	高	关抽力、关煤气
低	低	低	低	开抽力、开煤气

8.5.4　熔析精炼

铅塔中高沸点的杂质金属与馏余锌一起由铅塔下延部进入熔析炉，进一步进行熔析分离。由前面分析得知，熔析分离的关键因素是熔析温度和熔析时间。在操作中为了保证以上条件，必须制定严格的操作制度，控制熔析温度在 450~500℃，有时候也会因为含杂质铅和铁的情况适当变化。通常情况下，熔析池温度太低，硬锌含铅高，硬锌发灰，严重时熔析池会凝死；温度太高，硬锌发白，B#锌含铁、铅高，造渣多。熔析时间短，三者分离不好；时间过长，硬锌抓底。熔析较好的硬锌为蓝色针状结晶。熔析池和储锌池之间的过道也不允许淹没。否则，将使 B#锌含铁、铅升高。两池之间隔墙不允许破坏，若连通，也将会造成 B#锌与馏余锌混合，使 B#锌含铁、铅高。对采用加铝工艺的熔析炉，熔析池的上层是锌基铝铁化合物，中间层是硬锌，下层为粗铅。但是，生产实践中，必须根据粗锌含杂质及实际操作情况，及时掌握熔析炉内的熔析状态，找出捞硬锌、除铅、出 B#锌的时间规律，并合理安排提温和降温时间。

由于铅塔馏余锌含有较多高沸点杂质及其化合物，而且随着在下延部的温度逐渐降低、氧化造渣等原因，很容易在铅塔下部或下延部出现堵塞现象，处理不当还会出现精馏塔爆炸等严重后果。因此，需及时疏通下延部，防止憋开下延部及造成下延部崩开、塔爆炸等。在生产过程中，要随时掌握铅塔加料量和馏余锌的流量变化，以便判断塔内情况。

8.5.5　出锌铸锭

自镉塔下延部流出的就是成品精锌。精锌流入纯锌槽后保温(580~640℃)，再定时由放锌口放到精锌包子内，吊运至铸锭机铸锭。精锌铸锭是保证精锌物表质量的关键环节，合理控制好铸锭温度、保证搂皮质量和维护好铸锭设备便成为一项重要工作。精锌倒入锭模时，如果温度过高就会黏模，即锌锭难从锭模上脱掉、影响连续铸锭和易损坏铸锭模；如果锌液温度过低，凝固速度就会快，锌锭表面氧化皮除去困难，物表质量难以保证。在搂皮过程中，当锌液注入模后，用耙板将氧化渣搂至锌模一端的撮板附近，然后耙板和撮板配合将氧化渣从模中移出。搂皮时要求走板稳、起板稳、送渣准。根据锌液温度的高低，采用不同的搂皮手法。当锌液温度高时,可浅插板,慢起板;当温度低时,适当深插板,快走板。影响精锌物表质量的另一个重要因素就是铸锭设备的稳定运行。精锌铸锭大多采用直线式连续铸锭机,该设备运行稳定性要求较高,出现轻微振动就会导致精锌锭物表质量差,甚至产生废品。

8.5.6　精馏过程中间产品的处理

锌精馏的主要产品是精锌,中间产物有 B# 锌、粗铅、硬锌、锌渣及高镉锌等。表 8 - 15 是精馏产物化学成分实例。

表 8 - 15　精馏产物化学成分实例（%）

名称	Zn	Pb	Fe	Cd	Cu	Sn	As	Sb
精馏锌	99.99 ~ 99.997	0.002	0.0015	0.0018	0.0015	0.0008	—	—
B# 锌	98 ~ 98.9	0.8 ~ 1.8	<0.03	<0.0001	0.003 ~ 0.005	<0.005	<0.01	0.04 ~ 0.1
硬锌	90 ~ 95	2 ~ 3	2 ~ 4	<0.01	0.044	0.0015	0.0015	0.14
高镉锌	80 ~ 85	<0.002	<0.001	15 ~ 20	<0.0005	<0.001		
粗铅	1 ~ 5	~98						
锌渣	70 ~ 80	0.45 ~ 0.92	0.05 ~ 0.08	0.01 ~ 0.03		0.01 ~ 0.06		

（1）B# 锌。由铅塔下延部排出的液体锌进入熔析炉,经熔析精炼后可得到 B# 锌。在铅塔生产中下延部排出物的产出率通常为 20% ~ 35%,有的根据原料品位及精锌质量特殊要求,产出率控制在 40% ~ 50%。B# 锌通常占下延部产出物的 92% ~ 96%。B# 锌根据工厂生产规模的不同,可以返回铅塔再进行精炼,一般是在单独的铅塔(又称 B# 塔)中精炼直接得到精锌或用它来生产优质氧化锌与细锌粉。表 8 - 16 是 B# 锌成分实例。

表 8 - 16　B# 锌成分实例(%)

序号	Zn	Pb	Fe	Cd	Cu	Sn
1	98 ~ 98.9	0.9 ~ 1.8	0.03 ~ 0.1	<0.0001	0.003 ~ 0.005	<0.05
2	98.9	1.05	0.018	<0.0001	0.0051	0.0047

将 B# 塔上部的一部分塔盘拆除,改为能控制漏风率的空气氧化室。锌蒸气通过分配室顶部的喷射孔进入氧化室,在氧化室内被吸入的空气氧化成氧化锌,氧化锌再通过管道表面冷却器后经布袋收尘器收集。

B# 塔产出的高纯锌蒸气也可以引入一密闭容器内急冷,可以产出粒度不同的金属锌粉。

（2）粗铅。粗铅位于熔析炉的最底层,粗铅品位根据原料含铅量及熔析条件而异,通常铅含量为 94% ~ 98%。表 8 - 17 是某厂粗铅成分实例。

表 8-17　某厂粗铅成分实例(%)

成分	Pb	Zn	In	Cu	Fe	Tl	Sn
含量	95~96	2~3	0.3~0.5	0.01	0.05	0.01~0.02	0.5

　　粗铅中含有少量的铟,铅对铟有良好的富集作用。在精馏塔 1200℃的温度下,铟的蒸气压很小,在铅塔中几乎不蒸发,而是与其他高沸点的金属(铅等)一起进入铅塔的熔析炉,然后借助铅对铟的良好捕集作用富集于粗铅中,是粗锌富集率的 110 倍,成为重要的铟富集物。某厂锌精馏熔析分离得含铟粗铅成分为:In 0.5%~1.2%,Pb 94%~96%,Zn 1%~3%,Fe 0.05%~0.1%,As 0.02%~0.1%。由于炼锌使用的锌精矿不同,因而粗铅中含铟量波动较大,一般是 0.2%~1.4%。含铟高的粗铅可直接回收金属铟,含铟低的粗铅可送铅精炼车间进行精炼或作为鼓风炉的补充铅,也可作为铟富集的补充铅。锌精馏过程铟、锗的平衡见表 8-18。

表 8-18　锌精馏过程铟、锗平衡(%)

	加　　入				产　　出				
	锗品位	锗分配	铟品位	铟分配		锗品位	锗分配	铟品位	铟分配
粗锌	0.012	100	0.0015	100	精锌			0.0001	2.32
					硬锌	0.34	64.10	0.1270	39.15
					粗铅			0.4600	55.98
					锌渣	0.12	34.55		
					高镉锌	0.0005	0.10		
					损失		1.25		2.55
合计		100		100	合计		100		100

　　(3)硬锌。锌中的铁与锌结合成 $FeZn_7$,Fe_5Zn_{21} 等化合物,在熔析中针状海绵体结晶析出,结晶密度介于 $B^\#$ 锌和粗铅之间,因而形成糊状中间夹层。硬锌产出率一般为加入锌量的 0.3%~1.2%。硬锌一般返回蒸馏炉或单独处理。当粗锌中含锗和铟较高时,硬锌中会富集少量的锗和铟,硬锌对铟的富集率是粗锌富集率的 3 倍左右。硬锌是重要的提锗和铟的原料。表 8-19 是某厂硬锌成分实例。

表 8-19　某厂硬锌成分实例

项目	Zn	Pb	Fe	Ge	As
铅塔硬锌	75~89.97	2.01~14.9	0.51~2.36	0.26~0.51	0.5~2.25
$B^\#$塔硬锌	68.70	16.16	1.89	1.38	3.85

　　我国工厂通常采用电炉工艺和真空炉工艺提取硬锌中的铟和锗。分离主要是依据各组元

在纯态时的蒸气压差,通过热蒸馏其中的锌以达到富集 Ge、In 的目的。真空炉处理硬锌工艺流程图如 8 - 18 所示。

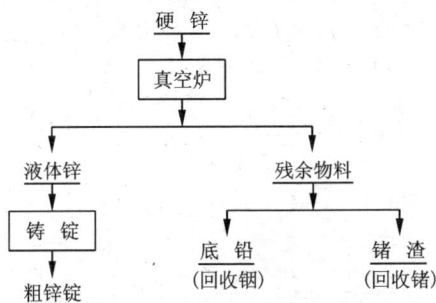

图 8 - 18 真空炉处理硬锌工艺流程

另外,还有硬锌电解法等回收锗、铟等金属。贫铟、锗硬锌可以送火法炼锌系统生产粗锌或锌粉、氧化锌等。

(4)锌渣。锌渣化学成分见表 8 - 15。锌渣通常返回火法炼锌配料系统或生产硫酸锌等,有的工厂还对锌渣中的锗进行回收,某厂锌渣含 Zn 60% ~ 75% , Ge 0.12% ,该厂酸浸生产锗精矿流程如图 8 - 19 所示。

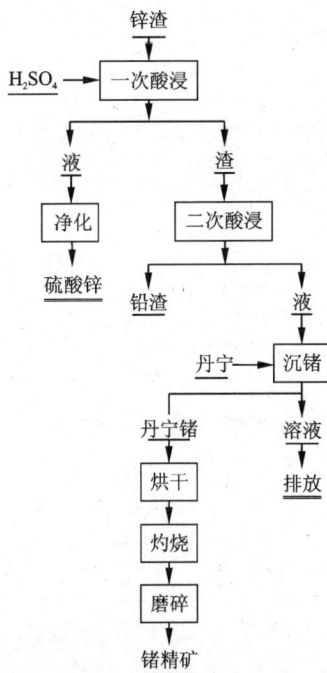

图 8 - 19 某厂酸浸生产锗精矿工艺流程

（5）高镉锌。镉塔上部大部分未冷凝下来的镉及部分锌进入小冷凝器冷凝，形成 Cd – Zn 合金，成为高镉锌。高镉锌的产出率及镉品位与原料含镉量及镉塔生产强度有关。产出率一般为 0.6% ~ 2%，含镉 5% ~ 20%。高镉锌通常通过小型镉精馏塔直接提取 99.9% 以上的精镉。

锌精馏系统中有价金属的回收越来越受到各个工厂的重视，也逐渐成为其利润增长点。因此，探索提高各有价元素的综合回收率仍然是一个重要的课题。

8.6　主要技术经济指标

8.6.1　生产能力

精馏炉的生产能力一般是以塔组每日生产的精锌量表示，但也有用生产的精锌和 B# 锌的总量表示的。表 8 – 20 是三塔型塔组的塔壁工作强度和生产能力实例。

表 8 – 20　三塔型塔组的塔壁工作强度和生产能力实例

项　　目	单位	A 厂	B 厂	C 厂	D 厂
塔盘（长 × 宽 × 高）	mm × mm × mm	990 × 457 × 165	990 × 457 × 165	990 × 457 × 165	990 × 457 × 165
塔盘块数	块	53	38	50	53
蒸发塔盘	块	32	20	29	32
回流塔盘	块	21	18	21	21
塔体有效加热面积	m^2	12.89	8.434	10.64	12.89
铅塔日加料量	t/d	15.2	13	15.6	21
铅塔塔壁工作强度	$t/(m^2 \cdot d)$	0.9 ~ 0.95	1.33	1.1	1.18 ~ 1.29
镉塔塔壁工作强度	$t/(m^2 \cdot d)$	1.8 ~ 1.9	2.44	2.186	2.33 ~ 2.41
塔组生产精锌	t/d	23 ~ 24	20	22	28 ~ 31
精锌纯度	%	99.996	99.992	99.994	99.998
精锌直产率	%	78 ~ 80		95.7	70 ~ 75
总产出率	%	94 ~ 96	96		94 ~ 95

8.6.2　产出率

精锌直接产出率随粗锌杂质含量、精锌品级和塔壁工作强度的不同而变化。表 8 – 21 是某些工厂精锌及其他产物产出率实例。

表 8 – 21　精锌及其他产物产出率实例(%)

项　目	A 厂	B 厂	C 厂	D 厂
铅塔塔壁工作强度/(t·m^{-2}·d^{-1})	1.2	1.0	1.1	
精锌直接产出率	70	78.94	68 ~ 73	50 ~ 60
B$^{\#}$锌产出率	25 ~ 30	20 ~ 22	26 ~ 33	
硬锌产出率	0.8 ~ 1.2	0.94 ~ 1.1	0.33 ~ 0.6	
高镉锌产出率	1 ~ 1.5	0.6 ~ 0.9	0.68 ~ 1.29	
精锌总产出率	95	96	93.7 ~ 95.69	

8.6.3　金属回收率

精馏过程的操作和管理是影响回收率的主要因素,如:

(1)精馏塔塔盘裂漏,锌液和锌蒸气漏入燃烧室后无法完全回收损失。

(2)压密砖损坏或燃烧室上盖灰缝不严密,压密砖锌漏入燃烧室损失。

(3)熔化炉、熔析炉等温度过高,造成锌氧化损失或在扒渣时飞扬损失。

(4)处理回流塔、冷凝器、下延部等特殊操作时金属氧化物损失。

(5)中间物料搬运损失。

锌回收率一般为 99% ~ 99.3%,铅回收率 98% ~ 99.9%,镉回收率 98% ~ 99%。表 8 – 22 是精馏炉锌回收率实例。

表 8 – 22　精馏炉锌回收率实例

项　目	A 厂	B 厂	C 厂	D 厂
年产精锌量/t	54000	8044		7610
锌直收率/%	70	78.94	79.77	68 ~ 73
锌总回收率/%	99 ~ 99.3	99.36	99.18	99.12

8.6.4　单耗指标(见表 8 – 23)

表 8 – 23　精锌的单耗指标实例

项　目	A 厂	B 厂	C 厂	D 厂
煤耗/t	0.4 ~ 0.5	0.58(无烟煤)	0.7	0.5(焦炭)
粗锌消耗/t	1.04	1.053	1.038	1.045
电力单耗/(kW·h)	7	71	71	13 ~ 14
蒸气消耗/t	0.2			
水消耗/t	0.3 ~ 0.32			

注:单耗指生产 1 t 精锌的消耗。

8.7 特殊操作

8.7.1 开炉

新砌筑或大、中修后的精馏塔，都要经过开炉升温达到操作指标后，才能进行正式生产，开炉工作基本上包括烘干、升温、加料三个步骤。

1）开炉前的准备工作

主要是检查供水、供电、供气设备是否良好，管路是否畅通，阀门、开关是否灵活好用。各种机械运输设备进行试车。检查各种控制仪表的测量范围、灵敏度、准确性是否满足生产要求。检查各岗位的安全措施是否齐全可靠。炉体验收，清扫、密闭精馏炉的各部位，需要保温、补刷 SiC 灰的部位及时保温、补刷。编制升温计划。

2）烘塔盘、燃烧室和换热室升温

各部炉体及塔体砌完后宜立即点火烘烤升温，以免灰缝潮解风化，降低结合强度。精馏炉结构复杂，要求严格，且多种气体互相连接，升温不当容易产生裂漏，所以开炉升温过程十分重要，必须按照严格的程序和技术条件进行。精馏炉升温顺序及方式见表8-24。

表 8-24 精馏炉升温顺序及方式

部 位	天 数 /d																							烘炉升温方式
	1	2	3	4	5	6	7	8	9	10	11	12	13	14	15	16	17	18	19	20	21	22	23	
塔体内部[①]									5℃/h ←——————→ 400℃															用简易燃烧室（木柴或煤），经下延部竖井引入塔内，由塔顶排出，使塔内水分排完在塔顶由镜面检查烟气，以无水气为准
塔体外部燃烧室（换热室）		×× ←—— 烘烤 升温 ———— 1300℃ 降温 ———→ 900℃																							用净化煤气，由换热室顶部煤气总道口用木柴点火，烟气经煤气横道进入燃烧室，再经换热室从烟囱排出
烟气支道、总道及烟道					←——————— 300℃ ———————→																			用木柴或煤气加热

续表 8-24

部位	天数/d																							烘炉升温方式
	1	2	3	4	5	6	7	8	9	10	11	12	13	14	15	16	17	18	19	20	21	22	23	
熔化炉、熔析炉								←————— 650℃ —————→																先在池底烧木柴,然后烧煤气
下延部								←————— 900℃ —————→																除专设的简易燃烧室外,还可引煤气烘烤
精锌贮槽								←————— 650℃ —————→																先在池底烧木柴,然后烧煤气
冷凝器								←————— 650℃ —————→																引专设的煤气管嘴
加料器								←——→																引专设的煤气管嘴

注：①塔体上部回流盘的升温方式有两种：一是将压密砖与塔体之间暂时留出一定间隙(40~50 mm)，使燃烧室的烟气上窜一部分至回流盘与保温套的间隙中进行加热；另一种方法是用专设煤气管单独加热。

(1)为使塔盘间灰缝良好烧结，燃烧室温度要求达到1300℃，并恒温24 h。

(2)为避免锌液剧烈蒸发，形成塔内的压力冲击，在加锌液前应将燃烧室温度缓慢降至900℃，待锌充满塔盘后再升温到正常操作温度。

(3)升温速度在低温段不超过5℃/h，200℃时恒温，让水分缓慢排出；600℃以上可按10℃/h升温。低于600℃时燃烧室上、下温差应小于50~60℃；600~900℃时，上、下温差应小于20~80℃。

(4)全部烘炉升温时间一般为21~24天，简易塔烘炉时间为10天左右。

(5)燃烧室左右的温度不允许有差别；换预热煤气时，温度波动应小于30℃，上、下部应无温差。

燃烧室温度900℃以下用净化煤气(又称小煤气)升温。900℃以上时用预热净化煤气(又称大煤气)升温，即煤气和空气需经换热室后，再进入燃烧室，燃烧、升温。

小煤气点火升温。烘燃烧室的最终温度作为燃烧室升温的起始温度。点火操作如下：在煤气总道后引入煤气管嘴，塔燃烧室各层空气道全关。将升温煤气管道内空气赶净，使其含氧≤2%。在煤气总道后侧升温口处焊一个平台，用油布点燃平台上的木柴，稳定着火3~5 min后给煤气。同时，轻微开启煤气和抽力拉砖，将废气引入燃烧室。煤气压力一般保持在700~800 Pa。升温时，650℃以下要保持木柴明火，使木柴和煤气混合燃烧。要经常抹缝、堵漏，防止煤气过大，否则容易发生煤气放炮事故。燃烧室上、下部温度和换热室入口温度各呈一条直线(在温度仪表上可观察到)，左右温差小于5℃，上下部温差小于60℃。

图 8-20 是精馏炉塔体及燃烧室烘烤升温曲线。

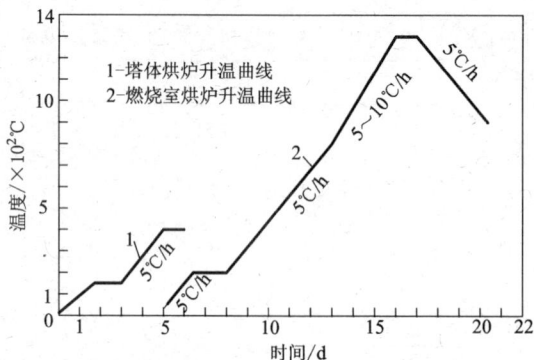

图 8-20　精馏炉塔体及燃烧室烘烤升温曲线

换预热净化煤气(换大煤气)升温。当燃烧室温度在 900~980℃、换热室进口温度大于 500℃、换热室出口废气温度大于 350℃时,就可以换送大煤气。操作如下:换大煤气之前先准备好工具和材料,执行机构齿轮脱出试车。操作时,稍开煤气拉砖,煤气拉砖开 150 mm 左右。在煤气闸门方箱扫除口插入燃着的油布火把,然后调整抽力,使扫除口呈微负压。如果抽力过大,需先关抽力后点油布。

从蝶形开关两侧的扫除口加入木柴,稳定燃烧 5~10 min,将塔内空气赶净方可开煤气闸门送煤气。待煤气稳定燃烧着火后撤出火把和木柴,将扫除口封闭抹严。煤气闸门通常先开 3~4 圈即可。同时减少小煤气,在确定大煤气稳定燃烧后,迅速关闭小煤气,封闭煤气总道升温口。换大煤气要求燃烧室温度波动小于 30℃。4 h 需将燃烧室上下左右温度调成一条线。换热室入口温度(即直升墙温度)也需调成一条线。升温过程中,左右空气拉砖、煤气拉砖和废气拉砖开关要均匀。燃烧室上下温度都达到 1100~1200℃时要恒温,要保持燃烧室上盖处呈正压,使塔盘砌筑的灰浆烧结。恒温 24 h 后方可降温。降温时不能采取大煤气的方法。当温度降到约 900℃时恒温,准备加料。

3)回流塔升温

精馏塔的压密砖多为冷装压密砖。对于冷装压密砖的精馏塔采取两段升温方式。在燃烧室送小煤气点火升温时,回流塔也点火升温。升温过程中要经常检查保温套严密情况,及时抹缝堵漏,防止冒火烧坏保温套。各部位温差小于 50℃。

除此之外,其他如冷凝器、下延部等,都在不同时期用木柴和煤气升温。新建的还要烘烤。

4)加料

在各部位烘烤升温完成、燃烧室经降温至约 880℃,并恒温 10 h 左右后,便可开始加料。加料前要做好一切准备工作。主要准备工作有:安装溜槽、加料管,用煤气烘烤加料器和自动给料器至烧红状态;熔化炉装满锌液(要防止锌液过满溢出流入塔内);用精锌填装铅塔冷凝器底座,使其熔化封住底座锌封;用高镉锌封住小冷凝器底座锌封;安装自动给料器的控制器;准备升温所用各种工具、材料等。除此之外,还需要全面检查技术条件,保证升温要求。尤其是主塔温度和回流塔必须保持在 800~900℃。熔化炉内锌液温度控制在 650~

750℃，降低锌液与塔盘之间的温度差。加料操作如下：

(1)用烟气量大的燃烧物，如油毡纸或木柴等，从下延部点燃(此时可把下延部升温煤气关死)，待塔顶冒浓烟约 5 min，将空气赶走后快速取出可燃物，尽快封闭下延部，避免再漏进空气。同时向塔体供料。

(2)锌液进入加料口后捞出浮渣及杂物，将预热好的盖板打灰、盖好，然后抹好，用煤气点火加热至正常为止。加热约半小时后，料量从小至大，逐渐达到规定的料量。一般情况下铅塔第一个班加料量为 900～1625 kg/h，以后每班增加 400 kg，直到达到正常生产料量为止。

(3)精馏塔加料后，主塔燃烧室温度仍保持约 880℃。经过 1 h 后，料流到达塔中部以下时，燃烧室开始以 10℃/h 的速度提温，当下延部见锌后快速提温。2～2.5 h 内燃烧室温度达到 1050℃。以后，根据冷凝器温度相应提高主塔燃烧室温度，直到达到正常生产指标。

(4)下延部见锌后将锌引入熔析炉方井中，进入熔析炉；镉塔下延部见锌后将锌引入纯锌槽。下延部见锌时间可按下式计算：

下延部见锌时间 =(蒸发盘存锌量 + 回流盘存锌量 + 下延部存锌量)/每小时加锌量 + 开始加料时间。

还可以通过下延部温度上升趋势判断是否见锌、何时见锌。

(5)随着燃烧室温度的不断升高，液锌会不断蒸发。当塔顶冒出大量锌蒸气时就可以封塔顶并保温，然后密封溜槽。将锌蒸气导入铅塔冷凝器，最后封闭铅塔冷凝器。对镉塔而言，当大冷凝器顶冒出大量锌蒸气时，封大冷凝器顶部扫除口和溜槽并保温，将锌蒸气引入小冷凝器，最后加以密封。

8.7.2　停炉

(1)熔化炉。停炉前将炉膛渣扒净，锌液面放到最低。掏净自动给料器内锌液，停止向塔体供料。如果是大修，需将炉膛锌液放干净后再关煤气降温；如果中修炉膛内锌液可不放出，降温速度为 5～10℃/h，当降到 400℃以下时，关死煤气及抽力拉板，使其自然降温。最后封闭各个扫除口、炉门及加料口。

(2)燃烧室。停止向塔加料约 2 h 后，燃烧室开始降温，停塔降温采用逐步减少燃烧室的煤气量来降低塔内温度。降温时，先减空气，后关煤气。燃烧室降温速度为 5～10℃/h。当燃烧室上部温度降到 800℃时，应将进口煤气闸门关死，进行自然降温。在停止对燃烧室的煤气供应后，把炉体各部位密封。当温度大于 700℃不能按计划指标降温时，可打开燃烧室上盖煤气观察孔；燃烧室上部温度大于 400℃不能按计划指标降温时，可打开燃烧室下部人孔和炉门；当燃烧室上部温度大于 200℃不能按计划指标降温时，可打开燃烧室废气支道扫除口。

(3)精馏塔。铅塔停止加料约 8 h 后，将冷凝器底座和流槽内的含镉锌掏净，均匀加入镉塔。停止加料约 20 h 后，将下延部的锌及镉塔小冷凝器底座里的高镉锌掏净。

(4)熔析炉。停炉前掏净硬锌及粗铅。如果大修，将炉内锌和铅全部放出。降温速度为 5～10 ℃/h。

(5)纯锌槽。对于中修塔，纯锌槽内的锌液面放至最低即可。如果大修，则将精锌全部放出后再降温。

8.7.3 热补塔和扫除

精馏塔在生产一段时期后，塔盘易出现裂纹，从而使液体锌或锌蒸气漏入燃烧室而燃烧，产生大量的氧化锌，不但堵塞废气系统，使燃烧室的温度控制困难，更主要的是会造成很大的金属损失。

(1) 配料比: 0.177 mm 黏土 10% 和 0.177 mm SiC 灰 90% 均匀搅拌，用 10% 的磷酸加 90% 净水调和。

(2) 调剂好补塔用灰浆和碱。

(3) 先把塔漏部位的氧化锌铲干净，同时把纸浸入水中。

(4) 把湿纸铺在铲子上→敷 SiC 灰泥→上面涂一层碱。

(5) 往塔体漏的部位贴，并加压烧 5 min 左右。慢慢将铲子拿出来。如果没补上，铲掉重补，如果补上了，用石棉板挡上补炉门，观察一段时间，效果确实好，则封堵炉门，并用泥浆刷好缝。

在生产中，系统中某环节出现不畅通时就要进行扫除操作。扫除时既要准确、迅速，尽量降低对塔体温度的影响；又要保证工具完好，确保产品质量。在实际生产中，为使锌镉充分分离，要经常对镉塔回流塔及冷凝器进行扫除，扒出氧化渣。镉塔回流塔上部结构见图 8-21。镉塔回流塔冷凝器扫除部位及操作顺序为：

① 扫除部位：1#、2#、3#眼，冷凝器顶部及隔板。

② 扫除顺序：1#眼→2#眼→冷凝器→1#眼→2#眼→3#眼或 2#眼→冷凝器→1#眼→2#眼→3#眼。

扫除镉塔回流塔冷凝器时要求工具完好，工具上砍掉疙瘩，然后刷 SiC 灰浆。操作时动作迅速，工具见红就换。扫除完毕再检查工具是否完整无缺。

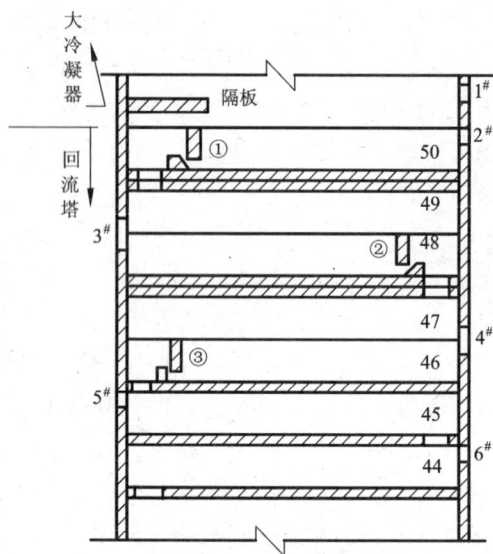

图 8-21 镉塔回流塔上部结构
①、②、③—塔盘内隔板

扫除操作时严禁使用铜质或铅质工具，一般应避免使用铁质工具。如果非使用铁质工具不可，必须注意做到：工具必须完好无损；铁质工具达到红热温度时不得连续使用，及时更换；严禁将铁质工具掉入熔化炉、加料器、冷凝器、回流塔、下延部、方井、熔析炉、纯锌槽及液体锌包内，如果不慎掉入，必须尽快捞出。

8.7.4 煤气中断

(1) 煤气总道压力最低不能小于 50 Pa，当接近或低于 50 Pa 时，应立即关死煤气，防止回火爆炸。

（2）立即关总抽力和各塔废气支道挡板。

（3）若停气 1 h 以上时，进行闷炉操作，同时加料器、加料管、冷凝器底座、熔化炉、精炼炉、保温炉、纯锌槽等部位，用木材加热以免出现其他故障。

（4）如果煤气压力大于 200 Pa，可适当开大煤气，适当开抽力。

（5）来煤气之后，先开抽力，后给煤气、空气。当煤气压力达到 400 Pa 时，将各塔废气挡板恢复到原来位置。

8.7.5　其他异常情况处理

表 8 – 25　加料及熔化操作异常情况处理

异常情况	原　因	措　施
炉膛温度高	①煤气量大 ②热电偶套管未插入锌液 ③热电偶未插入套管底部	①减小煤气量 ②重新装好套管及热电偶 ③将热电偶插入套管底部
炉膛温度低	①煤气量过大，不完全燃烧 ②煤气量过小 ③炉膛内锌渣多	①适当调整煤气使用量，使之完全燃烧 ②增大煤气用量 ③扒净锌渣
铅塔加料器涨潮	①加料器锌封堵塞 ②加料器内锌渣多造成堵塞 ③加料管堵塞 ④铅塔冷凝器底座锌渣多 ⑤铅塔冷凝器温度过高 ⑥铅塔燃烧室温度过高 ⑦燃烧室提温过快	①扫除加料器锌封 ②揭开盖板扫除 ③扫除加料管，严重时更换加料管 ④扫除冷凝器底座 ⑤打开保温窗或铲掉挂壁锌，联系调整工处理 ⑥联系调整工，防止提温过快
铅塔加料器抽风	①加料量突然增大 ②特殊操作时燃烧室温度下降过多	①调节加料量至正常 ②加强铅塔加料器的保温，适当提高锌液的温度
镉塔加料器涨潮	①燃烧室温度过高 ②冷凝器温度过高 ③回流塔及保温套堵塞 ④加料器及加料管堵塞 ⑤加料不均匀 ⑥铅塔冷凝器锌粉多 ⑦故障处理后提温过快	①燃烧室适当降温 ②打开保温窗 ③扫除 ④扫除 ⑤调整加料量 ⑥扫除 ⑦按规定提温
镉塔加料器抽风	①锌液温度低 ②流量变化 ③燃烧室温度低 ④回流塔、加料器、加料管堵塞 ⑤保温套堵塞	①提高锌液温度 ②控制流量至正常 ③保温和提温 ④扫除 ⑤扫除

表 8-26　热工调整操作异常情况处理

异常情况	产 生 原 因	处 理 方 法
铅塔、镉塔冷凝器温度低	①燃烧室温度低 ②大冷凝器保温不好 ③回流塔保温不好	①提温 ②强化保温 ③强化保温
精锌含镉高	①原料含镉高 ②镉塔冷凝器温度低或燃烧室温度低 ③小冷凝器流槽堵或小冷凝器锌渣多 ④镉塔回流塔堵或回流塔保温套堵 ⑤加料器抽风氧化镉被锌流携带下来	①与上道工序联系，降低原料含镉 ②调整至正常指标 ③扫除 ④扫除 ⑤均匀加料，防止加料器抽风
精锌含铅高	①铅塔燃烧室温度高 ②铅塔回流塔保温套不畅通 ③铅塔塔顶盖板开启小 ④加料不均匀 ⑤燃烧室下部温度及直升墙温度超高 ⑥原料含铅高	①调整燃烧室温度 ②扫除 ③调整塔顶盖板 ④监督检查加料情况 ⑤调整直升墙和下部温度 ⑥与上道工序联系，降低原料含铅量

表 8-27　熔析精炼操作的异常情况处理

异常情况	造 成 原 因	处 理 方 法
大池硬锌抓底	出铅过多	①提温 ②提温后加铅 ③用钎子挑
精炼炉方井"涨潮"	①方井硬锌或锌基铝铁化合物多，过道堵 ②大池温度低，硬锌或锌基铝铁化合物多 ③铅液面高 ④大、小池液面高	①捞出方井硬锌或锌基铝铁化合物 ②疏通方井过道 ③提温，捞硬锌或锌基铝铁化合物 ④定期出铅，及时出 B# 锌
下延部往外冒火或喷气	①气封与液封"马鞍"之间存锌少，"马鞍"被损坏 ②"马鞍"处下延部底部裂纹形成"暗道"，液锌走便道 ③气封损坏裂缝 ④塔内压力大	①检修下延部 ②修补气封 ③调整燃烧室温度，增加回流量
下延部堵塞，无流量（加料和燃烧室温度正常）	①气封堵 ②液封"马鞍"挂渣 ③气封与液封之间的硬锌或锌基铝铁化合物多，使气封堵 ④下延部、流槽进空气，氧化堵死	扫除

8.8　高镉锌的回收

8.8.1　基本原理

高镉锌是精馏塔中的镉塔产出的含镉较高的粗锌。在高镉锌炉中，基于锌和镉的沸点不同(锌沸点906℃，镉沸点767℃)，控制一定的回流比，经过一次或二次分馏，使粗锌达到五级锌的标准，使镉富集到95%以上，粗镉经过化学处理，一步达到精镉的质量要求。

化学处理提纯镉的原理是基于锌与钠生成锌酸钠的原理，加亚硝酸钠(或硝酸钠)，搅拌，在烧碱液的保护下(防止镉液与空气接触氧化)，形成锌酸钠进入废碱中，使镉与锌分离。化学反应如下：

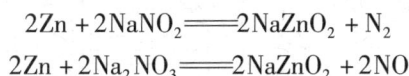

$$2Zn + 2NaNO_2 = 2NaZnO_2 + N_2$$
$$2Zn + 2Na_2NO_3 = 2NaZnO_2 + 2NO$$

8.8.2　工艺流程(见图8-22)

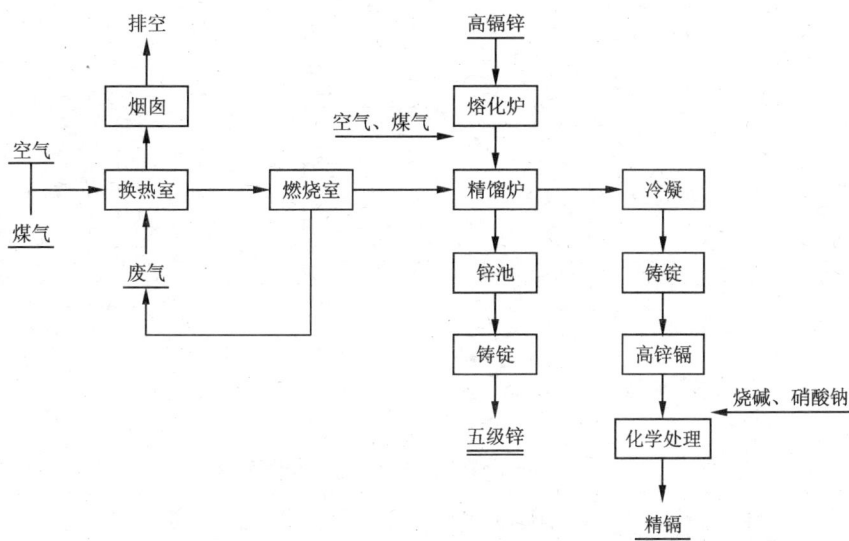

图 8-22　高镉锌生产工艺流程

8.8.3　主要技术条件

(1)原料要求。高镉锌：Zn >80%，Cd 5% ~20%，22~25 kg/块。

(2)产品质量标准。粗锌：Zn >99.5%，Cd <0.05%；高锌镉：Cd >95%；化学处理后达到精镉质量，精镉质量标准见表11-11。

(3)主要工艺指标。回收率 Zn >90%，Cd >70%，化学处理镉回收率 >85%；单耗煤1.2 t/t；燃烧室温度1080±10℃，冷凝器400~500℃，回流塔(680±20)℃，熔化炉燃烧室(1000±10)℃，化学处理温度 <380℃；处理量2.1~2.5 t/d，化学处理量1000 kg/锅(温度指标根据生产实际由技术人员进行调整)。

8.8.4 主要设备

高镉锌生产的主要设备是高镉锌炉，炉体结构见图 8 - 23，规格及数量见表 8 - 28。
炉体外形尺寸(长×宽×高)：4244 mm×2658 mm×3174 mm。

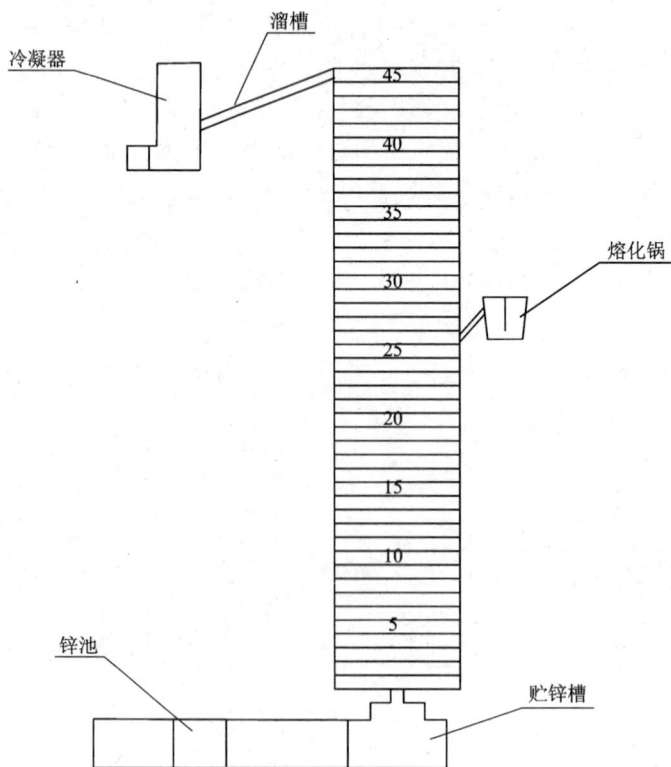

图 8 - 23 高镉锌炉体

5、10、15、20、25、30、35、40、45—第 5、10、15、20、25、30、35、40、45 层塔盘

表 8 - 28 高镉锌炉塔体及附属设备

名称	规格/mm	材质	单位	数量	盘号
底盘		碳化硅	块	1	1
蒸发盘	600×300×60	碳化硅	块	12	2~13
空心盘	600×300×90	碳化硅	块	1	14
回流盘	600×300×90	碳化硅	块	10	15~24, 27~44
大檐盘	700×400×90	碳化硅	块	1	25
加料盘	700×400×90	碳化硅	块	1	26
导气盘	600×300×185	碳化硅	块	1	45
导气盘压板	600×300×40	碳化硅	块	1	

续表 8 - 28

名称	规格/mm	材质	单位	数量	盘号
溜槽	$600 \times 210 \times 125$	碳化硅	个	1	
溜槽盖板	$565 \times 210 \times 30$	碳化硅	块	1	
加料管	$\phi 50 \times 500$	碳化硅	个	1	
贮锌锅	$\phi 500$	石墨	个	1	
贮锌槽		碳化硅	个	1	

8.8.5 开停炉操作及炉体砌筑

高镉锌塔实际上就是小型的镉塔，之所以设计为小型，主要考虑的是与锌精馏配套的高镉锌产量较小，不适宜大塔处理。因此，高镉锌炉的开停炉及炉体砌筑与锌精馏炉大体相同，见前面相关章节，不再赘述。

8.9 硬锌的回收

精馏法精炼在生产过程中的中间产物有六种。分别为 B# 锌、硬锌、粗铅、高镉锌、锌渣和氧化锌（化学成分见表 8 - 29）。

表 8 - 29 精馏产物化学成分（%）

名称	Zn	Pb	Cd	Cu	Fe	Sn	In
B# 锌	98 ~ 98.9	0.8 ~ 3	< 0.0001	0.003 ~ 0.005	0.3 ~ 0.8	< 0.005	0.015 ~ 0.3
硬锌	75 ~ 89	2 ~ 3	< 0.01	0.004	5 ~ 18	< 0.0015	0.03 ~ 0.1
高镉锌	80 ~ 85	< 0.002	15 ~ 20	< 0.005	< 0.001	< 0.001	—
粗铅	1 ~ 5	95 ~ 99	—	—	—		0.1 ~ 1.2
锌渣	70 ~ 80	0.45 ~ 0.92	0.01 ~ 0.03		0.05 ~ 0.08	0.01 ~ 0.06	
氧化锌	70 ~ 80	0.3 ~ 0.5	0.18	—	0.06		

这些中间产品都可以作为有价金属回收的初级原料，如高镉锌可以作为生产精镉的初级原料；硬锌可以重新返回竖罐蒸馏或通过真空蒸馏炉处理回收其中的稀有金属铟和锗；粗铅可以用来富集回收稀有金属铟。在这里重点介绍硬锌的处理技术。

8.9.1 硬锌的常规处理方法

在锌的使用和冶炼过程中，产生大量二次（再生）锌原料，如镀锌渣、杂黄铜、废锌 - 铝合金，尤其是火法冶炼过程中，产出特殊的中间合金产品，如硬锌、银锌壳、铜镉渣、高镉锌等。这些二次锌物（原）料，绝大部分都以多元合金存在，且化学成分复杂，物理外观各异，难以回收处理,而这些复杂多元合金中有些含稀贵金属,如硬锌中大量富集铟、锗,硬锌壳中大量富集金、银,可综合回收利用。

在过去的回收利用中,大多采用传统技术——高温还原氧化挥发法,使锌以蒸气状态进入气相,之后氧化成氧化锌,收尘后得到氧化锌粉,熔体中得到弃渣和残余合金。废杂铜(黄铜、锌－铜合金,含锌约35%)的回收利用是在转炉中吹炼;废铝－锌合金(航天航空工业中的废料)则采用废料燃烧法处理,将铝、锌全部氧化成氧化物;硬锌采用隔焰炉挥发回收利用,得到氧化锌和残留合金等。

我国采用火法精馏炼锌的工厂和热镀锌厂很多,硬锌的处理方法也多种多样,已经大规模成功工业化应用的处理工艺主要有以下几种。

(1)返回蒸馏系统。某公司由于锌原料含铁较高,需要加入金属铝进行除铁,原理是形成复杂的锌铝铁三元或三元以上的合金,称为铝硬锌,处理方法为直接返回蒸馏炉,其主要缺点:硬锌含铁高,影响蒸锌的质量,蒸锌含铁约提高0.03%。因铁腐蚀塔盘,严重影响炉体寿命。

(2)常压蒸馏法。该方法主要用于处理热镀锌厂铝硬锌以及锌精馏过程产生的铝、铅硬锌来回收金属锌。所采用的处理生产工艺如图8－24所示。此工艺的主要缺点是能耗高,处理量小,且为间断性生产。

(3)隔焰炉法。隔焰炉处理硬锌主要用于生产超细锌粉,附带回收铟锗。它是我国火法锌冶炼厂处理高铅硬锌的传统工艺。隔焰炉通常采用煤气加热。隔焰炉处理硬锌生产工艺流程如图8－25所示。

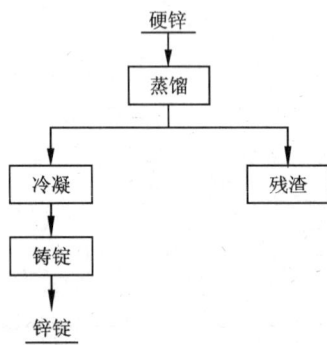

图8－24 常压蒸馏处理硬锌工艺流程　　　　图8－25 隔焰炉处理硬锌工艺流程

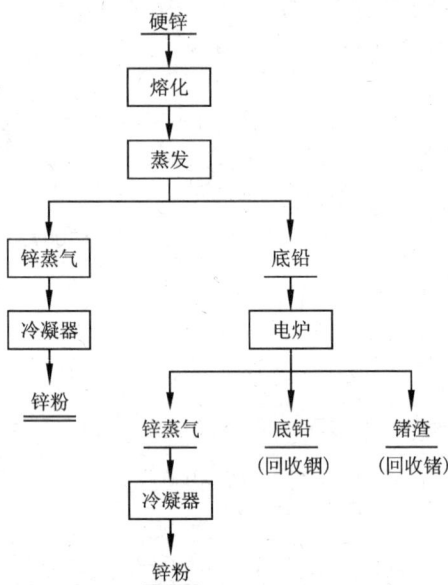

此工艺的特点:铟锗富集在锗渣和铅中,锌粉中含锗0.011%~0.07%,造成一定损失。锌的回收率较高,但稀散金属锗较为分散,回收率低。

以上方法金属回收率低、能耗大、污染大、流程长、中间产品质量差或堆存形成二次污染源。因而,须开发和研究新技术、新工艺、新设备来处理复杂锌合金,回收金属锌及有价稀贵金属元素。硬锌的真空处理方法便是其中之一。

8.9.2　硬锌的真空处理法

该工艺基于温度不变时降低系统的压力可大大提高金属挥发率的原理,将硬锌的蒸发及冷凝过程集中在一个密闭的电炉内完成。炉内分为蒸发段与冷凝段。该工艺具有过程简单、设备少、占地少、生产效率高、炉子对物料的适应性强、过程中无三废排放等特点。由于该工艺是一个物理蒸馏分离过程,在真空状态下完成,不需添加熔剂,不发生造渣反应,所以产出的渣量较少,硬锌蒸锌后其他全部残余物都留在渣中,有价金属无散失,锗、铟富集率高。由于真空蒸馏法能够高效、综合处理铝硬锌和铅硬锌,真空蒸馏炉技术已成功用于国内几家大中型钢铁企业及火法锌冶炼企业,产生了良好的经济效益和社会效益。该方法符合循环经济的要求,是一种具备继续推广应用的创新的硬锌处理方法。

8.9.2.1　真空炉法处理硬锌的基本原理

硬锌中各元素的熔点和沸点见表 8 - 30。由于 Fe、Ge、In、Ag 的沸点都在 2000℃以上,这几种元素和 Pb 都比锌的沸点高。

表 8 - 30　硬锌中各元素的熔点和沸点(℃)

元素	Zn	As	Pb	Ge	In	Ag	Fe
熔点	419.5	603(升华)	327.5	938.3	156.6	961.9	1538
沸点	907	603	1750	2834	2073	2163	2862

有关元素的纯物质蒸气压见表 8 - 31。按蒸气压大小排列,在 800℃时: Zn > Pb > In > Ag > Al > Cu > Ge > Fe。在蒸馏时,锌优先挥发。铅在表中位置靠近锌,但蒸气压相差 3 ~ 5 个数量级。铅只会有少量挥发,到蒸馏的后期,残留物中含铅量可能上升约 10 倍,挥发量有所增大,故铅的分离不会很彻底。铟和银的蒸气压较接近,在同一个数量级,它们与锌相差 4 ~ 8 个数量级,而与锌分离较好,只会有很少量挥发。铝、铜、锗、铁的蒸气压与锌相差更远,在 6 ~ 10 个数量级,所以挥发更微,留在残渣中。

表 8 - 31　各元素的纯物质蒸气压(Pa)

温度/℃	500	600	700	800	900	1000	1100
Zn	1.87×10^2	1.55×10^3	8.15×10^3	3.09×10^4	9.32×10^4	2.33×10^5	5.09×10^5
Pb	2.16×10^{-3}	6.08×10^{-2}	8.52×10^{-1}	7.22	5.02×10^1	1.86×10^2	6.55×10^2
Ag	5.51×10^{-6}	6.76×10^{-6}	3.05×10^{-4}	6.74×10^{-3}	8.67×10^{-2}	4.48×10^{-1}	4.67
In	2.18×10^{-6}	1.52×10^{-4}	8.93×10^{-4}	6.70×10^{-2}	6.44×10^{-1}	4.32	2.18×10^1
Al	2.32×10^{-10}	5.5×10^{-6}	4.18×10^{-6}	1.04×10^{-4}	2.57×10^{-3}	2.97×10^{-2}	2.38×10^{-1}
Cu	1.43×10^{-11}	5.1×10^{-9}	5.83×10^{-8}	2.19×10^{-5}	4.84×10^{-4}	6.576×10^{-3}	5.99×10^{-2}
Ge	2.84×10^{-13}	1.45×10^{-10}	2.04×10^{-8}	1.13×10^{-6}	3.11×10^{-5}	5.05×10^{-4}	5.42×10^{-3}
Fe	3.65×10^{-15}	3.75×10^{-12}	6.77×10^{-11}	7.63×10^{-8}	2.99×10^{-6}	6.47×10^{-5}	8.84×10^{-3}

8.9.2.2 生产工艺流程

真空法处理硬锌工艺流程如图 8-26 所示。

8.9.2.3 主要设备

蒸馏炉 1 台(套),蒸馏能力(2 ± 0.5) t/炉;
冷凝系统一套;真空系统 1 台;加热炉 1 台;温
度控制与记录系统一套;吊车(3 t)。

8.9.2.4 主要经济技术指标

(1)加热温度:800～900℃;

(2)冷凝温度:460～520℃;

(3)真空度:20～60 Pa;

(4)作业时间:10～16 h;

(5)锌蒸馏回收率:>85%;

(6)铟的直收率:>94%;

(7)锗的直收率:>92%;

(8)电耗:≤1400～1600 kW·h/t 物料。

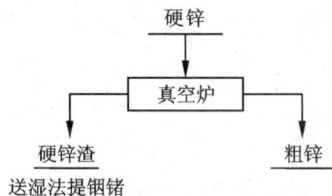

图 8-26 真空法处理硬锌工艺流程

8.9.2.5 工业生产实践

硬锌破碎后检斤,加入蒸馏炉内,用真空胶垫及螺丝将设备密封后,将各循环水的管路
连接好打开冷却循环水,启动水环真空泵抽真空至 30 Pa 以下,启动加热系统开始升温。到
达设定温度后恒温 8～10 h,待真空度无较大变化时,关闭加热系统。待温度降至 200～
230℃,关闭真空泵及冷却循环水出炉。

真空法处理硬锌金属的衡算表见表 8-32。

表 8-32 真空法处理硬锌金属的衡算表

项 目	投 入	产 出	
	硬锌(1000 kg)	粗锌(726.13 kg)	残渣(273.87 kg)
含锌/%	85	99.5	46.56
锌量/kg	850	722.5	127.5
含铟/%	2	0.11	7.01
铟量/kg	20	0.8	19.2
含铅/%	5.8	0.3	20.39
铅量/kg	58	2.17	55.83
含铁/%	3.7	0.09	13.27
铁量/kg	37	0.65	36.35
含锗/%	0.02	0.0014	0.07
锗量/kg	0.2	0.01	0.19

由表 8-32 可知，通过将硬锌真空蒸馏后，锌与铅、铁等杂质得到了有效分离，锗、铟均富集在残渣中。

8.9.2.6 各种产物的处理

(1)粗锌的处理。真空蒸馏产出的粗锌因含铅、铁较高，无法直接使用，必须经过精馏精炼，即与蒸馏炉产出的粗锌一道进入精馏系统。

(2)残渣的回收。残渣的生产工艺流程如图 8-27 所示。

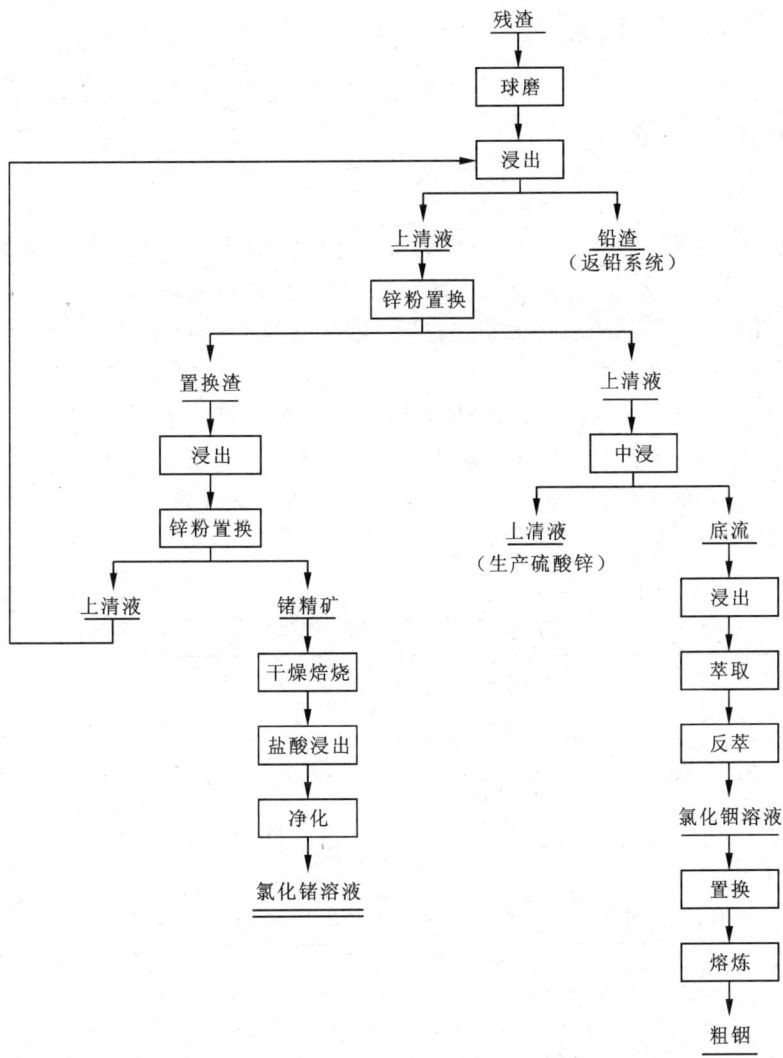

图 8-27 残渣的生产工艺流程

第 9 章　含铟粗铅中铟的回收

9.1　铟冶金的一般知识

9.1.1　铟及其主要化合物的性质

9.1.1.1　铟的性质

（1）物理性质。铟是 1863 年德国莱希和瑞希法用光谱法分析闪锌矿时发现的。由于它具有同靛蓝一样的鲜蓝色谱线，故按拉丁文蓝色（Indiuwm）而命名为铟（Indium）。过去曾认为这个新元素和锌属同一族的二价元素，后来，俄国的门捷列夫修正了铟原子量和原子价，并把铟列为周期表中的第Ⅲ族。

铟是一种熔点较低、沸点较高的银白色质软金属，具有可塑性和延展性，可压制成薄片。在室温下也能产生再结晶，因此，在冷态下加工不发生硬化现象。铟的导电性是铜的 1/5，其热膨胀系数超过铜的 1 倍；其布氏硬度为 0.9，较铅软，易于加工，但由于拉伸极限较低，难于用常规方法拉丝，黏度大，难于切削。

表 9-1　铟的物理性质

项目	数值	项目	数值
原子序数	49	原子量	114.82
原子价	3（2，1）	密度/（g·cm^{-3}）	7.31
熔点/℃	156.6	沸点/℃	2056
晶格类型	面心立方	熔解热/（kJ·kg^{-1}）	28.56
布氏硬度/HB	1.0	标准电位/V	-0.34
电化当量/（g·h^{-1}·A^{-1}）	1.42707		

（2）化学性质。金属铟在空气中是稳定的，在常温下不与空气作用，加热至熔点以上温度时，金属铟即氧化生成氧化铟。致密铟在沸水及一些碱溶液中实际上不被腐蚀。铟粉及海绵铟在有氧存在的水中可慢慢腐蚀。在室温下铟与氯相互作用，加热时与碘起反应。铟能缓慢溶于各种浓度的无机酸中，如硝酸、盐酸及硫酸等，加热则溶解速度加快。

如铟与硝酸的反应：

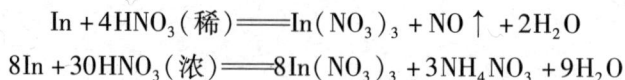

$$In + 4HNO_3（稀）=\!=\!=In(NO_3)_3 + NO\uparrow + 2H_2O$$

$$8In + 30HNO_3（浓）=\!=\!=8In(NO_3)_3 + 3NH_4NO_3 + 9H_2O$$

醋酸不与铟相互作用。铟可与钠、金、锌、锡等金属形成合金，与汞形成汞齐。铟的挥发物可使火焰呈蓝紫色。

9.1.1.2　铟的主要化合物的性质

铟可生成各种化合物，其中铟可以是一价的、二价的，也可以是三价的，不过只有三价化合物是稳定的，具有代表性的。由于在周期表中与铝、镓邻近，因此三价铟的化合物的性质与铝、镓化合物相似。

(1)铟的氧化物。铟的氧化物主要有 In_2O_3、InO、In_2O，另外，有介稳的 In_3O_4、In_4O_5 等。In_2O_3 是黄色不溶于水的物质，铟在空气中氧化或是氢氧化铟焙烧分解后得 In_2O_3，其生成热是 934.5 kJ/kg。在 750～800℃ 的温度下煅烧过的 In_2O_3 不溶于酸，而未煅烧过的 In_2O_3 能溶于酸，但不溶于碱。当加热至 850℃ 以上时，In_2O_3 即分解生成 In_3O_4。当温度达 300℃ 以上时，In_2O_3 能被氢或碳还原成低价氧化物 InO 和 In_2O，InO 呈灰色，In_2O 呈黑色，它们是中间产物，都不稳定，在空气中加热容易氧化，遇水或酸则产生歧化反应。

$$3In_2O + 3H_2O \mathop{=\!=\!=} 2In(OH)_3 + 4In$$
$$3InO + 3H_2O \mathop{=\!=\!=} 2In(OH)_3 + In$$

(2)铟的氢氧化物。$In(OH)_3$ 是用碱自铟盐溶液中析出的，呈白色胶状沉淀。在溶液含铟浓度较低时，$In(OH)_3$ 开始沉淀的 pH 是 3.5～3.7。$In(OH)_3$ 具有两性，但其所表现的酸性程度较镓小一些。$In(OH)_3$ 的性质与 $Al(OH)_3$ 相近，如 $In(OH)_3$ 可溶于过量烧碱中(当然较 $Al(OH)_3$ 难溶)，生成 Na_3InO_3，但不溶于过量氨中。Na_3InO_3 溶液不稳定，沸腾时，溶液中重新沉淀析出 $In(OH)_3$。

(3)铟的氯化物。氧化铟或金属铟在盐酸中溶解后即得 $InCl_3$ 溶液，$InCl_3$ 是无色易挥发的化合物。熔点为 586℃，升华温度为 498℃。氯化铟在水中能很好地溶解。将 $InCl_3$ 在空气中加热，生成 $InOCl$，该物质难溶于乙醚。

(4)铟的硫酸盐。$In_2(SO_4)_3$ 是能溶于水的白色固体，可用硫酸中和氢氧化铟或碳酸铟，或将金属铟溶解于硫酸中制得，在中性溶液中结晶析出五水化合物 $In_2(SO_4)_3 \cdot 5H_2O$。在 100～120℃ 又慢慢脱水而成为无水盐。自酸性溶液中可析出 $H[In(SO_4)_2] \cdot 15.5H_2O$。

硫酸铟在硫酸溶液中随着酸浓度和温度的不同，溶解度会发生较大变化，即产生盐析作用，利用这个特性可以净化硫酸铟。

硫酸铟溶解度与硫酸浓度及温度的关系如表 9-2 所示。

(5)铟的硫化物。如向铟盐的中性或弱酸性溶液中通硫化氢气体时即可析出黄色硫化铟(In_2S_3)沉淀物。

自 0.03～0.05 g/L 盐酸溶液中析出硫化铟可使铟与铁、铝、镓及其他元素分离。在稀酸中经过一段时间沸腾后，黄色硫化铟即变成较稳定的红色变体。黄色硫化铟可溶于硝酸，红色硫化铟则难溶。直接使铟与硫化合也会生成红色硫化铟。硫化铟于 1050℃ 熔化。通氢加热时 In_2S_3 还原生成黑色一价硫化铟：

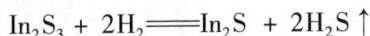

$$In_2S_3 + 2H_2 \mathop{=\!=\!=} In_2S + 2H_2S \uparrow$$

In_2S_3 与碱金属硫化物生成可溶性硫盐，$NaInS_2$。

表 9 - 2　硫酸铟溶解度与硫酸浓度及温度的关系

20℃			60℃		
H_2SO_4 浓度/%	$In(SO_4)_3$ 溶解度/%	固相组成	H_2SO_4 浓度/%	$In(SO_4)_3$ 溶解度/%	固相组成
3.6	51.19	$In_2(SO_4)_3 \cdot$ 10H_2O	2.9	54.80	$In_2(SO_4)_3 \cdot$ 6H_2O
10.3	40.81		10.6	44.56	
20.2	30.44		14.2	39.24	
25.3	24.8	$In_2(SO_4)_3 \cdot$ $H_2SO_4 \cdot$ 7H_2O	22.5	28.86	
28.2	21.58		36.7	12.65	
30.8	18.94		43.5	6.71	
41.3	6.51		52.8	2.05	
49.7	1.75		54.4	1.62	$In_2(SO_4)_3 \cdot$ $H_2SO_4 \cdot 7H_2O$
53.4	0.75		60.6	0.61	
54.9	0.55		68.0	0.37	
90.2	0.07		84.4	0.13	

9.1.2　铟的用途

铟因其具有独特的物理和化学性能,被广泛应用于国防军事、航空航天和现代信息产业等高科技领域。它的主要用途是:生产 ITO 靶材;作为低熔点合金焊料和半导体化合物;生产无汞电池锌粉等。

(1)防腐镀层。铟主要用来做防蚀层,尤其是大型内燃发动机(如飞机和汽车发动机)轴承的镀铟。因这些地方所用的镉基轴承(并加有 2.25% 银和 0.25% 铜)或铜铅轴承在高温下会被润滑油侵蚀。为了防止侵蚀,轴承表面要镀铟。镀铟用电解法,然后进行加热,以便使铟向被镀的合金内扩散。

虽然镀铟层具有较镀银层稍差一些的高度反射性能,然而与镀银层不同,镀铟层的颜色不发暗,并且能保持一定的反射系数,可制造反射镜。

(2)易熔合金和特殊焊料。由于铟具有润湿玻璃的性能,所以铟的合金(50% 铟、50% 锡)可在高真空系统中做玻璃与玻璃、玻璃与金属间的焊接剂。铟和镉的共晶合金具有高硬度,常用做各种电器零件的焊接剂。含铟的易熔合金(In 18.36%、Bi 40.07%、Pb 22%、Sn 10.6%、Cd 8.06%)熔点为 46.5℃,可用于消防信号系统。铟可用于生产某些镶牙合金。

(3)ITO 靶材。ITO 导电玻璃是液晶显示器的上游原料之一。ITO 是 Indium Tin Oxide 的缩写,中文是氧化铟锡。ITO 导电玻璃是在原本不导电的母玻璃基板上,镀上一层可导电的金属材料。它是制造液晶显示器面板重要的关键零部件之一。

(4)半导体材料。铟是锗晶体管中的一种主要材料,铟常作为掺杂元素加入半导体锗中,除了铟的电化学性能以外,主要是因为铟尚具有另外两个特点:一是铟可润滑锗,并能与锗在较低温度(500～550℃)形成合金,因而制造时比较容易,并可减少杂质污染;二是金属铟具有柔软特性,在合金冷却后不会在锗中产生应力。在制造锗晶体整流器及放大器时需要大

量的铟。铟是三价元素，是用于制造 N 型锗单晶的掺杂元素。在各种锗的晶体管中，P – N –
P 扩散合金锗晶体管使用铟的数量最大，制造这种 P – N – P 锗晶体管时，是将 N 型锗单晶片
的两面用铟球与锗焊接成合金，当合金冷却后，锗即在合金区再结晶成 P 型，这样就做成
P – N – P结。

（5）其他应用。在原子能工业中，铟与其他金属的合金可以做原子能反应堆的控制棒，
也可做为吸收中子的原料；在电池锌粉中代替汞生产绿色环保电池；氧化铟可用作深黄色玻
璃颜料。

9.2　竖罐炼锌中铟的原料来源

铟属于地壳中的稀有金属元素，分散于其他矿物之中，在地壳中的含量为 $1 \times 10^{-5}\%$，在
自然界中主要伴生在周期表中对角线位置的锌、铅、锡、镉等的硫化矿物中。一般闪锌矿含
铟 0.001% ~0.1% ，圆柱锡矿含铟 0.1% ~1% 。由于铟无独立的开采矿床，在其他金属伴生
矿中品位又较低，因此，它只能作为冶炼的副产品加以回收。

在竖罐炼锌过程中仅有少量的铟（约 4% ）随着高温气流进入烟尘，铟的品位没有得到富
集。焦结过程为还原性气氛，此时团矿中的 In_2O_3 被还原为 InO 和 In_2O。因而有 60% 以上的
铟挥发进入焦结烟尘，含铟达 0.5% ~2% ，经电收尘回收后作为炼铟原料之一。

粗锌中含有一定量的杂质元素，如 Pb、Fe、Cd 等，另外，还有少量的 Sn、In、Ge 等有价
金属，这种锌的用途十分有限，根据用户的不同要求，需要把粗锌进行精炼。精馏法精炼在
生产过程中的中间产物有 6 种，即 B# 锌、硬锌、粗铅、高镉锌、锌渣和氧化锌，其中硬锌可以
作为原料重新返回竖罐蒸馏或通过真空蒸馏炉处理回收硬锌中的稀有金属铟和锗；粗铅可以
用来富集回收稀有金属铟。

9.2.1　铟在粗铅中的富集

铟是高沸点金属，在精馏生产过程中，铟随着下延部排出的馏余锌进入精炼炉。由于粗
锌中含铟量为 0.005% ~0.025% ，含量较低，铟溶解到铅中的量也比较小，品位低，无法作
为提铟的原料。因此，必须经过富集才能得到含铟品位较高的粗铅。

铟在粗铅中的富集是根据铟能在铅中溶解的特性。通过控制一定的温度，使铅中的铟逐
渐增加，达到一定含量，作为提铟的原料。

铟的熔点为 156.6℃ ，铅的熔点为 327.3℃ ，这两种金属的熔点较低，锌的熔点为
419.58℃ ，而精炼炉熔析温度指标为 480 ~540℃ 。由表 9 – 3 不同温度下铟在铅和 B# 锌中的
分布可知，铟在铅和 B# 锌中的分配与温度有关。温度越低铟在铅中的含量越高，反之则低。
而且铟在铅和 B# 锌中的含量随温度的变化呈互逆变化。因此，合理控制精炼炉温度，降低铟
在 B# 锌、硬锌等其他产物中的含量，从而逐渐使铅中的铟量增加，使铅中的铟达到可作为提
铟原料的品位。

表 9 – 3　不同温度下铟在铅和 B# 锌中的分布

温度/℃	铅含铟/%	B# 锌含铟/%
450 ~ 480	1.29	0.7
540	1.17	0.82
590	1.02	0.87
630	0.92	0.92

9.2.2　铟的富集方法

在精馏生产过程中,铟的富集方法很多。如阶梯式富集、挤压式富集、二次富集等方法。在这些方法中,富集效果最好的是阶梯式富集。

阶梯式富集,首先根据铅塔座数、精炼炉运行状况,选出一座辅助塔和一座富集塔。辅助塔的作用是将其他塔的 B# 锌加入辅助塔中,增加辅助塔的铟量,从而完成阶段性富集。辅助塔的 B# 锌再加入到富集塔中,使富集塔的 B# 锌在本塔中循环,最终达到富集的目的。在此过程中 B# 锌作为中间介质对铟和铅的转移起到重要作用,铅也随着铟同样得到富集,富集塔中的铅越来越高,铟也越来越高,通过控制合理的精炼炉温度,使铟最大限度溶解到铅中形成含铟粗铅。阶梯式富集流程图见图 9 – 1。

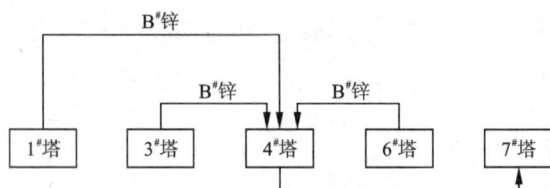

图 9 – 1　阶梯式富集流程图

从图 9 – 1 可以看出,1#、3#、6# 的 B# 锌全部转移到 4# 辅助塔中,完成阶段性富集。4# 塔的 B# 锌转移到 7# 富集塔中,同时,7# 塔的 B# 锌返回本塔,最终完成富集过程。

采用阶梯式富集方法前后的各塔经过 5 ~ 10 天的富集,富集塔的铟量达到 1.2% 以上,含铟粗铅用抽铅机抽出,铸锭打包,作为提取铟的原料。

9.3　粗铟的生产

将含铟粗铅加入铸铁锅内,点燃煤气升温熔化,达到温度后,启动空压机鼓风,使全部的铟、锌及部分的铅氧化造渣,捞出浮渣后,将锅内铅铸锭即得无铟粗铅,可进一步精炼生产精铅,所得浮渣经筛分后,筛上物入球磨机进行球磨,球磨渣返回锅内继续氧化,球磨面与筛下物送至浸出工序,经一次酸浸并沉淀后得上清液及底流,底流经酸洗及水洗后,所得上清液返回一浸作加料水,水洗渣(铅泥)作为炼铅原料使用。一浸上清液作为另一个料的加料水继续浸出,连续五次后,进行中性浸出,上清液($ZnSO_4$ 溶液)综合利用回收锌。底流进行二次酸浸后打入置换槽进行置换，置换出的海绵铟经压团后得到铟饼，铟饼经碱性熔炼后便得到粗铟。

含铟粗铅生产粗铟的工艺流程如图 9 - 2 所示。

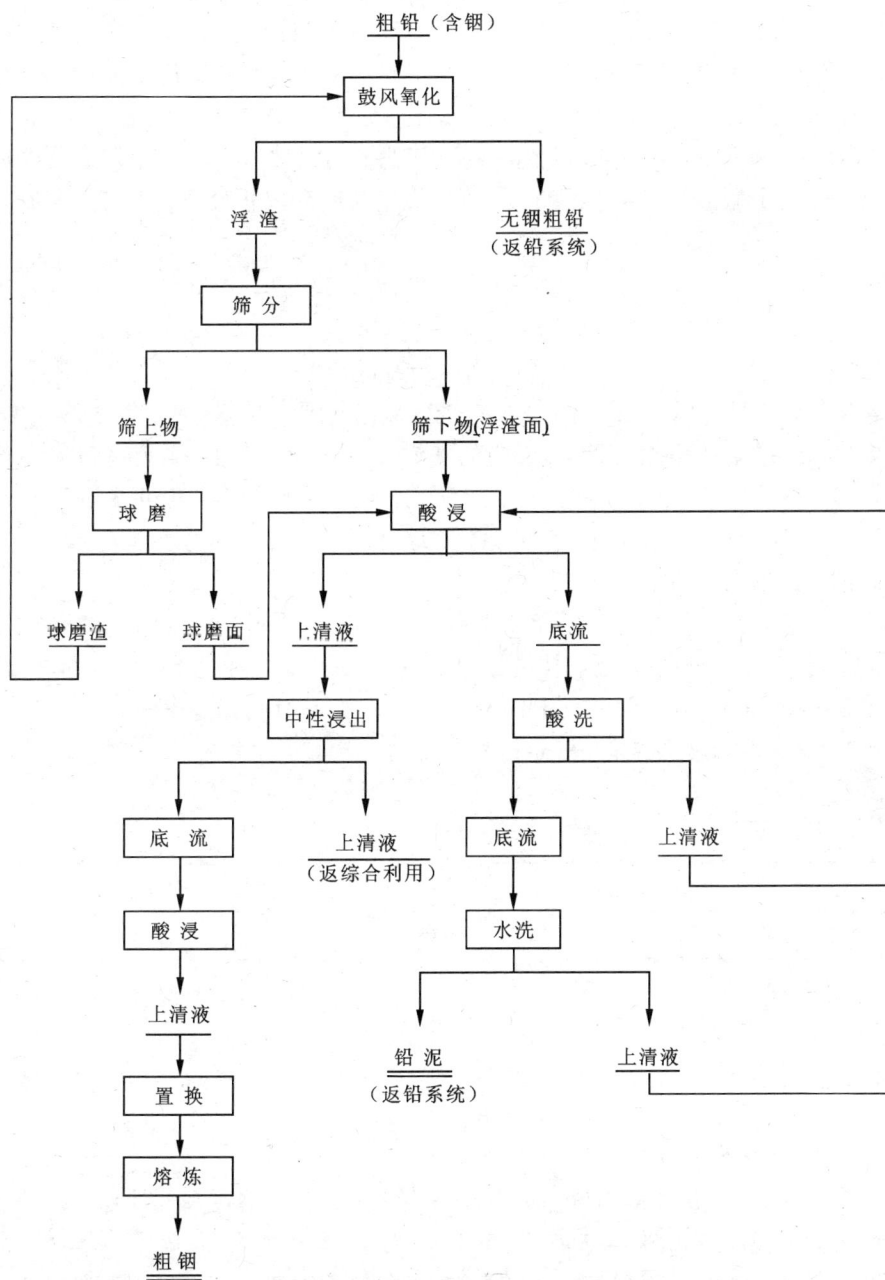

图 9 - 2 粗铟生产工艺流程

9.3.1 含铟粗铅的氧化

9.3.1.1 操作过程

粗铅中除 In 外，还含有 1.2%~8% Zn，以及 Sb、Bi、Cu、As、Cd、Fe、Tl 等杂质。为了除去 Zn、In 及其他杂质，需将铅进行氧化精炼。先将含铟粗铅检斤后加入到煤气炉的铸铁锅内熔化，升温至 800~900℃，启动空压机、引风机，调整鼓风压力达规定值，向液体金属内鼓入空气。因锌对氧的亲合力较铅高，在空气的作用下锌优先氧化，当铅内含锌量与含铟量相等时，铟即随锌同时氧化。除铟外，镉和许多其他金属也被氧化。一部分铅也被氧化而生成氧化铅(PbO)，同时粗铅也得到精炼。鼓风达规定时间后停止鼓风，先捞出浮渣，后铸铅锭。其化学反应如下：

$$4In + 3O_2 \Longrightarrow 2In_2O_3$$
$$2Pb + O_2 \Longrightarrow 2PbO$$
$$2Zn + O_2 \Longrightarrow 2ZnO$$

所得氧化物是在液体铅表面上生成的一层粉状熔渣(浮渣)。熔渣含 In 1%~7%。熔渣自铅液面上扒除，并且为了除去此时所带走的细铅粒，要用球磨机破碎和振动筛筛分，振动筛为 0.25 mm，筛下物(浮渣面)作为浸出工序的原料，筛上物经球磨机破碎和振动筛筛分后，球磨面与浮渣面一起作为浸出工序的原料，球磨渣返回煤气炉内继续氧化。收尘布袋中的尘回收后作为浸出工序的原料。

氧化物产出率占铅质量的 15%~25%。在氧化精炼含 In 0.4%~0.7% 的铅时所得的熔渣成分极不稳定，然而较为代表性的含量是 2%~4% In。如果在一次典型熔炼中 50% 以上的熔渣成分是 In 2.31%，Zn 15.6%，Pb 73.2%，则其余是氧及其他成分。

9.3.1.2 含铟粗铅质量标准(表9-4)

表 9-4 粗铅质量标准 (%)

In	Pb	Zn
0.5~2.0	>95	<5

9.3.1.3 技术操作指标

鼓风温度：800~900℃；鼓风压力：0.1~0.5 MPa；鼓风时间：1~3 h/t 铅；处理量：700~800 kg/锅；造渣率：≤25%；浮渣粒度：≤0.25 mm。

9.3.1.4 特殊操作

(1)炉体升温操作。炉体使用寿命为 1 年左右，大修后严格按升温计划进行升温，防止炉体寿命缩短。升温曲线如图 9-3 所示。

(2)漏铅操作。在生产操作过程中要时刻注意铸铁锅是否漏铅，发现漏铅时，及时关闭煤气，将锅内余铅迅速捞出铸锭，用吊车将漏锅吊出，换上新锅后，点燃煤气升温，将炉底铅熔化扒出后放入新锅内，加料进行正常操作。

(3)煤气操作。如遇煤气突然掉闸，及时关闭煤气，将煤气挡板全部打开，放出残余煤气。等煤气重新送过来时，执行先点火后开煤气的原则，组织生产。

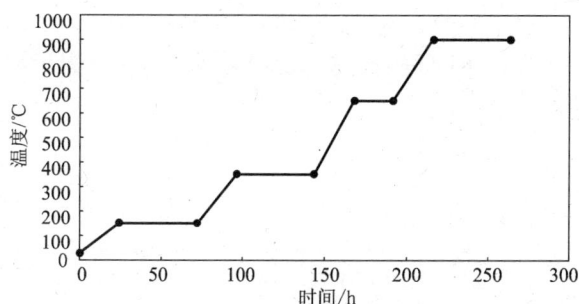

图 9 - 3　升温曲线

9.3.1.5　岗位设备(见表 9 - 5)

表 9 - 5　岗位设备表

序号	名称	规格型号	数量	备注
1	空气压缩机	3W - 0.8/10	1	7.5 kW
2	引风机	B - 476	1	18.5 kW
3	球磨机	$\phi900$ mm $\times 900$ mm	1	18.5 kW
4	振动筛	自制	1	
5	铅炉	自制	2	
6	吊车	1 t	1	
7	布袋箱	自制	1	180 m²

9.3.2　浮渣面的浸出

9.3.2.1　操作过程

浮渣面的浸出分三个过程,一是将硫酸和水按规定浓度和数量配制成加料水,通入蒸汽加热达一定温度后,开动搅拌机,同时将一定质量浮渣面缓慢加入浸出罐中,达到规定时间后停止通汽搅拌,沉淀 10 h 后,将上清液打入置换槽进行置换,底流经酸洗、水洗后,上清液作一次酸浸加料水,渣经抽滤后用于回收铅。二是因上清液的含铟量较低,一般在 3 ~ 5 g/L,难以确保下道工序的顺利进行,需将上清液作为二次料的加料水使用,使铟得到进一步的富集,一般需连续富集五次,五次后的上清液铟达到20 ~ 30 g/L,锌达100 g/L 以上,锌的浓度较高,难以进行直接置换,需进行中性浸出(控制 pH 5.2),即加入进行中和,因为开始析出氢氧化锌的 pH 为 5.2,氢氧化铟是 3.7,那么氢氧化铟在中性浸出时落入沉淀物中,并集中在底流,上清回收锌。三是除锌后的底流进行加酸二次浸出,浸出液打入置换槽进行置换操作。主要化学反应为:

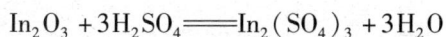

$$In_2O_3 + 3H_2SO_4 \Longrightarrow In_2(SO_4)_3 + 3H_2O$$

$$ZnO + H_2SO_4 \Longrightarrow ZnSO_4 + H_2O$$
$$PbO + H_2SO_4 \Longrightarrow PbSO_4 \downarrow + H_2O$$
$$2In(OH)_3 + 3H_2SO_4 \Longrightarrow In_2(SO_4)_3 + 6H_2O$$

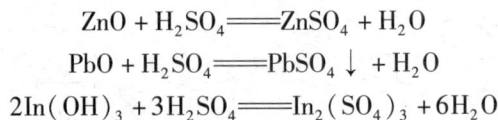

9.3.2.2 原料标准(表9-6)

表9-6 原料标准

名称	浮渣面	硫酸(工业纯)	工业氧化锌
标准	<0.25 mm	92.5%	<0.045 mm

9.3.2.3 技术操作条件

(1)一次酸浸。固液比1:(4.5~5.5);始酸120~180 g/L,终酸80~100 g/L;搅拌时间5~8 h,沉淀时间>10 h;温度85~90℃。

(2)二次酸浸。固液比1:(3~4);温度60~90℃;始酸80~100 g/L,终酸50~60 g/L;搅拌时间3~4 h。

(3)酸洗。固液比1:2;温度60~90℃;搅拌时间1~2 h,沉淀时间>3 h。

(4)水洗。固液比1:4;温度60~90℃;搅拌时间1~2 h,沉淀时间>10 h;渣含铟≤0.2%。

(5)中性浸出。pH=5.2;温度60~90℃;搅拌时间1~2 h,沉淀时间>3 h。

9.3.2.4 岗位设备(见表9-7)

表9-7 岗位设备表

序号	名称	规格型号	数量	备注
1	浸出罐	φ1600 mm×2500 mm	4	4 m³
2	搅拌电机	JO2-51-8	4	4.0 kW
3	排风机	FB4-72-3.64	1	2.5 kW
4	耐腐蚀离心泵	JW65.50×160	1	5.5 kW
5	储酸罐	40 m³	1	

9.3.3 海绵铟的置换

(1)置换原理。自纯净的铟盐水溶液中获得海绵铟,一般采用铝片置换,置换时首先应注意铝片的纯度。使用前对其表面用氢氧化钠或盐酸反复处理使之活化。

置换对溶液的成分也有一定的要求,首先是应不含比铟更正电性的杂质,特别是砷。生产中发现有砷存在时,除产生有毒性的砷化氢气体使生产过程不能进行完全外,还严重影响产品的质量,故要求溶液含砷小于20 mg/L。此外,当用铝片置换时,要求铟的浓度大于10 g/L,但又不应大于60 g/L,否则在置换过程中产生的硫酸铝,会由于过饱和结晶而影响产品质量。

另外，溶液中氯离子的存在有利于置换过程的进行，因此，置换过程中加入工业氯化钠，使氯离子的含量达到 20 g/L，过程中应控制 pH 在 1.5 左右，温度为 60~80℃，因为置换沉出反应是放热的，因此反应后无需再加热。

在浸出后所得含有 $In_2(SO_4)_3$ 的混合硫酸溶液中置换。置换法是以金属铝将铟自溶液中置换出来：

$$In_2(SO_4)_3 + 2Al \xrightarrow{\quad\quad} Al_2(SO_4)_3 + 2In$$

铝的标准电位是 -1.662 V，铟为 -0.34 V，铟是比铝较正电位的金属，所以必然会在铝上析出。

因海绵铟在空气中易于氧化，将其存放在水中并保持 24h 以上，此时，铟就被钝化（覆盖一层薄氧化膜）。

（2）操作过程。将贮液罐中的上清液打至置换槽，通入蒸汽加热到规定温度，加入铝板进行置换，使铟呈海绵状态析出，铟析出的速度很快，3 h 即可沉积 90% 左右的铟，其余部分的铟则是在以后 24h 内析出（杂质较高，需返回浸出系统二次浸出），及时捞出海绵铟，用手挤压成团后放入水槽中，置换完毕后，将海绵铟在液压机上压制成致密铟饼，置换后液经分析合格后由耐酸泵打出，经 60 目筛子过滤后，水溶液流入污水处理厂，经处理后作为中水循环使用。过滤出的置换渣返回浸出系统浸出。

（3）原料标准（见表 9-8）。

表 9-8 原料标准

名　称	置换前液	铝　板
标　准	含铟 > 20 g/L	含铝 > 99.7%，厚度为 3 mm

（4）岗位设备（见表 9-9）。

表 9-9 岗位设备表

序号	名称	规程型号	数量	备　注
1	油压机	Y132-25	1	30 kW
1	排风机	4-72-11N04A	2	5.5 kW
3	置换槽	1200 mm × 1200 mm × 1500 mm	6	2.2 m³

9.3.4 海绵铟的碱性熔炼

（1）碱性熔炼的原理。海绵铟在碱覆盖下的熔化法被广泛用作铟的第一精炼阶段。在熔化过程中，大部分杂质如锌、铅、锡、铝、镓可与烧碱反应，生成对应的锌酸盐、铅酸盐、锡酸盐等，进入碱熔融体中而除去。化学反应式为：

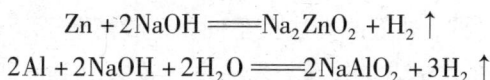

$$Zn + 2NaOH \xrightarrow{\quad\quad} Na_2ZnO_2 + H_2 \uparrow$$

$$2Al + 2NaOH + 2H_2O \xrightarrow{\quad\quad} 2NaAlO_2 + 3H_2 \uparrow$$

(2)操作过程。熔化通常是在钢质坩埚中进行。先将一定数量的火碱加入到坩埚内，点火升温，充分熔化并达到温度后，将铟饼逐块加到锅内，在熔炼过程中用搅拌机进行搅拌，当烧碱变黏稠时及时补入新碱。熔炼结束后，先捞出烧碱铸锭(废碱)，废碱转入浸出系统浸出。然后再将铟水铸成块锭(粗铟)，留待进行精炼。

(3)原料标准(见表9-10)。

表9-10　原料标准

名　称	海绵铟饼	烧　碱
标　准	含水 <5%，单重≤15 kg	工业纯

(4)技术操作条件。熔炼温度 320~350℃；熔炼时间 4~5 h；粗铟纯度 ≥97%；火碱加入量为铟量的 40%~60%。

用此法所得的粗铟平均组成如下表9-11。

表9-11　粗铟平均组成（%）

Pb	Zn	As	Sn	Cd	Tl
<0.5	<0.01	<0.001	<0.5	<0.03	<0.01

(5)岗位设备(见表9-12)。

表9-12　岗位设备表

序号	名称	规程型号	数量	备注
1	熔炼锅	容量 500 kg	1	
2	排风机	4-72-11N04A	1	5.5 kW
3	搅拌系统	自制	1	1.5 kW

9.4　粗铟的精炼

粗铟中的一些杂质，如镉和铊，与铟的标准电极电位很相近（Cd/Cd^{2+}：-0.42 V；In/In^{3+}：-0.364 V；Tl/Tl^{3+}：-0.336 V），如直接进行电解，产出的电铟中镉和铊便会超标，因此，在电解操作前需将这部分杂质除掉。

9.4.1　粗铟的除镉

根据粗铟中含镉量的不同，处理的方法也不同，一般情况下，含镉0.1%以下的应用真空法处理，0.1%以上的使用化学方法处理。

9.4.1.1 粗铟的真空蒸馏除镉

(1)生产原理。由于铟镉的沸点相差较大(铟为2056 ℃、镉为767℃),因此,利用蒸馏法便可使铟与镉分离。

(2)操作过程。真空蒸馏是在真空炉中进行的,真空炉采用碳化硅棒加热。含镉的铟置于带有水套的钢制炉筒内,装料后抽真空,当真空度达规定指标后开始加热并打开冷却循环水,温度要缓慢上升,尤其在接近镉的沸点时要特别注意,防止熔体喷溅。温度升至800 ~ 900℃时,镉大量蒸发挥发。保持一定时间,关闭加热开关,待温度降至200 ~ 300℃时,关闭循环水及真空泵开关,取出铟液铸锭,取样分析合格后进入下一工序(一般的,铟中镉含量可降低至0.0005% ~ 0.001%)。

(3)技术操作条件。真空蒸馏温度为(850 ± 50)℃;真空蒸馏时间:10 ~ 12 h;真空度:≤0.1 MPa。

(4)岗位设备(表9 – 13)。

表9 – 13 岗位设备表

序号	名称	规程型号	数量	备注
1	真空泵	YS7114 – S	1	0.37 kW
2	蒸馏炉	自制	1	35 kW
3	不锈钢锅	自制	1	

9.4.1.2 用 KI 和 I_2 的甘油溶液除镉

(1)生产原理。铟中的镉与碘和碘化钾发生如下化学反应:

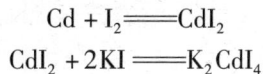

$$Cd + I_2 \rlap{=}{=} CdI_2$$
$$CdI_2 + 2KI \rlap{=}{=} K_2CdI_4$$

K_2CdI_4 溶于甘油,达到除去铟中镉的目的。

(2)操作过程。将含镉较高的电铟放置在不锈钢锅内,通电加热熔化后,加入全部的甘油和碘化钾,待碘化钾充分熔化后,根据碘的量,将碘分3 ~ 4次加入,每次搅拌30 min,加碘前将上一次产生的渣打出,处理后进行化学除铊操作。

(3)操作技术条件。m(甘油):m(铟) = 3:20;m(碘):m(镉) = 3:1;m(碘化钾):m(镉) = 5:1;操作温度:170 ~ 200℃;搅拌频率:30 min/次;处理量:80 ~ 120 kg/次。

9.4.2 粗铟的化学除铊

(1)生产原理。歧化作用也称为氯化物熔体萃取法。此法基于各种杂质(这里主要是铊)与铟,在 $ZnCl_2$ 和 NH_4Cl(质量比为3:1)的熔体中,具有选择性的溶解度,从而达到分离的目的。

其主要化学反应为:

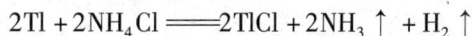

$$2Tl + 2NH_4Cl \rlap{=}{=} 2TlCl + 2NH_3 \uparrow + H_2 \uparrow$$

经过一定时间的熔炼以后,TlCl 进入熔体,将融盐倒出,达到除去铊的目的。

(2)操作过程。将除镉后的粗铟加入到不锈钢锅内,加热升温,当温度达(250 ± 10)℃

时，按比例加入混合好的氯化锌、氯化铵，开动搅拌器，达到规定时间，停止搅拌，打出铊渣。除铊次数依粗铟含铊量定，一般除 3 ~ 4 次。除铊后的铟取样分析合格后铸成阳极待用。

（3）技术操作条件。化学除铊温度：(250 ± 10) ℃；化学除铊时间：45 min/次；每次试剂加入：$m(\text{In}) : m(\text{NH}_4\text{Cl}) : m(\text{ZnCl}_2) = 1000 : 15 : 45$。

9.4.3 粗铟的电解精炼

9.4.3.1 电解精炼的原理

在铟的电解精炼过程中，通过脱除铊、镉后的粗铟作阳极，不锈钢板作阴极，电解液如为硫酸铟和硫酸溶液，铟电解精炼过程可以近似用下式表示：

$$\text{Fe} \mid \text{In}_2(\text{SO}_4)_3, \text{H}_2\text{SO}_4, \text{H}_2\text{O} \mid \text{In}(\text{不纯})$$

由于电离，在电解液中按下列反应生成离子：

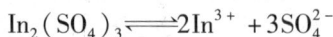

$$\text{In}_2(\text{SO}_4)_3 \Longrightarrow 2\text{In}^{3+} + 3\text{SO}_4^{2-}$$
$$\text{H}_2\text{SO}_4 \Longrightarrow 2\text{H}^+ + \text{SO}_4^{2-}$$
$$\text{H}_2\text{O} \Longrightarrow \text{H}^+ + \text{OH}^-$$

在未通电时，上述反应处于动态平衡。当与直流电源接通时，则在外电场作用下，各种离子做定向运动。在阳极上可能发生下列反应：

$$\text{In} - 3\text{e} = \text{In}^{3+}$$
$$2\text{H}_2\text{O} - 4\text{e} = \text{O}_2 + 4\text{H}^+$$
$$\text{SO}_4^{2-} - 2\text{e} = \text{SO}_3 + 1/2\text{O}_2$$

在阴极上可能发生的反应有：

$$\text{In}^{3+} + 3\text{e} = \text{In}$$
$$\text{H}^+ + \text{e} = 1/2\text{H}_2$$

根据电位 – pH 图可知，在 pH < 3 的酸性溶液中，将优先进行 H^+ 电化还原为 H_2 的反应。但是，实际上即使在相当高的电流密度下电解铟盐的酸性溶液，阴极上也只有铟沉积而无 H_2 析出。这是由于氢在铟析出时具有很高的超电压的缘故。

实验研究表明，In^{3+} 在阴极上放电和在阳极上生成 In^{3+} 都具有很高的速度，阴极极化和阳极极化都很小，只需要很小的阳极或阴极电位及电流密度，阳极及阴极电化反应速度即迅速增加。而 H_2 在铟上析出时则具有相当大的极化作用。因此，只要选择适当的阴极电流密度，就可以控制 H_2 基本上不析出，而获得较高的阴极电流效率。

在电解精炼时，一般用粗铟作阳极，不锈钢板作阴极，铟盐的水溶液作电解液。在电解过程中，阳极电化溶解进入溶液。比铟更正电性的金属基本上不溶解而进入阳极泥中。比铟更负电性的金属虽与铟一道电化溶解进入溶液，但因浓度较低，不易在阴极放电析出，而保留在溶液中。与铟电位相近的铊、镉应在电解精炼前从粗铟中除去。因此，电解时在阴极上沉积出相当纯的金属铟。

9.4.3.2 铟电解精炼过程中杂质的行为

粗铟中一般含有银、锑、铋、铜、砷、铅、锡、铊、镉、铁、锌等杂质，根据杂质电位可分为以下三种类型。

（1）正电性金属。包括银、铜、铋、锑、砷等。这些杂质由于标准电位正值很大，而且铟阳极溶解时极化值又很低，因此，这些杂质将不溶解而基本上全部留于阳极泥中。

（2）比铟负电性大得多的金属。包括锌、铝等。它们将与铟一起在阳极氧化而进入溶液中。但这类杂质电负性都很大，且经过碱性精炼后浓度很小，不会在阴极上析出。

（3）电位与铟相近的金属：有锡、铊、镉等。锡的电位高于铟，也有部分溶解而进入电解液中，并与铟一道在阴极析出。铟电解精炼过程中，锡是最难达到质量标准的杂质。因为锡与铟的电位相近，沸点也相近（锡的沸点为 2275℃，铟的沸点为 2075℃），沉淀 pH 也相近（Sn^{2+} 沉淀 pH = 2.5 ~ 5.7，In^{3+} 沉淀 pH = 3.4 ~ 5）。生产中为了使锡达到标准，一般需进行 2 ~ 3 次电解方可，即将第一次电解产出的电铟制作成阳极板，用作第二次电解的阳极，依此类推。铅的电位稍高于铟，故大部分保留在阳极泥中，部分进入溶液，因采用硫酸盐溶液电解，溶液中 Pb^{2+} 浓度还可受 $PbSO_4$ 溶解度的限制，在阴极析出很少。

9.4.3.3　铟电解精炼的准备工作

（1）电解液的配制。按照每个电解槽所需的铟量，用天平称取一定质量的成品铟在甘油覆盖下熔化，在不锈钢板上泼成铟片后放入烧杯或不锈钢筒中，加入少量蒸馏水和分析纯硫酸，硫酸量可按下列反应式计算：

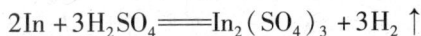

$$2In + 3H_2SO_4 = In_2(SO_4)_3 + 3H_2\uparrow$$

放置在电炉上加热，随着反应的进行，及时倒出反应后的溶液，然后补充蒸馏水和分析纯硫酸，直至金属铟全部溶解。将溶液过滤后倒至电解槽内，再配入所需浓度的 NaCl（分析纯）、明胶，补充蒸馏水至所要求的体积，用硫酸和氢氧化钠调整电解液至所需的 pH。

（2）阳极制备。将除铊后的金属铟在甘油覆盖下熔化，液体铟经称重后浇铸至电木阳极模中，通以冷却循环水，冷却起模即为所需质量和尺寸的铟阳极。然后用 5% 的盐酸刷洗一次，以热蒸馏水刷洗两次，擦干后进行平整，平整后包上两层定性滤纸，套上耐酸布袋待用。

（3）阴极制备。根据生产厂家的不同，阴极材料也不相同，常见的是不锈钢板、钛板、电铟等，这里对不锈钢板阴极作一介绍。按照设计的尺寸，将 0.5 mm 厚的不锈钢板下料后焊接，用 5% 的盐酸刷洗一次，以热蒸馏水刷洗两次，擦干后待用。

（4）导电带制备。阴阳极的导电均采用铜导电带，按照电解槽的长度，将厚 5 mm，宽 20 mm 的铜板切成所需长度，经 0.25 mm 和 0.058 mm 以上水砂纸打磨并擦干，导电带两侧钻 8 mm 孔洞各一个，导电带之间用不锈钢螺丝和硬质导线连接后待用。

9.4.3.4　铟电解精炼的技术条件

（1）电解液条件：In 为 40 ~ 100 g/L；NaCl 为 80 ~ 100 g/L；明胶为 0.1 ~ 0.2 g/L；pH 为 1.5 ~ 2.5。

（2）电解液温度：20 ~ 30℃。

（3）槽电压：0.15 ~ 0.25 V。

（4）阴极尺寸：455 mm × 260 mm × 0.5 mm。

（5）周期：15 ~ 25 天（根据季节及阳极质量变化而变化）。

（6）异极间距：25 ~ 30 mm。

（7）电流密度：30 ~ 40 A/m^2。

（8）电铟纯度：≥99.995%。

9.4.3.5　操作过程

（1）将电解液的酸度、盐量及胶量调整到规定数值。达到周期后出槽，将阴极放入装好甘油的熔炼锅内熔化，熔化后取出不锈钢板，并将铟液铸锭，称重入库并注明生产日期、重量及检验状态；残极经洗刷后放入锅内熔化，捞出残极渣后铸成阳极板，以备下次装槽用。将铜质导电带用 0.180 mm 和 0.065 mm 水砂纸打磨擦干后安装到电解槽上，将阳极用滤纸和布袋包好下槽。

（2）把阴、阳极交错装入电解槽内，调整好极间距，阴阳极做好绝缘处理。

（3）启动硅整流器，调整硅整流器，使电压和电流至规定值。

（4）每 2 h 搅拌一次电解液，并测出槽压。

（5）每 2 h 测 pH，并随时调好酸度。

（6）每 2 h 测温一次，并随时调整。

（7）出槽：关闭硅整流器，将电解液抽出并过滤，留待下次使用。电解液抽出并使阴、阳极充分干燥后取出，将阴极用 5% 盐酸洗一次，用蒸馏水洗两次后放入不锈钢锅内（不锈钢锅内预放一定量的工业纯甘油）加热，待铟与不锈钢板分离后取出钢板，钢板和铜导电带一起刷洗后待下一次电解用，最后将甘油捞出，取样分析合格后铸锭。阳极（残极）因富集了大部分杂质，因此与海绵铟一起进行碱性精炼、除镉、除铊后再进入电解。从阳极扒下来的滤纸返回浸出系统，阳极袋经 5% 盐酸洗一次、蒸馏水两次刷洗后待用。

9.4.3.6 岗位设备（表9-14）

表 9-14 岗位设备表

序号	设备名称	规格型号	数量	备注
1	空调	KFRd-12dW/CS	2	3 kW
2	电解槽	自制	80	
3	硅整流器	6D-200/0-24(0-60)	2	输出电压 0~18 V 最大电流 500 A
4	阳极模具	自制	2	

9.4.3.7 产品质量标准

（1）精铟化学成分应符合表9-15 的规定。

表 9-15 精铟化学成分（引自 YS/T 257—2009）（%）

牌号	In（不小于）	化学成分									
		杂质含量（不大于）									
		Cu	Pb	Zn	Cd	Al	Fe	Tl	Sn	As	杂质总和
In99.995	99.995	0.0005	0.0005	0.0005	0.0005	0.0005	0.0005	0.0005	0.0010	0.0005	0.005

注：铟的含量为100%减去表中所列杂质总和的余量；铟的杂质末位后数值的修约，按 GB/T 8170 中的有关规定进行，修约后数的判定，按 GB/1250 的有关规定。

（2）铟的物表质量：铟锭的表面应平整、整洁有光泽、不允许有熔渣、其他附着物或污染物痕迹。

（3）铟锭要求：铟锭应呈长方形或长方梯形，锭重为（2000 ± 50）g、（1000 ± 50）g、（500 ± 50）g、（200 ± 20）g。

（4）产品标志：每块铟锭上应浇铸或打印上生产厂商标、批号和年号（批号和年号可以一起组合）。铟锭应成箱包装，包装箱内应放置标签，其上注明：产品名称和商标、牌号、批号、净重、检验日期、检验员工号、生产厂名称和厂址。

第 10 章　竖罐残渣的回收

10.1　旋涡熔炼

10.1.1　旋涡熔炼的概念与特点

竖罐炼锌后所排出的蒸馏残渣除含有 30%~40% 的固定碳外，还含有铜、铅、锌、银等多种有色金属。残渣量与锌产量比大致为 1∶1。随着竖罐炼锌技术的不断发展，生产水平和产量规模不断提高，排残渣量相应增大。原始的掩埋、堆放既是资源的浪费，同时也对环境造成了污染。为了进一步使竖罐炼锌形成完整的生产工艺，残渣的综合回收利用是必须解决的问题。

旋涡熔炼工艺处理残渣技术就是根据竖罐炼锌配套生产而逐步发展起来的，它经过了选择性实验、半工业化生产、工业化生产几个阶段，已经成为一种成熟的工艺，广泛应用于竖罐炼锌行业，是目前较为理想的处理残渣、回收余热和有价金属的方法。

10.1.1.1　旋涡熔炼的原理和特点

旋涡炉燃烧技术是由旋风燃烧技术发展而来的，是液态排渣炉的一种。它是在圆柱形旋风筒内组织的一种温度可控制的高速旋转火焰流，火焰充满整个燃烧空间，炉料从炉体顶部加入旋涡炉内，经切线风送入和空气作强烈的螺旋运动，大部分炉料颗粒甩向旋风筒内壁灼热的热熔渣膜上，使炉料颗粒与气流之间有很高的相对速度，燃烧十分强烈，使旋涡炉的容积热强度大于一般煤粉炉，对燃烧中碳的燃尽起很大作用，因此旋涡炉灰渣（即水淬渣）中可燃物极少，燃烧状态好的情况下接近于零，较细的炉料在旋风筒中进行悬浮状燃烧。由于筒内的高温和高速旋转气流，使其燃烧十分强烈并使渣因高温融化而黏在筒壁上，形成液态渣膜，液态渣向下经隔膜流出筒外，形成液态排渣。液态排渣到粒化箱水中遇水粒化成水淬渣，冲到沉渣池。

旋涡熔炼系高温快速的火法强化冶金过程。其基本原理是利用炉料在旋涡炉强烈燃烧产生的高温（>1300℃）和炉壁弱的还原性气氛，炉料中的铅、锌、银等金属氧化物被还原呈气态形成烟尘进入炉气。在冷却过程中，炉气中的金属又与氧结合生产金属氧化物，悬浮在炉气中，最后由收尘装置捕集而获得含铅、锌、银的烟尘，不挥发的金属铜、铁随渣从渣口排出。

1）旋涡熔炼的优点

（1）热强度大，回收率高。由于旋风筒内高速旋转火焰射流，在燃烧空间内有极其强烈的扰动，有良好的传热传质条件，使燃料颗粒完全处于扩散燃烧过程，在高温的燃烧温度作用下，金属化学冶金过程迅速充分，使金属回收率高，铅、锌、银的回收率达到了 90%、80%、75%。

（2）燃烧稳定。炉料进入旋风筒内黏附在熔渣膜上，故炉料在筒内有相当大的滞留时间，因而在燃烧室内蓄积相当多的热量，有助于维持燃烧过程的连续性。

（3）余热得到充分利用。由于燃烧原料是残渣球，无需添加其他燃料，就可实现热平衡，完成冶炼过程。既减少环境污染，又可使余热得到充分利用。

（4）主体设备简单，锅炉尺寸紧凑，处理能力大，工业过程连续，生产便于实现机械化、自动化。

2）旋涡熔炼的不足

（1）能耗高。旋风筒内高速旋涡气流使流动阻力剧增，必须采用高压头风机，同时相应配套的制粉系统也消耗一定的能量。

（2）工艺复杂，制造费用高。原料制备、旋涡熔炼、锅炉运行及化学水制备等多套工艺相互关联，工艺较复杂，旋涡炉结构复杂，销钉焊接工作量大，制造费用较高。

（3）熔渣物理热损失高。旋涡炉的燃烧经济性较高，但50%的产渣率使熔渣热量排掉，热损失较高。

虽然旋涡炉有以上缺点，但综合优势是其他炉型或方式无法比拟的。它同样可适用于铜冶炼、燃煤及处理其他冶炼残渣，具有广阔的发展前途。

10.1.1.2　旋涡熔炼的基本知识

1）旋涡熔炼燃烧的过程

炉料从炉顶加入炉内后接受炉内辐射热和烟气回流热量，因为残渣在锌冶炼过程后已没有挥发分，这与其他燃料首先是挥发分挥发着火不同。炉料中的炭接受热量直接迅速燃烧，没有预热过程。固定碳燃烧需要大量的氧来助燃，此时切向进入的热风，不但使炉料得到充足的氧，而且随热风旋转使炉料与空气充分地接触。

炉料颗粒在旋风筒内的燃烧过程分为空间和壁上两种情况。炉料中的细料部分在旋涡流场中保持悬浮状态，很快燃尽。而大部分大颗粒的燃烧主要是在筒体壁面上完成的。这部分炉料黏在筒壁熔渣膜表面燃烧，所以壁上燃烧过程也可称作"熔渣膜燃烧"过程。

由于炉料颗粒大小不同，因而它们的运动轨迹和在筒内滞留时间也不同。颗粒群体在空间分离过程中不是全部颗粒都可以达到筒壁，却都是向筒壁接近，因而在筒壁附近炉料的浓度比较大。相对来说空气却显不足，即形成了以 CO 为主的弱的还原性气氛区域。在这个区域内，在高温的作用下，炉料中的铅、锌、银等金属氧化物挥发被还原成气态单质金属进入炉气中。炉气在向富氧区流动时，又与氧结合重新生成金属氧化物溶入烟尘中，实现了与炉料的分离。而不挥发的其他金属和脉石则随渣流经渣口排出。主要化学反应方程式为：

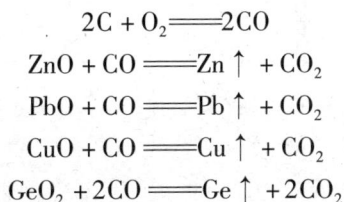

$$2C + O_2 \!=\!\!=\!\! 2CO$$
$$ZnO + CO \!=\!\!=\!\! Zn\uparrow + CO_2$$
$$PbO + CO \!=\!\!=\!\! Pb\uparrow + CO_2$$
$$CuO + CO \!=\!\!=\!\! Cu\uparrow + CO_2$$
$$GeO_2 + 2CO \!=\!\!=\!\! Ge\uparrow + 2CO_2$$

2）旋涡熔炼的能力及调节范围

旋涡熔炼的能力是根据旋风筒的容积决定的，经验公式为：

$$A = KD^n$$

式中：K 为经验系数，对残渣取 $K = 1.17$；n 为经验系数，对残渣取 $n = 2.5$；D 为旋涡炉直径。

旋涡炉的生产能力调节范围一般为 70% ~ 100% 。

旋涡炉虽然具有很大的单位生产率和很高的单位热强度,并可以达到足够高的炉气温度,但是在炉子结构一定的情况下,它的断面热强度和容积热强度是个定值,决定了炉子的生产能力。如果生产能力低于 70% ,炉温和炉内动力工况都不稳定,易于结瘤和下生料,炉子很难正常运行。相反,如果生产能力高于 100% ,炉温超高,风速加大,炉衬材质成问题,送风阻力增大,炉内正压加大,加料困难,也无法正常运行。在炉料含碳量一定的情况下,炉子的加料送风量也是个定值。

10.1.2 旋涡熔炼系统整体结构

旋涡熔炼处理残渣球技术是由葫芦岛锌厂首先采用并逐步发展起来的。目前多家使用或在建的旋涡炉工艺均参照其模式。

1)旋涡熔炼系统主要设备及整体结构布置特点

旋涡熔炼燃烧系统为两台旋涡炉并联配置一台余热锅炉。单汽包自然循环液态排渣方式旋涡炉,其结构包括旋涡炉本体、过渡烟道、二次室(燃尽、冷却室)、余热锅炉炉膛、过热器、省煤器、空气预热器(U 形换热器)等几部分,处理能力 > 15 t/(h·套),产汽量 35 t/h。旋涡炉整体结构及主要设备见图 10 - 1。

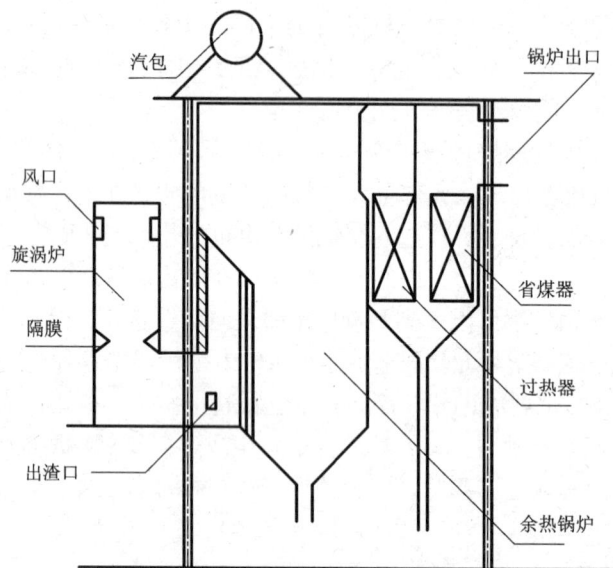

图 10 - 1 旋涡炉整体结构及主要设备

旋涡炉炉体是由 178 根 $\phi38$ mm × 3.5 mm 的 $20^{\#}$无缝钢管焊制围绕而成,上部设两个相对 180℃ 的送风口,下部焊制 $\phi950$(管中心径)的隔膜口,两侧设有数个 $\phi100$ mm 的测量孔。向火面焊销钉,捣固耐火涂料为炉衬。旋涡炉作为锅炉蒸发受热面的一部分参与锅炉的汽水循环。

旋涡炉与其他燃煤旋风炉的区别是增加了隔膜口,因为残渣的热值(10000 kJ/kg)相对煤粉低，燃烧温度较低(1300～1400℃)，同时需一次完成冶金过程。在同等尺寸的炉型中增加隔膜口是为了加大气流旋转强度，增加燃烧反应时间，使燃烧和冶金过程在隔膜口上部的旋涡炉内一次完成，无需增加二次风。隔膜口与炉身直径的比值在 0.37～0.45，比值过大，气流旋转强度小，螺距大，温度不均，易结瘤和下生料。比值过小则炉内正压大，加料困难。

旋涡炉水冷壁焊有销钉，销钉涂有耐火涂料，销钉支撑炉衬，而且还能进一步冷却炉衬。销钉和炉衬对热量的传递能产生一定的阻碍作用，从而提高了燃烧室的温度水平利于灰渣的熔化。液化了的灰渣最初附在筒壁上(水冷壁管使其冷却)，新熔渣不断地黏在筒壁上，当达到一定的厚度，筒壁便保持一层基本处于静止状态的固态熔渣层，称之为熔渣膜。沉积在熔渣膜的熔渣得不到很好的冷却而在渣膜表面呈流动状态，形成了炉壁上熔渣的流动。随着渣膜厚度与炉膛吸热量的变化实现了炉膛吸热量、渣膜厚度、炉膛温度的动态平衡，同时因渣膜的存在减少了高速旋转的风料对水冷壁管壁的冲刷磨损。

旋涡炉炉顶采用炉盖密封。炉盖为椭圆形封头夹套结构，用螺栓与炉体紧固在一起。顶盖上部圆周均布六个加料孔，并在风口上部设置两个扫除孔。在适当的位置设置油嘴孔。炉盖为水冷却，采用常温化学水通入，升温后的水送除氧器，炉盖水为强制循环，单独送入，不参与锅炉的汽水循环。

旋涡炉出口与余热锅炉采用水套联接，因两台旋涡炉并联运行，采用炉墙密封(单炉则无需水套、炉墙)。在旋涡炉出口与余热锅炉的前部设一个燃尽室，燃尽室四周水冷壁焊销钉涂耐火材料以保持较高的炉气温度，提高炉料的燃尽度。为了使燃尽室烟气有一个良好的充满度，在燃尽室后墙采用水冷壁延伸构成一个折焰角，折焰角下部水冷壁拉稀成凝渣管束起到均流和凝渣的作用。两台旋涡炉共用一个渣口，因此燃尽室同时也是渣流动的通道。

余热锅炉布置在旋涡炉出口端，包括燃尽室，也是余热锅炉的一部分。它是由 $\phi 60\ mm \times 5\ mm$ 光管膜式水冷壁焊接而成的，构成了一个立方体的结构空间。烟气在炉膛内通过辐射、传导及对流方式与水冷壁中的工质水进行换热，其主要的换热为辐射，从而实现能量的转换。余热锅炉的换热面积很大，以现有旋涡炉来讲，旋涡炉本体产汽量在 7 t/h 左右，相对于 35 t/h 的锅炉，余热锅炉的产汽量超过了80%，因此余热锅炉是系统的主要换热面。余热锅炉具有很大的空间，烟气进入后，因体积急剧膨胀，烟气流速急剧下降，大颗粒的烟尘在重力作用下实现了自然沉降，因此也可称为 1 级收尘室，收下来的锅炉尘因含金属物料品位低被送回原料制备系统。余热锅炉换热面积450 m^2。

余热锅炉尾部布置过热器和省煤器。它们的作用是为了进一步降低烟气温度，提高余热利用效率，但换热的介质不同，目的也不一样。

过热器是进一步提高蒸汽温度的设备，是将饱和蒸汽过热到额定过热温度的热交换器，是发电锅炉必不可少的组成部分，在单台旋涡炉运行未装备发电系统时也有未安装此设备的工艺。

过热器有多种结构方式，按传热方式可将过热器分为对流式和辐射式两种。一般采用对流式换热器，对流式过热器结构是由许多根并列的蛇形管和联箱构成。蒸汽在蛇形管流动，蛇形管外受到烟气的冲刷，烟气将热量传给蛇形管内的蒸汽，使蒸汽加热，温度升高。

过热器按管子的放置方向，可分为立式布置和卧式布置两种。立式布置的过热器吊挂比较方便，积灰可能性小，故广泛采用。过热器按烟气和蒸汽流动方向分为顺流、逆流和混流等几种布置方式。过热器布置在尾部烟气温度较高的位置。由于管内蒸汽温度较高，传热条件较差，而出口的过热蒸汽温度要满足发电的需要，温度在350℃以上，所以对钢管要求较为严格，多采用合金钢。

本文介绍的余热锅炉配置的过热器为立式、混流布置。规格 $\phi42$ mm×3.5 mm，材质15CrMo，换热面积430 m^2，出口温度350℃。

省煤器安装在过热器后部，余热锅炉的出口。它是进一步提高给水温度的换热器。它的布置方式结构与传热方式基本同过热器相同，但因它的换热工质是水，传热效果好，出口温度低，故对材质要求较低，一般采用20$^#$钢。

余热锅炉配置的省煤器为立式，混流布置，规格 $\phi38$ mm×3.5 mm，材质20G，换热面积310 m^2，出口水温160℃。

过热器与省煤器之间的隔断为一片整体的过热器管片，烟气流经过热器，走向是自上而下，流经省煤器则方向相反。烟气在通过过热器和省煤器时，部分颗粒撞击管子被分离，在重力作用下沉积在放尘斗中，因此过热器、省煤器也是一级收尘器，也具有收尘作用。

蒸发设备是锅炉的重要组成设备。它的任务是将进入锅炉的给水，在蒸发设备特定的受热面，不断吸收燃料燃烧所释放出的热量，将水加热到所处压力下的饱和温度，并继续吸收热量将饱和水蒸发成饱和蒸汽，在自然循环的锅炉中，蒸发设备是由汽包、水冷壁、下降管、联箱组成。

汽包是锅炉蒸发设备的主要部件，是汇集炉水和饱和蒸汽的圆筒形容器，具有一定的水容积，与下降管、水冷壁相连接，组成自然水循环系统。同时汽包接受省煤器的给水，又向过热器输送饱和蒸汽，是加热、蒸发、过热三个过程的分界点。在汽包内装有旋风分离器、多孔板、波形板等汽水分离设备。此外，在汽包内还设有排污管、加药管等以减少蒸汽含盐量，保证蒸汽的品质。在运行中，汽包的工况是重要的监视对象。

在锅炉负荷发生变化而燃烧工况不变的情况下，由于汽包具有吸收和放出一部分热量的能力，因此可以减缓气压的变化。汽包安装在炉外的顶部，不受火焰和烟气的直接加热，并有良好的保温。旋涡炉系统汽包水容积为30 m^3，材质为20G，壁厚60 mm。

空气预热器作用是进一步降低排烟温度，提高入炉热风温度。旋涡炉系统空气预热器采用的是 U 形管换热器，换热方式为三行程纯逆流直通式，三级换热，规格为 $\phi60$ mm×3.5 mm，每级650根，换热面积4500 m^2，烟气入口温度<650℃，出口温度<200℃，空气出口温度>350℃。

U 形换热器布置在余热锅炉出口与收尘装置之间，烟气通过换热器时，由于 U 形管数量多，排列较紧密，烟气中的一部分粉尘颗粒被撞击阻挡沉积在尘斗中，实现了烟尘的收集。U 形换热器收尘量占烟气中有价尘量的50%以上，因此它也是主要的收尘设备之一。

旋涡炉烟尘经过余热锅炉、过热器、省煤器、管道及 U 形换热器的沉降收集，大部分尘量已被捕集，但仍有30%左右的细尘被烟气带走，而这部分尘中有价金属的含量是最高的，这就需要专门的收尘装置——除尘器来捕集净化。

常用的除尘器有湿式除尘器、电除尘器、布袋除尘器、重力惯性除尘器等几种。旋涡炉系统采用的是负压反吹布袋除尘器，每组过滤面积为6600 m^2，共有12个收尘室，720条滤袋，收尘效率>99%，排烟浓度<100 mg/m^3（标），排烟温度>80℃。

2)辅助系统设备

加料系统：旋涡炉采用的加料方式为顶部加料。料仓位于旋涡炉顶，加料通过给料机强制给料。常用的给料方式有圆盘给料机、叶轮给料机、螺旋给料机、刮板给料机。旋涡炉采用的是 GF 型叶轮给料机。

GF 型叶轮给料机工作原理是调速电机通过螺轮传动带动叶轮转动,带动炉料进入分料口料管内。这种给料机具有结构简单,运转效果好,体积小,质量轻,密封性能好的优点。旋涡炉的生产采用这种设备加料,有效地防止了跑料事故的发生,给料均匀,调节灵活可靠。每台旋涡炉配备三台。型号 GF-6 型,出口料口尺寸 $\phi150$ mm,励磁调速电机功率 3 kW,转数 $120\sim1200$ r/min,外形尺寸 979 mm×560 mm×685 mm。

给料器下部料管连接料盅分离器,它的作用是使炉料均匀分布,多点加入炉内。其结构为半圆锥形,$\phi500$ mm,上部设膨胀节,下部设 60° 的圆形分料锥,下侧部圆周分设 6 个斜锥形支料管头,把来料均分为 6 个入炉料管当中。

出渣系统:旋涡炉排渣方式为连续液态排渣,经水淬粒化为固态颗粒后进入沉渣池。水淬粒化的方式是液态排渣炉排渣应用最广泛的出渣方式。它的基本原理是当高温液态熔渣被高速水流冲散后急剧冷却凝固,产生很高的内应力。因此,熔渣的过热度愈大,粒化水温度愈低,冲渣水流愈快,粒化效果愈好,黏稠和完全凝固的渣与水接触后并不再粒化。

旋涡炉出渣系统包括出渣口、粒化箱、溜渣管道、沉渣池、龙门吊车及循环水泵,冲渣水循环使用,自然冷却。

出渣口位于燃尽室侧壁,是由水冷壁管拉稀而成的。它是炉渣外排的通道,其位置高低决定炉底的高低。渣口位置高,炉底也高,易堵塞,渣流动困难。渣口低则炉底低,易漏渣。因此位置的选择十分重要,一般选择渣口中心距旋涡炉下联箱 600 mm 为宜。

粒化箱是出渣系统的关键设备。它的结构简单,正面侧壁为梯形,底部为 $\phi327$ 半圆形,前部封密,出口与溜渣管道连接。冲渣水嘴安装在粒化箱前面底部正中位置,角度与箱底保持平行方向。粒化箱安装位置为渣口水套的正下方。

溜渣管道是水淬后渣颗粒的传送设备。因冲渣水流速快,磨损严重,管道内置铸钢衬板防磨。

沉渣池是水渣存贮收集的地方。同时也是循环水自然冷却的地方。水温愈低,粒化效果愈好。因此沉渣池根据渣量设计一般比较大,以满足生产的需求。

冲渣水泵的选择是根据渣粒化所需压头、水量来选择的。旋涡炉的出渣量占加料量的 $45\%\sim55\%$,冲渣水与渣比值为 $5\sim7$。冲渣水要保证充足,设备的选择应在比值的 2 倍以上,压头选择在 $0.3\sim0.4$ MPa。

给水系统:给水系统由化学水制备、除氧箱、给水泵及管道组成。给水系统任务是不间断地把合格的除盐水送入锅炉汽包,并保持汽包水位正常,为保证锅炉安全运行,给水系统工作必须十分可靠。

化学水制备系统是一个独立的系统,它的任务是把源水制备成各项指标(碱度、含盐量、硬度、磷酸根、pH、含油量)合格的除盐水。指标的控制十分重要,它是保证锅炉、汽机安全运行的重要工作。如长期不合格会引起水冷壁管结垢堵塞、腐蚀,造成爆管事故。

除氧箱的作用是除去锅炉给水的氧气和其他气体,保证给水的品质。它本身又是一个混合加热器,起到给水加热的作用,同时具有较大的容积,又起到贮水的作用。

给水泵向锅炉不断地可靠供水。它的额定工作压力、流量要大于锅炉的产汽量和额定压力,确保供水充足,汽包水位保持正常。

通风系统设备的作用是连续给炉体送入炉料燃烧所需要的空气,并把生产的烟气排出炉外,以保证燃烧的正常运行。

通风系统的设备主要是风机,根据工作任务的不同分为送风机和排风机。送风机负责把经空预器预热的热风送入炉内。排风机负责把炉膛内的烟气排至炉外,使炉膛内保持的压力略低于外界大气压力,又称平衡通风。

送风机的选型是根据炉料燃烧所需的理论空气量和入口压头来确定。排风机则根据烟气流量和阻力选型,选型的设备能力要大于实际需要,便于调节。

10.1.3　旋涡炉系统工艺流程与主要技术条件

1)工艺流程

旋涡炉的工艺过程包括两个部分。一是燃烧熔炼的工艺过程,二是汽水循环系统的工艺过程。它们之间相互独立,又相互关联,构成了一套完整的工艺过程。

熔炼工艺过程从上一节系统的设备布置可以大概了解一些情况。合格的物料经加料系统加入旋涡炉内完成燃烧、冶金过程。高温烟气经旋涡炉出口进入余热锅炉,炉渣则经渣口进入排渣系统粒化收集。烟气在经过余热锅炉、过热器、省煤器、空气预热器等设备完成了换热过程,温度由1350℃降至200℃以下,后经布袋收尘器收尘净化,废气排空。

汽水循环系统的工艺过程是给水系统把除盐水经省煤器加热后送入汽包。汽包与旋涡炉、余热锅炉的水冷壁通过下降管、上升管完成汽水的自然循环,所谓的自然循环是指依靠工质的密度差而产生的循环流动。借助水泵压力使工质循环流动的称为强制循环。在旋涡炉工艺中,化学水的来水对炉盖的冷却循环可称为强制循环。汽包与水冷壁的汽水流动连续不断地进行,汽水在汽包内完成分离,产生饱和蒸汽经过热器进一步加热成过热蒸汽送到汽机发电,则完成汽水系统的工艺过程。

旋涡熔炼的整体工艺流程图见图10-2。

2)主要技术条件

旋涡熔炼的主要技术条件有:

(1)炉料容重:$0.75\ g/cm^3$,含水<5%。

(2)炉料贮备周期:>4 h。

(3)旋涡熔炼能力:>7 t/(h·台)。

(4)有价金属挥发率 Zn:80%、Pb 90%、Ag 75%。

(5)余热锅炉参数:蒸汽额定压力5.88 MPa、给水温度130℃、过热蒸汽温度450℃、产汽量(包括旋涡炉)≥35 t/h。

(6)送风量4.22万 m^3/h,热风温度>350℃。

(7)烟气条件:余热锅炉出口烟气量5.06万 m^3/h(标),温度1350℃。

(8)烟气成分:CO_2 16.4%、N_2 75.9%、H_2O 3.9%、SO_2 0.175%、O_2 3.5%。

(9)烟气含尘量:40 g/m^3(标)。

(10)烟气入口压力:±(50~100) Pa。

(11)换热效率:67%。

(12)烟气排放:<100 mg/m^3(标),排放温度:>80℃。

化学水　　炉料

叶轮给料机

水

除氧器　←　炉盖

旋涡炉　←　粒化箱　→　沉渣池

烟气

给水泵　余热锅炉　→　汽包

过热器　→　汽机

蒸汽

省煤器

送风机　→　U型换热器　热气

布袋除尘器　→　物料

排风机

烟囱

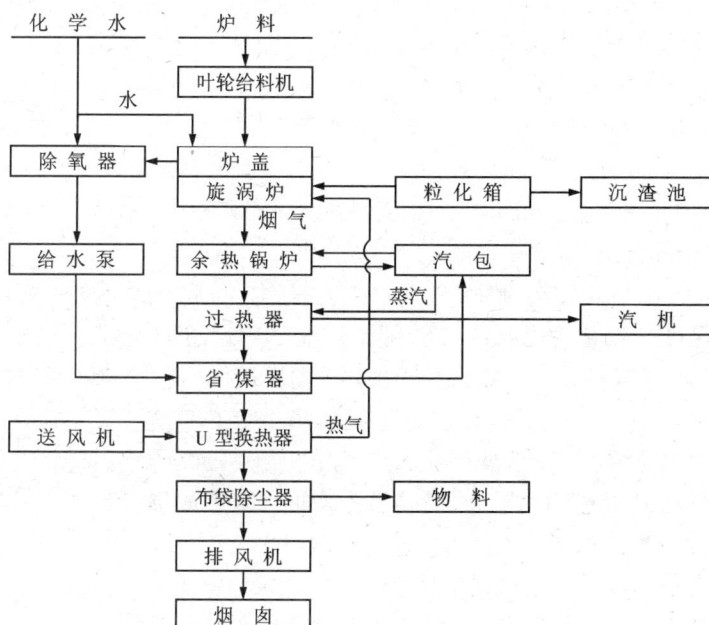

图 10 - 2　旋涡熔炼工艺流程

10.1.4　旋涡熔炼工艺的运行与调整

10.1.4.1　主要技术经济指标

旋涡炉系统的运行所需的技术条件，主要操作控制的技术指标有很多，每个指标控制的好坏都可直接影响到系统的安全稳定运行，重点有以下几个指标：

(1)旋涡炉炉温 1450℃ ±5%，余热锅炉入口(1350 ±20)℃，过热器入口温度 <850℃，余热锅炉出口温度 <600℃，空气预热器出口温度 <200℃，排烟气温度 >80℃。

(2)炉盖冷却水温(40 ±5)℃。

(3)除氧压力 0.02 MPa，温度(104 ±2)℃。

(4)冲渣水温 <80℃，压力 >0.3 MPa，水量 >80 t/h。

10.1.4.2　旋涡炉的运行与调整

1)旋涡炉的启动

锅炉机组的启动，是旋涡炉系统运行的重要组成部分。启动过程实质上是一种变动工况的运行。在启动过程中，由于燃烧逐渐加强，炉膛温度逐渐提高，使部分炉水汽化，水循环逐渐建立，蒸汽产生，气压逐步升高，设备各部件逐渐过渡到正常运行状态。

根据旋涡炉启动前的状态不同，可分为冷态启动和热态启动。所谓冷态启动，就是炉体处于室温状态下的启动，例如检修后的启动或是停炉备用时间较长，气压已降到零的启动。热态启动，指短时间内停炉备用的锅炉，由于停炉时间不长，锅炉还有一定气压，炉内还蓄有大量热的锅炉启动。冷态启动和热态启动的内容、步骤基本上是相同的，只不过热态启动是在冷态启动已经进行了若干过程基础上的启动,操作更简单,操作时间短。

(1)启动前的检查准备工作。启动前的检查准备工作是一项内容丰富而又细致的重要工作,是保证炉体启动顺利进行的重要环节。

旋涡炉启动前的检查项目很多,一般从下列几个方面进行:炉膛内无人工作、无杂物,水冷壁无变形,炉墙完整无裂缝。检查所有炉门、防爆门、除灰门、人孔门应完整、灵活并全部关闭。所有膨胀指示器应完整并无任何顶磁现象。检查汽水系统各阀门应完整,动作灵活,调节可靠。各阀门调整至启动位置。操作盘上各电器仪表、热工仪表、信号装置指示完好。渣口畅通无堵塞,冲渣水量充足顺畅。制料系统、加料系统、除尘器、点火设备符合有关规定,可以随时投入运行。

(2)上水。当检查工作完毕,确认整个系统完好,具备启动条件时,就可以进行锅炉上水。锅炉的给水温度是除氧后的水温,在100℃以上,炉体温度为室温,温差较大。在上水的过程中,壁厚较薄的省煤器和水冷壁管易于加热,而厚壁的汽包和水冷壁联箱则加热速度较慢。当水进入汽包后总是首先与汽包下半部接触,并且是内壁先受热,这样汽包上下部、内外壁之间必然存在温度差,如上水速度快,会使汽包产生较大的壁温差,这个温差又会使汽包产生较大的附加应力,易于使汽包、联箱发生弯曲、变形或焊缝裂纹现象。因此,上水不易过快,夏季不少于2 h,冬季不少于3 h。

上水由给水系统完成。当汽包水位计最低水位见水后则停止上水,用冲洗水位计的方法"叫水",确认水位的真实性,确认无误后上水过程完成。

(3)其他准备工作。联系化学水工作人员,确保除盐水供应充足,炉盖给水管路畅通。联系原料制备系统开车,料仓料位在满仓状态。油泵启动,使油在系统循环,处于随时点火状态。填好准备工作确认单和准备启动需要的记录簿,点火与升压。

点火前排风系统首先启动并调至最小后,供风系统开车,风量控制在15000 m³/h左右,维持渣口微负压。

一切准备就绪后,首先将高压油枪插入点火孔中,送入适量柴油,马上点燃油布,从扫除孔送入炉中引燃喷入炉中的柴油。着火稳定后将扫除孔盖严,调节好油量,旋涡炉预热点火完成。

长时间点不着应检查油嘴是否堵塞或送风量过大,5 min点不着,应停止喷油,加大通风后再次操作。

预热一段时间达到稳定燃烧后,开启加料系统加料,并逐步提高送风量和排风机抽力到正常状态,待温度达到1300℃以上,炉料燃烧良好时可停油,点火操作结束。

旋涡炉点火结束后,各部件逐渐受热,炉水温度逐渐升高,产生蒸汽,气压不断上升,从点火到气压升高至工作压力的过程叫升压。

锅炉的升压过程,应根据规程规定的升压速度进行。冷态从点火到并汽的时间,一般为2~3 h,切不可快速升压以防炉内温度急剧升高而使受热面温升过快,使金属部件产生较大的热应力而损坏。为满足炉膛温度均匀升高,控制升压速度,需要及时控制进入炉内的料量。

(4)暖管与并汽。暖管是锅炉启动操作的一部分。因为管的长度较长形状复杂,管道、法兰和各种阀门零部件厚度差别很大,所以对管道的加热也需要较长时间。主蒸汽管道在使用前,先以少量的蒸汽对其预热,使管道温度缓慢上升,称之为暖管。如不进行暖管,高温蒸汽突然涌入，将会使蒸汽管道温度很快上升，因膨胀的不同而使金属管子与其他附件产生过大的热应力和水冲击，损坏设备。

暖管时，开始进入主蒸汽管道的蒸汽将热量传递给管壁和阀门而冷凝成水，由疏水管排出，以后金属温度升高，凝结水量逐渐减少，暖管的升温速度为 2~3℃/min。

并汽就是把启动锅炉与蒸汽母管间最后一个隔绝门打开，使启动锅炉进入蒸汽母管的操作，并汽是锅炉启动的最后阶段。

(5)并汽应具备的条件。启动锅炉的气压略低于蒸汽母管的压力（一般 0.05~0.1 MPa）。启动锅炉气温应比额度值低一些。并汽前，汽包水位应低一些，一般低 30~50 mm。蒸汽品质符合标准，系统运行稳定。

2)旋涡炉运行调节

(1) 燃烧调节。燃烧过程是否稳定，直接关系到炉体运行的可靠性，燃烧过程不稳，将引起蒸汽参数的波动，炉膛温度过低会影响炉料的着火和正常燃烧，使熔炼冶金效果降低，回收率降低，所以燃烧调节是使燃烧工况稳定，保证锅炉安全运行、熔炼过程顺畅的重要条件。

影响炉料在炉内稳定燃烧的主要因素有以下几个方面。

①炉料的粒度、水分。粒度过细，炉料不易抛到炉壁上，粒度过粗则不能实现完全燃烧，水分大则不易下料或下料不均，易产生棚料现象。

②风料配比不合理，旋涡炉炉料和空气比例大约在 1:3 左右，即 1 kg 炉料需 3 m³ 空气，烟气含氧量 3%~4%，过剩空气系数 1.05%。料量大，空气含氧量不足，不能完全燃烧；料量小，过剩空气系数大，使排烟量增大，降低了炉膛温度，影响正常燃烧。

③风口挡板开度大或变形，造成风速降低或风向变化，引起旋转工况不好使燃烧不稳定。

④风口结瘤是在运行过程中影响燃烧状况最常见、最主要的因素，因热风温度相对较低，在出口处由于风的冷却使部分熔渣凝结在水冷壁上结成大的渣瘤，或在风口上形成凸出的"遮檐"，这种情况不但影响着着火区的热烟气回流，使着火迟延，同时还破坏炉内气流的旋转，并迫使风流束改变正常的流向，不能实现切线流动，从而使整个炉内的气流工况和燃烧过程遭到破坏使炉温降低，甚至有可能造成灭火现象。

因此在燃烧调节过程中主要是调节炉料的粒度、水分，合理的风料配比，风口挡板开度和及时扫瘤。

(2) 汽包水位的调节。保持汽包水位正常也是旋涡炉安全运行的重要保证，水位过高时，由于汽包蒸汽空间高度减小，汽水分离效果变差，会增加蒸汽携带的水分，使蒸汽品质恶化，容易造成过热器管壁积盐垢，使管子过热损坏。汽包严重满水会造成蒸汽大量带水，过热汽温急剧下降，引起主蒸汽管道和汽轮机严重水冲击。水位过低，则引起水循环破坏，使水冷壁的安全受到威胁，如严重缺水，处理不及时，会造成炉管爆破。所以在运行中加强水位的监视是十分必要的，汽包正常水位允许变化范围为 ±50 mm。

水位的变化主要是由锅炉负荷、燃烧状况及给水压力的变化产生的。水位的控制调节比较简单，它是依靠给水调节门的开度改变给水量来实现的。采用给水自动调节装置自动调节锅炉的给水量。调节装置除自动外，还可切换为远方手动操作，正常运行中自动调节，在事故及异常情况下改为手动调节。

（3）蒸汽压力的调节。蒸汽压力是蒸汽质量的主要指标，是在运行过程中必须监视和控制的主要参数之一。气压过高或过低，对锅炉和汽轮机的安全、经济运行都不利。压力过高，安全阀万一不动作，轻则超压，严重时可能造成爆管事故，压力过低则减少汽轮机的做功能力，使汽耗增大，经济性下降。

蒸气压力的变化主要是由外界负荷的变化和炉体燃烧工况的变化产生的，但外界负荷变化是客观存在的，因此主要是调节燃烧工况来实现气压的调节。

（4）汽温的调节。过热器出口汽温是蒸汽质量的又一重要指标，也是运行中必须监视和调节的主要参数之一。汽温过高，超过了设备材料的允许工作温度后会加快材料的蠕变，使过热器主蒸汽管道、汽轮机等设备寿命缩短。当超温严重时会造成过热器的爆管。蒸汽温度过低，会降低汽轮机最后几级的蒸汽温度，对叶片的侵蚀作用加剧，严重时会出现水冲击，当压力不变而汽温降低时，蒸汽含热量减少，蒸汽的做功能力减少，汽耗增加，降低了经济性。

汽温的变化是由燃烧工况、锅炉负荷、减温水、给水温度等的变化引起的。汽温的调节主要以调温调水为主。当温度降低时，则适当调节燃烧工况，调整烟气温度，增加烟气量，强化换热面的清扫，增加换热效率等。

（5）产品质量的调节。旋涡炉的产品主要有三种：蒸汽、金属尘及水淬渣。蒸汽的质量调节主要是蒸汽的品质、产汽量、压力和温度等几种参数，前面已作介绍不再重复。

水淬渣主要用于生产矿渣水泥和除锈，若冲渣水温越低，水压力越高，水量越大，则粒度越小。因此，渣粒度可以根据需求用水温、水压和水量进行调整。

含有价金属烟尘质量的高低取决于燃烧的质量。炉料在炉内的燃烧与金属的化学反应时间仅有 2~3 s，要在 2~3 s 完成燃烧与熔炼过程，就必须保证有足够的温度和氧化还原反应的气氛。温度越高，反应越强烈，回收率越高。烟尘质量的高低客观上就能反映出旋涡炉燃烧状况。因此，烟尘质量的调节就是燃烧工况的调节过程。

3）旋涡炉的停运

旋涡炉的停运，一般可分为正常停炉和事故停炉两种。

设备运行的连续性是有一定限度的，必须进行有计划的停炉检修。另外，由于外界因素的影响，根据调度计划，也需停止运行转入备用，这些都属于正常停炉。

当设备由于内部或外部原因发生事故，必须停止炉体运行时，叫事故停炉。根据事故的严重程度，需要立即停止锅炉运行时，称为紧急停炉。若事故不太严重，但为了设备安全不允许继续长时间运行下去，必须在一定时间内停止运行，则为故障停炉。

锅炉的停运是一个冷却过程，在停炉过程中要注意使锅炉体缓慢冷却，停炉过程操作比较简单，但如因操作不当使炉体冷却过度，同样会因各部件的冷却温度不均而产生较大的热应力，引起设备变形或损坏。

（1）停炉前的准备：预先通知原料、汽机、化学和热工值班人员。对系统设备进行一次全面检查，如发现缺陷，应做记录。做好点火设备（油枪）投入的准备，并使其处于良好状态，以便在停炉过程中随时投入稳定燃烧。冬季要加空料仓内炉料，防止冻结。填写好停炉操作记录单。

（2）停炉过程：接到停炉指令后，首先缓慢均匀降低负荷，并逐渐减弱燃烧，减少炉料量和送、排风量，在给料器转数为 200 r/min 以下不能稳定燃烧时，投入油枪稳定燃烧。待加料器停止工作时，油枪供油维持温度一段时间，待压力下降到一定程度时停止供油，送风机在灭火 1 h 后可停车，排风机根据需要控制冷却速度选择停车。随着锅炉负荷的逐渐降低，应相应减少给水，保持汽包正常水位。汽流量、压力的指示无法满足生产需要时，关闭主汽门，与蒸汽母管隔绝，进行解列，停炉操作结束。紧急停炉的操作过程是立即停止加料，保持汽包水位，待压力下降较多时实施与蒸汽母管的解列。

4）运行故障与处理

（1）旋涡炉灭火。旋涡炉在运行中很少出现灭火，因为旋风筒热强度较高，而且旋风筒内壁涂有耐火涂料，形成灼热的熔渣膜。因此灭火产生的原因主要是水冷壁爆管，风口结瘤严重，风口变形等几种原因。

如因水冷壁爆管，风口变形需停炉处理，风口结瘤严重时，则通过扫瘤处理。

（2）粒化箱放炮与堵塞。炉渣在粒化箱内水淬过程中产生放炮现象，是因为炉料中含有 0.6% ~0.8% 的氧化铜，在燃烧熔炼过程中被还原成单质形式进入渣中。正常情况由于含量少，随渣淌出，与水反应能量小，不能产生放炮现象。但如炉体燃烧工况不好，熔渣温度低，流速变慢，因铜的密度大于炉渣，则在炉底沉积。达到一定量时，如遇高温则熔化随渣大量淌出，遇水则可能发生爆炸。

同样在运行工况不好时，炉底上升，熔渣沉积，遇高温后炉渣大量涌出，冲渣水不能全部冲走，造成粒化箱堵塞。处理的方式主要是燃烧工况的调整，保证燃烧稳定，出渣均匀，减少炉渣在炉内的停留时间。

10.1.5　原料制备系统

（1）原料制备。原料制备系统的任务是把残渣球制备成能够满足旋涡熔炼燃烧的合格物料。从残渣球到合格的物料需要经过 5 个阶段，分别是晾晒、运输、破碎、干燥和收集。

蒸馏残渣完整时为椭圆形、黑色，经烧结和蒸馏后有一定强度和孔隙率，蒸馏后残渣球排放时需加水降温，因此含水较高，为 30% 左右。原料制备的第一步为自然晾晒，使其含水降至 20% 以下。

自然晾晒的残渣球经皮带均匀加入高速锤式破碎机（竖井打矿机）内，进行破碎。燃烧炉内的热风也同时进入破碎机内，当残渣球被破碎到一定粒度，在排风机产生的负压作用下，达到其飞翔速度时，同热风一道被吸出破碎机，进入管道中，完成了破碎过程。

燃烧炉通过煤粉的燃烧产生的热风是残渣球干燥的热源。热风在破碎机内就与残渣充分混合。同时炉料在管道传输的过程中进行进一步干燥。这种热气流与被干燥物料表面直接接触，并使被干燥物料呈均匀、分散、悬浮状态，湿物料与热气流在共同流动过程中，使水分得到蒸发的方式叫载流干燥，又叫瞬时干燥。这种干燥方式速度快、强度大、换热效率高，适应残渣加工需求量大，干燥时间短的要求。

经过破碎机干燥的合格物料（含水 5% 以下，粒度 0.841 mm 以下）被收尘器捕集。旋涡炉的收集过程由两部分组成。第一级为高效旋涡收尘器，主要收集粒度在 0.841 ~0.075 mm 的物料。第二级为布袋收尘器，主要收集 0.075 mm 以下粒度较细的物料，收集的物料被送至料仓存储，废气则经烟尘排空。具体工艺流程见图 10 - 3。

（2）主要技术条件和经济指标。残渣球晾晒场，最大堆存量 4 万 t；干残渣贮备周期 10 天；竖井打矿机处理能力 ≥7.5 t/(h·台)；干燥残渣煤耗率 <7%（以炉料量计算）；干燥废气

煤漏　　　　　残渣

↓　　　　　　↓

　　　　　　晾晒

吊车　　　　吊车

↓　　　　　　↓

打煤机　　　皮带

↓　　　　　　↓

热风炉 ──热风──> 竖井打矿机　　烟囱

↓　　　　　　↓　　　　　　↑

送风机　　　管道　　　　排风机

　　　　　　↓　　　　　　↑

　　　　旋风收尘器　　FD布袋

　　　　　↓　　　　　　↑

　　　　炉料　　　　　细料

　　　　　└──→ 料仓 ←──┘

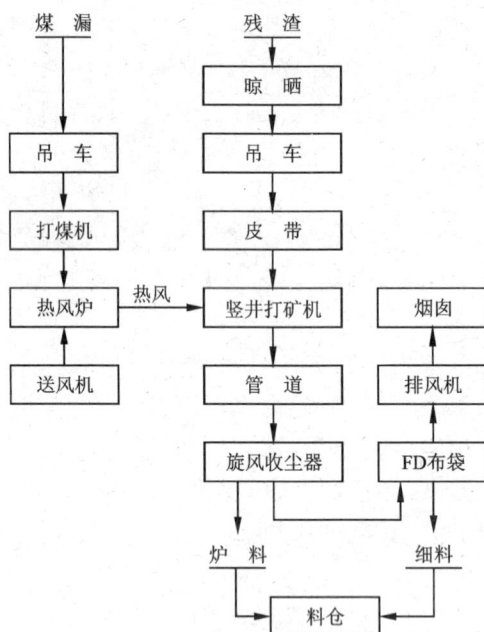

图 10 - 3　原料制备系统工艺流程

含尘 <80 mg/m³ (标)。残渣化学组成成分见表 10 - 1。炉料发热值 10000 kJ/kg。炉料含水 <5%,粒度 0.841 mm 以下。

表 10 - 1　残渣化学组成成分 (%)

组成	Zn	Pb	Cu	Ag	S	Al	Fe	Ca	Mg	SiO₂	C	H₂O
含量	±2	0.5~1	0.6~0.8	0.001~0.015	0.2~0.3	1~2	15~20	2~3	1~2	10~15	±30	30

(3)主要设备。破碎系统:残渣的破碎设备主要有对辊破碎机、刺辊破碎机、低速钢球磨矿机、中速风扇磨矿机、高速锤式破碎机,反击板式破碎机等几种形式。某厂采用高速锤式竖井打矿机,型号为 φ1300 mm × 2004 mm 型,转数 735 r/min,功率 2000 kW,这种破碎机优点是干燥破碎在一个设备中进行,金属消耗和投资小、耗电少、运行费用低,磨制物料粒度均匀等,处理能力最大 8.03 t/h,满足旋涡炉最大熔炼 7.72 t/(h·台)的需要。

干燥系统:残渣球干燥所需热源由燃烧炉燃烧煤产生,燃烧炉型号:$L \times B \times H = 4638$ mm × 3712 mm × 3500 mm,燃烧炉是一个独立的燃烧系统,有自己的煤粉制备、加料、送风设备。燃烧室用耐火砖砌筑而成,尾部出口热风管道同竖井打矿机连接,传送热风,热风流量 3.2 万 m³/h,耗煤量 0.6 t/h,煤耗率 <7%。

收尘系统:原料制备配备两级收尘器。一级为高效旋涡分离器 $D = 3.4$ m,收尘效率 80%,主要收集 0.841~0.075 mm 粒度较大的炉料颗粒,收集的炉料进入料仓,尾部设 2 级布袋收尘器,型号为 FD510 = 148,过滤面积 510 m²,入口含尘 <200 g/m³,出口排放 <80

mg/m^3（标），收尘效率99.5%，主要收集粒度 <0.075 mm 的细料，收集的细料通过刮板传送至细料仓，再由气力提升泵送至料仓或旋涡炉内。

10.2　顶吹炉熔池熔炼粗铜

10.2.1　基本原理

处理竖罐炼锌残渣和冶炼铜精矿生产铜锍两种工艺结合起来，不但渣中的碳为炼铜提供热源，银也富集在铜锍中，铅锌富集在烟尘中，单独回收，为处理竖罐炼锌残渣开辟了一条新工艺。在熔池熔炼炉如澳斯麦特炉熔池内，熔体、炉料、气体之间造成强烈搅拌与混合，大大强化热量传递、质量传递和化学反应速度，以便在燃料需求和生产能力方面产生较高的经济效益。澳斯麦特法工艺流程见图 10-4。

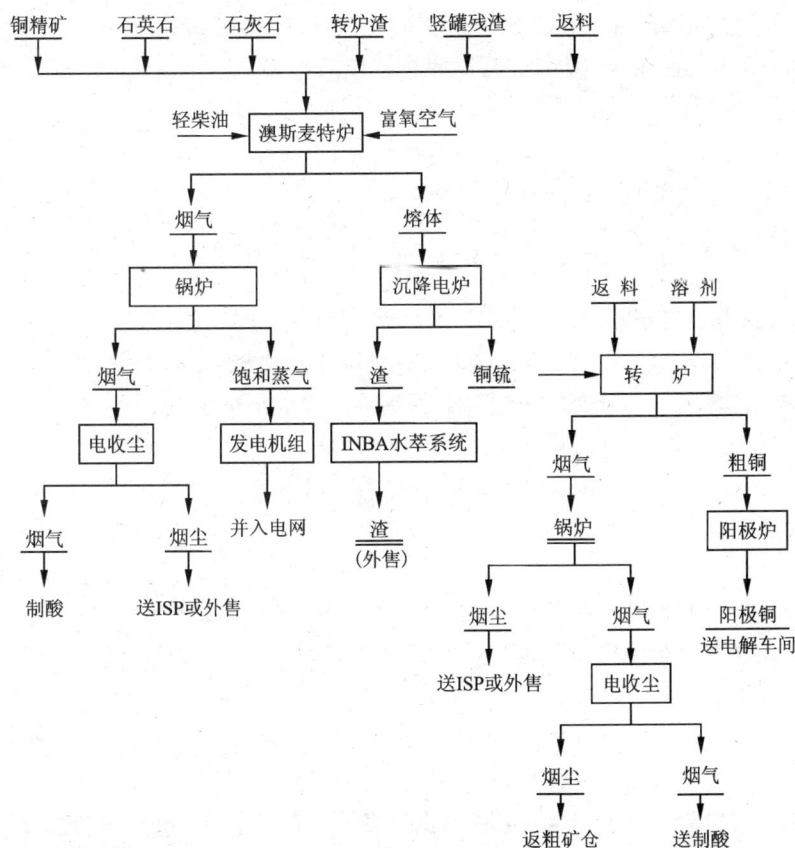

图 10-4　澳斯麦特（Ausmelt）法工艺流程

处理竖罐炼锌残渣与冶炼铜精矿生产铜锍结合在一起有如下优点：可以解决竖罐残渣的最优化处理问题；解决铜冶炼能耗高的问题；回收残渣中的炭并为铜冶炼提供反应热且副产蒸汽；残渣中的银、铅、锌等得到富集，便于后续工艺的回收。

该工艺连续操作，在两个炉子内进行。

熔炼：加入的铜精矿、锌竖罐残渣、返料和熔剂在澳斯麦特炉内连续熔炼。工艺要求的熔炼温度为1200℃。

沉降/还原：熔体从熔炼炉堰口经溜槽连续排放入沉降炉，在沉降炉内进行冰铜和渣沉降。沉降炉渣表面的温度保持在1250℃。

原料处理系统向澳斯麦特熔炼炉传送的混合料的组成如下：铜精矿，返料，熔剂，锌竖罐残渣。每种原料经控制系统准确称重，然后混合加入炉内，铜精矿加入适量的水制粒。

熔炼工艺的操作温度是1200℃，竖罐残渣中的碳与通过喷枪喷入炉中的辅助燃料轻柴油的燃烧为熔炼炉提供能量，满足放热熔炼反应。燃烧和熔炼需要的空气和氧气通过喷枪喷入熔池内。使用富氧可降低燃料消耗和减少烟气量，提高烟气中的SO_2含量。

在熔炼过程中，铜锍和渣以混合物形式通过堰口和溜槽被连续排入沉降炉中。同时设置独立的排放口和溜槽使熔炼炉可按沉降炉的需要排放和进行操作。

熔炼工艺中发生的主要化学反应如下：

精矿中的铜主要以黄铜矿($CuFeS_2$)的形式存在，铁以硫铁矿(FeS_2)、磁硫铁矿(FeS)和赤铁矿(Fe_2O_3)等形式存在，相应地，其原料分解反应是：

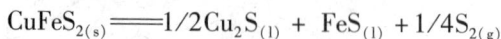

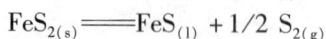

$$CuFeS_{2(s)} = 1/2Cu_2S_{(l)} + FeS_{(l)} + 1/4S_{2(g)}$$

$$FeS_{2(s)} = FeS_{(l)} + 1/2 S_{2(g)}$$

对于原料中存在的碳酸盐，分解反应将是：

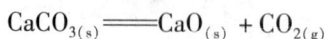

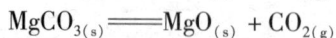

$$CaCO_{3(s)} = CaO_{(s)} + CO_{2(g)}$$

$$MgCO_{3(s)} = MgO_{(s)} + CO_{2(g)}$$

硫化物氧化，熔池中的硫化物通过氧化反应将消耗氧气并放出热量：

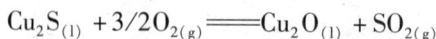

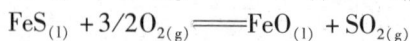

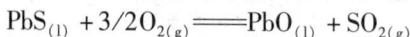

$$Cu_2S_{(l)} + 3/2O_{2(g)} = Cu_2O_{(l)} + SO_{2(g)}$$

$$FeS_{(l)} + 3/2O_{2(g)} = FeO_{(l)} + SO_{2(g)}$$

$$PbS_{(l)} + 3/2O_{2(g)} = PbO_{(l)} + SO_{2(g)}$$

$$ZnS_{(l)} + 3/2O_{2(g)} = ZnO_{(l)} + SO_{2(g)}$$

黄铜矿和硫铁矿生成的不稳定硫的燃烧也会在熔池中发生：

$$S_{2(g)} + 2O_{2(g)} = 2SO_{2(g)}$$

活性硫的燃烧在处理黄铜矿和硫铁矿料的几个澳斯麦特装置中进行过研究。这些研究表明活性硫的燃烧发生在熔池内而不是在炉子的净空间中。

渣池中会发生如下反应

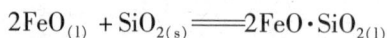

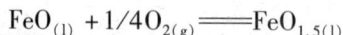

$$2FeO_{(l)} + SiO_{2(s)} = 2FeO \cdot SiO_{2(l)}$$

$$FeO_{(l)} + 1/4O_{2(g)} = FeO_{1.5(l)}$$

应该注意到三价氧化铁$FeO_{1.5(s)}$也将依据其在渣中的磁铁矿(Fe_2O_3)含量给出报告。

喷枪喷入的轻柴油的燃烧涉及的反应是碳氢化合物与氧的放热反应：

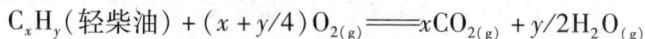

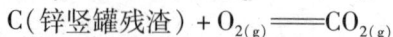

$$C_xH_y(轻柴油) + (x + y/4)O_{2(g)} = xCO_{2(g)} + y/2H_2O_{(g)}$$

$$C(锌竖罐残渣) + O_{2(g)} = CO_{2(g)}$$

熔池反应逸出的气态物质在熔池上方与套筒风和漏入空气发生燃烧反应是二次燃烧：

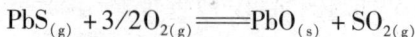

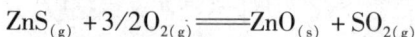

$$PbS_{(g)} + 3/2O_{2(g)} = PbO_{(s)} + SO_{2(g)}$$

$$ZnS_{(g)} + 3/2O_{2(g)} = ZnO_{(s)} + SO_{2(g)}$$

$$CO_{(g)} + 1/2O_{2(g)} = CO_{2(g)}$$

烟气中挥发的金属在离开澳斯麦特熔炼炉后,将在烟气处理系统中被进一步氧化、冷凝和硫酸化。

本工艺提供一种处理竖罐炼锌残渣的新方法,它既能充分利用残渣中的炭为冶金炉提供热源,余热回收利用,又能使银得到富集,有利于后续提银的处理,同时还能使残渣中的铅锌等有价金属富集后进行提取回收。该工艺将锌冶金和铜冶金有机结合在一起,使同一冶金熔炉同时完成多项冶金过程。这一冶炼过程明显有别于传统的顶部喷吹熔池熔炼技术,即残渣球既作为铜冶金的燃料,又作为原料参与了冶金过程,同时进行了铜、铅、锌、银的冶炼,实现了多元化冶金。具体的工艺流程为:将竖罐残渣和铜精矿、石英石、石灰石、P–S 转炉渣由熔炼炉的加料口加入,通过喷枪射入氧、空气和轻柴油,在 1200℃下反应生成含铜 50% 的铜锍和含铜 0.65% 的弃渣。竖罐残渣中的银富集到铜锍中。残渣中的铅、锌挥发到烟气中。经过余热锅炉和电收尘器收集得到铅锌烟尘,这部分烟尘加入到铅锌密闭鼓风炉中回收铅锌。残渣中的碳提供反应热,余热在锅炉系统中加以回收,可用于发电或工业加热。

10.2.2 主要技术条件

(1)精矿成分(%):Cu 22.50;Pb 2.00;Zn 3.00;Fe 25.00;Ag 0.0200;As 0.3000;Au 0.0002;Fe_2O_3 3.09;SiO_2 6.00;Al_2O_3 1.00;$CaCO_3$ 1.78;$MgCO_3$ 2.09;其他 3.3734。

(2)残渣加入率:总入炉炉料的 5% ~6%。

(3)处理精矿量:50 万 t/a。

(4)喷枪供风量:216066 m^3/a。

(5)喷枪供氧量:107482 m^3/a。

(6)富氧浓度:40%。

(7)炉子烟气量:371381 m^3/a。

(8)熔池温度 1200℃。

(9)炉子作业率:80%。

(10)炉寿:12 个月。

(11)喷枪头更换周期:5 天。

(12)烟气 SO_2 浓度:12.7%。

(13)锍品位:50%。

(14)炉渣含铜:<0.65%。

(15)炉渣含 Fe_3O_4:5.00%。

(16)炉渣 $m(SiO_2)/m(CaO)$:5.2 ~5.5。

(17)贫化渣温度:1250℃。

10.2.3 主要设备

主体设备为一个 ϕ4.4 m 的澳斯麦特炉,见图 10–5。炉体内衬由绝热耐火材料砌筑,在炉壁和外壳钢板之间为捣打厚度 50 mm 左右的高导热性石墨层,炉底砌成反拱形,安全口倾斜砖下面用捣打料打出 600~700 mm 的反拱形状。炉顶盖的不规则形状用耐火浇注料浇注而成,设有加料口、测量口、取样口等,并与余热锅炉相连接。

作为熔池熔炼系统，用澳斯麦特顶吹浸没喷枪熔池熔炼技术处理铜原料主要是靠原料、氧及硫化物和金属相间的反应来完成的。关键的工艺包括原料分解、反应和初步燃烧。容器中的强烈搅动确保了反应快速进行。

技术的核心是一个垂直的悬挂喷枪，其头部浸没在熔化的渣池中。渣通过喷入的燃烧气体（空气和附加氧）混合均匀。控制喷枪中燃烧空气的涡流可使渣冷却并在喷枪外表面形成凝固渣层。这个凝固渣层保护喷枪免受高侵蚀环境的冲刷。

富氧空气和燃料通过喷枪喷入并在喷枪头部燃烧，从而为炉子提供热量。氧化和还原的程度通过调整供给喷枪的燃料和氧气的比率来控制，同时也控制加入的还原煤的比例。

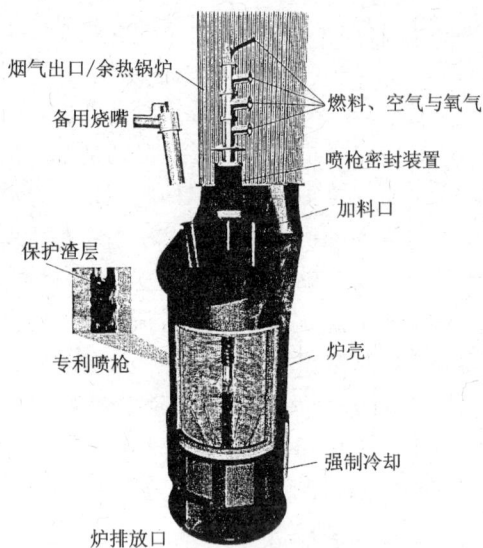

图 10 – 5 澳斯麦特炉简图

澳斯麦特炉的喷枪是"管中管"结构，用不锈钢和低碳钢制造，组合有特殊设计的螺旋气体旋涡式喷嘴，可以使用压缩空气和氧气。澳斯麦特喷枪不是易损件，喷枪头虽然耐磨也需要简单的维修，需短时中断操作而进行一个廉价的维护程序。

喷枪配备有一个专用套筒，可用于提供挥发物和金属的二次燃烧所用空气量。随之而产生的能量部分地被喷溅池回收。

炉子本体是一个高大、密封良好、负压操作的圆柱形装置。加料口、烧嘴入口和喷枪入口的密封装置确保炉气不逸散。炉子衬有耐火材料并能被喷淋冷却、隔热或组合冷却水套以延长炉体寿命。

10.2.4 产品质量及控制

对连续熔炼铜工艺进行有效控制是提高铜锍产量和质量的关键。对澳斯麦特工艺控制系统进行组态可以帮助用户控制室操作员按要求控制炉子操作。PCS 可以确保澳斯麦特炉安全操作并使系统处于设计的生产状态内。不过不是所有的工艺变量都能通过仪器仪表监测，这就需要控制室操作员使用一些测量技术和控制手段及 PCS 控制，以保证工艺条件维持在要求的范围内。

对于这个工艺，有五个主要工艺控制参数需要控制室操作员使用外部的测量和/或控制手段及 PCS 控制。

整个产量是依据澳斯麦特熔炼炉的加料量而由操作员通过 PCS 控制系统调整的。操作员也可以使用 PCS 控制系统调整不同物料的比率从而满足生产需要。要调整加料量就要考虑辅助系统的承载能力，比如喷枪空气和氧气的供应能力、烟气处理系统和产出物处理系统的处理能力等，从而确保不会超负荷工作。

10.2.5 主要技术经济指标及控制

澳斯麦特炉熔炼工艺的特点之一就是生产过程比较简单，控制容易。熔炼过程控制的技术经济指标主要是熔池温度、熔池深度及喷枪的浸没深度，铜锍品位和炉渣的 Fe/SiO_2。炉温为 1200℃左右。熔炼工艺中渣的目标温度是 1200℃，是为了保证有足够的流态渣在炉内有效混合，并使液态渣和铜锍顺利流动进入沉降电炉。避免熔池温度过热而磨损耐火材料。控制熔池温度的初始方法是通过 PCS 调整燃料量，如果炉温低于目标温度就增加燃料量，如果炉温高则减少燃料量。燃料供给的流量控制可通过调整喷枪轻柴油量来实现。加入轻柴油量过低或高于 100 kg/h，就要对竖罐残渣量做同量调整，从而将温度调整在喷枪轻柴油控制的设计范围内。PCS 系统会按竖罐残渣和轻柴油量的变化自动调整喷枪风量和氧量。即根据残渣加入率，富氧浓度及加料量来控制温度。熔池温度通过光学测温计观测熔炼炉堰口产出物液流来指示温度。对于连续排放来讲，这种测温方法不是 100% 可靠和准确。推荐使用浸没式热电偶在熔体传送过程中测温并用肉眼观察渣况。

熔池深度的相对稳定对熔炼炉的正常操作起着很关键的作用。如果熔池高度超过正常高度 200 mm，必须立刻停止生产否则会导致炉子的剧烈喷溅，并在烟气出口的上部、炉顶、加料口、喷枪孔等处形成渣堆积，此外还会在熔池面上形成泡沫渣。当熔池高度低于正常值 200 mm 时需要加入水淬渣熔化，以使熔体高度增加，但这种情况只有在炉子内物料排放完后需要恢复生产时才会发生。

1）澳斯麦特喷枪位置控制

当堰口进行连续操作时，这个工艺中的熔池高度处于恒定高度。为确保熔池中的混合熔体、热量和物质传送处于良好状态，控制喷枪插入渣池中的深度就显得尤其重要。在开始精矿熔炼前，控制室操作员要先对插入渣池的喷枪进行准确定位。控制室操作员可以监控喷枪回馈的压力、喷枪的振动和炉子的响声来确保喷枪在操作过程中定位准确并检查任何变化，确定发生变化的原因及应采取的补救措施。喷枪浸没深度不合适时，会造成熔渣喷溅。喷枪从炉顶开口处插入炉内，喷枪的末端只插到熔渣层内为止，防止插入锍层以免熔化。铜锍品位控制在 50% ~ 60% 是通过调整风料比来实现的。铜锍品位（铜锍含铜%）在熔炼工艺控制过程中是一个关键的参数。设计目标已设定在铜锍含铜 50%，则单位精矿的特定烟气量、原料量和竖罐残渣量将在 PCS 控制系统中设定。这些数值与各自测定的料量一起使用，从而按 100% 理想配比量来计算整个空气需求量。铜锍品位就通过变化熔炼理想配比量调整，从而达到目标值。提高熔炼理想配比量会增加喷枪的空气和氧气量，从而提高铜锍品位，降低熔炼理想配比量会得到相反的结果。在铜熔炼操作过程中，从炉中正常取铜锍样进行分析，从而可以获得调整熔炼理想配比量所需的数据。分析其中原料的变化，对此原料熔炼空气需要量进行适当的调整。

2）渣成分控制

在控制渣成分方面有三个主要参数。第一个控制参数是 Fe/SiO_2 达到 1.4。第二个控制参数是渣中的石灰（CaO）比例。加入的石灰石熔剂的比例是能够使渣中的目标含石灰量达到 5%。第三个是渣中的三价铁含量，特别是磁铁矿含量对渣的性能有很大影响，对控制其他参数也有重要意义，比如铜锍品位、渣中 Fe/SiO_2 和渣温度。

在铜熔炼操作过程中，渣样定期从炉中取出进行分析，以获得调整熔剂加入量所需的数据。使用取样棒从流过堰口的产物中取得渣样。根据所取渣样的分析，操作员可以调整石灰石和石英石的加入比例，从而对 Fe/SiO_2 和渣中 CaO 量的偏差进行修正。渣化学成分控制可以帮助操作人员有效和相对稳定地实现对铜锍品位的控制，防止氧化铁量的较大变化而影响渣量。因为渣中三价铁的含量(磁铁矿)会极大地影响液体温度和渣的黏度。为便于操作，渣中磁铁矿的含量应降到 5% ~ 8%。当铜锍品位和渣中 Fe/SiO_2 提高时，磁铁矿含量也会升高。澳斯麦特炉在正常操作温度下操作，工艺设计目标是实现流动、可用的渣成分。根据熔炼阶段的相关相图(见图 10 - 6)，形成渣的化学性质应该处在橄榄石初始相区域。石英石的加入是为了实现希望的 Fe/SiO_2 为 1.4。加入石灰石是为了实现渣中 CaO 量为 5%。

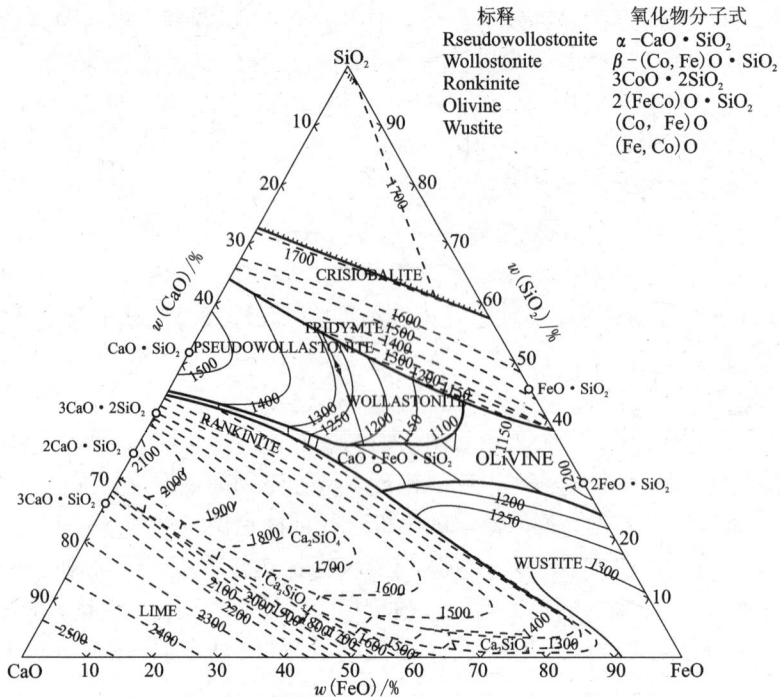

标释	氧化物分子式
Rseudowollostonite	$\alpha - CaO \cdot SiO_2$
Wollostonite	$\beta - (Co, Fe)O \cdot SiO_2$
Ronkinite	$3CoO \cdot 2SiO_2$
Olivine	$2(FeCo)O \cdot SiO_2$
Wustite	$(Co, Fe)O$
	$(Fe, Co)O$

图 10 - 6 熔炼阶段相图

从贫化炉内不容易形成炉结考虑对于熔炼炉渣中的 Fe_3O_4 含量应该限制在 5% 以下。

10.3 竖罐残渣回收技术的新思路

10.3.1 澳斯麦特技术处理锌浸出渣的理论与实践(背景技术)

澳斯麦特技术是近二十年发展起来的强化熔池熔炼技术，该熔炼技术在各种有色金属冶炼、钢铁冶炼及冶炼残渣回收处理方面都曾应用。在锌浸出渣处理方面，澳斯麦特技术也创造了许多业绩。

利用澳斯麦特技术处理锌浸出渣的最成功工业化应用范例是韩国锌公司温山冶炼厂。韩国锌公司温山冶炼厂 1978 年开始锌的生产，当时的产能为 5 万 t/a，随着韩国国内锌需求的增长，到 1998 年锌产量已经达 32 万 t/a，铅产量 13.5 万 t/a。

在逐渐扩产的过程中，温山冶炼厂硫化锌精矿的处理，采用了焙烧工艺，也采用了空气直接浸出工艺。对浸出液中铁的脱除，最早使用针铁矿除铁工艺(Goethite)，后来受场地的限制，也使用了黄钾铁矾除铁工艺(Jarosite)以及常规的两段浸出和澳斯麦特技术结合的工艺。通过所有这些工艺的应用实践，韩国锌公司认为，澳斯麦特工艺处理锌渣是最理想的渣处理工艺，最主要的原因是利用澳斯麦特技术处理浸出渣，产出的弃渣惰性强、对环境不产生任何不良影响。

韩国锌公司温山冶炼厂于 1995 年 8 月采用澳斯麦特技术处理锌渣，产出无害弃渣并将各种有价金属回收在产出的氧化烟尘中。设计锌渣处理量 12 万 t/a(干量)。锌渣的组成为：针铁矿(Goethite)渣 45%，QSL 渣 32%，锌浸出渣 23%。三种渣的成分见表 10 - 2。

表 10 - 2　三种渣的主要成分及入炉平均值(%)

项目	Zn	Pb	Cu	FeO	Sb	$Ag/(g \cdot t^{-1})$
针铁矿渣	15.5	1.9	39.9	1.1	0.1	130
QSL 渣	12.6	5.1	27.9	0.1	0.7	20
锌浸出渣	21.3	5.3	32.3	1.4	0.1	246
入熔炼炉平均	16.47	4.1	33.37	0.87	0.3	132

锌渣含水分要求为 25%~30%，随锌渣配入炉内的有一定量的块煤和石英石。炉子系统包括两台炉，第一台炉为氧化气氛，喷枪喷入粉煤和 40% 的富氧空气，第一炉的熔渣进入第二炉，第二炉为强还原性气氛，喷枪喷入粉煤和空气，并加入还原煤。第一炉的含尘烟气含有 SO_2，在一个专利洗涤塔内收集氧化烟尘，并把 SO_2 浓度富集到满足制酸要求。第二炉的含尘烟气不含 SO_2，采用普通的布袋收尘器收集烟尘。两个炉子的烟气均经余热锅炉和电收尘降温。第一炉(熔炼炉)操作温度 1270~1290℃，第二炉(还原炉)操作温度 1300~1320℃。

第二炉产出的弃渣从炉底排出口排出，用高压水冷却，通过调整高压冷却水的压力和温度来控制弃渣的粒度以满足水泥厂的要求，高压水循环使用。

弃渣含 Zn 3.5%，Pb 0.3%，FeO 43.7%，Cu 0.5%，Sb 0.1%，Ag 22 g/t。两台炉产出的烟尘成分见表 10 - 3。

表 10 - 3　烟尘成分 (%)

项目	Zn	Pb	FeO	Cu	Sb	$Ag/(g \cdot t^{-1})$
熔炼炉	49.5	15.4	0.9	0.3	0.3	401
还原炉	67.1	8.0	3.2	0.2	0.2	160

锌渣中有价金属入烟尘的回收率可达到如下水平：Zn 83%，Pb 93%，Ag 71%，In 70%，Ge 90%。

值得注意的是，在还原炉底部还产出了一种含锑、钴的砷、锑化铜渣，大致成分为：Cu

64.5%，Sb 19.9，FeO 2.1%，Ag≥950 g/t，这是一种可以回收的有价渣，若考虑到这种渣中银的回收，则锌渣中银的回收率可达85%，铜的回收率可达45%。

10.3.2 以竖罐残渣为燃料，采用澳斯麦特技术处理锌浸出渣

由于竖罐炼锌残渣含碳量高，可以认为是一种低热值的燃料，如果能够作为冶金反应的燃料，不但能变废为宝，还能降低冶金过程的能耗水平。经多方面论证，可以实现在澳斯麦特技术下利用竖罐残渣为燃料处理常规两段浸出的锌浸出渣。下面结合某企业实际对实施这一工艺设想做详细的阐述。

1）主要原料成分

锌浸出渣成分及竖罐残渣成分见表 10 – 4、表 10 – 5。

表 10 – 4　锌浸出渣成分（%）

Zn	Pb	Cu	Fe	S	SiO$_2$	CaO	Ag/(g·t^{-1})
23.6	3.7	0.7	25.4	6.5	8.2	0.9	150

表 10 – 5　竖罐残渣成分（%）

Zn	Pb	Cu	Fe	C	S	CaO	SiO$_2$	热值(MJ·kg^{-1})
1	0.7	0.8	20.1	34.2	3.6	0.4	10.7	14.9
2	0.7	0.77	20.0	33.9	3.4	0.39	10.5	14.8
6	0.67	0.75	19.5	33.1	3.1	0.37	9.8	14.4

2）工艺描述

由于常规两段浸出的锌浸出渣相对含锌较高，故采用两台澳斯麦特炉组成的双炉系统，第一台炉为氧化性气氛，第二台炉为还原性气氛，两台炉均为连续进料连续出料。竖罐残渣作为主要燃料以原料方式加入炉内，少量的粉煤作为辅助燃料通过喷枪加入炉内用于协助炉内的温度控制。熔炼炉的原料包括锌浸出渣、石英石熔剂和竖罐残渣。

在熔炼工艺中，将产出锌、铅混合氧化尘和渣。熔炼炉产出的渣通过一个溢流堰连续排出，并转运到还原炉。在还原炉内，继续发生锌和铅的烟化，弃渣连续地从炉内排出，作为无害渣用于制作水泥等建筑材料。简要工艺及设备流程见图 10 – 7。

3）主要设备

（1）熔炼炉。熔炼炉在锌浸出渣处理量为 130000 t/a 时规格为 φ5.0 m，在锌浸出渣处理量为 60000 t/a 时规格为 φ3.4 m。炉内操作温度 1300℃，锌浸出渣和竖罐残渣连续地加入炉内完成熔炼过程。为了形成理想的渣型，需要加入石英石添加剂。为了降低燃料消耗，在熔炼过程中使用40%富氧浓度的空气。

熔炼炉的产品是需要进一步还原的渣和连续排出的含铅、锌粉尘的烟气。熔炼炉的侧面有一个排出堰，熔渣通过排出堰连续地排出，经溜槽流到熔炼炉相对一侧还原炉的入口堰。

（2）还原炉。还原炉在锌浸出渣处理量为 130000 t/a 时规格为 φ3.9 m，在处理量为

锌浸出渣、石英石溶剂和竖罐残渣

粉煤、富氧空气

氧化炉

铅、锌氧化烟尘   渣   竖罐残渣   空气
(回收铅、锌)

还原炉

铅、锌氧化烟尘   无害渣
(回收铅、锌)   (出售给建材企业)

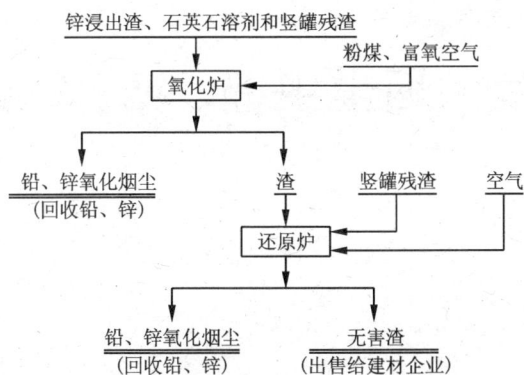

图 10-7 简要工艺及设备流程图

60000 t/a 时规格为 φ2.8 m。炉内操作温度 1350℃，处理的是来自熔炼炉的连续流入的液态渣，为了达到较好的渣含锌、铅水平，还需要添加一定量的竖罐残渣作为燃料和还原剂。同时向炉内鼓入空气以提高锌挥发速度，从而降低渣含锌。

还原炉的产品是弃渣以及连续排出的含锌、铅氧化尘的烟气。还原炉的另一侧设置排出堰，通过它连续排出弃渣，弃渣通过溜槽流到制粒槽制粒。

(3) 喷枪。燃料煤、空气和氧气通过澳斯麦特喷枪喷射到澳斯麦特炉内，澳斯麦特喷枪不损耗，但枪头是易损部分，由检修人员定期修理。每个炉子配备一个操作喷枪和三个备用喷枪以保证在检修喷枪时连续生产。操作喷枪在每台炉内位置的移动通过机械化升降机实现。喷枪与空气、氧气和燃料供应系统通过灵活的软管连接。

(4) 烟气处理系统。从澳斯麦特炉系统产出的烟气，在一个高温烟气处理系统中冷却和净化。可以使用常规的、极易掌握的烟气处理设备。烟气经过净化后，通过一个硫固化处理工序，使固化渣满足环保对废弃物堆放的要求。

4) 预计达到的指标

预计的烟尘产品组成情况见表 10-6，预计渣含锌≤2%，含铅≤0.2%。锌、铅入烟尘的回收率为 96%。

表 10-6 产品组成概况（%）

元素	竖罐渣含锌 1%		竖罐渣含锌 2%		竖罐渣含锌 6%	
	烟尘	渣	烟尘	渣	烟尘	渣
Zn	63.0	2.0	63.6	2.0	66.0	2.0
Pb	13.3	0.2	12.8	0.2	10.9	0.2
Cu	0.0	1.1	0.0	1.1	0.0	1.1
Fe	1.6	37.8	1.6	38.1	1.4	39.9
S	1.1	0.3	1.1	0.3	1.0	0.3
SiO$_2$	1.2	25.2	1.1	25.5	1.0	26.7
CaO	0.2	4.6	0.2	4.7	0.2	5.0

第 11 章　烟尘中镉、铟、锌的回收

11.1　镉的回收

11.1.1　概述

镉在自然界中以硫化镉的形态存在，在地壳中含量很少，为 $0.1 \sim 0.2$ g/t，它没有单独的矿床，常与铅、锌矿共生。所以，提镉的主要原料来源于锌冶炼的副产物即湿法炼锌的净化渣，铟生产过程中除镉渣或火法炼锌的含镉烟尘及高镉锌等。

镉的主要矿物为硫化镉，赋存于锌矿、铅锌矿和铜铅锌矿石中。浮选过程镉主要进入锌精矿中。因此，随着炼锌工业的发展，镉产量显著增加。

镉的冶炼方法一般分为火法、湿法与联合法。由于火法炼镉回收率低，现已很少使用。我国的大型炼锌厂多数采用湿法炼镉，或联合法炼镉。湿法炼镉主要工序是：锌粉置换沉积海绵镉、海绵镉浸出、净液、电解和熔化铸锭。联合法炼镉的主要工序是：镉尘硫酸化焙烧、浸出、净液、置换、压团熔铸和粗镉精馏精炼。

11.1.1.1　镉的物理化学性质

(1)物理性质。镉是一种银白色金属，原子序数 48，原子量 112.4，密度 8.65，熔点 320℃，沸点 767℃，性质与锌相似，但比锌更易挥发，所以在火法炼锌过程中，镉大部分进入烟尘、烟气中。镉是一种软金属，莫氏硬度为 2，延展性较好，可以锻压成薄片，拉成细丝。镉能与许多金属组成各种合金，改善金属机械性能。

(2)化学性质。镉在元素周期表中属于第 Ⅱ 族的副族元素，化学性较活泼。镉在高温下遇空气燃烧生成红色氧化镉粉末：

$$2Cd + O_2 \longrightarrow 2CdO$$

在 $900 \sim 1000℃$，氧化镉显著挥发。镉在熔融时与硫作用发生硫化反应，形成硫化镉，其化学性质较稳定。镉抗腐蚀性强，与锌相似。常温和干燥空气中不发生氧化作用。在潮湿和含二氧化碳的空气中易被氧化，表面生成一层致密的膜，保护内部的镉不再氧化，而在碱性气氛和碱溶液中不被腐蚀。

镉在常温下不与水作用。但当水中有空气存在时，镉粉在搅拌下可生成氢氧化物和过氧化物。镉在常温下不与卤族元素反应，只有熔融镉与之作用生成相应的卤化物($CdCl_2$、$CdBr_2$、CdI_2)。

11.1.1.2　镉的化合物

氧化镉(CdO)为红色粉末，密度为 8.2 g/cm^3，性质稳定，加热到900℃以上才发生分解，不溶于水和强碱溶液中，与酸作用生成相应的盐：

$$CdO + H_2SO_4 \longrightarrow CdSO_4 + H_2O$$

低温得到的氧化镉为灰色，在 800～900℃时煅烧转变成略带金属光泽的暗褐色；由氢氧化物得到的氧化镉在 350℃煅烧呈绿色，在 800℃时为暗蓝色。氧化镉能被 C、CO 及 H_2 还原。其反应如下：

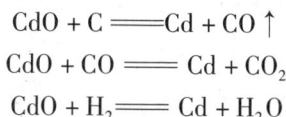

$$CdO + C \Longrightarrow Cd + CO \uparrow$$
$$CdO + CO \Longrightarrow Cd + CO_2$$
$$CdO + H_2 \Longrightarrow Cd + H_2O$$

气态镉与水蒸气作用也可生成氧化物和氢氧化物。

在有硫或硫化氢存在的条件下，加热金属镉可得到黄色硫化镉。以硫化氢通过含镉离子的溶液生成黄色硫化镉沉淀，用此法可以粗略地检验溶液中镉离子的存在。

自然矿物中的硫化镉赋存于锌矿中，跟锌矿类似，是六方晶体，镉溶于浓盐酸、硝酸、沸腾稀硫酸和三价铁盐的溶液中。

硫化镉是难溶于水和不溶于稀酸的硫化物，能溶于浓的盐酸或硫酸，与稀硝酸共热时 S^{2-} 被氧化成 S：

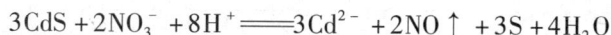

$$3CdS + 2NO_3^- + 8H^+ \Longrightarrow 3Cd^{2+} + 2NO \uparrow + 3S + 4H_2O$$

硫化镉是一种黄色颜料，称为镉黄。在制备荧光剂时也常用 CdS。

硫化镉在氧化气氛下加热，被氧化成硫酸盐或氧化物。生成物的形式取决于焙烧温度。其化学反应为：

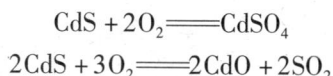

$$CdS + 2O_2 \Longrightarrow CdSO_4$$
$$2CdS + 3O_2 \Longrightarrow 2CdO + 2SO_2$$

锌精矿焙烧时硫化镉大部分转化为氧化镉和硫酸镉，仅少量仍以硫化镉状态挥发进入烟尘。

硫酸镉为白色结晶，属于菱形晶系，易溶于水，但不溶于酒精，正硫酸盐在加热时变成碱式盐。硫酸镉的溶液与碱作用时生成沉淀。硫酸镉溶液与金属锌作用产生金属镉沉积物和相应的盐溶液。

硝酸镉在一般条件下，由镉与硝酸（稀）作用而生成。其反应式为：

$$10HNO_3 + 4Cd \Longrightarrow 4Cd(NO_3)_2 + NH_4NO_3 + 3H_2O$$

氢氧化镉在含 Cd^{2+} 的溶液中加入 NaOH 溶液即有白色的 $Cd(OH)_2$ 析出。它溶于酸但不易溶于碱，也是一种碱性占优势的氢氧化物。如果将浓的强碱和 $Cd(OH)_2$ 长时间煮沸，可得到可溶性的镉配合物：

$$Cd(OH)_2 + 2OH^- \Longrightarrow Cd(OH)_4^{2-}$$

加热，$Cd(OH)_2$ 脱水而得到 CdO：

$$Cd(OH)_2 \overset{\triangle}{\Longrightarrow} CdO + H_2O$$

镉的卤化物（$CdCl_2$、$CdBr_2$、CdI_2）是熔融的镉与氯、溴、碘反应而生成的卤化物。

11.1.1.3 镉的主要用途

(1)电镀。世界上 40%以上的镉用于电镀，这是由于镉的防腐性能好。

(2)电池。以镉为主要原料生产的 Ni–Cd 电池。

(3)其他。用于制造合金、颜料、焊料和原子能反应堆的控制与调节材料等。

11.1.2 原料

铅锌冶炼过程中的副产物,如湿法炼锌过程中的铜镉渣和火法炼锌、炼铅的含镉烟尘都是提镉原料。

(1)火法炼锌的烟尘。火法炼锌一般采用高温氧化焙烧。铅、镉等杂质金属挥发进入烟尘中,由高温电收尘得到一部分含镉品位较低的电尘。而管道、漩涡收集的重力尘,经二次焙烧脱镉、脱铅、脱硫,挥发进入管道、漩涡和电收尘的烟尘含镉品位较高。在生产中,习惯称前者为红镉尘,后者为白镉尘。

此外,团矿焦结过程中挥发的焦结氧化锌烟尘也会有一定量的镉。

火法炼锌烟尘成分见表 11 – 1,各种烟尘的物相组成见表 11 – 2。在烟尘中各种盐的存在形态是硅酸镉、铁酸镉、硅酸锌、铁酸锌、铝酸锌、砷酸锌、砷酸铅等。

表 11 – 1   火法炼锌烟尘成分(%)

烟尘	Cd	Zn	Pb	S	As	Fe
电收尘	>4	<40	<30	<10	<2	<0.9
白镉尘	>15	<30	<30	<10	<2	<0.9
红镉尘	>8	<40	<25	<10	<1	<10
焦结氧化锌	>1.5	50	<10	–	–	<0.1

表 11 – 2   各种烟尘的主要物相组成(%)

烟尘	CdO	CdSO$_4$	CdS	全 Cd/物 Cd	ZnO	ZnSO$_4$	ZnS	全 Zn/物 Zn
白镉尘	1.03	2.07	21.2	24.96/25.12	4.94	0.93	0.5	21.6/21.7
红镉尘	0.69	0.86	2.76	4.86/4.81	23.9	4.23	4.12	40.9/40.1
电尘	0.34	2.41	2.41	3.5/4.1	24.3	7.8	7.8	40.4/40
烟尘	PbO	PbSO$_4$	PbS	全 Pb/物 Pb	Fe$_2$O$_3$	Fe$_3$O$_4$	FeS	全 Fe/物 Fe
白镉尘	7.44	1.53	0.39	29.3/29.5	0.8	1.2	0.05	2.05/2.0
红镉尘	5.0	3.85	0.58	22.7/22.5	9.8	9.6	0.2	19.6/19.2
电尘	6.15	5.35	0.39	28.2/28.01	0.75	7.2	0.2	8.15/8.2

(2)湿法炼锌的铜镉渣。湿法炼锌过程中,锌精矿经焙烧后大部分金属硫化物转变成氧化物和少量可溶性硫酸盐。在浸出时,锌与铜、镉、铁、砷等一起进入溶液,在电解前采用置换法净液,铜镉等杂质金属被分离沉积,从而获得炼镉原料——铜镉渣。铜镉渣的化学成分见表 11 – 3。

表 11 - 3　湿法炼锌铜镉渣成分（%）

工厂	Cu	Zn	Cd	Fe	As	Sb	Co	H₂O
1	>5	<10	>0.5	–	–	–	–	<55
2	1.5~4.5	35~50	5~10	–	–	–	–	–
3	3~8	30~35	4~12	–	–	–	–	–
4	4~5	40~45	3~5	0.8~1	0.1~0.5	<0.05	0.1~0.2	–

11.1.3　镉回收的生产工艺

11.1.3.1　浸出

1）原理

最早的生产工艺中，原料准备是将红、白镉尘进行酸化焙烧，使硫化物转变为硫酸盐。由于硫酸焙烧产生大量硫酸烟，造成低空危害，目前已经淘汰。

如今，采用直接浸出技术（见图 11 - 1），实现了全湿法流程，消灭了烟气污染。具体方

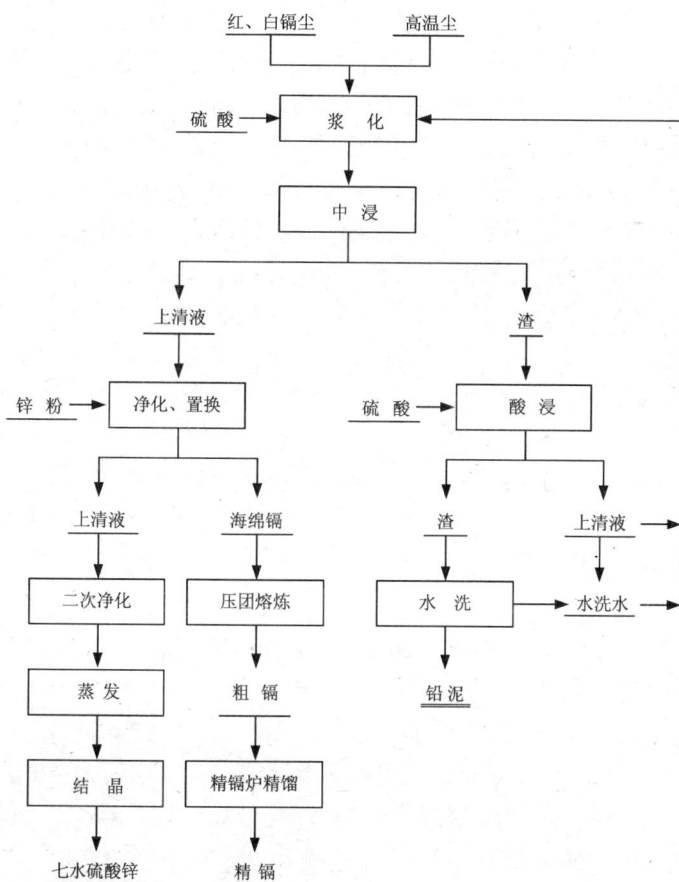

图 11 - 1　镉回收的生产工艺流程

法是，在高温高酸条件下，使硫化物直接浸出。其基本反应为：

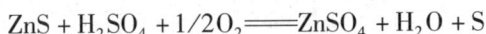

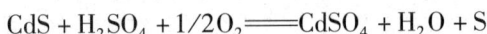

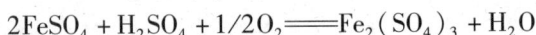

$$ZnS + H_2SO_4 + 1/2O_2 =\!=\!= ZnSO_4 + H_2O + S$$

$$CdS + H_2SO_4 + 1/2O_2 =\!=\!= CdSO_4 + H_2O + S$$

$$ZnS + Fe_2(SO_4)_3 =\!=\!= ZnSO_4 + 2FeSO_4 + S$$

$$2FeSO_4 + H_2SO_4 + 1/2O_2 =\!=\!= Fe_2(SO_4)_3 + H_2O$$

当溶液中没有足够的游离酸保持铁的溶解时，在锌浸出过程中将发生水解反应，铁的沉积物在溶液中以水合氧化铁和黄钾铁矾的形式沉淀。

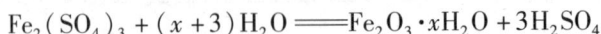

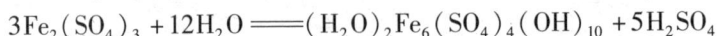

$$Fe_2(SO_4)_3 + (x+3)H_2O =\!=\!= Fe_2O_3 \cdot xH_2O + 3H_2SO_4$$

$$3Fe_2(SO_4)_3 + 12H_2O =\!=\!= (H_2O)_2Fe_6(SO_4)_4(OH)_{10} + 5H_2SO_4$$

含镉烟尘中有价金属大部分以硫酸盐形态存在，易溶于水，浸出时不消耗酸。为提高溶液中锌镉浓度，加一定量电尘(高温尘)、低品位氧化锌，调整溶液的 pH 为 5.0 ~ 5.2。浸出时的化学反应主要是高温尘、氧化锌中的有价金属氧化物与硫酸作用：

$$MeO + H_2SO_4 =\!=\!= MeSO_4 + H_2O - Q$$

$$Me_2O_3 + 3H_2SO_4 =\!=\!= Me_2(SO_4)_3 + 3H_2O - Q$$

烟尘中的各组分在浸出过程中的行为如下。

(1)硫酸盐的溶解。硫酸镉在水溶液中的溶解度随温度升高而增加。当焙烧矿浆化时，固体硫酸镉分子便从焙烧矿的表面脱落，并在溶液中扩散，形成硫酸镉溶液，反应为放热反应。铜、锌、铁、铊等硫酸盐也直接溶解进入溶液。但是，硫酸铅、硫酸钙等化合物的溶解度很小，在常温下分别为 4.2×10^{-2} g/L 和 2 g/L 左右。因此，它们在浸出时大部分留在浸出渣中。

(2)氧化物的溶解反应。在浸出时大多数金属氧化物与硫酸作用生成硫酸盐。其中，氧化锌、氧化镉、氧化铜等易溶于硫酸溶液。氧化亚铁在稀硫酸中能被溶解。氧化铁难溶于稀硫酸溶液，当酸度和溶液温度都较高时才能溶解。磁性氧化铁(Fe_3O_4)在少量硫酸作用下生成 $FeSO_4$ 和 Fe_2O_3，在过量的硫酸作用下完全溶解，生成 $FeSO_4$ 和 $Fe_2(SO_4)_3$。

砷、锑、铟的三价氧化物在浸出时也能溶解，砷形成亚砷酸进入溶液，铟随着溶液 pH 的提高(为 3 ~ 4)转化成氢氧化铟沉入浸出渣中。五价的砷、锑氧化物难溶于硫酸溶液中。

(3)硫化物的溶解反应。当矿浆中有硫酸高铁和溶解氧存在时可发生如下反应：

$$CdS + Fe_2(SO_4)_3 =\!=\!= CdSO_4 + 2FeSO_4 + S$$

$$2CdS + 2H_2SO_4 + O_2 =\!=\!= 2CdSO_4 + 2H_2O + 2S$$

(4)碳酸盐的分解反应。钙、镁等碳酸盐在焙烧过程中仍有一部分未分解，在浸出时溶解生成硫酸盐，放出二氧化碳。

2)技术条件

(1)加料工按规定加入红、白镉尘，高温尘，并用少量的氧化锌调 pH 到终点。浆化固液比为 1:3，浆化前液酸度 7 ~ 12 g/L。中性浸出固液比为(1:5) ~ (1:7)，中浸液质量标准：含锌 60 ~ 75 g/L，含镉 10 ~ 25 g/L，含铁 5 ~ 10 g/L，清亮不含渣，pH = 5.0。

(2)中浸温度 85℃以上，搅拌时间从浆化到中浸结束 3 h，澄清 4 ~ 8 h。

(3)浸出工将中浸液打净，补贮罐水，酸浸液固比(3.5:1) ~ (4:1)，温度 85 ~ 90℃，搅拌 3 h，加入浓酸 1300 ~ 1600 kg/罐。终了酸度 15 ~ 25 g/L，澄清 3 ~ 4 h。配浆化前溶液和中性前液。酸浸上清液全部打入浆化罐 5 ~ 6 m³，再打入 3 ~ 4 m³ 水洗上清液，要求酸度 7 ~ 12 g/L，加温。为加料工准备中浸罐，将罐内渣冲净后，打入 10 m³ 左右的水洗上清液(酸度≤5

g/L)，并加温。水洗操作前，酸浸液打净，放入贮罐水或新水，液固比(8∶1)~(9∶1)，加温至 60~70℃，搅拌 1.5~2 h，终了酸度≤5 g/L，澄清 3 h。

（4）渣含镉≤1.5%，含锌≤7%。

（5）浸出效率>97%。

（6）酸浸质量标准(g/L)：Zn 90~130，Cd 20~25，Fe 10~20，清亮不含渣。酸度 10~25 g/L。

（7）水洗渣液质量标准(g/L)：Zn 30~50，Cd 5~7，Fe 2~3，液清亮不含渣。酸度≤5 g/L。

（8）海绵镉浸出：始酸 30~80 g/L，终酸 pH=5.0。

3）影响浸出过程的主要因素

加快化学反应速度与物料在浸出溶液中的扩散速度，对提高含镉物料的浸出率具有十分重要的意义。影响浸出过程的重要因素有：

（1）温度。固体在溶液中的溶解度、化学反应速度、扩散速度、溶剂分子与固体颗粒的相对运动速度都随着溶液温度的升高而加快，浸出速度会相应提高。在实际生产中因受到蒸汽温度和矿浆沸点的限制，难以达到很高的温度，一般镉尘浸出温度为 65~85℃。净化温度在 85~90℃就可以取得较好效果。

（2）搅拌强度。增加搅拌强度既可使易沉于罐底的矿粒悬浮在矿浆中，又能使矿粒与溶剂良好地接触，促使反应所形成的硫酸盐脱离矿粒表面，使矿粒表面的扩散层减薄，加速溶解通过矿粒的扩散层与矿粒接触，有利于浸出。但当搅拌强度达到一定值后，此时影响浸出速度的因素已不是扩散过程，再提高搅拌强度也无助于提高浸出效率，只会增加搅拌设备的磨损和动力消耗。同时，部分凝聚胶体被破坏，反而造成沉淀不好。

（3）溶剂(硫酸)浓度。溶解的酸度对矿物的溶解度和溶解速度都有影响。当矿浆硫酸浓度增高时，可以加速溶解，降低浸出渣含镉。但是，增加硫酸浓度也会增加杂质金属的溶解量。因此，应控制溶剂有合适的酸度。一般浸出酸化焙烧矿溶剂含酸 50 g/L(按使用电尘量决定)。

（4）矿物的粒度与成分。从理论上讲，焙烧矿粒度愈小，矿物与溶剂的接触面愈大，化学反应速度加快，有利于提高浸出速度和效率。但在实际生产中焙烧粒度过细，会使矿浆黏度增大，反而不利于固体颗粒的溶解，并造成固液分离的困难。所以应当根据不同矿物的性质，如密度、孔隙度、硬度来考虑粒度的大小。

（5）矿浆的黏度。矿浆含可溶性二氧化硅过多，矿浆的液固比过小，加料前溶液含浸出渣高、温度低，以及原液中有(Fe^{2+})等存在，均能造成矿浆黏度增高，影响浸出速度和效率。

4）浸出过程的三大平衡

镉的湿法冶炼是一个半封闭式循环系统，要求系统的溶液体积、溶液中的金属量和排出的渣量保持相对恒定，即湿法冶金的"三大平衡"。三大平衡对稳定生产操作和控制技术条件具有非常重要的意义。

（1）体积平衡。体积平衡是指矿浆和溶液占用的体积应保持一定，即进入系统的水量和系统排出的水量要基本平衡。一般，进入系统的水有蒸汽加温、滤渣洗涤、浆化、洗刷滤布、泵的水封及引水设备、地面的冲洗以及其他生产过程加入的水等。系统排出的水有硫酸锌溶液，系统各工序的加热蒸发、浸出渣带出水及其他损失等。体积平衡是镉生产和硫酸锌生产能否正常进行的关键，是提高金属回收率，减少酸、锌、镉流失，节约能源，保护环境和文明生产的重要问题。当进入系统的水超过排出系统的水时，系统内的体积增大，超过正常设备的容积，造成所谓的"发河"，严重时造成溶液外流，使生产混乱。反之，体积减小会引起溶液浓度上升，矿浆和溶液的循环量减少，影响溶液的沉淀效果，给固液分离带来困难，使生产同样不能顺利进行。

当出现前一种情况时，要及时查明原因，采取必要的措施。生产实践中一般采取的措施是：

① 要组织均衡生产。根据物料的库存量和生产要求，尽量做到均衡生产。冬季气温低，蒸发量少，冷凝水多，生产量不能突然减少。当溶液中出现酸量过剩时，可用含锌物料中和残酸增加硫酸锌生产量，避免体积膨胀。

② 保持加温用蒸气压为 3 kg/cm^2，并在管线中加装疏水器，减少带入系统中的蒸汽冷凝水。

③ 改革泵的水封，可采取机械密封，采用溶液水或真空泵引水，减少进入系统的自来水。

④ 设置地面水高位槽，用高位槽水冲刷地面和操作台，控制自来水使用量。

(2)金属平衡。金属平衡是指投入系统中的金属量和产出金属量保持平衡。在实际生产中，含镉物料投入量由原料的锌镉品位确定，同时考虑罐的容积与液固比，但对品位过低的物料不能无限地扩大加入量。

镉冶炼是以镉生产为主，为保证镉、锌的溶出，浸出液的含锌量应该控制在一定的范围内。当溶液含锌升高时，浸出液的密度与黏度相应增大，使浸出后的矿浆澄清困难，浸出效率降低，浸出液含锌、镉增高。在实际生产中，一般在含镉物料浸出后，溶液含锌控制在 70~75 g/L，含镉 >20 g/L。

(3)渣的平衡。渣的平衡是指排出浸出渣量和加入料量保持平衡，一般按浸出系统中加入含镉物料产出(干)渣量的百分比考虑。如果浸出残渣排出不及时，渣沉积在浸出槽里，使槽内浓泥体积增大，上清区范围减少，矿浆澄清不好，引起清液浑浊。这会造成操作困难，浸出条件无法稳定，并导致过滤困难，溶液周转不开，打乱生产过程的体积平衡和金属平衡。当出现这种情况时，要及时排出水洗槽、地面高位槽的浸出残渣。

浸出渣排出不及时的主要原因有：

① 渣性不好。由于原料含硅、铁高，在配料比例不适当，浸出酸度过大或终点酸度失调，硅胶、铁的氢氧化物的溶出量增大时，造成各阶段浸出沉淀困难，影响滤渣性能。

② 由于浸出的三大平衡没能实现，生产混乱，滤液循环不好，排渣不及时。

③ 设备故障处理不及时，渣辗转在溶液中，如过滤机故障、滤布更换不及时、跑滤等。

5)浸出过程故障处理

(1)上清液浑浊。浸出矿浆液固分离不好，上清液浑浊是浸出过程常见的故障之一，严重影响生产的顺利进行。因为各个阶段的浸出条件相互影响，当中性浸出不沉淀，溶液中固体悬浮物增至60 g/L以上时，溶液中含浸出渣，使净化工序溶液供应不足，酸浸条件破坏，从而又影响中浸及整个生产系统。

中浸后上清液浑浊主要源于酸性浸出，因中浸前液60%来自酸浸液，占加料前酸总量的84%，当酸浸液浑浊含固量高达200 g/L以上时，使中浸前液含固量增加，造成液固比减小，中浸沉淀条件随之破坏。中浸渣量增加，又反过来影响酸浸，最后导致水洗渣量增加。大量渣悬浮在溶液中，排出困难，造成浸出系统"恶性循环"，影响净化与固液分离作业。

溶液浑浊的原因有几个方面：原料的粒度、硅酸铁的含量及溶液含锌量过高；pH 与温度不当；高温尘的加入及搅拌时间过长；浸出渣排出不及时或不净。

处理措施如下：

①中性浸出前各溶液必须澄清；加强配料管理；电尘使用适量；酸化焙烧矿应尽量少含硫化物；严格控制中浸终了的 pH。加入电尘后搅拌时间要小于 1 h。停车后加少量的冷水，必要时加蒸汽管加温。

②对酸浸液及水洗液应该澄清。根据使用物料的品位，确定较合适的酸浸终了酸度，并保持稳定。适当加大酸浸时的液固比和提高浸出温度，增加水洗液固比及温度，以破坏胶体的形成，排渣及时干净，强化过滤系统。

（2）pH 过低（所谓跑酸）和 pH 过高（所谓过老）。产生的原因是：由于操作不当，没有认真控制调整 pH；物料本身含酸性盐较多，使 pH 下降。pH 过低，使杂质沉淀不完全，影响中浸液质量。酸浸酸度过高，杂质过多地被溶出，影响过滤、中浸与净化，使水洗酸度过大，造成过滤布易损坏和跑滤。若 pH 过大，中性浸出渣沉积坚实，黏结罐底，酸浸时不易搅拌起来，酸浸效率降低，浸出渣含锌含镉高。

处理措施：pH 过低时，将上清液重新返回浆化，或加入氧化锌调整 pH；当 pH 过高时，补加硫酸，调整上清液 pH，浸出渣进行二次酸浸，提高浸出效率。

11.1.3.2　净化

1）原理

镉的浸出液一般都含有大量的硫酸锌、硫酸镉和少量其他金属杂质，如铁、铜、砷、锑、氟、氯等。这些杂质的存在对镉的提取是不利的。如 Fe^{2+} 与 As^{3+} 含量过高，使置换过程产出的海绵镉不成颗粒，或虽为颗粒，但不能压团熔炼。湿法炼镉电积过程对杂质含量要求严格。为保证生产过程顺利进行并得到合格产品，必须对浸出液进行净化。由浸出过程中各元素的行为可知，镉置换的杂质，如铁、砷、锑等，采用水洗沉淀法是较为有效的。

中浸上清液中的铁多为二价，由于二价铁在锌、镉湿法冶炼时沉淀 pH 高于锌镉，所以不能用水解法沉淀除去。因此，必须先将二价铁氧化成三价铁，然后使三价铁在 pH 为 5~5.2 时迅速形成氢氧化铁，与砷、锑等杂质吸附，一起沉淀除去，从而得到较纯净的硫酸锌、硫酸镉的溶液。净化前液一般含 Fe^{2+} 5~10 g/L 及少量砷。净化过程包括 Fe^{2+} 的氧化及 Fe^{3+} 的水解沉淀。

根据氧化还原理论，凡是在反应中失去电子的物质叫做还原剂，其本身被氧化；获得电子的物质叫做氧化剂，本身被还原。应当指出，在两种参加反应的化合物中，究竟哪一个是氧化剂或还原剂，是由它们所处的体系中相对的氧化—还原电位来决定的。氧化还原电位较正的易被还原，即为氧化剂，生产上常用的有软锰矿或二氧化锰，其反应如下式：

$$2FeSO_4 + MnO_2 + 2H_2SO_4 = Fe_2(SO_4)_3 + MnSO_4 + 2H_2O$$

该反应的速度和完全程度与矿浆的温度、硫酸浓度以及加入锰矿量有关。只有将矿浆加热和有足够的硫酸时才能发挥二氧化锰的氧化作用。其原因是硫酸能激发软锰矿的氧化性，并促使 Fe^{2+} 氧化成 Fe^{3+}。

另一种氧化剂是利用铜离子（Cu^{2+}）及空气作氧化剂，在实际生产中得到较好的效果。

研究表明，当溶液的 pH > 2.5 时，Cu^{2+} 可将 Fe^{2+} 氧化成 Fe^{3+}，反应中产生一价铜离子（Cu^+），但它很不稳定，易被空气中的氧气氧化，其反应是：

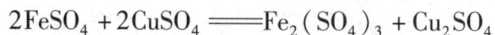

$$2FeSO_4 + 2CuSO_4 \Longrightarrow Fe_2(SO_4)_3 + Cu_2SO_4$$
$$Cu_2SO_4 + 1/2O_2 + H_2SO_4 \Longrightarrow 2CuSO_4 + H_2O$$

反应表明，硫酸铜在净化过程中起着催化作用。

净化过程中铁的氧化有如下反应：

$$2FeSO_4 + 1/2O_2 + H_2SO_4 \Longrightarrow Fe_2(SO_4)_3 + H_2O$$
$$Fe_2(SO_4)_3 + 6H_2O \Longrightarrow 2Fe(OH)_3 + 3H_2SO_4$$

总的反应为：

$$2FeSO_4 + 1/2O_2 + 5H_2O \Longrightarrow 2Fe(OH)_3 + 2H_2SO_4$$

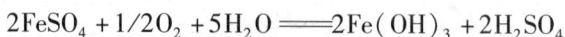

上式表明，三价铁盐的沉淀反应过程会生成酸，使溶液的 pH 下降。为此，必须加入中和剂来提高 pH，以利于氢氧化铁的形成和沉淀。中和剂的选用因生产条件和工序的不同而不同。实际生产中常用氧化锌为中和剂，有利于硫酸锌的生产，不增加溶液的杂质离子，同时氧化锌为弱碱性氧化物，不易造成局部 pH 骤然增高和镉的水解损失，加氧化锌时应缓慢加入，以增加氧化锌与料液的接触，提高中和的效果。

根据浸出液净化过程硫酸含量的变化，在没有氢离子存在时，铁盐水解沉淀为碱式硫酸盐，则反应实质为：

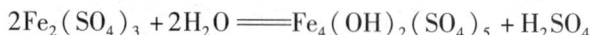

$$2Fe_2(SO_4)_3 + 2H_2O \Longrightarrow Fe_4(OH)_2(SO_4)_5 + H_2SO_4$$

从反应可知，1 kg 三价铁水解成碱式盐时放出的硫酸为 0.44 kg。而 1 kg 硫酸能消耗氧化锌 0.83 kg，所以 1 kg 铁水解过程要用氧化锌 0.37 kg 中和。

2）技术条件

（1）打入除铁罐的溶液务必清亮，不能将胶管一次插入罐底，应逐步插入，并看好管头。罐内液超过汽管后，开始加温到 85℃ 左右。

（2）按含铁量加入硫酸铜 1.5～2.5 kg/罐。

（3）鼓风压力 20～30 kPa。风量 30 m³/h，但不能把溶液溅出罐外。

3）影响净化过程的因素

（1）温度。一般情况下，温度升高可增加化学反应的速度，促使反应较快地趋向平衡。生产实践证明，净化除铁一般在 80～90℃ 进行。同时，三价铁的水解沉淀产生的氢氧化铁黏度大，胶体粒度小，升高温度可降低其黏度，增大胶体的聚合，有利于沉淀和过滤。随着温度的升高，可缩短除铁时间，降低中和剂的消耗量。

（2）pH。根据各种金属离子沉淀的 pH，适当控制溶液的酸度，可有效地除去杂质，而主金属则保留在溶液中。溶液的 pH 越高，对杂质的水解沉淀愈有利，各种金属氢氧化物开始析出沉淀的 pH 见表 11-4。但 pH 过高时，锌、镉也会发生水解生成沉淀，这是不希望的，因此，镉的净化过程要控制 pH 在锌、镉的氢氧化物发生水解沉淀之前。一般应控制除铁终了的 pH 为 5.2，在除铁的过程中 pH 不能大于 5.0，否则将增加锌镉损失和增加硫酸铜的消耗量。

表 11 - 4　各种金属氢氧化物开始析出沉淀的 pH

金属氧化物	Fe^{2+}	Fe^{3+}	Al	Cu	Zn	Cd
浓度/$(g \cdot L^{-1})$	2.0	0.5	1.0	2.0	100 ~ 200	0.3
析出 pH	1.7	8.5	4.0	4.4	5.5 ~ 5.6	7.5

(3)鼓风的作用与控制。净化除铁过程以硫酸铜作催化剂,采用鼓风机鼓入空气,可促使低价铁转化成高价铁。采用空气氧化除铁是在液相中进行的。溶液的 pH 小于 3 时氧化反应几乎不能进行。氧化反应随着 pH 的提高和空气量增大而加快。空气中的氧在溶液中与二价铁作用是一种扩散作用。当空气增大至一定程度后(溶液翻腾)就不再会提高氧化速度,反而会造成溶液溅出和降低溶液的温度(鼓入的是冷空气)。鼓入空气量一般为 10 m^3/m^3(溶液)。

(4)其他因素。溶液的硫酸锌含量不大于 120 g/L。若锌浓度过高,有碍鼓入空气中氧的溶解。温度宜控制在 88 ~ 90℃。温度过高,氧的溶解下降,氧化速度反而减慢。实际生产证明,只依靠鼓风的氧化速度,比溶液中有 0.8 ~ 1.5 g/L 的 Cu^{2+} 氧化速度要慢四倍。此外,当除铁槽中有 Fe^{3+} 沉淀存在时可有益于 Fe^{2+} 的转化,因为 $Fe(OH)_3$ 有催化作用,其表面能吸附溶解氧,促使 Fe^{2+} 的氧化。但 $Fe(OH)_3$ 不宜过多,否则会使溶液浑浊,增加净化除铁的困难。清液中含有硫化物除铁也困难,中浸上清液务必澄清,物料质量符合要求。

11.1.3.3　过滤

1)原理

过滤是以具有毛细孔的物质为介质,利用介质两边压力产生的推动力,使液体从细小的毛细孔道通过,而悬浮体被截留在介质上,从而达到固液分离,得到比较纯净的溶液。凡是矿浆中的悬浮固体颗粒不能在较短的时间内以沉降法(浓缩法)得到分离的,多采用过滤法。根据过滤介质两边压力差产生的方式,过滤分为压滤(正压)与真空过滤(负压)。前者为间歇作业,后者可连续作业或间歇作业。

2)技术条件

(1)吸滤盘操作。使用吸滤盘前应先与运转工联系,滤液储槽排空,关好排液阀。开泵后检查吸滤盘各管路是否畅通。将滤布铺平,当达到一定的真空度后放入过滤矿泥进行过滤。经过一段时间后,滤液被抽入滤液储槽,滤饼龟裂,用铁锹抹严实 2 ~ 3 次。滤渣含液在 30% 以下,以免跑滤液(过浑渣)。滤液返回系统使用。过滤过程真空度为 4400 ~ 6400 Pa,产出滤渣含锌 10% ~ 20%,镉 1.5% ~ 2.5%,铁 20% ~ 30%,水分 < 35%,滤液清亮,含固形物 < 1 g/L。

(2)圆盘过滤机操作。准备工作就绪后,将贮渣槽(高位槽)内矿浆由手动控制阀放入圆盘过滤机矿浆槽内,矿浆液面离槽最低上边缘 7 ~ 10 cm。开动圆盘过滤机进行过滤。保持矿浆槽液面稳定。圆盘过滤可分三个区:圆盘在渣槽内进行吸滤过程称为过滤区;圆盘转动离开矿浆槽液面后即进入吸干;当圆盘转动离开真空抽气段进入充气(鼓风)段为吹渣区。在吹渣区滤饼受压缩空气的鼓动而从滤布上脱落。如果滤布上仍残有较厚的滤饼时可用人工刮落,从而加快过滤速度。

（3）压滤机操作。过滤前应将滤布制成与板框位置相同的三个孔，滤布尺寸比板框略大一些，装上滤布后用螺杆将板框拧紧。开动输液泵将过滤液送入由过滤板框组成的通道，后进入压滤室。溶液通过滤布沿滤板沟槽进入下出口管道，汇集于积液槽，滤渣则留在过滤室里。若发现滤液不清亮，应及时检查板框上下是否对齐、螺旋拧紧程度和其他方面的问题。如果压滤速度明显下降，说明滤饼积聚过多，需停止送液，卸开板框，清除滤饼，清洗滤布，然后重新安装进行过滤。

（4）渣含水分：<35%。

（5）滤液清亮，滤液的固形物：<1 g/L。

（6）铅泥主要成分要求：Zn<7%，Cd<1.5%。

（7）固化渣主要成分：Zn<3%，Cd<0.2%，As：2.48%~5.45%，Fe：19%~28.5%。

3）影响过滤的因素

过滤的生产能力取决于过滤速度的大小，即单位时间内单位过滤面积上产出滤液的能力。影响过滤速度的因素主要有：

（1）滤渣的性质。当浸出渣中含有较多的氢氧化铁、硅酸等胶状物质及硫酸铅等微粒物质时，使浸出渣的黏度增大，容易堵塞滤布的毛细孔道，滤液流动受到阻碍，因而过滤困难。此种情况下，应尽可能提高矿浆的温度，降低黏度，加快过滤速度。

此外，如浸出液中含硫酸锌浓度过高，过滤时温度下降，会产生硫酸锌晶体而堵塞滤布毛细孔，并使滤布弹性减小，渣不易及时脱落，从而降低过滤速度。当硫酸钙、硫酸镁过多时也会发生这种情况。硫酸铜含量过高，会使滤布发绿、变硬、变质、过早破损，造成被迫停产更换滤布，否则会发生跑液，甚至将干矿渣抽进空心轴、滤液储槽等引起更严重的堵塞。如溶液中含粗颗粒矿（或夹杂砂石等）过多，不能随矿浆吸附参与过滤，容易沉积于贮槽底部磨损滤布。

（2）滤饼厚度。随着过滤过程的进行，吸滤盘和压滤机的滤布上滤饼厚度不断增加，过滤速度渐渐下降，当滤饼厚度增到20~25 mm时，不龟裂，不脱落应及时用人工刮落。压滤机应停止过滤，打开卸渣清洗，以提高过滤效率。

（3）过滤液温度。过滤速度除了受矿浆性质和滤饼厚度影响外，温度是改善矿浆黏度的重要因素。温度低，则矿浆黏度大，流动性不好，有些盐类容易结晶。提高矿浆温度可减少矿浆黏度，破坏晶体生成条件，加快过滤速度。提高温度还能消除滤饼和滤布之间形成的小气泡并使滤液中悬浮固体物凝聚成大颗粒，从而减少滤布毛细孔道的堵塞。生产实践表明，温度控制80℃左右，过滤效果较好。

11.1.3.4 置换

1）原理

用一种负电位较负的金属，从溶液中将较正电位的金属取代出来的方法称为置换沉积法。这种方法既可以用于溶液的净化，也可以从溶液中沉积提取金属。这种方法在镉冶金中应用十分广泛。例如，将镉从净化液中置换沉积下来，获得镉的海绵物，经水洗压团后可直接熔炼成粗镉。也可通过置换富集海绵镉，提高镉品位，然后经水洗氧化再返浸。

任何一种置换反应都是氧化—还原反应。例如在以下反应中：

$$Zn + Cd^{2+} = Cd + Zn^{2+}$$

Cd被还原，是氧化剂；Zn被氧化，是还原剂。可以把它看做是由下列两个电极反应组合成的原电池反应：

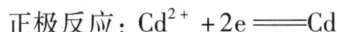

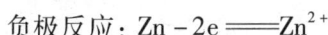

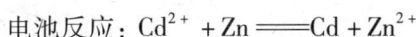

正极反应：$Cd^{2+} + 2e \Longrightarrow Cd$

负极反应：$Zn - 2e \Longrightarrow Zn^{2+}$

电池反应：$Cd^{2+} + Zn \Longrightarrow Cd + Zn^{2+}$

根据电化学的原理，标准电极电位较负的金属能从溶液中置换出标准电极电位较正的金属。某些金属的标准电极电位如表 11 – 5 所示。

表 11 – 5　金属的标准电极电位

元素	标准电极电位/V	元素	标准电极电位/V	元素	标准电极电位/V
Zn	– 0.762	Ni	– 0.23	Cu	+ 0.345
Cd	– 0.401	Pb	– 0.126	Ag	+ 0.79
In	– 0.34	H	± 0.00	Co	– 0.278
Tl	– 0.336	As	+ 0.3	Sb	+ 0.1

镉的置换是在浸出液经净化除铁、砷、锑后较纯净的硫酸镉、硫酸锌溶液中进行的。反应过程与湿法炼锌用净液的除铜、除镉基本相同。其主要反应为：

$$CdSO_4 + Zn \Longrightarrow Cd + ZnSO_4$$

2）技术条件

（1）一次置换温度 55 ~ 60℃，温度高要降温，防止海绵镉反溶、置换多耗锌粉及后液含镉不好控制。

（2）加酸量为溶液中镉总量的 20% ~ 25%，酸量不要过大或过小。大酸量反应速度快，但锌粉耗量增大，镉易反溶；酸量过小置换反应慢，海绵物质量差，杂质溶解不完全。

（3）置换时间不要过长，一般从加锌粉起，中间检查镉量与 pH，到加完锌粉合格为止 40 ~ 60 min，否则海绵镉也有反溶现象。具体时间由温度和酸度而定，以终了 pH≤2.5 为宜。

（4）为保证铊不在一次置换进入海绵镉中，加锌粉速度要慢，特别在接近终点时，含镉应控制 0.5 ~ 1 g/L。要放慢加锌粉量，要勤测查。

（5）二次置换效果取决于一次置换，不能马虎。温度 45 ~ 55℃，加入二置换余镉量的 2.5 ~ 3 倍的锌粉，40 ~ 50 min，可将镉降到 0.01 g/L，pH 控制在 5.0。

（6）一次海绵镉（%）：水 < 30、Zn < 2、Cd > 60。

一次后液（g/L）：Cd 0.5 ~ 1.0、Zn > 60、Fe < 1.0。

二次海绵镉（%）：水 < 25、Tl > 0.08、Zn > 30、Cd > 25、Fe < 1.0。

硫酸锌溶液（g/L）：悬浮物 < 1，Zn > 65，Cd≤0.02，Fe < 0.5。

3）影响置换的因素

（1）水变混浊，将有害杂质带入置换，失去除铁的意义，造成置换操作困难，置换终点不好控制，海绵镉呈黑色，严重时不能压团，熔炼时易使碱液黏稠，带入大量镉粒，造成镉的损失。解决方法是，若水不清，但是没有红渣，置换时加入少量硫酸可使水清澈；置换前加入少量锌粉除砷，在没有较大的黑色泡沫后，可继续加入锌粉置换；水轻微浑浊，多加入一些硫酸，加锌粉除砷后倒罐，将沉淀渣过滤送入砷渣处理；水浑浊严重时不能进行置换，必须重新沉淀。

(2)锌粉加入过量，海绵镉含锌较高，压团时产生龟裂和气泡，压团表面无光泽，熔炼后粗镉含锌较高，超出了粗镉的标准。解决方法是，往置换后海绵镉的罐中加入 1/3 未置换溶液，加入镉量 35% 的浓硫酸，搅拌 20 min 后，加入余下未置换溶液进行正常置换操作，可得到合格的海绵镉。

(3)由于含砷较高，置换起黑沫，海绵镉易碎。可先加入锌粉除砷，将沉淀渣过滤送入砷渣处理，上清液进行置换；若再置换的海绵镉还是不能压团，则将海绵镉返回浸出重新浸出。

11.1.3.5 压团熔炼

1)原理

将置换得到的海绵镉，经清水洗涤后，用油压机挤掉水分压制成团，使镉团致密并具有金属光泽，减少在空气中的氧化，然后在熔融烧碱的覆盖下熔化，浇铸成镉锭。主要反应为：

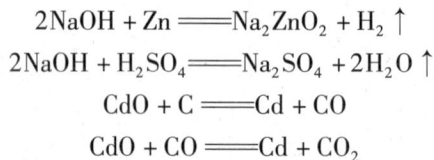

$$2NaOH + Zn \Longrightarrow Na_2ZnO_2 + H_2 \uparrow$$
$$2NaOH + H_2SO_4 \Longrightarrow Na_2SO_4 + 2H_2O \uparrow$$
$$CdO + C \Longrightarrow Cd + CO$$
$$CdO + CO \Longrightarrow Cd + CO_2$$

2)技术条件

(1)压团前用清水洗 2~3 遍，溶液 pH >5。

(2)压团的厚度 2.0~2.5 cm，质量 5~6 kg/块。

(3)团含水[压力 9.6 MPa (200 kgf/cm²)] <10%。

(4)熔炼温度：380~420℃(加团时不冒黄烟)。

(5)每次限加 1 个团，待团剩 0.5 kg 左右时，再加第二块团，不要捣碎或加碎团，影响熔炼效率，易产生镉粒。

(6)每块镉锭 8.5~10 kg，含锌≤0.05%，含铅≤0.05%，表面光滑无烧碱，无夹层，无飞边。

(7)弃掉的废火碱含镉≤1%。

3)影响压团熔炼的因素

(1)海绵镉过细不好压团，易在空气中氧化，可将海绵镉在水洗前初步压实。

(2)海绵镉含锌较高将返回置换处理，正常海绵镉在压团时不产生龟裂，厚度正常，没有小气泡，表面有金属光泽。

(3)熔炼后，镉液的表面和烧碱下夹带有一层表面有氧化层的金属镉颗粒，大致有米粒大小，熔炼温度过高时，镉颗粒达到镉量的 1/4，由于镉颗粒表面氧化，在熔炼过程中不能聚合，将随着火碱损失掉。处理这种情况可以加入一些含锌较高的粗镉或小的锌片，发生的反应为：

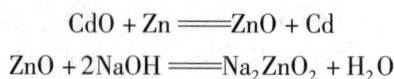

$$CdO + Zn \Longrightarrow ZnO + Cd$$
$$ZnO + 2NaOH \Longrightarrow Na_2ZnO_2 + H_2O$$

少量的镉粒可在熔炼时用木棒搅拌，将氧化镉还原，反应为：

$$2CdO + C \Longrightarrow 2Cd + CO_2$$

最后用小勺取镉液，不带碱时，稍有棕褐色氧化皮为合格。

11.1.3.6　砷渣处理

（1）原理。将镉系统除铁渣，进行稀酸浸出，锌、镉能最大限度地进入浸出液，返回镉系统；而铁砷留在浸出渣中，经水洗、过滤、洗渣，在常温下用固化剂，产出不易溶出的砷铁渣而堆放在指定地点。

除铁剩余锌、镉为硫酸盐溶液，直接进入浸出液中。

（2）技术条件。水洗过滤渣在渣槽里调浆（用固化滤液）返入固化罐，固化剂配比（为砷铁渣的百分数）：氧化钙 9%，碳酸钙 4%，碳酸钠 1%，硫化钠 0.5%；固液比为 1∶10；固化温度为常温；搅拌时间 2 h；不澄清过滤分离。

11.1.3.7　精馏

1）原理

用置换获得的粗镉一般含有较多的杂质金属，金属镉含量只有 99% 左右。粗镉中含各主要金属杂质及性质如表 11 -6 所示。

表 11 -6　粗镉中各种主要金属杂质的物理性质

元素	密度/(g·cm^{-2})	熔点/℃	沸点/℃
Cd	8.65	320	767
Fe	7.8	1535	2740
Zn	7.13	419	906
Pb	11.34	327	1525
Cu	8.90	1083	2360
As	—	814	615（升华）
Tl	11.85	304	1457

从表 11 -6 可以看出，粗镉中的杂质金属除砷在 615℃ 时升华外，其他金属沸点都大大高于镉的沸点。砷的氧化物与金属锌均熔于熔融的烧碱中：

$$As_2O_3 + 2NaOH =\!=\!= 2NaAsO_2 + H_2O$$
$$Zn + 2NaOH =\!=\!= Na_2ZnO_2 + H_2$$

因此，在烧碱熔化过程中，粗镉中的砷、锌含量可降低到 0.001% 以下，达到精镉质量指标。而铜与铁的沸点很高，当镉达到沸点温度时，铜、铁的蒸汽压分别为 10^{-4} Pa 与 10^{-6} Pa。可以认为铜与铁不参与精馏过程。因此，粗镉精馏过程实质上就是镉与铅（铊）的分馏过程。控制适当的温度，使镉挥发进入容器中冷凝，从而与其他金属分离，达到提纯的目的。粗镉精馏提纯方法有塔式蒸馏法和真空蒸馏法。我国多采取塔式精馏法生产精镉。

精馏法原料为粗镉，粗镉的质量要求见表 11 -7。

精馏法所使用的半水煤气组成见表 11 -8。

表 11－7　粗镉质量标准（%）

化学组成	Cd	Zn	Pb	Tl	Cu	Fe	As
含量	99	≤0.05	≤0.5	≤0.10	≤0.2	≤0.1	≤0.1
表面要求	光滑、无碱、无杂物、无飞边，单重 8～10 kg。						

表 11－8　半水煤气组成及发热值(%)

CO	H_2	CH_4	Na	CO_2	O_2	H_2O	发热值/$(kJ \cdot m^{-3})$
28.5	10	2.5	10.2	4	0.8	4	5569

2）塔式蒸馏法与精馏过程

（1）镉精馏炉结构。塔本体由底盘、蒸馏盘、回流盘、加料盘、空心盘组成。此外还有：冷凝器、气体冷凝器与液体降温器；锅容器、加料器、熔化锅、精镉贮液锅、渣锅；供热部分有燃烧系统、煤气系统和空气换热系统。

塔式精馏炉的熔化锅、加料器、排料渣锅、精镉锅都用不锈钢制作，并使其能承受熔融烧碱的浸蚀。而蒸发塔盘由碳化硅制成，便于高温蒸馏。精馏炉结构见图 11－2，炉体规格见表 11－9。炉体外形尺寸：3830 mm×2630 mm×2940 mm。

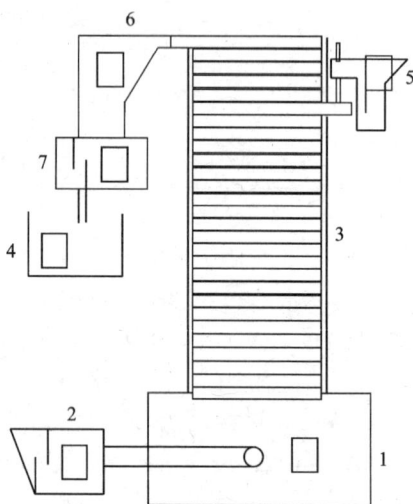

图 11－2　精镉炉结构

1—底座；2—渣锅；3—炉套；4—精镉锅；5—加料器；6——冷；7—二冷

表 11 - 9　炉体规格

名称	长×宽×高/mm×mm×mm	材质	数量/个
底座	604×484×210	碳化硅	1
底盘	360×250×85	碳化硅	1
空心盘	360×250×85	碳化硅	1
蒸发盘	360×250×85	碳化硅	15
加料盘	545×250×100	碳化硅	1
回流盘	360×250×85	碳化硅	8
冷凝盘	560×250×100	碳化硅	1
加料盘压盖	143×250×30	碳化硅	1
底座盖	260×340×60	碳化硅	1
炉上套	430×320×600	碳化硅	1
炉中套	430×320×920	碳化硅	1
炉下套	430×320×920	碳化硅	1
第一冷凝器	515×350×630	碳化硅	1
第二冷凝器	405×375×130	碳化硅	1
第一冷凝器盖	560×315×35	碳化硅	1
第二冷凝器盖	160×375×30	碳化硅	1
加料器	25 L	不锈钢	1
熔化锅	30 L	不锈钢	1
精镉锅	40 L	不锈钢	1
渣锅	130 L	不锈钢	1
冷凝盘压盖	560×250×30	碳化硅	1

(2)炉体温度控制[①]。燃烧室，(1080±10)℃；底部，(1040±10)℃；上部，(680±20)℃；一冷，(700±20)℃；二冷，(670±20)℃；加料器，550～650℃；精镉锅，480～520℃；烟道，650～700℃；渣锅，排渣时800～850℃，不排渣时450～500℃。

(3)开炉操作。精镉炉炉体砌筑与本书高镉锌炉炉体砌筑相同。炉体砌筑完成后，需经炉体及技术部门验收后方可升温；升温前清理好烟道及烟囱根部，扫除好换热室，密封各观察孔、扫除孔；升温必须严格按升温计划进行，特别是在低温阶段要防止熄火，升温计划见表 11 - 10；换大煤气时燃烧室温度必须高于650℃；燃烧室温度必须降到950℃时才可以开始加料；升温过程精镉锅必须存半锅水；新炉升温结束后安装加料器，准备冲料时，散开炉顶保温砖不能过快，炉顶保持微正压；加料前密封好精镉锅及渣锅，再进行冲料作业，冲料

---

① 温度指标由技术人员根据生产实际进行调整。

完成后进入正常加料阶段,边生产,边逐步提温至正常生产温度;在冲料过程中,应打开加料盘上盖孔和二冷上盖孔,当发现加料盘上盖孔不断冒黄色烟时,立即密封加料盘上盖孔,当再发现精镉锅内下料管不断流镉时,便可立即密封二冷上盖孔,这样就进入正常生产阶段;每次检修炉体前,必须将渣锅、精镉锅、加料器用不锈钢制作完成,并用机油检验是否有漏点。

表 11 - 10　精镉炉升温计划

温度区间/℃	20 ~ 130	130	~ 310	310	~ 680	680	~ 1270	1270	~ 950	~ 1070
升温时间/h	11	24	18	16	37	24	59	40	16	8
升温速率 /(℃·h^{-1})	10	恒温	10	恒温	10	恒温	10	恒温	20	20
特殊操作						换大煤气			冲料	

(4)停炉操作。停止加料,恒温 6 h 蒸发精镉塔内余镉,然后按 10℃/h 降温至 850℃,850℃后每小时降温 15℃ 至 650℃,650℃ 以下先关闭煤气后关闭废气总挡板,自然降温;降温前将精镉塔内精镉渣排净,加料锅及精镉锅的镉掏出铸锭并称重记录。

(5)蒸馏过程。粗镉先在熔化锅熔化,用烧碱清除杂质。熔化锅液经加料器进入加料盘而流向塔内蒸发盘。此时,镉蒸气挥发上升,经联结盘进入气体冷凝器,凝结成液体镉,流入用封融烧碱液封的精镉锅。最后浇铸成精镉锭。高沸点金属杂质向下回流,经多次分凝回流,最后进入渣锅,定期排出。

11.1.4　产品质量

精馏法得到的精镉的质量标准见表 11 - 11。

表 11 - 11　精镉质量标准(%)

品号	镉,不小于	杂质,不大于								
		Pb	Zn	Fe	Cu	Sn	Al	As	Sb	总和
0$^{\#}$	99.995	0.002	0.001	0.001	0.0005	0.002	0.002	0.0002	0.0002	0.0050
1$^{\#}$	99.99	0.004	0.002	0.002	0.001	0.003	0.002	0.0002	0.0002	0.010
2$^{\#}$	99.95	0.02	0.005	0.003	0.01	0.003	0.002	0.0002	0.0002	0.050
3$^{\#}$	99.9	0.05	0.02	0.004	0.02	0.004	0.002	0.002	0.002	0.100

注:精镉表面应洁净,不得有熔渣及外来夹杂物,精镉锭单重 6~7 kg,为长方梯形,两端厚度差不大于 5 mm。

11.1.5　主要技术经济指标

(1)粗镉。粗镉回收率≥88%。

粗镉熔炼的各项单耗为:硫酸 <9 t/t;烧碱 <0.18 t/t;氧化锌 <0.7 t/t;锌粉 <0.8 t/t;硫酸铜 <0.018 t/t;机油 <0.013 t/t;煤气 <10255 m^3/t;蒸汽为 40 t/t;水为 150 t/t;电为

7000 kW/t。

（2）精镉。精镉回收率≥99.5%。

精镉精炼的各项单耗为：烧碱 < 30 kg/t；煤 < 0.7 t/t；水 < 45 t/t；蒸汽 < 7 t/t；粗镉 <
1.050 t/t。

11.2　铟的回收

11.2.1　原料

在火法炼锌过程中，铟主要富集于焦结烟尘及锌精馏副产的粗铅中，它们是提铟的主要
原料。含烟粗铅中铟的回收见第 9 章。本部分仅介绍焦结氧化锌中铟的回收。表 11 – 12 是
焦结氧化锌和粗铅为炼铟原料的质量标准。

表 11 –12　铟原料质量标准（%）

原料	In	Zn	Pb	Fe	As	SiO_2
焦结氧化锌	>0.2	50 ~ 75				<0.5
粗铅	>0.5	<5	>90	<0.1	<0.1	

11.2.2　铟生产工艺流程（见图 11 –3）

11.2.3　生产工艺

11.2.3.1　浸出

1）原理

在浆化过程中加入硫酸将焦结氧化锌中的有价金属浸出，使铟等金属最大限度的进入溶
液中。浆化过程主要发生的化学反应有：

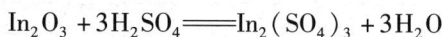

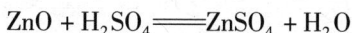

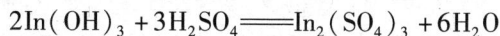

$$In_2O_3 + 3H_2SO_4 = In_2(SO_4)_3 + 3H_2O$$
$$ZnO + H_2SO_4 = ZnSO_4 + H_2O$$
$$PbO + H_2SO_4 = PbSO_4 + H_2O$$
$$CdO + H_2SO_4 = CdSO_4 + H_2O$$
$$2In(OH)_3 + 3H_2SO_4 = In_2(SO_4)_3 + 6H_2O$$

在浸出过程中调节溶液的 pH 为 5.0 使铟水解沉淀，而锌、镉等金属由于在 pH = 5 时不
发生水解而留在溶液中，溶液送给粗镉工序提取粗镉后生产硫酸锌。铟、锌、镉等金属的水
解 pH 见表 11 –13。铟的水解反应为：

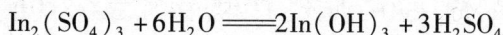

$$In_2(SO_4)_3 + 6H_2O = 2In(OH)_3 + 3H_2SO_4$$

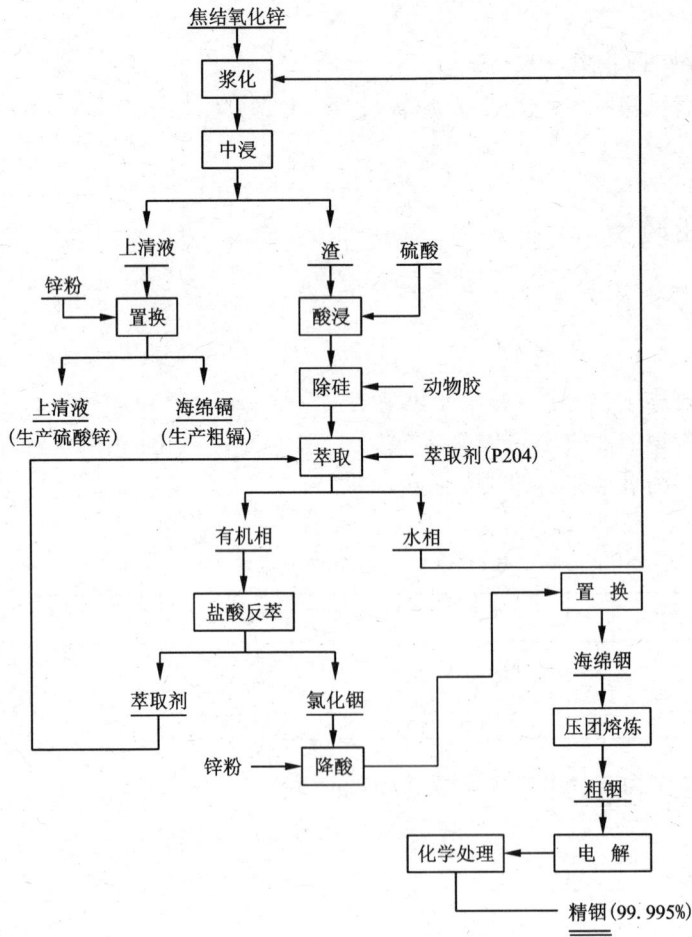

图 11-3 铟生产工艺流程

表 11-13 各种金属氢氧化物的水解 pH

元素	In	Fe^{2+}	Fe^{3+}	Al	Cu	Zn	Cd
水解 pH	4.85	1.7	8.5	4.0	4.4	5.5~5.6	7.5

铟浸出液中硅的存在使萃取过程易出现乳化现象，增加萃取剂的消耗，增加单位成本，影响铟的实收率，当乳化现象严重时，使萃取过程无法进行。其他杂质也是影响产品质量的因素，所以浸出液必须经过净化。

含铟氧化锌烟尘进入酸浸液及铜镉渣的酸浸液都会有硅酸及硅酸盐，二氧化硅一般有自由状态（SiO$_2$）与结合状态（MeO·SiO$_2$）两种，自由状态的二氧化硅在浸出时不溶解，而结合状态的硅酸盐能被稀硫酸溶液部分溶解。例如，硅酸锌按下面反应分解：

$$2ZnO·SiO_2 + 2H_2SO_4 =\!=\!= 2ZnSO_4 + SiO_2 + 2H_2O$$

硅酸盐分解出来的二氧化硅不能立即沉淀，而是形成胶体溶液。胶体二氧化硅分为两种形式，一为溶解状态，称为硅酸微粒；另一种为不溶解状态，称为硅酸胶。当溶液中有硅酸存在时，就妨碍以后的浓缩、过滤和萃取。硅酸是亲水性很强的胶体，带负电荷，因此，如果向溶液中加入带正电荷的胶体或其他电解质，就可使其质点相互碰撞引起电性中和使其凝聚沉淀。如有机胶溶液可引起 SiO_2 凝聚，提高溶液温度也有促进硅酸凝聚沉淀的作用。

2）技术条件

中浸将铟与锌逐步分离，锌溶液送粗镉工段，其渣进行酸浸，使铟等有价金属最大限度地进入溶液，酸浸液除硅为萃取提供原料。具体技术条件如下：

（1）浆化。加料量 6 ~ 7 t/罐，开始酸度 15 ~ 20 g/L。

（2）中浸。终了 pH = 5.0，Zn > 60 g/L，固液比 1:7，温度 80 ~ 90℃，搅拌时间 90 min，沉淀时间 16 ~ 24 h。

（3）酸浸。终了酸度 20 ~ 25 g/L，In > 2 g/L，固液比 1:5，温度 80 ~ 90℃，搅拌时间 90 min，沉淀时间 16 ~ 24 h。

（4）水洗。固液比 1:5，渣含 Zn < 5%、In < 0.2%，温度 80 ~ 90℃，搅拌时间 90 min，沉淀时间 16 ~ 24 h。

（5）沉硅。加胶 0.05 ~ 0.1 kg/m³，终了 SiO_2 < 0.05 g/L，滤液悬浮物 < 0.1 g/L，温度 80 ~ 90℃，搅拌时间 60 min，沉淀时间 16 ~ 24 h。

11.2.3.2 萃取

1）原理

以 P204 作为萃取剂，200#煤油为稀释剂。经过 4 级逆流萃取、4 级逆流洗涤，使铟进入有机相中，多数杂质留在萃余液和洗涤液中，达到铟富集提纯的目的。经过 4 级逆流盐酸反萃，将铟从有机相中反萃出来。主要反应：

$$3HR_2PO_4 + In^{3+} = In(R_2PO_4)_3 + 3H^+$$
$$In(R_2PO_4)_3 + 4HCl = HInCl_4 + 3HR_2PO_4$$

P204 属于弱酸性阳离子萃取剂，其结构式为：

P204 略呈淡黄色油状透明液体，几乎无臭，易溶于苯、煤油等有机溶剂，微溶于水，商品 P204 含量 ≥93%，亚磷酸含量 ≤1%。铟的萃取就是利用铟在萃取剂 P204 中的溶解度比其他杂质大，使铟与其他杂质分离，采用的稀释剂为 200#溶剂油，P204 与 200#溶剂油两者比例可以是 1:2，1:1，3:7 和 1:4（体积比）。生产中一般采用 1:4 或 3:7，即 30% 的 P204 和 70% 的 200#溶剂油组成。

萃取相比是有机相与料液的体积比，相比的选择应根据有机相的饱和容量和料液含铟量的多少来决定。P204 浓度不同，有机相的饱和容量也不一样，30% P204 和 70% 的煤油混合的有机相的饱和容量根据试验大约是 15 g/L。为了保持较高的萃取能力与萃取效率，负荷有机相含铟量不宜太高，一般以 5 ~ 6 g/L 为宜，过高萃取效率下降，萃余液的含铟升高。

有机相与料液在混合室的停留时间应根据 P204 萃取铟的平衡时间来决定。试验测定为

3 min，在生产实践中控制稍大于 3 min 即可。因此，可利用停留时间在硫酸洗杂段控制铟中的铁含量，一般不能超过 5 min。

2）技术条件

萃取剂 P204：煤油 = 1：4；温度：30 ~ 35℃；相比：$V_有：V_水 = 1：(10 ~ 15)$；混合时间：2 ~ 3 min；分层时间：8 ~ 12 min；萃余液含铟：< 0.1 g/L；洗涤硫酸浓度：4 ~ 5 mol/L，洗涤后液含铟：< 0.5 g/L；反萃盐酸浓度：6 ~ 7 mol/L；反萃相比：$V_有：V_水 = 10：1$；反萃后水相含铟：> 100 g/L。

3）影响萃取的因素

（1）乳化。在萃取过程中常有乳化现象出现，产生乳化的原因很多，如有机相的浓度高、煤油的质量差、料液浑浊、二氧化硅与锡含量高、金属离子浓度大、温度太低等。所谓乳化物，实际是悬浮固体。一旦严重乳化，生产就无法进行，因此要分析原因，找出解决办法。造成乳化的原因如下。

① 二氧化硅。当料液中可溶性二氧化硅大于 0.5 g/L 时，萃取时两相界面将有大量的黏性固体物质产生，并逐渐增多，以致无法操作。产生乳化时二氧化硅胶体离子的电荷由于胶体表面电离而产生，并带负电性。整个胶团呈中性，当每个 P204 分子相遇时，P204 分子中与 OH^- 相邻的氧，即与酰基与胶体分子中的 H^+ 有机会生成氢键，形成分子化合物，这种物质是疏水性的，比水轻而比油重，所以夹在中间形成三相。可溶性二氧化硅是一种胶体物质，用过滤法是无法解决的。通常将溶液加热到 75 ~ 80℃之后，加入动物胶，加胶量约为二氧化硅量的 1/5，并同时搅拌，静置 1 ~ 2 h 后，溶液中即有聚集物产生，过滤一次。

② 料液浑浊。如果压滤不好，不溶的悬浮物透滤进入料液，则浑浊的料液进入萃取槽必然造成乳化，这种料液需要过滤一次，使料液含固形物达到 1 mg/L 以下。

③ P204 浓度。实践证明，P204 浓度不宜过大。浓度大则黏度增加，密度增大，不易分层，容易乳化。一般 P204 含量以 25% ~ 30%（体积比）为宜。稀释用溶剂油，以 200# 煤油为好。普通煤油含有不饱和氢键，易造成乳化。

④ 金属离子浓度。料液中总的金属离子浓度太大，容易乳化。离子浓度大，料液密度增加，不利于分相，离子浓度大，黏度也增加。当浮力小于阻力时，分相反而困难，也易造成乳化，此时，可将料液适当冲稀，降低金属离子浓度。

⑤ 萃取温度。萃取温度太低，料液中黏性阻力增加使分相困难，造成乳化。一般应保持 15 ~ 25℃。冬季要在室内采取保温措施，使萃取正常进行。

⑥ 其他原因。料液中高分子化合物，如环氧树脂、丹宁等也会造成乳化。料液中混入大量肥皂水、铋和锡含量高也是造成乳化的重要原因。

上述情况表明，乳化原因是多方面的，当萃取过程出现乳化时，应根据具体情况及时处理。一般在有机相进入第一级乳化较其他级严重时，乳化原因主要在有机相。料液进入第一级乳化严重的主要原因在料液。乳化为悬浊的固形物，含有大量有机相，如不处理，则造成有机相的浪费。一般用聚醚处理乳化物，其方法时：将乳化物置于桶中，加入 1 倍以上的水，再加入适量溶于水的聚醚，加温至 80℃以上，适当搅拌，在 1 ~ 2 天内，大量有机相便可分离。重复 2 ~ 3 次，绝大多数有机相均可回收。

（2）洗涤。萃取过程中，除铟被萃取以外，还夹带有其他重金属杂质。为了提高铟的质量，在反萃前必须用适当洗涤剂将负载有机相洗涤，以除去金属杂质。

（3）反萃。反萃过程是采用一种能破坏有机相中萃取配合物结构的试剂，生成一种新的易溶于水的化合物或不溶于水也不溶于有机相的沉淀物，使被萃取的金属从有机相中分离。

（4）有机相的再生。在萃取过程进入有机相的铁，在洗涤过程中，大部分 Fe^{3+} 被反萃下来，但仍有少量留在有机相中积累，使有机相萃取效率下降，以致完全丧失萃取能力。因此，有机相使用一定周期后，必须进行再生。再生方法有两种，即经常性与集中性再生法。如果料液含 Fe^{3+} 比较高，则采取连续再生法。用草酸作再生剂，经过三级逆流洗涤后，有机相得到再生，其反应过程如下：

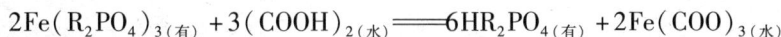

$$2Fe(R_2PO_4)_{3(有)} + 3(COOH)_{2(水)} =\!=\!= 6HR_2PO_{4(有)} + 2Fe(COO)_{3(水)}$$

（5）草酸的回收

① 中和沉淀 – 硫酸分解法。在微酸性（pH 1.5 左右）介质中，利用草酸钙溶度积很小的特性，向草酸溶液中加入氢氧化钙，生成草酸钙沉淀，使之与铁分离：

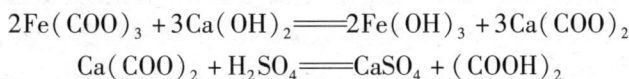

$$2Fe(COO)_3 + 3Ca(OH)_2 =\!=\!= 2Fe(OH)_3 + 3Ca(COO)_2$$

$$Ca(COO)_2 + H_2SO_4 =\!=\!= CaSO_4 + (COOH)_2$$

生产中用此法处理回收草酸可达 90% 以上，80% 以上的铁被除去。

② 铁屑还原 – 离子交换法。含铁高的草酸用铁屑将 Fe^{3+} 还原成 Fe^{2+}，然后用 $732^{\#}$ 阳离子交换树脂进行交换除铁（Fe^{3+}），交换后的草酸返回使用。此法的缺点是还原时间和速度不易掌握，还原也不够彻底。

（6）萃余液的处理。原液经 P204 萃取铟后，在萃余液中还含有一部分铟，将萃余液返回浆化，重新进入浸出回收其中的铟。

4）实际操作

萃取开槽是先将萃取前液阀门打开，待萃取槽中第一级混合室液面超过一半后，将萃取剂阀门打开，调整阀门使萃取剂在混合室中保持 300 mm 左右；当萃后液流入洗涤槽中第一级混合室后，打开硫酸洗液阀门，根据萃后液中杂质含量调整硫酸洗液流速；洗后液流入反萃槽后，打开盐酸阀门，使盐酸溶液在反萃槽第四级澄清室保持 650 mm 左右。

定期对萃余液、洗涤后液、反萃液进行化验分析，当反萃液含铟大于 100 g/L 后，将反萃液放出至置换槽置换；当萃余液含铟大于 0.5 g/L 后，若反萃液含铟大于 60 g/L 可将反萃液放出至置换槽置换；但是当萃余液含铟大于 0.5 g/L、反萃液含铟小于 60 g/L 时，可以考虑更换萃取剂，或是调整萃取前液阀门，减少萃取前液流量。

在萃取槽的混合室萃取剂超过 350 mm 或小于 250 mm，可以调整混合室与澄清室之间的挡板，调整混合室与澄清室之间的流量，使混合室中的萃取剂保持在 300 mm。

发生乳化现象时，若乳化不严重，可以将萃取前液流量调小，待乳化消除后恢复萃取前液流量；若乳化严重，先关闭萃取前液，然后将萃取槽中的萃取剂掏出再生，向萃取槽中补充新萃取剂，然后逐渐打开萃取前液，如果不再发生乳化，恢复正常生产，要是还是发生乳化，则萃取前液必须返回浸出重新处理，使用下一批次萃取前液。

11.2.3.3 置换、铸锭及电解

具体内容见第 9 章。

11.3 锌的回收(生产七水硫酸锌)

11.3.1 概述

$ZnSO_4 \cdot 7H_2O$，又名皓矾、锌矾，是一种无色针状或粉状结晶。分子量：287.54；密度（25℃）：1.957（七水），3.54（无水）；熔点 100℃（七水）；毒性 LD50（mg/kg），有毒；性状：无色斜方晶体。易溶于水，微溶于乙醇和甘油，在干燥空气中逐渐风化。39℃时 $ZnSO_4 \cdot 7H_2O$ 失去一个结晶水，转变为 $ZnSO_4 \cdot 6H_2O$，70℃时再失去结晶水转变为 $ZnSO_4 \cdot H_2O$，280℃时失去全部结晶水成为 $ZnSO_4$。加热到767℃时则分解为 ZnO 和 SO_3。

七水硫酸锌主要用于人造纤维凝固液。在印染工业用作媒染剂、凡拉明蓝盐染色的抗碱剂，是制造无机颜料（如锌钡白）、其他锌盐（如硬脂酸锌）和锌催化剂的主要原料。还用作木材及皮革保存剂、骨胶澄清及保存剂。医药工业用作催吐剂。还可用于防止果树苗圃的病害和制造电缆以及锌微肥等方面。食品级产品可用作营养增补剂（锌强化剂）等。

11.3.2 原料

焙烧烟尘和焦结氧化物在回收镉、铟、铅等有价金属之后，副产的硫酸锌溶液作为生产七水硫酸锌的原料。

11.3.3 工艺流程(见图 11-4)

11.3.4 生产工艺

11.3.4.1 净化

1）原理

具体内容见 11.1.3.2 和 11.1.3.4 相关内容。

2）技术条件

（1）一次净化除铁参数。溶液量 34~35 m³/次；风压 0.03 MPa；风量 1512 m³/h；温度70~80℃；溶液浓度 100~120 g/L(Zn)；pH 5.0~5.2；沉淀时间 8 h；净液含铁 <0.01 g/L。

（2）二次净化除镉参数。溶液量 30~40m³/次；温度 50~60℃；净化时间 40~60 min；锌：镉为 1∶1；沉淀时间 2 h；净液含镉 <0.01 g/L；pH 5.0~5.2；负压操作。

（3）影响净化过程的因素。具体内容见 11.1.3.3 相关内容。

11.3.4.2 过滤

具体内容见相关内容。

11.3.4.3 蒸发

1）原理

过滤后净液通过间接蒸气加热，在负压条件下溶液沸点下降，这样溶液急剧沸腾蒸发，大量水分转化为蒸汽溢出，使溶液短时间内达到过饱和浓度。

2）技术条件

提镉后液

鼓风　→　一次净化　←　H_2O_2

铁渣　　　上清液

过　滤　　　一次过滤

滤液　铁渣　滤渣　一次净液

送入渣场　　二次净化　←　锌粉

锌镉渣　　　上清液

过　滤　　　二次过滤

滤液　锌镉渣　滤渣　二次净液

送入粗镉浸出工序　　蒸　发

冷凝器　　　结　晶

水汽分离器　贮水池　　脱　水

尾汽排空　　生产用水　母液　结晶硫酸锌

干　燥

包　装

$ZnSO_4 \cdot 7H_2O$

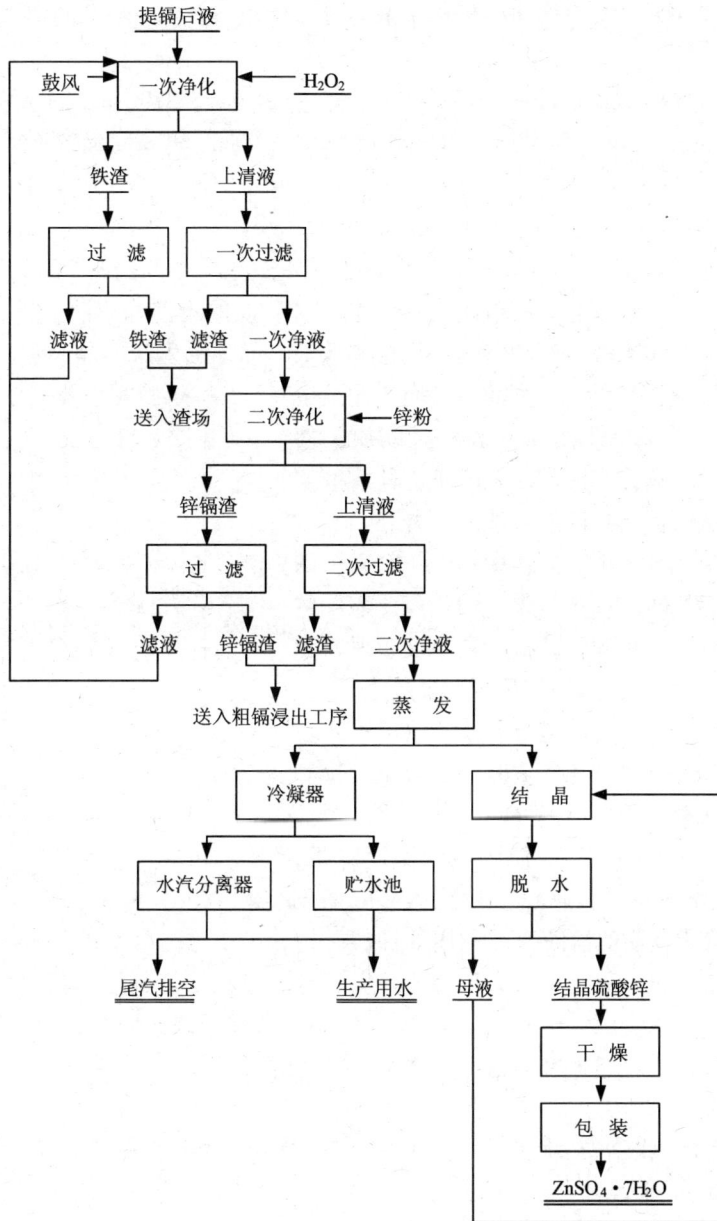

图 11 - 4　硫酸锌工艺流程

①将蒸发器排空，关好阀门后向蒸发器打入过滤后净液，打开蒸汽阀门开始蒸发，蒸发条件为真空度 0.03 ~ 0.06 MPa，沸腾面低于第三观察孔，终了浓度 1.63 ~ 1.66 g/cm³。

②蒸发过程中定期取样测定溶液浓度，当到达终了浓度时，蒸发结束，关闭蒸汽、蓄液、真空阀门，打开放液阀门，放出溶液，溶液放净后关闭阀门打入过滤后净液，开始蒸发。

3）影响蒸发的因素

①蒸汽不能含水过多，若是含水较多，蒸发时间将大大延长，可以在蒸汽入口加上汽水

分离器，使水初步从蒸汽中分离出来。

②真空度不可过高，这样将使硫酸锌溶液被负压抽出，造成硫酸锌的损失。

4)相关设备

蒸发器：1300 mm × 6400 mm，65 m²；冷凝器：650 mm × 3700 mm，6 块筛板；中间槽：2500 mm × 2500 mm，12 m³；酸泵：80FB – 24，7.5 kW，24m，54 m³；真空泵：SZ – 3，30 kW。

11.3.4.4 结晶

1)原理

结晶是利用某种溶剂中的溶解度随温度变化的明显差异，即在较高温度下溶解度大，降低温度时溶解度小，而实现分离提纯的方法。从固体物质的不饱和溶液里析出晶体，一般要经过下列步骤：不饱和溶液→饱和溶液→过饱和溶液→晶核的生产→晶体生长等过程。

制取饱和溶液是溶质结晶的关键，下面应用溶解度曲线加以说明。图 11 – 5 曲线 S 表示某物质的溶解度曲线。P 表示未达饱和时的溶液，使这种溶液变成过饱和溶液，从而析出晶体的方法有两种：

(1)恒温蒸发，使溶剂的量减少，P 点所表示的溶液变为饱和溶液，即变成 S 曲线上的 A 点所表示的溶液。在此时，如果停止蒸发，温度也不变，则 A 点的溶液处于溶解平衡状态，溶质不会从溶液里析出。若继续蒸发，则随着溶剂量的继续减少，原来用 A 点表示的溶液必需改用 A' 点表示，这时的溶液是过饱和溶液，溶质可以从溶液里析出。

(2)若溶剂的量保持不变，使溶液的温度降低，假如 P 点所表示的不饱和溶液的温度由 t_1℃ 降低到 t_2℃ 时，则原 P 点所表示的溶液变成了用 S 曲线上的 B 点所表示的饱和溶液。在此时，如果停止降温，则 B 点的溶液处于溶解平衡状态，溶质不会从溶液里析出。若使继续降温，由 t_2℃ 降到了 t_3℃ 时，则原来用 B 点表示的溶液必需改用 B' 点表示，这时的溶液是过饱和溶液，溶质可从溶液析出。

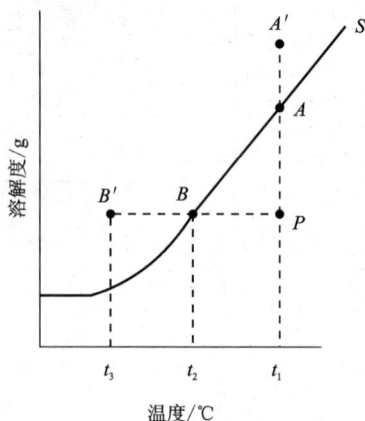

图 11 – 5 结晶原理

2)技术条件

冷却水温：20℃；结晶时间：8 ~ 14 h；pH：2 ~ 3；终了温度：20 ~ 32℃；结晶效率：50% ~ 60%。

3)相关设备

卧式结晶机：1500 mm × 7000 mm，8 m³，7 kW。

11.3.4.5 脱水

(1)原理。脱水是利用离心机实现固液分离。离心机利用离心力使悬浮液中的固体颗粒与液体分离. 离心机的主要部件是一个快速旋转的鼓，进入鼓内液体在离心力的作用下由滤孔滤出，固体颗粒留在滤布上，从而使固液分离。

(2)技术条件。脱水量：3.5 ~ 4 t/h；含水：2%；脱水后液含锌：>22%。

(3)相关设备。离心机：WH – 800 型，901，33 kW；中间槽：2500 mm × 2500 mm，12 m³。

11.3.4.6　干燥

(1)原理。脱水后的硫酸锌尚含有2%左右的水分，经过气流热风或冷风干燥，进一步降低水分，达到产品硫酸锌标准，然后计量包装。

(2)技术条件。料量：70~75 kg/min；干燥风量：10000~15000 m³/h；干燥温度：一次 40~60℃，二次常温；单重：(40±0.1) kg。

第 12 章　碳化硅制品生产

12.1　概述

12.1.1　碳化硅的生产

碳化硅(SiC)又称金刚砂。天然碳化硅极少,1904 年法国人莫桑首次在美国亚历山大州的陨石里发现,后来在金伯利橄榄岩及火山角闪岩中也有发现,但其量甚少,无开采价值。目前工业上应用的碳化硅是一种人工合成材料,是由美国人艾奇逊于 1891 年首先以工业规模合成出来的。新中国成立前我国不能生产碳化硅,要由日本和韩国进口。1949 年底,我国试验成功黑色碳化硅,并于次年底投入工业生产。1952 年 8 月试制成功绿色碳化硅。20 世纪 50 年代末期,碳化硅生产厂家大量增加。目前,我国碳化硅工业在生产规模、机械化程度,以及产品产量、质量、品种等方面都已接近或达到国际先进水平。

碳化硅工业生产的原料是天然硅石(脉石英、石英砂)、炭(无烟煤或石油焦)、木屑、工业盐等。以天然硅石和炭为主要原料,在电阻炉中加热合成。加入木屑是为了使炉料在高温下形成多孔状,便于反应产生的大量气体及挥发物从中排除,避免发生爆炸,因为生成 1 t 碳化硅,将会产生约 1.4 t 的一氧化碳。工业盐(NaCl)的作用是便于除去料中存在的氧化铝、氧化铁等杂质。还有一种说法是工业盐可起催化剂作用。生产绿色碳化硅必须加入工业盐,而生产黑色碳化硅一般不需加入。

生产碳化硅的电阻炉实际上就是一根石墨电阻发热体,炉芯由石墨堆积成柱状。炉芯体周围装满由硅质原料、碳质原料和木屑、工业盐组成的混合料,外部则是保温料。炼制时,电阻炉供电,炉芯体温度上升,通过炉芯体表面传热给周围的混合料,使之发生反应生成碳化硅。其过程如下:大约 1400℃物料开始反应,硅质原料(SiO$_2$)由固态变为液态,进而变为气态,SiO$_2$ 熔体和蒸气钻进碳质原料的气孔,渗入碳的颗粒,生成 SiC,这时生成的是β - SiC,其结晶非常细小,可以稳定到 2000℃。此后 β - SiC 慢慢向高温型的 α - SiC 转化,晶体逐步长大和密实,α - SiC 可以稳定到 2400℃而不发生明显的分解,2400℃以上时 SiC 开始分解,变成硅蒸气和石墨,挥发出的硅蒸气与外部合适温度区间的碳再生成新的碳化硅。上述反应生成的 CO,大部分在炉表面燃烧生成 CO$_2$。

生产碳化硅的反应式为:

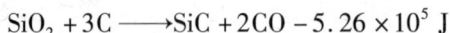

$$SiO_2 + 3C \longrightarrow SiC + 2CO - 5.26 \times 10^5 \text{ J}$$

电阻炉靠石墨炉芯体发热,附近温度较高,向外依次降低,形成不均匀的温度场。因此,炉内物料的反应与结晶状况也有很大不同。炉芯体周围形成圆筒状的碳化硅结晶,结晶成放射状,晶体尺寸由内到外逐步减小。

电阻炉内产物中,一级品 SiC 结晶块是主要产品,结晶为粗大的 α - SiC,SiC 含量在 96% 以上。生产碳化硅制品采用的就是一级 SiC 砂。

12.1.2 碳化硅的性质

纯净的碳化硅是无色透明的，工业生产的碳化硅有黄、黑、墨绿、浅绿等不同颜色。黑色和绿色碳化硅的机械性质略有不同，绿碳化硅硬而脆，黑碳化硅则韧而稍软。由于黑碳化硅韧性高并且价格比绿碳化硅更便宜，因此用来制作碳化硅耐火材料制品的多为黑碳化硅。

工业生产的碳化硅通常含有 2% ~ 5% 的杂质。杂质主要有游离碳、铁、硅、铝、钙和镁等。游离碳（FC），一部分包裹在 SiC 晶体中，一部分和金属杂质形成碳化物。当配料中炭过量时，可看到明显的游离状态的炭粒。二氧化硅（SiO_2）通常存在于晶体表面。SiO_2 大都是由于电阻炉冷却过程中 SiC 与空气中的氧或水蒸气接触氧化而成。当配料中硅质原料过剩时，它也会通过蒸发、凝聚在碳化硅晶体表面上，炉内还可能出现白色绒毛状 SiO_2。

硅（Si）一部分溶解于 SiC 晶体中，一部分与其他杂质（如铁、铝、钙等）形成合金而黏附于晶体上或嵌在晶体中。其他金属杂质（Fe、Al、Ga、Mg 等），由于炉内的高温还原气氛，大都呈合金状态或形成碳化物。铁、镁、钙等杂质不进入 SiC 晶格，而堆积在晶粒的界面上和气孔中。进入 SiC 晶格的主要杂质有氮、铝、硼等，它们对晶体的颜色和导电性起重要作用。

碳化硅没有通常意义的熔点和沸点，只有分解温度，该温度取决于测量时的气氛和试样的纯度。文献上的分解点在 2200 ~ 2500℃，在还原条件下甚至高达 2700℃。工业上，SiC 约在 2400℃ 再结晶而无明显分解。

各种晶型的 SiC 真密度为 3.12 ~ 3.22 $g \cdot cm^{-3}$，工业计算时可用 3.20 $g \cdot cm^{-3}$。碳化硅砂的堆积密度 1.3 ~ 1.6 $g \cdot cm^{-3}$，主要取决于粒度组成和颗粒形状。碳化硅砂整形后的 2.26 mm 以下料摇实密度可达 2.1 ~ 2.4 $g \cdot cm^{-3}$。

碳化硅颗粒非常坚硬，莫氏硬度为 9.2 ~ 9.6，显微硬度为 3000 ~ 3300 kg/mm^2。绿碳化硅和黑碳化硅的硬度无论在常温还是在高温下都基本相同，没有本质上的区别。碳化硅热膨胀系数低，在 25 ~ 1400℃，SiC 平均热膨胀系数可取 4.4 × 10^{-6}/℃。常温下工业碳化硅是一种半导体，属杂质导电。随着杂质的种类和数量不同，其电阻率在很宽的范围内变化（10^{-2} ~ $10^{12} \Omega \cdot cm$）。另外，碳化硅具有很高的导热系数。由于测定方法及被测试样气孔率、气孔形状不同，所以文献中的数值不完全一致。碳化硅有优异的抗震稳定性，由它的低热膨胀系数和高导热系数决定的。碳化硅在低温下化学稳定性好，耐腐蚀性能优良。但在高温下可与一些金属、盐类、气体等发生反应，见表 12 - 1。

碳化硅与水在高温下发生下列反应：

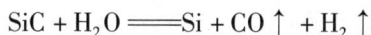

$$SiC + 3H_2O = SiO_2 + CO \uparrow + 3H_2 \uparrow$$
$$SiC + 4H_2O = SiO_2 + CO_2 \uparrow + 4H_2 \uparrow$$
$$SiC + H_2O = Si + CO \uparrow + H_2 \uparrow$$
$$SiC + H_2O = SiO + C + H_2 \uparrow$$

碳化硅与氧在高温下发生下列反应：

$$SiC + 2O_2 = SiO_2 + CO_2 \uparrow$$

碳化硅在高温下的氧化是碳化硅质耐火材料损毁的主要原因，所以在应用中碳化硅制品尽量避免在氧化性环境中使用。

表 12 − 1 SiC 与某些物质的反应

反应物质	反应条件	反应情况	反应物质	反应条件	反应情况
H_2、N_2、CO	< 1300℃	无反应	Cl_2	600℃ 1300℃	表面反应 反应
空气	< 1300℃	稍氧化	NaOH	< 500℃	不反应
	1300 ~ 1600℃	形成氧化层		> 900℃	反应
	> 1600℃	迅速氧化分解			
水蒸气	> 1000℃	反应	K_2CO_3	熔融	反应
S	1300℃	激烈反应	KOH	熔融	反应
H_2SO_4	煮沸	无反应	CaO	1000℃	反应
HCl			MgO	1000℃	反应
HNO_3			Cr_2O_3	1370℃	反应
H_3PO_4	> 200℃	反应	H_2S	1000℃	反应
Fe_2O_3	> 1000℃	反应	水玻璃	1300℃	反应

12.1.3　碳化硅的用途

　　碳化硅具有优良的物理化学性能，是重要的工业原料。它的用途主要如下。

　　制造磨料、磨具：由于碳化硅具有很高的硬度、一定的韧性和很好的化学稳定性，所以是一种用途很广的磨料，故可以制造砂轮、油石、涂附磨具或自由研磨。它主要用于研磨玻璃、陶瓷、石材等非金属材料以及铸铁等金属材料，还可以加工硬质合金、钛合金、高速钢刀具等难磨材料。

　　制造耐火材料：碳化硅制品可在有色金属（锌、铝、铜）冶炼中作冶炼炉炉体、炉衬、熔融金属的输送管道、过滤器、坩埚、测温管等；在钢铁冶炼中用作高炉、化铁炉等冲压、腐蚀、磨损厉害部位的耐火制品；在航天技术上用作火箭发动机尾喷管、高温燃气透平叶片；在硅酸盐工业中，大量用作各种窑炉的棚板、马弗炉炉衬、匣钵；在化学工业中，用作油气发生器、石油汽化器、脱硫炉炉衬等。

　　化工用途：作为炼钢脱氧剂和铸铁组织改良剂。碳化硅可以在熔融钢水中分解并和钢水中的游离氧、金属氧化物反应生成一氧化碳和含硅炉渣。在冶炼铸铁时往往加入过量的碳化硅，以使少量硅进入铁液中，可净化铸铁的结构，促进了铸件的完善。碳化硅还可作为制造四氯化硅（$SiCl_4$）的原料，其反应方程式如下：$SiC + Cl_2 \longrightarrow SiCl_4 + C$。

　　电工用途：主要用作加热元件、电阻、二极管、晶体管和热敏器件。硅碳棒是最常见的加热元件，各式避雷器阀片是碳化硅非线性电阻体中最常见的产品。

　　其他用途：碳化硅可以配制成远红外辐射涂料或制成碳化硅板用于远红外辐射干燥器中。碳化硅纤维可作为复合结构材料的组分。

12.2　碳化硅制品简介

12.2.1　碳化硅制品分类

由于结合相的不同将碳化硅耐火材料分成不同的种类。常见的结合形式有：黏土结合、氧化物结合、莫来石结合、氮化物结合、重结晶和反应烧结渗硅等。碳化硅耐火材料的性质取决于结合相。

黏土结合碳化硅制品（Clay – SiC）是最普通的碳化硅质耐火材料。它是将 5% 左右（传统工艺加入 10% 以上）软质黏土作为结合剂与碳化硅物料一起配料，成型后在一般窑炉中烧成即可。锌冶炼炉、陶瓷窑炉的马弗板等使用这种制品。

氧化物结合碳化硅制品（SiO_2 – SiC），实际上多是以 SiO_2 为结合相。它是将 5% ~ 10% 的 SiO_2 微粉或石英细粉与 SiC 物料共同配料，成型后在一般窑炉中烧成。其特点是在烧成与使用过程中 SiO_2 膜包裹在 SiC 颗粒上，抗氧化性大大提高。这种产品广泛用做烧制瓷器（> 1300℃）的窑炉棚板。

莫来石结合碳化硅制品（Mullite – SiC），将 α – Al_2O_3 微粉和 SiO_2 微粉加入 SiC 的配料中，压制成型，在烧结过程中 Al_2O_3 和 SiO_2 结合成莫来石；使用过程中，SiC 氧化而生成的 SiO_2 也部分与 Al_2O_3 形成莫来石。这种材料热震稳定性好，用于制造瓷器用匣钵、棚板。

氮化物结合碳化硅制品（Si_3N_4 – SiC），将金属硅粉与 SiC 物料一起配料，成型后在氮气保护下烧成，Si 与 N_2 反应形成 Si_3N_4 从而将 SiC 结合起来。这种产品广泛应用于制造高炉用碳化硅砖、耐火窑具等。

重结晶碳化硅制品（R – SiC），以 α – SiC 为原料，通过适当的颗粒配比，并加入有效的表面活性剂制成 α – SiC 浆料，浇注成型后（也有压制成型）在 Ar 气氛或真空烧结炉中于 2000℃ 以上的高温下烧结，SiC 蒸发并在 SiC 颗粒接合部凝聚结晶，从而将 SiC 颗粒结合起来。其高温强度高，抗氧化能力强，热震稳定性好，是优良的高温工程材料。陶瓷、砂轮行业的窑炉使用 R – SiC，最高使用温度达 1600℃。

反应烧结渗硅（自结合）碳化硅制品（Si – SiC），用 α – SiC 和石墨粉按比例混合压制成型后，加热到 1650℃ 左右，通过液相或气相将 Si 渗入坯体，使之与石墨起反应生成 β – SiC，把 α – SiC 颗粒结合起来，达到致密化。该材料的特点是：

（1）没有开口气孔，使用时 O_2 无法渗入到材料内部，因而具有极强的抗氧化和抗腐蚀能力；

（2）高温下的抗折强度是 R – SiC 的 2 倍，承载能力大幅度提高；

（3）非常良好的导热能力和耐磨性能；

（4）直至使用温度极限（1350℃），其体积稳定性都很好；

（5）由于渗入 10% ~20% 的硅，其最高工作温度不超过 1350 ~1380℃，比 R – SiC 低；

（6）使用寿命是 R – SiC 的 2 ~3 倍。这种材料的使用温度能满足大多数陶瓷和砂轮烧成的需求。

各种碳化硅质耐火材料的性能见表 12 – 2。

表 12 -2　碳化硅质耐火材料的性能

碳化硅质耐火材料	Clay – SiC	SiO₂ – SiC	Mullite – SiC	Si₃N₄ – SiC	R – SiC	Si – SiC
SiC 含量/%	80	90	80	70	99	80
SiO₂ 含量/%	12	9	13			
Si₃N₄ 含量/%				20		
Si 含量/%						20
体积密度/(g·cm⁻³)	2.60	2.7	2.68	2.66	2.80	3.00
显气孔率/%	16	14	13	13	12	0.5
抗折强度(常温)/MPa	22	35	35	150	100	200
抗折强度(1400℃)/MPa	15	35	37	150	110	200
导热系数(1000℃)/(W·m⁻¹·K⁻¹)	11	16	15.1	16	4.5	4.3
膨胀系数/×10⁻⁶℃⁻¹	4.5	4.7	5.0	4.3	4.5	4.3
最高使用温度/℃	1450	1550	1450	1450	1600	1350

各种碳化硅质耐火材料中，黏土结合碳化硅制品是开发历史最久的，也是造价最低的。但是它的使用性能却不如其他几种结合碳化硅制品，着重表现在制品的体积密度低、导热性、抗氧化性和机械强度稍差。然而从竖罐炼锌应用角度来看，其他几种制品的性能价格比却不如黏土结合碳化硅制品，尤其现在黏土结合碳化硅制品的生产工艺较传统工艺有了很大变化，性能也有了提高。目前竖罐炼锌工艺都使用这种碳化硅制品，本章重点介绍。

12.2.2　黏土结合碳化硅制品及生产工艺流程

碳化硅制品在竖罐炼锌行业有很大应用，主要用于砌筑锌蒸馏炉罐体、锌精馏塔塔体，以及锌粉炉、精镉炉、高镉锌炉的炉体和测温管、溜槽、盖板、管道内衬等。碳化硅制品分为普通型砖、异形砖、塔盘三大类，近 200 余个品种。普通型砖有标准、波纹、罐头砖；异形砖有各种管类、溜槽、加料器等。塔盘分为 1372 型塔盘、1260 型塔盘、990 型塔盘、600 型塔盘、360 型塔盘。碳化硅制品生产工艺流程图见图 12 -1。

12.3　原料的加工

12.3.1　原料的成分和性能要求

制作碳化硅制品的主要原料有碳化硅砂、碳化硅灰、黏土，外加黏合剂，有时加硅粉。各种原料都有一定的质量标准。制作碳化硅耐火材料目前多使用黑碳化硅砂，我国西北的宁夏和甘肃是重要生产基地。采购的多为块状砂，需破粉碎加工后才能使用。碳化硅砂质量标准见表 12 -3。

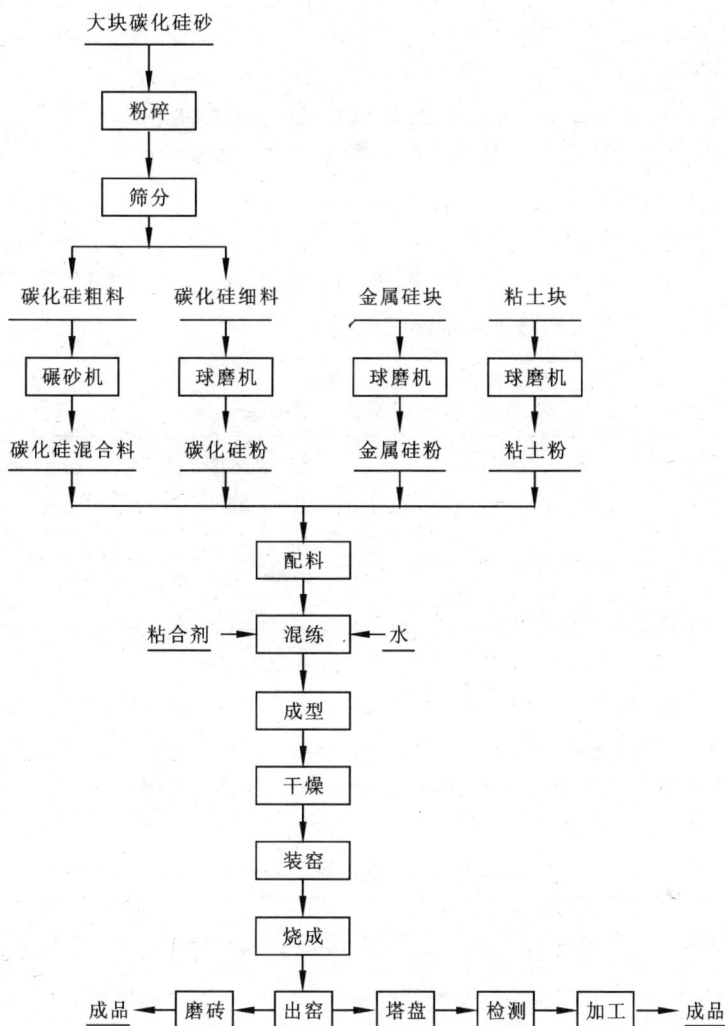

图 12 -1 碳化硅制品生产工艺流程

表 12 -3 碳化硅砂的质量标准

名称	等级	化学成分/%				粒度
		SiC	F. C.	Fe$_2$O$_3$	H$_2$O	
SiC 砂	一	≥98	≤0.5	≤0.5	≤1.0	3.04 ~ 0.075 mm
SiC 砂	二	≥97	≤1.0	≤1.0	≤1.0	混合粒

黏土种类繁多,成分和性能变化很大。它是多种含水铝硅酸盐矿物的混合物,主要矿物为高岭石,主要成分是 Al_2O_3 和 SiO_2 两种氧化物。当 $w(Al_2O_3)/w(SiO_2)$ 和 Al_2O_3 含量越接近高岭石的理论值 $w(Al_2O_3)/w(SiO_2) = 0.85$,$Al_2O_3$ 39.5%,其纯度越高,耐火度越高,烧结熔融范围也就越宽。只有软质黏土应用在碳化硅耐火材料上作为高温结合剂。

软质黏土有分散性、可塑性、结合性和烧结性。分散性是反映黏土分散程度的性质，通常用黏土的颗粒组成或比表面积来表示。可塑性是指泥团在外力作用下易变形但不易发生裂纹，以及在外力解除后仍保持其新的形状而不再恢复原形的性能，其可塑性的好坏，取决于黏土的矿物组成、颗粒的细度和数量、液相的性质等。黏土的分散度越高，可塑性越好，在水中分散性也越强。用做碳化硅制品结合剂的黏土要求可塑性大于3.0。黏土具有黏结非塑性材料的能力，使成型后的砖坯能保持形状，且具有一定的机械强度，称作黏土的结合性。黏土的结合性是由黏土颗粒之间的内聚力（分子引力）造成的。黏土的分散程度越高，可塑性越好，结合性能也越强。黏土在高温下烧成，可以获得具有一定的致密度和强度的烧结物，黏土的这种性能称为烧结性。软质黏土质量标准见表12-4。

表12-4 黏土质量标准

名称	等级	化学成分/%			真密度/(g·cm⁻³)	可塑性	水中分散性<1 μm/%	耐火度/℃
		Al_2O_3	Fe_2O_3	CaO				
软质黏土	一	≥30	≤1.5	≤0.5	≥2.6	≥3.5	≥45	≥1700
软质黏土	二	≥25	≤2.5	≤1.0	≥2.5	≥3.0	≥35	≥1650

金属硅粉(Si)作为特种结合剂，加入量很少，但作用很大，能有效提高碳化硅制品的理化性能。目前生产塔盘及罐壁砖都加硅粉。采购的一般为硅块，需要用球磨机细磨成 - 0.177 mm 细粉才能使用。硅粉质量标准见表12-5。

表12-5 金属硅粉质量标准

化学成分/%			粒度/mm
Si	Fe_2O_3	F.C	
≥97	≤1.0	≤1.0	- 0.177

生产碳化硅制品选用的黏合剂有亚硫酸纸浆废液、糊精、羟甲基纤维素、聚乙烯醇、硅酸乙酯、淀粉等。由于亚硫酸纸浆废液和其他黏合剂相比，具有价格低、性能好和生产易操作等优点，所以大多数生产碳化硅制品厂家选用亚硫酸纸浆废液作为黏合剂。

纸浆废液黏合剂，是一种常用的耐火材料暂时性结合剂。它是用生产纸浆的废液，经发酵处理提取酒精后而得的一种有机耐火材料结合剂，又称为亚硫酸盐酵母液结合剂。它由不同类型的木质素磺酸盐、亚硫酸结构的硫代木质素及其衍生物组成的化合物。它之所以具有结合性能主要靠木质素磺酸盐及其衍生物的作用。用作耐火材料结合剂的木质素磺酸盐主要有钙盐、钠盐和钙、钠混合盐。亚硫酸纸浆废液黏合剂有液态和固态两种。液态黏合剂为黑褐色黏稠状液体，干物质含量47%～52%，密度1.20～1.28 g/cm³，黏度1.0～29.0 Pa·s，木质素磺酸盐平均分子量31000～51000。固态黏合剂则呈棕黄色，堆积密度0.6～1.3 g/cm³，通常含有5%～6%的水。表12-6为亚硫酸纸浆废液黏合剂技术性能。

表 12 –6　亚硫酸纸浆废液黏合剂技术性能

品种		A	B	C	D
组成		木质素磺酸钙特殊添加成分	木质素磺酸钙	木质素磺酸钙	特种改性木质素磺酸钙
pH		4.0	7.0	7.0	5.4
颜色		棕色	暗棕色	棕色	棕色
化学组成/%	钠	0.0	0.0	0.0	0.1
	钙	5.0	7.0	7.0	3.6
	二氧化硫	0.1	0.5	0.5	0.2
	游离二氧化硫	0.2	0.6	0.6	0.3
	结合二氧化硫	4.8	4.7	4.7	4.7
	总硫量	5.0	5.3	5.6	6.2
化学组成/%	Methoxyl	0.0	8.6	8.6	9.0
	还原糖	16.0	13.8	13.8	12.6
	氧化镁	0.2			
液体	固形物/%	52	54		55
	固形物量/(g·cm⁻³)	0.65	0.70		0.72
	黏度(25℃)/(Pa·S)	10	3		3.5
固态	水分	5.0		6.0	6.0
	密度/(g·cm⁻³)	1.28		0.58	0.64
功能		结合剂 分散剂 内润滑剂	结合剂	结合剂	结合剂
应用		粗陶制品 耐火材料	耐火材料 陶瓷	耐火材料 陶瓷	耐火材料

亚硫酸纸浆废液黏合剂因所用原料和工艺的不同，分为酸性和碱性，其成分及性质有差异。生产碳化硅制品应选用酸性或中性黏合剂，而不用碱性。因为碱性黏合剂的结合能力比酸性差，并且高温条件下，碱性成分能与碳化硅起反应。另外，生产中不宜采用成分不同的纸浆废液混合使用。

12.3.2　原料的破、粉碎，筛分

原料的破、粉碎是一道重要的工序。它的任务就是要改变碳化硅砂原料的颗粒度，为以后碳化硅制品的成型提供所需要的粒度。

碳化硅原料的破、粉碎的作用有：原料的细分散，粒度分布恰当，有利于砖坯的成型；原料的细分散，可使颗粒之间的接触面积增大，有利于高温烧成时固相烧结能充分进行；有效降低烧成温度；在配料混合时，使原料中的各种组分均匀混合，从而使烧成后的制品组分均匀；原料

高度分散，可使颗粒内部的杂质进一步暴露出来而便于清除。

原料破、粉碎的设备很多。主要有鄂式破碎机、圆锥破碎机、辊式破碎机、反击式破碎机等。其中鄂式破碎机是破、粉碎碳化硅最常用的设备。其工作原理是靠活动鄂板对固定鄂板作周期性的往复运动，对物料产生挤压、折断、劈裂作用，从而破碎物料。该设备构造较简单，坚固耐用，生产能力大，操作维修方便，处理的物料块度范围较大。

筛分是将破、粉碎后的碳化硅物料通过筛子分成若干粒度级别的过程。不同粒度级别的碳化硅物料有着不同的作用。较粗的物料作为制作塔盘的原料；中间的物料作为制作普型制品的原料；较细的筛下物料作为磨碳化硅灰的原料。各个生产单位的筛分级别和粒度不同，表 12 - 7 为某一单位筛分分级实例表。

表 12 - 7　筛分分级实例表

级别/mm	3.04	- 3.04 ~ 0.841	- 0.841
比例/%	15	45	40
用途	生产塔盘	生产普型制品	磨灰

常用的筛分设备有振动筛、固定筛、回转筛等。振动筛构造简单，生产能力大，筛分效率高，应用范围较广泛，适用于粗、中、细筛分，缺点是筛网易损坏。固定筛的优点是构造简单，坚固耐用，操作容易，不需要动力。其缺点是生产能力小，筛分效率低，筛面易堵塞，占地面积大。回转筛生产能力大，筛分效率高，坚固耐用，操作容易。

12.3.3　原料的碾磨、球磨加工

破、粉碎完的碳化硅砂必须经过碾磨整形或球磨加工成细粉才能使用。

由于碳化硅结晶多为菱角片状，内摩擦力大，不易混合均匀，并且结晶块中含有大量的孔隙（结晶颗粒之间），经破碎后仍存在，从而使成型的砖坯不易致密。碳化硅砂经过碾磨加工整形后，砂子颗粒变成近似球形或圆角形，而且形成粗、中、细多种颗粒的混合体，能获得较大的堆积密度，使成型后的砖坯致密，密度大。表 12 - 8、表 12 - 9 分别为某种碳化硅砂碾压整形时间与堆积密度关系以及整形前后混合料粒度组成变化情况。

表 12 - 8　碳化硅砂碾压整形时间与堆积密度关系

轮碾时间/min	0	10	20	30	40	50	60
堆积密度/$(g \cdot cm^{-3})$	1.50	1.55	1.68	1.82	1.85	1.88	1.94
轮碾时间/min	70	80	90	100	110	120	130
堆积密度/$(g \cdot cm^{-3})$	1.96	1.98	1.99	2.00	2.01	2.02	2.02

表 12 - 9　碳化硅砂碾压整形前后混合料粒度变化（%）

粒度组成/mm	3.04	0.841	0.707	0.42	0.25	0.125	0.075	-0.075
整形前	14.5	44.2	20.9	11.0	5.3	1.5	1.2	1.4
整形后	3.8	25.2	13.8	14.5	17.8	12.5	5.6	6.8

从统计数据上看，碳化硅砂碾压整形时间越长堆积密度越大，但时间过长造成碳化硅砂粒度过细，不利于制品的成型并且影响其性能指标。根据经验，一般碾压整形时间为 60 ~ 90 min。检验碳化硅砂碾压粒度最简单的方法是：用 0.707 mm 标准筛筛分碳化硅砂，筛上物标准料为 50% ~ 60%，塔盘料 30% ~ 40% 为合格。

我国一般采用轮碾机进行碾压整形，也有采用苣笼式整形机的。

碳化硅砂经破碎筛分的筛下物细料（-0.841 mm），主要加工成碳化硅灰。碳化硅灰的用途有：生产碳化硅制品时配料用；砌筑炉体时制品间结合用；补炉时使用。

原料细磨主要的设备有球磨机、管磨机、悬辊式粉磨机、气流磨和振动式球磨机，大多数选用球磨机。球磨机磨碎部件由筒体内衬板和破碎介质（研磨体）组成。当筒体转动时，筒内的破碎介质在摩擦力和离心力的作用下随着筒体回转，破碎介质在提升到一定高度后自由下落，物料受冲击和研磨作用而被粉碎。球磨机的给料粒度一般不得大于 65 mm，最适宜的给料粒度为 6 mm 以下，产品粒度为 1.5 ~ 0.075 mm。

生产碳化硅制品所用的碳化硅灰、黏土、金属硅粉都需用球磨机加工成 -0.177 mm 细粉。

12.4　成型料制备

12.4.1　各种原料的作用

碳化硅砂和碳化硅灰是生产碳化硅制品的主体原料，它们所占的比例高达 90% 以上，所以它们本身的性质决定了碳化硅制品的性能。

黏土是制作碳化硅制品的主要结合剂。在高温烧成时形成硅酸盐玻璃质，依靠其具有的润湿性、流动性，能够均匀分布在碳化硅颗粒表面，在液相表面张力的作用下，把各种颗粒拉紧，在冷却过程中这些玻璃质把碳化硅颗粒黏在一起，从而使碳化硅制品具有很高的强度和致密性。

硅粉是高温结合剂。它的作用是在高温下能与坯体中的 SiO_2、C 及烟气中 N_2、O_2 反应生成少量的 $\beta - SiC$、SiO_2，增加砖的强度和导热性，从而改善砖的性能。硅本身在 1414℃ 时熔化，形成液相，对碳化硅颗粒产生结合作用。

黏合剂（亚硫酸纸浆废液）是一种低温结合剂，它的作用是可降低泥料之间的内摩擦力，提高泥料中细粉的分散性，从而增强泥料的可塑性，便于成型。砖坯在干燥过程中，黏合剂浓缩，对坯体中的颗粒起胶结作用，从而使坯体强度增加。

12.4.2　配料

配料是根据碳化硅耐火制品的要求和生产工艺特点，将不同材质和不同粒度的物料按一定的比例均匀混合的工艺过程。配料方法有质量法和容积法两种。

质量配料法按物料质量比进行配料。该法使用比较普遍，其特点是精度高，误差小（不超过2%），且易于实现自动控制。采用的配料称量设备有手动称量秤、自动称量秤、称量车、电子秤和光电数字显示秤。容积配料法采用体积比配料。各种给料机均可作容积配料设备，但因受物料的粒度、湿度等因素的影响，其精确度较差（误差为5%左右）。目前一般采用质量法配料。

生产碳化硅制品时配料的原则是：保证泥料具有特定的堆积密度；满足制品的性能需求，如强度、气孔率及密度要求、热稳定性要求等；满足泥料的成型性能和砖坯的烧结性能。表12-10为碳化硅制品生产配料比实例。

表12-10 碳化硅制品生产配料比（%）

项目	碳化硅砂	碳化硅灰	黏土	硅粉（外加）	黏合剂（外加）	水分（外加）
塔盘	90	5	5	1~2	3	3
标准砖	75	20	5	0.5~1.5	3	3
罐头砖	70	25	5		3	3
异形	68	25	7		4	4
管类	68	25	7		4	4

各生产单位配料比不太相同，主要由成型方法和制品用途而定。传统配料比黏土加入量较大，一般为10%以上，现多为5%左右。黏土加入量少的碳化硅制品的导热系数比多加黏土的制品要高2倍以上，耐压强度、体积密度、荷重软化温度和抗渣性也较高。表12-11为不同加入量的黏土结合碳化硅制品的理化性能。

表12-11 不同加入量的黏土结合碳化硅制品的理化性能

加黏土量/%	成品中SiC/%	成品中SiO_2/%	显气孔率/%	体积密度/$(g \cdot cm^{-3})$	耐压强度/MPa	导热系数(1200℃)/$(W \cdot m^{-1} \cdot K^{-1})$
15	75	20	20	2.55	78	6
10	80	12	17	2.6	88	9
5	85	10	16	2.62	98	11
3	90	8	15	2.65	110	12

物料配比称量后，还必须通过混练设备进行充分的混练。混练旨在使坯料中各种组分、颗粒和结合剂经混合和挤压作用达到均匀分布和充分湿润。混合料的均匀性受物料颗粒尺寸、加料顺序、混练时间、混练设备特性等因素影响。有效的混合还应注意加料顺序，如果粗、中、细颗粒的物料与结合剂同时加入，往往达不到预期的充分均匀混合，因为此时细粉容易成团。如果用这种混合料成型，将会使坯体的密实度差和组分分布不均匀。因此一般采用的加料顺序是：先将粗、中碳化硅颗粒干混，然后加入液状黏合剂，将颗粒表面润湿，再加

入 SiC 细粉和其他粉状结合剂(黏土、硅粉),这样细粉能均匀地附着在碳化硅颗粒表面,使混合料成分分布均匀。

物料配比合适,混练质量好,才能获得质量好的坯料。混练质量好的坯料应该:各成分均匀分布,包括不同原料的颗粒,同一原料的不同大小的颗粒和水分含量等;坯料的结合性应得到充分的应用;空气充分排除;再粉碎程度小。

混练的设备一般选用轮碾机(湿碾机)。轮碾机是利用碾轮与碾盘转动对物料进行碾压、混练及捏合的混合设备。轮碾机虽然陈旧笨重,并且在混合过程中存在料粒被粉碎和动力消耗大等缺点,但由于碾压捏合效果较好,所混合的泥料具有气孔率低、致密和便于成型的优点,仍然是耐火材料工厂广泛使用的混合设备。轮碾机是间歇工作的设备。当碾盘转动后,各种组分的物料及结合剂,按照工艺要求陆续加入碾盘内,碾轮依靠物料的摩擦绕自身的水平轴旋转,在离心力作用下,碾轮下面物料甩向碾盘边缘,再由翻料刮板将其挡回到碾轮下面,不断反复地进行碾压、搅拌和捏合。待泥料达到致密、混合均匀后,将泥料卸出。混练时间视情况而定,如轮碾机型号、混料量多少、物料的配比等,一般在 5 ~ 15 min。

如有条件,生产碳化硅制品时还可以选用困料工艺。困料就是把混合好的泥料,在一定的温度和湿度下贮放一定时间,以改善坯料的可塑性。原因在于:改变了水将胶粒全部包裹起来形成水膜为止的时间;胶粒之间离解离子的渗透压发生了变化;结合黏土和其他细粉充分分散,散布更加均匀;由于有机物发酵,异种胶体的量发生变化,或 pH 改变。

12.5 成型

成型是指借助外力和模型将坯料加工成规定尺寸和形状的坯体的过程。耐火材料成型方法很多,传统的成型方法按表皮含水量的多少分为半干法(坯料水分 5% 左右)、可塑法(坯料水分 15% 左右)和注浆法(坯料水分 40% 左右)。生产中根据坯料的性质、制品的形状、尺寸和工艺要求来选用成型方法。不论用何种方法,成型后的制品坯体均应满足下列要求:形状、尺寸和精度符合设计要求;结构均匀、致密,表面及内部无裂纹,坯体不分层;具有足够的机械强度;符合预期的化学组成和物理性能要求。

碳化硅耐火材料制品生产多采用半干法成型。具体成型方法有:捣打成型法、机压成型法、振动成型法、挤压成型法和等静压成型法等。其中后两种因造价高、操作不便等原因不常用。

12.5.1 捣打成型法

此法较传统也是目前大多数生产碳化硅制品单位选用的方法。它是用手动、风动或电动锤将泥料捣实成型。风动捣锤主要有铆钉机、捣固机。它的动力为空压机产生的压缩空气,风压在 0.4 MPa 以上。捣打成型的泥料水分大多控制在 4% ~ 7%,泥料的临界颗粒比机压成型时要大,这有利于提高坯体的密度。捣打成型时一般是分层加料,应注意层间的紧密结合。但捣打成型法有缺点,劳动强度大,操作时受人为因素(如体力、情绪等)影响大,同时成型压力小,不适合生产体积密度要求较高的碳化硅制品。此方法适用于生产形状复杂、体积较大和需求量小的碳化硅制品。

12.5.2　机压成型法

该法常用的设备有摩擦压砖机、液压机和杠杆压砖机等。

机压成型过程实质上是一个使坯料内颗粒密集和空气排出、形成致密坯体的过程。机压成型的砖坯具有密度高、强度大、干燥收缩和烧成收缩小、制品尺寸容易控制等优点。但此方法缺点也是明显的。较容易出现的缺陷是层裂和层密度现象。层裂是在加压过程中形成的垂直于加压方向的层状裂缝。坯料水分过高、细粉过量、结合剂过少及压力过高都会导致层裂的产生。层密度现象即成型后砖坯的密度沿加压方向逆变，由上方单向加压的砖坯一般是上密下疏，同一水平面上是中密外疏。这是由于坯料颗粒间的摩擦力和坯料与模具壁间的摩擦力而造成的压力递减所致。

12.5.3　振动成型法

振动成型法是利用振动作用使泥料制成坯体的成型方法。原理是物料在频率很高（一般为 3000～12000 次/min）的振动作用下，质点相互撞击，动摩擦代替质点间的静摩擦，泥料变成具有流动性的颗粒，在自重和外力作用下逐渐堆积密实形成致密的坯体。振动成型时，由于振动输出的能量，颗粒具有三维空间的活动能力，颗粒密集并填充于模型的各个角落将空气排挤出去。此方法适用于形状复杂及大型的密度要求不高的制品。它的缺点是压力较小，制品密度不大。

12.5.4　液压激振合力成型

以上各种成型方法各有利弊，各碳化硅耐火材料制品生产单位都在探索更好的方法。国内某厂于 2003 年成功开发应用了液压激振合力成型机。此设备以前用于生产莫来石、陶瓷及一些薄板状耐火材料。经过该厂和制造单位的多次探讨改进，终于将液压激振合力成型机应用于生产竖罐炼锌用黏土结合碳化硅耐火制品。这在本行业是绝无先例的，属于工艺上的大胆尝试和创新。尤其将 1372 型号大塔盘质量提高到新的高度。

液压激振合力成型机是利用振动冲击原理成型的。在成型时，通过振动台的振动，对物料形成振抖作用，从而达到使模具内物料分散均匀、排气通畅的目的。同时通过油压缸对上模块强制施压及下方配重轮的激振力，使模具内物料双面均受到冲击力作用，从而加大了对物料的成型压力。

制作黏土结合碳化硅制品采用 YZHC–10–D_3–A 型机。此机器主要由底座、立柱、上横梁、活梁、模具台、液压系统、振动系统和控制系统组成。成型时上油缸和下油缸分别带动活梁、模具台做上升、下降运动。活梁、模具台的运动方向及具体定位，由液压系统的电磁换向阀和控制系统的限位开关控制。振动台下均匀分布着几个激振器（配重轮），当电机带动配有万向节的传动轴做高速旋转时，配重轮上的偏重块即产生离心惯性力（激振力），通过振动台作用于台面支撑弹簧，强迫弹簧做上下拉伸及压缩运动，物料在振动的同时与油压缸（最大油压 10 MPa）强迫施压的上模块发生撞击。振动时间的长短，按制品尺寸的大小，结合烧成实际预先设定调节好。液压系统、振动系统的工作运动均通过操作台的控制系统操纵。该设备激振力为 500 kN。

采用液压激振合力成型机有以下特点：

（1）因成型时物料有较好的流动性，排气通畅，所以其成型的坯体体密均匀，且不易出现层裂现象；

（2）在成型过程中，伴随着较大的成型压力，坯体的组织致密，体积密度大，制成的碳化硅制品的机械强度、导热性能都很好，基本消除"层密度"和"弹性后效"；

（3）采用液压激振合力成型机成型速度快，以一模两块标型砖坯为例，单模生产周期为 0.5～1 min，生产效率比其他压砖机快 1～2 倍；

（4）振动加压时间在 3～10 s 间可调，成型压力也可通过调整油压和台面下配重轮来调整，随着时间的延长和压力的加大，可生产出体积密度在 2.7 g/cm³ 以上的黏土结合碳化硅制品；

（5）结构简单、设计合理，比油压机、摩擦压力机、等静压机等设备质量轻，造价低；

（6）具备手动、自动控制两种操作法。

成型完的砖坯应满足的质量要求是：表面光滑、边角整齐、尺寸合格、压力均匀、单重足。

12.6　砖坯干燥

砖坯干燥的目的，在于通过干燥排除水分，使砖坯机械强度增加，以减少运输和搬运过程中的机械损失，同时使砖坯具有必要的强度，能承受一定的应力作用，提高烧窑成品率，并为烧成提供有益条件。

砖坯在干燥过程中，伴随着一系列物理变化。水分蒸发，含水量降到 1% 以下，同时，黏合剂浓缩与坯体中物料颗粒胶结在一起，增加了坯体的强度。当干燥过快时，若是各部位排除水分速度不一致，就有可能发生裂纹。采用可塑性黏土结合的碳化硅砖坯，在干燥过程中，伴有一定的收缩，并产生收缩应力，严重时使制品变形，甚至开裂。而收缩的大小及收缩应力，则取定于制品内外水分梯度。水分梯度大，说明干燥速度快，容易造成开裂和变形。

因此，砖坯的干燥速度不能过高，否则制品就会开裂。在制定和执行合理的干燥制度时，既要使干燥速度尽可能快，而又不在砖坯内发生大于破坏力的应力。

选用合适的干燥设备也是很重要的。耐火材料的干燥设备有隧道干燥器、转筒干燥器、室式干燥器、带式干燥机、流动干燥床和远红外干燥器等。

室式干燥器（干燥室）是碳化硅制品较常用的干燥设备。又分为蒸汽式和喷流式两种。蒸汽式以蒸汽为热源。蒸汽通过安装在室内底部或两侧的散热器加热空气作为干燥介质。散热器由铁管制成，有叶片式、针状式和管式，其中以叶片式热效率较高。喷流式以热空气为干燥介质时，热空气从侧墙内安装的喷流管上的一排喷孔送入室内，借搅动的热空气干燥砖坯。废气进入相邻的排气管，经排烟机由烟囱排出。

干燥室的温度，规定大于 30℃。砖坯干燥时间大型砖夏天大于 4 天，冬天大于 7 天；小型砖夏天大于 2 天，冬天大于 3 天。

砖坯在干燥室内摆放时，一定要注意砖坯的间距和摆放方法。砖与砖之间必须有足够空隙，让空气充分流通，才能有良好的干燥效果。小型砖坯在垫板上干燥 16 h 后才可以码砖垛，塔盘等大型砖坯需在垫板上干燥 40 h 后才可以翻动。

12.7 制品烧成

12.7.1 烧成窑类型

黏土结合碳化硅制品的烧成窑类型主要有倒焰窑、梭式窑、隧道窑。

1）倒焰窑

倒焰窑是生产碳化硅制品最常用的间歇式窑炉。其优点是烧成制度灵活,适宜多品种制品混合烧成,生产工艺易掌握,窑体寿命长等。缺点是热耗大、生产周期长、生产环境差、劳动强度大。烧成碳化硅制品的倒焰窑窑容分为 $45m^3$、$65\ m^3$、$80\ m^3$ 等多种,但一般不超过 $100\ m^3$。

倒焰窑按外形可分圆形和矩形两种。圆形窑结构较复杂,采用的异形砖较多,但窑膛温度较均匀,能耗相对较低。矩形窑采用的异形砖较少,占地较省,砖坯摆放整齐。圆形窑多数容积较大,而矩形窑容积较小。

（1）窑底。窑底由高铝砖和黏土砖砌筑,烟道拱部位旋砖可采用碳化硅砖。窑底一般设有空气道,一是保证氧气充足,燃烧充分;二是冷空气给窑底降温,延长窑底寿命。

（2）窑墙。窑墙厚度在 700 mm 左右,由内向外砖种依次为高铝砖、黏土砖、保温砖或轻质砖,最内部也可以用碳化硅砖。窑墙上设有测温管,外壁用数道窑箍和金属骨架固定。

（3）窑顶。窑顶为拱形。圆形窑结构较复杂,顶部为球拱,异形砖较多。矩形窑顶部为筒拱,采用的异形砖较少。窑顶抹上保温料。

（4）燃烧装置。燃烧装置主要是燃烧室和燃烧器。燃烧室,内部用碳化硅砖或高铝砖砌筑而成。燃烧室根据采用燃料(烟煤、煤气、柴油、天然气或重油等)的不同,结构有所差异,但燃烧室的前方均设有挡火墙。燃烧器由于燃料不同,选用的样式也不同。

倒焰窑烧成原理是烧窑时燃烧室产生的高温烟气沿挡火墙围成的喷火口上升至窑顶,然后折回向下流经砖垛将砖坯加热烧成。废气经窑底孔汇集于总烟道,由烟囱排至大气。

2）梭式窑

梭式窑是一种车底式的烧成窑,窑体结构与矩形倒焰窑基本相同。窑底采用类似于隧道窑的窑车构成,窑底吸火孔、支烟道均砌筑于窑车上,再与窑墙下部或窑车下部的主烟道相连接。烧嘴安在窑墙上,视窑的高度设一层或两层。窑车和窑墙间设有曲门,装好制品的窑车推入窑内烧成,待烧好后又从同一侧拉出,有如抽屉一样推进、拉出,故俗称抽屉窑。

梭式窑的优点是操作灵活、窑温均匀、容易控制,比一般倒焰窑烧成周期短,劳动条件好。缺点是间隙烧成、热耗较高。

3）隧道窑

隧道窑是用于生产耐火材料制品的连续式窑炉。其优点是产量高、热耗低、热工条件稳定、机械化程度高、劳动条件好、窑体寿命长等。但由于碳化硅耐火制品需求量较小,生产单位规模都不大,故目前多不采用隧道窑。然而隧道窑是烧成耐火制品的发展方向,随着碳化硅耐火制品的应用拓宽,需求量增大,必定有更多的单位选择使用隧道窑。

目前隧道窑的种类繁多,尚无统一的分类标准。一般按尺寸分为四个类型:微型隧道窑,窑室截面小于 $0.5\ m^2$,长度小于 20 m;小型隧道窑,窑室截面为 $0.6\sim1.5\ m^2$,长度为

20 ~ 60 m；中型隧道窑，窑室截面为 $1.5 \sim 2.6$ m^2，长度为 60 ~ 120 m；大型隧道窑，窑室截面大于 2.6 m^2，长度大于 120 m。

隧道窑由窑体、燃烧装置、通风系统、窑车、窑门及附属的推车机等组成。

(1)窑体。窑体是由窑墙和窑顶围成的一个直型隧道式的工作室。这个工作室坐落在坚固的钢筋混凝土基础上，由许多彼此相连的平台窑车组成。窑车沿着固定在基础上的导向轨道移动。隧道两端用窑门或阻气室与外界隔开。沿着窑体长度一般分为预热带、烧成带、冷却带三个带段。

(2)燃烧装置。燃烧装置主要是燃烧室和燃烧器。

(3)通风系统。通风系统包括冷却带的鼓风系统、抽热风系统、预热带的排烟系统、气幕系统、各种气体循环系统、窑底均压系统等。它们是用风机、喷射器、金属管道、砌筑管道、窑体开孔等组成的。

(4)窑门。窑门位于隧道进出口两端，分升降插板式和卷帘式两种。插板式又有全窑门和半窑门之分。全窑门有整体结构和阶梯结构。全窑门关闭时窑门板一直落到轨面上，将窑膛与窑车下通道全部密封。半窑门关闭时窑门板落到窑车衬砖台面上，仅能密封窑膛。卷帘式窑门为全窑门，关门时由电动装置驱动卷帘轴，将波纹钢板门帘放下，多用于小型隧道窑。

(5)窑车。窑车既是活动窑底又是烧成制品的运输设备，由车架、车轮轴承组、砂封板及衬砖组成。中国常用的窑车规格有 3 m × 3.1 m × 1.075 m、2.5 m × 2.3 m × 0.835 m、2.2 m × 2.2 m × 0.68 m 和 1.43 m × 1.1 m × 0.35 m。

(6)推车机。推车机是往窑内推送窑车的设备。设于地面上的有螺旋式推车机，设于地面以下的有钢丝绳推车机。螺旋式推车机和钢丝绳推车机都由电动机驱动。液压推车机可设于地面上或地面下。推车机的推力按所推窑车的数量及每台窑车的载荷确定，常用的最大推力为 1000 kN，推车速度不大于 2 m/min。

隧道窑按逆流传热原理工作。窑体沿长度分为预热带、烧成带和冷却带。每隔一定时间推车机将装有砖坯的窑车，从窑前端推入窑内。砖坯入窑后开始被烟气预热，随着窑车向烧成带移动加热至规定的最高温度并经一定时间保温，制品即可烧成。烧成制品经冷却带冷却后出窑。冷却制品所需的空气经冷却带鼓入窑内，在冷却制品的同时被加热，热空气的一部分沿窑底进入烧成带作为二次空气，其余部分从窑内抽出作为一次空气和干燥介质或热源。燃料和一次空气经由烧成带的烧嘴或燃烧室混合燃烧，进入窑内遇二次空气再次燃烧并直接加热制品。高温烟气逆窑车运行方向流动，在加热制品的同时被冷却，与砖坯在加热过程中排出的气体一起形成废气，经排烟机从预热带抽出排至大气。

以上几种烧成窑各有优缺点，但目前国内生产黏土结合碳化硅制品大多数采用倒焰窑。后文中介绍的有关生产工艺参数都是依据使用倒焰窑制定的。

12.7.2　装窑

装窑对烧窑的操作和制品的质量有密切的关系，直接影响窑内制品的传热速率、燃烧空间大小、气流分布的均匀情况以及烧成时间及燃料消耗量。装窑的原则是砖垛应稳固，火道分布合理，使气流按各部位装砖量分布达到均匀加热，不同规格、品种的制品应装在窑内适当的位置，最大限度地利用窑内的有效空间以增加装窑量。装窑操作按照预先制定的装窑计划进行，装窑计划规定砖垛高度、排列方式、间距、不同品种的码放位置等。

当砖坯码垛过密，彼此间距过小，在烧成过程中制品表面釉质被破坏，产生白色沉积物而受到腐蚀。其原因是，在高温条件下砖坯表面的碳化硅会发生氧化。由于气流速度慢，氧气不足，则会生成极易挥发的一氧化硅，导致氧化薄膜破坏，使砖表面进一步氧化而成为废品。因此，装窑时一定要掌握好砖坯间距，在保持砖垛稳定的前提下，应尽量减少砖与砖之间的大面积接触。通常制品间距在 10~15 mm，列距 150 mm，砖垛距离窑顶大于 200 mm，距测温管 200 mm。

装窑前要先清除火箱炉瘤、下火孔，并且要及时清理窑底。为了避免制品间的互相黏结，在装窑时要使用石英砂，其质量要求是粒度在 2.26~1.63 mm，SiO_2 含量大于 97%。

对装窑质量的总体要求是：外形不合格品不入窑；行距与列距符合火焰流通要求；砖垛平稳垂直；铺砂均匀，避免黏结；砖种搭配合理，充分利用窑容。

12.7.3 烧窑

碳化硅制品的烧成是其制造工艺中最重要的一环，在这个过程中发生的物理化学变化主要是：砖坯内残余水分的排除；坯体中结晶水、有机物的排出；同质异晶的晶型转化；固态物质间进行的固相烧结。表现为坯体最终气孔排除、体积收缩、晶粒长大、强度提高，成为致密、坚硬、体积稳定的制品。碳化硅制品的烧成特点是固相烧结，碳化硅本身在烧结过程中没有发生变化，它依靠砖坯中半熔融状态的结合剂和产生的硅酸盐玻璃质把碳化硅颗粒黏结在一起。

烧成过程分为升温阶段、保温阶段和冷却阶段。制品的烧结主要在前两个阶段进行。在实际生产中，必须制定合理的烧成制度。烧成制度包括升温速度、最高烧成温度、保温时间、降温速度及烧成气氛等。

升温阶段是从开始点火加热至达到烧结要求的最高烧成温度的阶段。这一阶段的温度变化范围较大，砖坯内发生一系列物理化学变化。

在 200℃ 以内时，是砖坯中残存的自由水和大气吸附水完全排出的过程。水分的排除使砖中留下气孔，具有透气性，有利于下一阶段反应的进行。当砖坯较潮湿或体积较大时，要控制好升温速度，如果升温过急，水分急剧蒸发而不能迅速排出，易使坯体爆裂。根据经验，此阶段升温速度为 15~20℃/h。

在 200~1000℃ 主要进行结晶水的排除和杂质矿物及有机物质的分解和氧化。

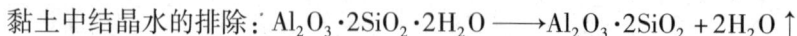

黏土中结晶水的排除：$Al_2O_3 \cdot 2SiO_2 \cdot 2H_2O \longrightarrow Al_2O_3 \cdot 2SiO_2 + 2H_2O \uparrow$

碳酸盐分解：$CaCO_3 \longrightarrow CaO + CO_2 \uparrow$

硫酸盐分解：$Na_2SO_4 \longrightarrow Na_2O + SO_3 \uparrow$

此阶段，物料中的杂质排除，分离炭燃尽。黏合剂中的木质素磺酸盐会分解和燃烧，最后剩下极微量的 CaO 和 Na_2O，对制品的性能无明显影响。由于这些物质在砖坯中的含量很少，所以产生的气体对坯体影响不大，这个阶段的升温速度为 30℃/h。

在 1000℃ 以上时，分解作用继续进行，形成液相或新的耐火相，并进行溶解、重结晶。碳化硅颗粒在液相表面张力作用下进一步靠拢而使坯体致密、体积缩小、气孔率降低、强度增大、烧结急剧进行。在此阶段还会发生 SiC 的表面氧化，特别是在氧分压较高的情况下。反应方程式为：$SiC + 2O_2 \longrightarrow SiO_2 + CO_2 \uparrow$。

这个阶段，升温要保持较快速度，使制品表面尽快形成保护膜，否则有可能继续造成 SiC

的氧化影响制品的性能。因此升温速度在 40℃/h 左右。

黏土结合碳化硅制品的最高烧成温度一般为 1420～1450℃。

在升温到工艺要求的最高温度后,进入保温阶段。这时各种反应趋于完全、充分,液相量继续增加,结晶相进一步长大而达到制品致密化,完成了制品的烧结。根据经验,保温时间为 30～40 h。

烧成温度和保温时间是碳化硅耐火制品烧结的重要外因。提高烧成温度、延长保温时间都有利于烧结的进行。烧结过程中随着温度不断升高,坯体的气孔率不断降低,密度和强度逐渐提高。当气孔率下降到一定程度后,下降速度就会减慢。坯体气孔率、密度和强度开始趋于平稳的温度称为制品的烧结温度。在生产工艺中,碳化硅制品的最高烧成温度应控制在烧结温度的范围内,在此温度下应保持一定的时间以使烧结完全,若继续升高温度会使制品软化变形。

降温冷却过程也对碳化硅制品质量有很大影响。制品会因温度梯度不合理产生热应力而破坏。为了减少这种热应力,以保证制品的完整性,要对降温速度加以必要的控制。一般在高温时让其在烧成窑中自然冷却,当温度降至 900℃ 时可以打开窑顶孔及火箱盖,600℃ 时扒窑门、提火闸,在 300℃ 时允许鼓风降温。

烧成气氛的性质直接影响制品的烧成效果和质量。适当的气氛不但可以促进烧结,而且能降低烧成温度。对于黏土结合的碳化硅制品在 1000℃ 以下时,宜采用氧化气氛,以利于游离碳的烧尽,减少制品的“黑心”。大于 1000℃ 时,宜采用弱氧化气氛,以防 SiC 的氧化。对于加硅粉的制品,无论低温或高温均应采用弱氧化性气氛,特别是在高温(大于 1000℃)时应严格控制烧成气氛,否则会使硅氧化失去作用,甚至由于氧化造成砖体膨胀,使砖破裂,最终导致烧成失败。

由于制品的烧成是生产碳化硅耐火材料最关键的一环,所以各生产单位都制定了严格的升温曲线,见表 12-12。

表 12-12　碳化硅制品升温阶段实例表

温度段/℃	约 200	200～1000	1000～1450	1450
升温速度/(℃·h⁻¹)	15	30	40	恒温
时间/h	13	27	12	40
累计时间/h	13	40	52	92

12.8　制品加工

出窑后的塔盘和竖罐砖是不能直接进行砌筑的,必须先进行加工。

塔盘加工的目的有两个,一是将塔盘表面釉子砍掉,露出新鲜表面,便于砌筑;二是在砍掉釉子的同时,使每段塔盘水平误差、垂直误差符合技术要求,并使塔盘整体标高符合塔组要求。

符合加工条件的塔盘应满足以下要求:①必须是检测合格的塔盘;②表面无裂纹,敲打声音正常;③大邦内外壁无大于 $\phi 5\ mm \times 5\ mm$ 的熔洞;④上下口水平面缺肉小于 $\phi 10\ mm \times$

2 mm，立面缺肉小于 $\phi20$ mm $\times5$ mm；⑤尺寸符合公差要求。

表 12 – 13　塔盘尺寸公差（mm）

项目	长	宽	壁厚	对角线扭曲	翘棱
1372 塔盘	1370 ~ 1374	760 ~ 766	37 ~ 42	≤6	≤5
990 塔盘	988 ~ 992	455 ~ 457	37 ~ 42	≤5	≤5
600 塔盘	558 ~ 602	298 ~ 302	38 ~ 42	≤3	≤3
360 塔盘	358 ~ 362	198 ~ 202	38 ~ 42	≤3	≤3

各种塔盘按组立图分段进行加工，每段 6 ~ 8 块。加工安装后的塔盘也要严格检验，质量标准要求水平误差不超过 0.5 mm，垂直误差不超过 0.5 mm，两盘接触面积大于 95%，接口缝用灯光检查，看不出光亮。

每段加工完毕、合乎质量标准的塔盘，在卸盘之前，打上垂直中心线，测垂直点的标高，编写顺序号，然后按顺序摆放。

各冶炼厂结合自己工艺要求，塔盘组立不大相同，表 12 – 14 为 1372 型大塔盘组立实例。

表 12 – 14　大塔盘铅塔和镉塔组立

大 铅 塔					大 镉 塔				
塔序	型号	名称	单重/t	数量/块	塔序	型号	名称	单重/t	数量/块
1	TM – 1	底盘	0.194	1	1	TM – 1	底盘	0.194	1
2 ~ 31	TM – 2	蒸发盘	0.183	30	2 ~ 13	TM – 4	回流盘	0.183	12
32	TM – 3	空盘	0.092	1	14 ~ 32	TM – 2	蒸发盘	0.183	19
33 ~ 34	TM – 4	回流盘	0.183	2	33	TM – 3	空盘	0.092	1
35	TM – 5	大檐盘	0.200	1	34	TM – 5	大檐盘	0.200	1
36	TM – 6	加料盘	0.176	1	35	TM – 6	加料盘	0.176	1
37 ~ 58	TM – 4	回流盘	0.183	22	36 ~ 53	TM – 4	回流盘	0.183	18
59	TM – 7	导气盘	0.180	1	54	TM – 9	锌封盘	0.166	1
60	TM – 8	反扣盘	0.125	1	55	TM – 10	反扣盘	0.165	1
					56	TM – 11	锌封盘	0.166	1
					57	TM – 10	反扣盘	0.165	1
					58	TM – 12	锌封盘	0.219	1
合计	8 种盘		10.849	60		11 种盘		10.510	58

磨砖岗位的工作就是按照修炉砌筑的要求，利用磨砖机把碳化硅制品砌灰面的红釉子磨掉，露出新鲜表面，以便砌筑时制品间结合牢固。制品表面的红釉主要成分是 SiO_2，不把它

磨掉砌筑质量就会受到影响。砖磨的质量越好，砌筑砖缝越小，炉子越坚固耐用，对炉体升温、使用创造良好的外部条件，降低修炉费用。磨砖时砖要勤翻，防止磨偏。没有磨到的地方要轻轻地刨一下，但刨坑面积不要超过此面面积的 10%，最深不超过 2 mm。拿砖时要轻拿轻放，防止碰掉角。磨完的碳化硅制品才算成品，放入砖库内摆放好。

12.9　1372 大塔盘的生产

精馏锌用的塔盘有多种，其中某厂使用的 1372 型大塔盘是世界上最大也是应用效果最好的品种，见图 12-2。

1372 型大塔盘是国内某厂于 1987 年研制成功的。当时精炼锌普遍使用的 990 型号，塔盘的使用寿命只有 10 个月，并且产量低、热效率差。为此，他们研制了 1372 大塔盘。此塔盘使用寿命长达 20 个月，而且产量大、热效率高、劳动强度低，取得了可观的经济效益。表 12-15 为 1372 型大塔盘与其他塔盘的对比。

表 12-15　1372 型大塔盘与其他塔盘对比

项目	单位	大塔盘		990 型 (54 块)	小塔盘	
		1372 型	1260 型		600 型	360 型
单盘加热面积	m²	0.8123	0.6654	0.4523	0.1480	0.0901
加热段蒸发盘数	块	30	26	30	30	25
加热段面积	m²	24.37	17.3	13.57	4.44	2.25
生产能力	t/(m²·塔·d)	1.3~1.5	1.2~1.4	1.1~1.3	0.7~0.8	0.5~0.7
煤耗	t/t(精锌)	0.47	0.50	0.54	0.66	0.75
寿命	月	20~24	15~20	10~14	8~10	4~6

大塔盘形状复杂，制作难度大，其生产制作工艺如下。

生产大塔盘的原料有严格的要求。碳化硅砂是优质黑碳化硅砂经鄂式破碎机破碎筛分下来的筛上物，粒度为 -5~+2 mm，然后经过轮碾机碾压整形，再用 6 目筛子筛分，合格的筛下物为生产大塔盘的碳化硅砂原料，其碾压料粒度组成见表 12-16。

图 12-2　1372 型大塔盘实物图

表 12-16　生产大塔盘用碳化硅砂碾压粒度组成

粒度/mm	1	0.830	0.380	0.250	0.120	0.080	-0.080
比例/%	24.8	14.7	19.4	17.4	12.5	6.4	4.8

结合黏土、硅粉和纸浆废液黏合剂的质量标准分别如前所述。黏土和硅粉的粒度要求为

−0.177 mm，黏合剂要求选用酸性或中性的。

在配料过程中，各种原料加入量按规定执行。黏土在生产碳化硅制品时，起到结合剂的作用。但加入量过多时，制品的一些性质发生变化，导热系数会显著降低，荷重软化温度和抗渣性也受到影响。而加入量过少时，坯料的可塑性差，制品成型困难，并且在高温烧成时，形成的硅酸盐玻璃质少，流动性不够，不能很均匀分布在碳化硅颗粒表面，造成砖体内部拉紧黏结颗粒的能力不够，使制品的致密性降低，强度减弱。

硅粉在烧成过程中起到一种还原剂的作用。如果硅过量，不能全部参加反应，致使碳化硅制品中残留单质硅。由于硅硬而脆，造成制品性能降低，严重时砖体爆裂，影响制品性能。

为了增加物料的可塑性，混练时间要适当延长，干混要达到 3 min，湿混 5 min 以上。保证泥料中各种成分和颗粒均匀化。

大塔盘由于生产工艺复杂，质量要求高，所以成型操作非常困难。成型是影响制品性能的关键工序，常用的成型方法是用铆钉机、捣固机的捣打成型法。某厂研制成功并应用液压激振合力成型机生产大塔盘，大塔盘的质量有了质的飞跃，废品率显著降低，检测一极品率由 40% 提高到 60% 以上，一次交检合格率达到 95%。物表质量也得到提高，为塔盘加工岗位操作提供了方便。

大塔盘成型时有几个重点环节，一定要注意。由于属于一次压制成型，塔盘大邦高，容易造成大邦部位密度不够，所以成型机成型前先用捣固机给塔盘大邦捣固加压一遍；物料加入均匀才能保证塔盘密度均匀；成型机成型压力和加压时间掌握好，防止压力不够或压力过大；卸模具也很关键，拆卸不当易造成废品出现，为避免黏型，可给模具内抹石墨粉或柴油。

大塔盘由于形状复杂，质量大，并且质量要求高，装窑一直作为重点。其装法有立式和卧式两种，而两种方法各有优缺点。卧式装法特点：塔盘成品较平，易于加工；装窑时可用机械，减轻劳动强度；火焰在塔盘内部流通较差，制品烧成稍受影响。立式装法特点：火焰流通较好，制品烧成均匀；合理利用窑容，使单窑产量增加；尺寸易变形，加工困难；劳动强度大。

大塔盘常见的废品类型有：裂纹原因、检测原因、尺寸超过公差及杂质熔洞等。

裂纹原因造成的大塔盘废品占较大比例，约占总废品的 50% 以上。裂纹成因有以下几方面：配料比不正确，细粉加入过多或黏土加入过少；成型过程中操作存在问题；砖坯干燥时间短，没有干透；装窑时塔盘放的不平或窑底变形严重；烧窑时升温曲线控制不好，温差过大或升温过急以及降温过快等。

大塔盘出窑后都要经过超声波探伤检测，合格才能使用。超声波检测主要是测塔盘的体积密度。体积密度低主要原因有：配料比不正确，原料粒度组成不好；成型时加压时间短或压力不够；加料不均匀，局部密度低；烧窑时温度低，结合剂没有起到作用。

尺寸超过公差也是造成塔盘废品的原因之一，它主要有以下几点原因引起：模具老化，尺寸发生变化；成型卸模具时操作不当，塔盘变形；垫板不平，塔盘翘棱；烧窑时高温烧变形；装、出窑及运输过程中碰坏。

物料中混入杂质也容易造成塔盘废品。低熔点杂质在高温时会熔化流出，造成制品有熔洞而出现废品。最常见的也是危害最大的杂质是铁（Fe_2O_3），其他的有木屑、水泥块、煤、石英砂等，另外配料时黏土或硅粉结块，没充分分散，高温时也会使制品出现熔洞。

12.10 产品质量及控制

生产的目的是为了制造合格产品，向用户持续稳定地提供符合要求的产品。对企业内部而言，通过质量管理，按照生产工艺的规定，严格生产过程的质量控制，减少和消除不合格品，尤其是预防不合格品，是非常重要的。

碳化硅耐火制品的生产工序繁多，工艺复杂，每个环节只要有点马虎和疏忽，最终都会导致产品不合格，导致合格率降低。因此，必须按产品标准所制定的技术操作规程之规定进行作业，操作规程中对各工序都有明确的质量控制要求。生产过程中，上道工序符合规定要求的产品才能流入下道工序。不同工序有不同的具体要求，下面叙述的是一般的控制要点。

（1）原料。对投入使用前的原料，包括碳化硅砂、黏土、硅粉和黏合剂都必须对化学成分、矿物组成、密度、含水量、粒度等理化指标进行测定，然后对照与产品要求相应的原料技术条件或技术标准，只有符合要求或标准的原料，方可投入使用。不符合要求的原料坚决不用。

（2）破、粉碎。此工序的控制要点是检验在原料破、粉碎后，颗粒的分级是否清楚，超临界颗粒是否完全被删除，每一粒级范围的粒度分布是否符合预定的要求。否则，需重新筛分或返工破、粉碎，直至符合要求。

（3）配料混练。此工序在操作上的控制是确认配方无误，称量标准，加料顺序符合规定，结合剂的种类、浓度、加入量识别确认符合要求，混练时间符合规定。对混练后的泥料（坯料）要测定其粒度分布和水分，两者符合技术规程之要求，才可进入下一道成型工序。

（4）成型。此工序质量控制的要点是，成型用模具符合砖型规定的型号和尺寸，成型压力恰当，成型操作规范。对成型后的砖坯（素坯）要测定尺寸公差，棱角齐整，表面无缺陷，内部无层裂，气孔率、强度符合规定要求。上述的无论哪一项不符合要求，都必须立即加以纠正。

（5）干燥。严格按规定控制干燥温度、干燥时间和干燥速度。干燥后，要检查坯体是否出现干燥开裂或龟裂，有者应拣除，如果大量出现，应追溯干燥制度和泥料性质。干燥后的坯体还应测量其残余水分，没达到要求的应继续干燥，不准送入窑炉烧成。

（6）烧成。这一关键工序，必须严格执行热工操作制度和升温速度、烧成温度、烧成气氛、保温时间、装窑方式等烧成制度。对烧成品的检验和测试项目要按相应产品的技术标准（国家标准、企业标准或合同要求）来执行。

烧成后的制品，需要进行拣选和理化性能的测试，以鉴别产品是否符合预期的形状、尺寸、组成及性能的要求。外观拣选是检查制品是否有开裂、变形、火痣、溶洞、缺损、生烧或过烧、超过公差等。一些理化性能的测定，包括化学成分、体积密度、气孔率、耐火度、荷重软化温度、导热系数、热膨胀系数、抗热震性、机械强度、硬度、弹性模量等，都有专用的测试设备和标准的测试方法。至于制品在酸、碱、盐、金属、玻璃及气体等各种化学环境中的化学稳定性，则往往根据不同制品的不同用途而采用特殊手段或模拟试验的方法来测定和判断。

不符合标准的项目应从制造过程中追溯。例如，外观出现质量问题：①生烧或过烧，应追溯装窑方式、烧成温度和保温时间等；②疏松，应追溯原料烧结质量、成型坯体质量、泥料颗粒级配、烧成制度等;③尺寸公差大,应追溯装原料性能、泥料粒度分布、模型设计缩放尺比例、模型尺寸、装窑方式及烧成制度等。④变形,应追溯泥料,装窑方式和烧成制度等;⑤开裂,应追溯原料处理质量、配料比例及泥料水分、成型质量;⑥缺角缺棱,应追溯干燥后的坯体质量、模型质量、搬运质量;⑦熔洞,应追溯原料低熔物杂质、原料净化处理质量、生产过程混入杂质;⑧火痣,应追溯装窑方式和烧成过程热工工况等。

如内在指标出现问题:①化学成分(主成分、次成分、杂质)、矿物组成不符合预期要求,应追溯原料成分,配料比例是否恰当,烧成制度是否合理;②体积密度、气孔率不达标,应追溯泥料质量、素坯质量,烧成制度等;③强度(耐压强度、抗折强度、抗冲击强度)低,应追溯泥料质量、素坯质量,烧成制度等;④耐火度低,应追溯原料性质和配料比例是否恰当,烧成制度是否合理;⑤热膨胀、重烧线变化大,应追溯原料性质、配料比例、泥料性质、素坯性质、烧成制度;⑥抗热震性差,应追溯原料性质、配料比例、泥料性质、烧成制度;⑦高温荷重软化温度低,应追溯原料性质、泥料成分和粒度分布、成型质量、烧成制度等。

12.11 产品的检验

12.11.1 碳化硅制品的质量标准

碳化硅制品的理化指标应符合表 12 - 17 的规定。

表 12 - 17 碳化硅制品的理化指标

级　　别		一级	二级	三级
碳化硅含量/%	≥	85	80	75
二氧化硅含量/%	≤	10	12	20
游离碳含量/%	≤	1.0	1.0	1.0
三氧化二铁含量/%	≤	1.0	1.5	1.5
三氧化二铝含量/%	≤	1.5	2.5	3.0
体积密度/$(g \cdot cm^{-2})$	≥	2.60	2.60	2.55
显气孔率/%	≤	16	17	20
导热系数(1200℃)/$(W \cdot m^{-1} \cdot K^{-1})$	≥	11.0	9.0	7.0
常温压强/kPa	≥	98×10^3	88×10^3	78×10^3
荷重软化点(392 kPa)/℃	≥	1650	1550	1500
热膨胀系数(21 ~ 1000℃)/$\times 10^{-6}$	≥	4.5	4.5	5.0
暗层厚度/%	≤	40	40	40
热稳定性(1100℃水冷),裂纹次数/h	≥	2	2	2

注:二氧化硅项中包括硅(Si)。

精馏塔塔盘应符合一级品的规定(表 12 - 19 对 1372 型塔盘有单独质量规定);蒸馏炉罐

壁砖、罐头砖应不低于二级品的规定；罐基及套管应不低于三级品的规定。

碳化硅制品的尺寸允许偏差应符合表 12 – 18 的规定。

表 12 – 18　碳化硅制品尺寸公差（mm）

级别	偏差尺寸,不大于									
	长度偏差			长度扭曲		缺角深度	缺棱深度	熔洞直径/深度	裂纹长度	
	<100	100~250	>250	≤250	>250				宽≤0.25	宽0.26~0.5
一级	±1.0	±1.0	±1.5	0.5	1.0	5	5	3/3	无	无
二级	±1.0	±1.5	±2.0	1.0	1.5	10	7	5/5	<10	<10
三级	±1.0	±2.0	±2.5	1.5	2.0	15	10	8/5	<10	<30

检查和验收：碳化硅制品以每窑为一批，按不同类型分别验收编号。每批应进行理化指标、规格尺寸和表面质量的检验。

取样和制样：标准砖、普异形砖每批依装窑层次按上、中、下各取一块做检验式样；特异型小批量制品，按制品牌号配料制作成型式样（或采干坯碎块），装入窑内烧成后作检验试样。

外形尺寸检查：随机取样 4~10 块可有 1 块，15~20 块可有 2 块不大于下一级规定的偏差数值；三级品偏差不得大于规定值。如不符合情况，允许重新抽样复检。

检验结果的判定：理化指标与本标准的规定不符时，可进行复检。复检的试样量为第一次取样量的 2 倍。复检结果与本标准的规定不符时，判为不合格品。

12.11.2　大塔盘超声波检测

1372×762 型大塔盘是最大型塔盘，其质量要求非常严格。以往的检验方法只是目检，对成型干燥或烧成出窑后的碳化硅塔盘只有凭眼睛看表面是否光滑、有无裂纹、起泡、缺边角、长宽高是否达到要求等表面检验。对于塔盘的内部结构情况，如体积密度、显气孔率、抗压强度、导热性能、熔洞、裂纹等质量参数均无法检测。这样，就无法改进在成型加工过程中使每一座塔中的每一块塔盘质量的均一性。同时由于每个塔盘各个部位和塔盘之间的质量参数不一，显然热稳定性也不一；在操作温度波动的情况下，只要在六十多个塔盘中有某一个盘的某一处断裂，整座精馏塔的寿命就会受到影响。所以很多塔盘表面看来很好，但实际上质量较差，这也是造成炉期短的一个重要因素。换言之，由于没有检测，塔盘好坏不清，只能在生产中体现出来。

现在检测碳化硅精馏大塔盘采用了较为科学的新方法——非金属超声波无损检测法。此法简单、快捷、便于操作，既不用破坏被测塔盘，也可以加工成各种几何形状来分别进行测定，做到省时、省力、省钱的同时还可做到对每块塔盘的质量参数均一性的检测。几个质量数值同时得出的"无损检测"方法，国外未见报导，国外报道的用 X 光照射鉴别是否有裂纹和融洞的方法，现场难于实践，而本法现场实施简单。这样，不仅为大塔盘的研制提供了检测保证，还可解决长期以来炉期短的问题。

大塔盘外观尺寸检查合格后，普遍使用 CTS – 25 型非金属超声波探伤检测仪进行检测。

此仪器以前主要用于混凝土的无损检测，现在多个领域有所应用。超声波检测的原理是超声波在被检测的材料中传播时，材料的声学特性和内部组织的变化对超声波的传播产生一定的影响，通过对超声波受影响程度和状况的探测了解材料的性能和结构的变化。大塔盘检测判级标准见表 12 – 19。

表 12 – 19　大塔盘检测判级标准

序号	项　目	单　位	级　别 一级	二级	三级	备　注
1	塔盘长度	mm	±3.0	±4.0	±5.0	
2	塔盘宽度	mm	±3.0	±4.0	±5.0	
3	塔盘高度	mm	±1.0	±1.5	±2.0	
4	塔盘壁厚	mm	+2, -1	+2, -1	+2, -1	壁上边口
5	对角线	mm	±3.0	±4.0	±5.0	
6	扭曲	mm	±2.0	±2.5	±3.0	
7	表面熔洞(直径与深度)	mm	<3.0	<5.0	<8.0	
8	缺棱缺角(深度)	mm	<5.0	<8.0	<8.0	
9	鼓泡		不许有	不许有	不许有	
10	裂纹		不许有	不许有	不许有	
11	体积密度	g/cm³	≥2.65	≥2.60	≥2.55	d
12	显气孔率	%	≤13.0	≤14.0	15.0	a
13	耐压强度	kPa	$98×10^3$	$88×10^3$	$78×10^3$	p
14	导热系数	W/(m·K)	11.0	9.0	7.0	λ

检测判级规定如下。

(1)塔盘出窑后放入洁净室内，不受潮湿，表面处理合格后才能进行检测。

(2)塔盘检测判级前先进行外观检查，达到三级以上为合格，低于三级标准为不合格。

(3)超声波探测，从壁边口往下 70 mm 处进行检测。

(4)如对测定值有异议，可复查各点部位一次，最多不超过两次，以两次数据符合为准。

(5)塔盘判级按以下规定：

①外形规格合格，在检测 40 个点中，有七点以上(含七点)的体积密度不合格时，按下一级质量标准处理；

②虽体积密度不合格的测点没有超过七个，但连续有四个点以上(含四个点)在一起不合格时，按下一级质量标准处理。

为了保证优质优用，能用的不废，规定一、二级品可以使用在精馏塔加热区，三级品只能使用在燃烧室盖以上部位。

第 13 章 粉煤气化生产技术

竖罐炼锌使用的加热热源为发生炉煤气。目前，竖罐炼锌用发生炉煤气的生产技术，基本采用以中块煤为原料的固定床煤气发生炉。近年，以粉煤为原料的流态化床煤气发生炉也因突出的优点得到应用。固定床煤气发生炉技术其他书籍中均有不同程度介绍，本章只介绍恩德粉煤气化技术。

随着经济的发展，能源的日益紧张逐渐显现出来。我国煤炭资源储量丰富，煤种齐全，分布广泛，无论是冶炼行业，还是化工行业，都以煤炭为主燃料和原料生产煤气。

随着近几年生产成本的提高，迫使煤气生产工艺迅速发生变化。原本以中块煤为主的固定床，已不能适应现在工业生产的需要，正逐渐被以粉煤为主的流化床代替。目前，较为先进的流化床 Shell 粉煤加压气化技术、温克尔气化炉、U – Gas 灰团聚流化床、恩德粉煤气化炉等都有不同的应用。

恩德粉煤气化技术是在温克勒气化炉技术基础上，由朝鲜恩德郡"七·七"联合企业根据生产实践不断进行改造，形成的具有自己特色的实用新型粉煤气化技术。根据气化剂的不同分为空气炉、富氧炉、纯氧炉；炉型有 10000 m^3/h（标），20000 m^3/h（标），40000 m^3/h（标）三种。

13.1 气化原理

13.1.1 气化的一般概念

煤和气化剂（蒸汽、空气、氧气或者它们的混合物）进行反应而得到以 CO、H_2 为主要成分（有的含有少量 CH_4 成分）的可燃气体的过程，叫做煤的气化。

发生炉煤气的种类分类如下：

①用空气作为气化剂时，进行反应得到的煤气称为空气煤气；

②用蒸汽作为气化剂时，进行反应得到的煤气称为水煤气；

③用空气和蒸汽作为气化剂时，进行反应得到的煤气称为混合发生炉煤气；

④用氧气和蒸汽作为气化剂时，进行反应得到的煤气也称为水煤气；

⑤用氧气、空气和蒸汽作为气化剂时，进行反应得到的煤气称为半水煤气。

13.1.1.1 固体燃料的气化

固体燃料主要有褐煤、半焦、泥煤、无烟煤等。反应温度是根据发生炉的形式不同而不同。如果炉灰以固体形态排出时就要在灰熔点以下操作，炉灰以液体形态排出时就要在灰熔点以上操作。固体燃料的气化可在常压下进行，也可在高压下进行。流化床的常压操作控制在 10 ~ 15 kPa，高压操作控制在 1.0 ~ 2.5 MPa，操作温度是 900 ~ 1050℃；移动床的工作压力是从常压到高压 10 MPa，操作温度是 1000℃；气流床的操作温度 1600℃以上，既有常压床也有高压床。

13.1.1.2 液体燃料的气化

液体燃料的气化是利用原油、重油、焦油等液体燃料进行加热后，经过特制的燃烧器将热油喷进去，在 1300~1600℃的高温下与气化剂进行的反应。操作压力即可在常压下进行也可在加压下进行(1.8~2.0 MPa)。其有效成分高，管理也比较方便，但对耐火材料的要求高，一般使用中性耐火材料。由于产生的气体中带出的原料约占 2%，给煤气的净化带来一定的难度。

13.1.1.3 气体燃料的气化

气体燃料的气化主要是利用天然气，将氧气和蒸汽混合后的气化剂在炉内 1600℃以上的高温和高压下进行的反应，产生的有效成分含量高，但对耐火材料的要求高。主要生产的是合成气和城市用煤气。

13.1.2 流化床的基本特征

从图 13-1 和图 13-2 知，当气体从下面通过固体颗粒床层时：如果气流速度较低，颗

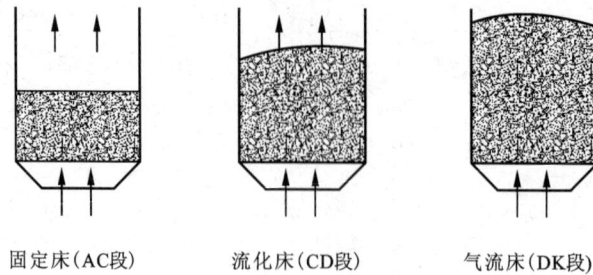

固定床(AC段)　　　流化床(CD段)　　　气流床(DK段)

图 13-1 不同流速下床层状态的变化

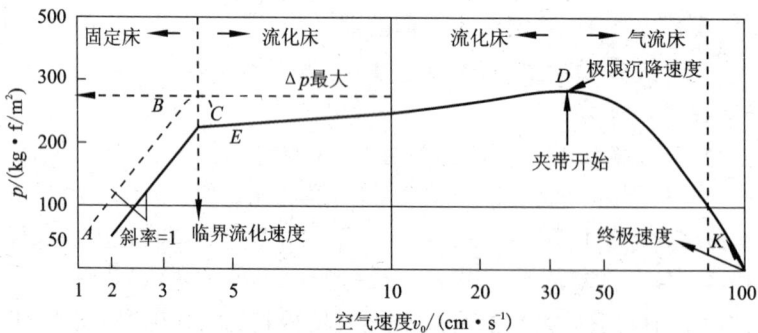

图 13-2 均匀粒度砂粒床层的压降与气速的关系

(1 kg·f/m² = 98066 Pa)

粒静止不动，流体只在颗粒的缝隙中穿过，床层高度基本上维持不变，称为固定床。A 点到 B 点的直线段表示固体颗粒开始流化之前的情况，此时气流通过固定床的压降，随气流速度的增大而增大，即压降与气流速度成正比。到 B 点固体颗粒开始搅动，这种不稳定的状态一直

持续到 C 点,此时各相互接触的颗粒都开始形成最松散的排列。如气流速度再增加时,部分固体颗粒开始流化。因此,C 点通常称为临界流化点,其对应的气流速度称为临界流化速度。所谓临界流化速度就是指当固体颗粒由固定床状态变为流化床状态时的最低气流速度。

过 C 点床层开始随着气体流速的增加而逐渐膨胀,颗粒的位置也在一定区间内进行调整,到 E 点流化已趋完全,全部固体颗粒呈运动状态,此时阻力趋于定值。如气流速度再继续升高,当颗粒完全悬浮在向上流动的气体中时,显现出相当不规则的运动;流速再增大直到 D 点时,床层高度随之升高,颗粒的运动更为剧烈,但仍停留在床层内,并不被气流带出,称为流化床。这一阶段,床层的压力降几乎不变。

当颗粒处在流化状态时,如果气流速度从 D 点继续增加时,颗粒分散悬浮在气流中,并被气流夹带而出,直到 K 点,这时称为气流床。此时床层颗粒密度急剧减小,床层压降迅速降低。D 点的气流速度称为极限沉降速度,就是指固体颗粒在流化状态中,借自身的重力作用向下运动时,在受到随其沉降速度增加而增加的气体阻力下,所能达到的最大沉降速度。而 K 点的气流速度就是固体颗粒被完全带出时的速度,称为终极速度。

13.2　恩德粉煤气化原理

恩德粉煤气化采用 $0 \sim 10$ mm 粉煤作为气化原料,富氧空气、蒸汽(空气、蒸汽或氧气、蒸汽)作为气化剂,同时也作为流化介质。通过控制下喷嘴气化剂流速,使进入流化床内的粉煤处于流化状态,同时进行着物理、化学反应。生成的煤气夹带着大量极限沉降速度小于气化剂流速的颗粒(含碳 30% 的细粉颗粒)由炉顶带出,部分密度增大后的灰渣由炉底排出。

原料煤入炉后在高温的作用下,水分开始蒸发,之后挥发分开始析出,进行如下基本反应。

首先,煤表面的挥发分与氧和蒸汽进行反应:

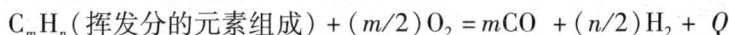

$$C_mH_n(挥发分的元素组成) + (m/2)O_2 = mCO + (n/2)H_2 + Q$$

$$C_mH_n + mH_2O = mCO + (m+n/2)H_2 - Q$$

挥发分的裂解反应:

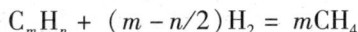

$$C_mH_n = (n/4)CH_4 + (m-n/4)C^*$$

$$C_mH_n + (m-n/2)H_2 = mCH_4$$

$$C^* + 2H_2 = CH_4$$

其次,在上述反应进行中释放出一定的热量,能使焦炭与氧和蒸汽进行氧化、还原反应以及水蒸气的分解反应:

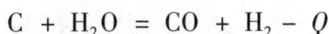

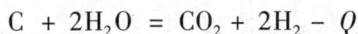

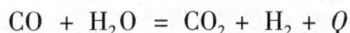

$$2C + O_2 = 2CO + Q$$

$$C + O_2 = CO_2 + Q$$

$$C + CO_2 = 2CO - Q$$

$$C + H_2O = CO + H_2 - Q$$

$$C + 2H_2O = CO_2 + 2H_2 - Q$$

$$CO + H_2O = CO_2 + H_2 + Q$$

根据气化方法、气化剂、气化条件的不同,会产生各种不同的反应。要想连续、稳定的进行气化反应,必须具备两个基本条件:放热量与散热量达到平衡,即放热量等于散热量;

放热速度大于散热速度。

原料煤被送入粉煤气化炉内,沿垂直方向形成密相段和稀相段。在煤表面的温度上升时,会传热给其内部,在受热的过程中开始膨胀,当内部温度达到煤的燃点时,会瞬间产生爆裂并迅速燃烧。

煤的颗粒直径大小对气化反应也有很大的影响,在一定的温度下,有一临界着火粒径,小于这个粒径,因为散热损失过大,煤颗粒就不能着火,被煤气带走或跟炉渣排出。

恩德粉煤气化生产工艺流程如图13-3所示。

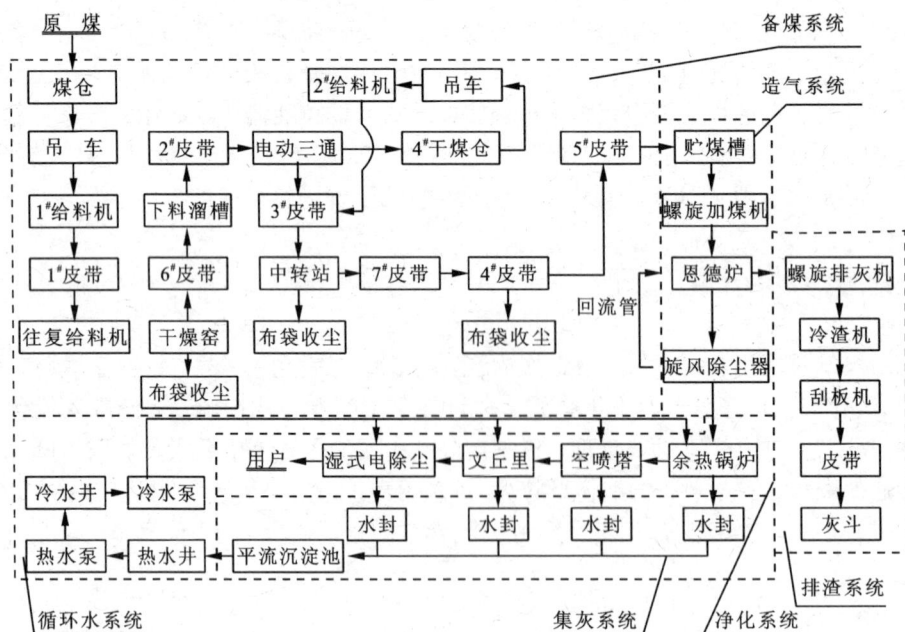

图13-3 恩德炉系统工艺流程图
(中转站包括振动筛、破碎机)

原煤经过干燥、筛分、破碎后,0~10 mm的粉煤经皮带输送到粉煤漏斗,通过料位连锁进入到安全气加压密封的中间贮煤槽,再通过贮煤槽底部的三台螺旋供煤机进入粉煤气化炉的锥体段,供煤量的调节由变频器改变供煤机的频率而实现。原煤在经过干燥、破碎、备料、输送等过程中必须作好收尘工作,保证运转工的身心健康和杜绝对环境的污染。安全气(氮气)的压力保证不小于0.04 MPa,防止炉内的煤气倒流发生事故。

进入发生炉内的粉煤,在高温下(900~1050℃)与气化剂进行物理、化学等反应,形成浓相段和稀相段。浓相段温度分布均匀,反应温度950~1050℃,稀相段温度还要稍高一些。这样煤中的焦油、酚等对环境有害的物质被高温裂解。灰渣落到发生炉底部,通过两支水夹套的排灰竖管进入水内冷的螺旋排灰机、冷渣机,温度由600~700℃降到60~80℃。然后被刮板式输送机和皮带输送机送入密闭贮灰槽,通过运灰车运往临时储渣场。排灰竖管上部和下部均由安全气密封,防止发生炉煤气向排灰系统倒流,引起爆喷或爆炸。

富氧空气(氧气或空气)在预热器被加热后进入混合器与蒸汽混合形成气化剂,之后通过上下环形管和上下喷嘴进入发生炉。下喷嘴的气化剂量为气化剂总量的75%~80%,其余则供入上喷嘴。

发生炉内未反应完全的细粉颗粒由生成的高温煤气(900~950℃)夹带着由炉顶带出,沿切线方向进入旋风除尘器,并沿外壁自上向下作螺旋运动。在旋转的过程中,较大的细粉颗粒在惯性离心力的作用下,向外壁移动,并在气流和重力的作用下沿壁面下落至缓冲罐。靠重力经回流管返回气化炉底部,再次气化,从而使飞灰量降低到20%以下。高温煤气则夹带着剩余细粉颗粒,由中心管通过飞灰沉降室进入废热锅炉。在废热锅炉内与脱氧的软化水进行热量交换,高温煤气由850~950℃降到200~240℃;同时生成1.3 MPa、240℃过热蒸汽。经减压至0.5 MPa,一部分作为发生炉气化用,少部分供给预热器,其余部分外供。软化水经过脱氧槽加温除氧达到102~104℃后,通过软化水泵输送到省煤器中,经与煤气热量交换达到184℃后进入余热锅炉的上汽包。由于煤气先经飞灰沉降后再进入余热锅炉,使余热锅炉的受热面磨损大为减轻。在废热锅炉下部设有安全水封器,通过它可以除去煤气中的一部分粉尘。使废热锅炉出口粉尘浓度降到50 g/m³(标)。

从废热锅炉出来的煤气进入空喷塔,经除尘冷却,出口温度降到65℃之后进入文丘里除尘器,煤气温度降到35℃后,再经湿式电除尘器进一步除尘,进入煤气总管道送给用户。此时出站煤气含尘小于150 mg/m³(标)、温度35℃、压力4 kPa。

废热锅炉和净化系统产生的污水,经地沟进入平流沉淀池。除去粉尘后,经冷、热水泵等设备重新回到净化系统除尘、降温。

由于煤气含尘过高,一些恩德炉用户在旋风除尘器和废热锅炉后增加了二级和三级除尘系统(增加旋风除尘器)。

13.3 主要技术条件

恩德粉煤气化炉之所以能够在冶炼和化工等行业立足,并根据需要产出不同热值的燃气和合成气,主要与原料煤、气化剂、炉温、炉压等因素有着密切的关系。

13.3.1 原料煤

恩德粉煤气化炉适宜煤种:褐煤、长焰煤、不黏煤或弱黏煤。生产实践证明,褐煤更适合此发生炉。因为褐煤化学活性大,含氧高(15%~30%),燃点低(250~450℃),挥发分在150~180℃开始挥发。又由于褐煤属于最低等的煤,在机械强度、热稳定性等方面较差,受到挤压或受热等条件下易碎。因此,入炉后易于燃烧,加快了气化反应时间。

1)原料煤水分的影响

由于褐煤含水高,东北及内蒙古地区所产的褐煤含水通常都在20%以上,这对气化是非常不利的。煤中的水分有外在水分、内在水分。在105℃左右,经过2~3 h即可将外在水分蒸发掉。而结晶水要在200℃以上才能蒸发掉。因此在干燥的过程中只能将外水除掉,内水只能去掉一部分,而结晶水无法除掉。这造成了入炉煤含水过高,降低了床层气化温度和增加热量损耗,延缓了发生炉的气化。

2)原料煤灰分的影响

灰分也属于煤中的无用物质,灰分越高,其他有效成分就越少。其中灰熔点的高低对恩德粉煤气化炉的操作是否稳定起着关键作用。灰分的主要组成有:SiO_2、CaO、Fe_2O_3、Al_2O_3、

MgO 等。其中 SiO_2、Al_2O_3 熔点高不易结渣，而 Fe_2O_3、CaO 的熔点最低。

灰熔点与灰分化学组成的关系：

$$K = \frac{w(SiO_2) + w(Al_2O_3)}{w(Fe_2O_3) + w(CaO) + w(MgO)}$$

从该式中看出：K 值越大，灰熔点越高。

从生产经验可知，如果排出的灰渣颜色呈红色，该煤的灰熔点相对来说低，原因是氧化铁呈红色。对恩德粉煤气化炉来说，灰熔点低就意味着结渣率升高和煤气有效成分减少，给操作带来困难。

灰分含量越多，煤气产率就越低，即吨煤产气量就越少；灰分含量多，煤气带出物就增多，排灰量增大，带走的热量也增多。

3）原料煤挥发分的影响

煤中的挥发分多，产生的煤气中 CH_4 就多，煤气热值就高，适宜作为燃料用煤气，但不利于合成工艺。

4）原料煤化学活性的影响

化学活性是指在一定的温度下，煤中的碳与二氧化碳、水蒸气、氧气互相作用的反应能力。煤中的化学活性是析出挥发分后，剩余焦炭的反应性。化学活性越强，气化过程反应速度就越快、效率就越高，达到平衡反应的时间就越短，反应初期温度也就越低，氧气的消耗也就越少。原料煤的化学活性也是影响恩德粉煤气化的重要指标之一。

5）原料煤粒度的影响

为了保证气化稳定，减少带出物，作为气化原料的粉煤的粒度尽量要保持均匀。粒度越小，气化剂越容易扩散到气孔中，气化反应的速度就越快，但是会造成带出物的增加；粒度过大，粉煤颗粒流化困难，会造成气化反应不完全，导致炉灰渣含碳高。

恩德粉煤气化炉对原料煤的要求如下：热值，$12.54 \sim 20.9$ MJ/kg；灰分 $\leq 30\%$；水分 $\leq 8\%$；灰熔点 $>1250℃$；煤的焦渣特性 $1 \sim 2$ 之间；黏结性，Y 值 $0 \sim 3$；活性，$950℃$ $\alpha > 85\%$，$1000℃$ $\alpha > 95\%$；粒度（见表 $13-1$）。

表 13-1 原料煤粒度分布

粒度/mm	>10	7~10（包含10）	4~7（包含7）	≤4
原料煤粒度设计值/%	≤3	15	50	≤32

13.3.2 气化剂

气化剂主要由蒸汽和富氧空气（或空气或氧气）组成。气化剂的组成不同，产出的煤气成分体积分数也不同，即产出不同的热值燃气和合成气（见表 $13-2$）。

表 13 – 2　恩德粉煤气化炉平均煤气成分

气化剂	煤制气种类	组成(体积分数)/%					干煤气高热值/(kJ·m⁻³)
		H_2	CO	CH_4	CO_2	N_2	
空气+蒸汽	燃气	12.5	19.0	1.3	8.9	58.2	4190
富氧+蒸汽	燃气	21.5	24.5	2.3	14.5	37.5	6270
富氧+蒸汽	合成气	39	30	1.6	19.5	9.6	8987
纯氧+蒸汽	合成气	40.5	34.5	1.8	22	0.9	9459

合理的汽气比，不但可以保证流化的最佳状态，而且可以使气化效率提高。实践证明，原料煤中的水分经过干燥也难达到不大于8%，这势必造成汽气比的不合理。原料煤中的水分高，从下喷嘴供入的蒸汽量就会减少，相应的气流速度就会降低，影响了原料煤的流化；由于气化剂中蒸汽量的减少，还会造成炉内喷嘴出口的温度升高，易使喷嘴出口周围结渣；同时，原料煤中的水分多，要想达到气化剂中蒸汽的状态，需要吸收大量的热量，延缓了气化反应时间，降低了气化效率。

因此，为了提高原料煤的气化效率和煤气质量，上喷嘴气化剂量(二次风和二次蒸汽)的投入应与未反应碳成比例。如二次气化剂量投入不合理：过多，易造成生成的煤气在炉内燃烧；过少，未反应碳还是不能得到充分的气化，被煤气带走。正常情况下，二次风的吹入量占整个风量的20%~25%；具体数值，主要在生产实践中根据炉中部和上部的温度及煤气成分定。

在空气操作(空气和蒸汽)和氧气操作(氧气和蒸汽)时，在考虑不结焦的前提下，一般采取：蒸汽：空气=0.16~0.18(空气操作)；蒸汽：氧气=2~2.4(氧气操作)。

正常生产中的气流速度，一般为流化开始速度的1.8~5倍。这主要取决于粉煤的流化条件和喷射条件；在保持线速度的同时，还要缩短反应带。因此，在安装下喷嘴时，既要保持一定的倾斜度，还要保持切线。这样才能将喷入的气化剂旋转。

13.3.3　操作温度

原料煤在恩德粉煤气化炉中通过气化剂的作用，发生剧烈运动，使得扩散系数很大，由于是粉煤，增大了接触表面，造成良好的扩散条件。使反应总速度常数接近于化学反应速度常数。因此，提高气化炉的操作温度，对于提高总反应速度，以及气化强度是十分有效的。

温度越高，化学反应速度就越快，气体中的有效成分就越多，碳的利用率和蒸汽的分解率就越高。但是，操作温度的提高，主要受限于煤的灰熔点，正常生产中，实际操作温度控制在灰熔点温度以下200~250℃。总之，在灰熔点温度允许的范围内尽量提高操作温度，一般为900~1050℃。

13.3.4　炉压力

在流化床气化炉中，当气化压力提高时，为了保持床层的稳定流化，以达到最佳的流化状态，所需的气流速度降低，因此煤气中的带出物将会减少。

恩德粉煤气化炉的操作压力通常是12~14 kPa。通过控制炉内阻力，即上部压力和下部压力的差值来调节炉压力。根据压力差可算出气化炉的负荷情况。正常生产中的压差值控制在 2.0～2.5 kPa，当超过这个值时通过排灰机降料层来保持炉内的压力。

13.3.5 恩德粉煤气化装置自控系统

恩德粉煤气化技术自控系统采用了分散型电算机控制体系，可与总调度室的上位计算机联网。

所有生产工艺参数(温度、压力、流量、料位、液位等)，均输入到微机软件中，通过 CRT 实现监督及操作;所有机械设备的运转操作，均由 CRT 实现;自控工艺参数偏差警报，仪表风超低压警报，贮煤槽极限料位警报，设备停运警报，均显示于 CRT;通过 CRT 显示生产工艺流程，其主要工艺参数显示为数字;通过 CRT 可以任意调出所有原料及燃料供应状况，产量，耗能;设计的粉煤气化装置自控系统，其计算机容量能够容纳界区外所有工艺参数及反应所有设备运行状态数据;煤气净化系统设备仪表信号送入中控室 DCS 系统，实现仪表显示控制。

13.4 特殊操作

13.4.1 气密性试验

1)试验目的

检查恩德粉煤气化炉整个系统的综合密封性。

2)试验时间

在施工阶段进行的管道及设备的单独气密试验和压力试验的基础上、或系统经过长期停炉而再重新启炉前，进行的综合性气密试验。

3)试验方法

正压试验采用洗涤剂刷各处法兰及连接点，通过是否有气泡来判断漏点;发现经刷洗涤剂的部位有气泡产生，则认定该部位漏风，应做标记，并做好记录，在试验结束后检修。

4)试验步骤

发生炉煤气系统内的加压试验:关闭一切与煤气系统连接部位的阀门;贮煤槽上下限之间装满粉煤;启动螺旋供煤机，当炉内进入粉煤即时停机;发生炉内将炉灰填至下喷嘴底平面为止;封闭所有人孔;余热锅炉供水，达到上汽包水位的 50%;各水封器充满水。

发生炉煤气系统内空气加压:启动富氧空气鼓风机，开启下喷嘴球阀后关闭窥视窗球阀，开启富氧空气管道的截止阀，通过调节阀往炉内输送空气，缓慢关闭净化系统的煤气放散电动阀，炉内压力升至 15 kPa，炉内压力维持 15 kPa 状态下进行气密检查，检查结束后所有阀门不动，只是将富氧空气鼓风机停止后处理漏点;然后再启动富氧空气鼓风机进行漏点检查，直到整个系统无漏点，关闭截止阀和调节阀停止送风(会自然降压)，贮煤槽与发生炉之间的压差为 200～500 Pa(贮煤槽内吹入安全气)。贮煤槽的压力试验，以个别设备的压力试验结果代替。

发生炉煤气系统的负压试验:负压试验时，进行加压试验时的阀门不动。启动煤气引风机、安全开启出口阀，利用入口阀调节压力。此时安全关闭净化系统的煤气放散手阀和电动阀。事前拆卸下喷嘴窥视窗通过窥视窗吸入空气。炉内负压达到约 1500 Pa 时，维持时间可根据现场具体情况确定。发生炉点火时必要的负压(约 600 Pa)，由喷嘴窥视窗和点火口调节吸入空气量来保证。在试验过程中发生的问题要做好记录。在约 600 Pa 情况下未见异常就不动阀门，停止引风机。

13.4.2　烘炉①

1）烘炉的目的

由于新安装的炉墙材料在砌筑过程中吸收了大量的水分，如果直接投入生产，气化过程的高温使炉墙中含有的水分急剧蒸发，产生大量的蒸汽，蒸汽的急剧膨胀，会使炉墙变形、开裂。所以新安装的炉体在正式投产前，必须对炉墙进行缓慢烘炉，使炉墙中的水分缓慢逸出，确保炉墙热态运行的质量。

2）烘炉应具备的条件

炉本体安装完毕，炉墙砌筑及保温工作已全部结束，并已验收合格，炉墙自然养护 5~7 天以上。使炉内砖体水分下降到 12% 以下。烘炉所需的温度计、压力表等监视、自控系统均已安装和校验完毕。烘炉用的燃气系统具备使用条件。各种水、电、风、气、汽系统具备使用条件。炉砖的温度监测点及取样点已留好，并能随时监测；备好临时测温仪表，400℃ 以下时使用。烘炉人员都已经过培训合格，烘炉曲线下发到岗位，备好烘炉记录纸。生产指挥、调度系统及通讯设施已经畅通，可供生产指挥系统及各管理部门随时使用。现场安排专业的消防、救护人员。

3）烘炉的具体操作

锅炉上水到正常水位，净化系统及各水封器上水；启动煤气引风机，将发生炉内压力调到 −600 Pa；将点火器点着火后放在煤气燃烧器前，开启煤气阀门点燃煤气，对称的煤气燃烧器点火方法相同。燃气点燃后从燃烧孔插入，此时炉内压力将逐渐上升，因此要调节好炉内的负压，防止产生正压，火焰喷出伤人。升温过程中，随着火势由弱到强，要避免火焰直接打到对面的炉墙上，也要经常检查煤气压力是否稳定，如果煤气压力下降或燃烧器熄火时，迅速关闭煤气阀门，开启安全气对炉膛进行置换，分析合格后方可重新点火，否则易引起爆炸。

4）升温指标

20~115℃	需要 48 h	115℃恒温 24 h
115~150℃	需要 8 h	150℃恒温 24 h
150~200℃	需要 8 h	200℃恒温 8 h
200~300℃	需要 8 h	300℃恒温 8 h
300~600℃	需要 16 h	600℃恒温 8 h
600~800℃	需要 8 h	共计 168 h

升温是以发生炉中部温度为准，为了达到为余热锅炉和软化水预热器的烘烤，该温度点应逐渐后移，当温度达到 800℃ 以后可继续升温(因余热锅炉的碱洗需 12~15 天)，但下部温

① 该烘炉采用煤气作为热源(热值 20.9 mJ/m³，流量 >1200 m³/h，压力 >2000 Pa)，为防止烘炉期间掉闸、温度升不上去等原因，应备柴油 100 kg，木柴 5 t，长度小于 1 m，直径小于 100 mm 无任何铁器等杂物。

度要控制在950℃以下；温度的调节是用增减煤气量来进行的，燃烧生成物中CO含量小于1%，超过该值时要及时调整负压或煤气量。

炉中部温度达到200℃时，每班对燃烧产物进行一次分析，达到500℃时分析二次；余热锅炉的过热器出口处砖层温度达到115℃、炉墙砖含水<2.5%时视为烘炉结束，再维持24 h进行碱洗；随着自然干燥程度和升温速度不同，其维持时间可根据具体情况现场确定；在升温过程中炉内达不到负压时，启动富氧空气鼓风机，送入空气，在正压情况下使其燃烧，但要做好防止煤气外喷的措施；如果引风机出现故障，要迅速关闭煤气，待引风机启动并分析炉内合格后重新点火；炉温度、压力、煤气压力等指标，每小时记录一次，并将发生的操作变动及异常情况记录备案。

13.4.3 余热锅炉的碱洗、蒸汽试验

13.4.3.1 碱洗

除去余热锅炉蒸发管内部的油垢、铁锈、沉积物等；碱洗只做蒸发水管。

(1)碱洗方法：烘炉后期过热器出口处砖层温度达到115℃时维持24 h之后进行碱洗；锅炉上汽包水温控制在80℃以下，其调节方法是开放连续排污阀的同时供入软化水；为了提高碱洗效果，蒸汽压力加压至工作压力的75%，碱洗进行2～3天，如果汽包压力低就要延长时间；碱洗期间，在上下汽包的周期排污管和连续排污管取样分析，碱度保证在45 mmol/L，如果低就要追加碱液。

(2)试药的准备及配制：苛性钠(100%换算)按锅炉水容积(m^3) × 4 kg NaOH准备，最后配比成浓度20%的NaOH溶液；(以20000 m^3/h炉型为例，其锅炉水容积是25 m^3，所需苛性钠25 × 4 = 100 (kg)，按浓度20%配比，需要软化水400 L)，磷酸三钠(100%换算)按锅炉水容积×3 kg Na_3PO_4准备，最后配比成浓度20%的Na_3PO_4溶液。(以20000 m^3/h炉型为例，其锅炉水容积是25 m^3，所需磷酸三钠25 × 3 = 75(kg)，按浓度20%配比，需要软化水300 L)。

(3)试药的投入：拆卸上汽包安全阀后先注入苛性钠溶液，紧接着注入磷酸三钠溶液；汽包水位在下限，以防试药流到过热器；采用强碱对身体有害，应采取相应的劳动保护；试药的投入，可在现场协商，突出合理性。

(4)水的交替操作：供给软化水，保证汽包水位的情况下排水16 h，直至水质达到运行标准；水质达标后可完全排净，当锅炉炉腔温度降到50℃方可进行内部检查；排净水后，清扫管线和上下汽包的沉积物，锅炉内部及接触药剂的阀门用水洗净，并检查是否被沉积物堵塞；碱洗合格后紧接着可做蒸汽试验，如果与发生炉的负荷运行同时进行时，应检查内部衬砖，但根据实际情况可协商处理，即条件具备可转入试车阶段。

(5)碱洗合格标准：煮炉结束，锅炉停炉放水后应打开汽包仔细彻底清理汽包内附着物和残渣；分析人员及调试人员应会同安装单位人员检查汽包内壁，要求汽包内壁无锈蚀、油污，并有一层磷酸钠盐保护膜形成。

13.4.3.2 蒸汽压力试验

蒸汽压力试验是余热锅炉根据恩德粉煤气化炉点火开炉后，按运行操作规程升压到工作压力，进行压力试验用以检验锅炉及附件热状态下(即工作压力)严密性的试验。

锅炉严格按操作规程点火升压到工作压力；重点检查锅炉的焊口、人孔和法兰等的气密情况；重点检查锅炉附件和全部汽水阀门的严密性；重点检查汽包，各热面部件和锅炉范围

内的汽水管路的膨胀情况及其支座、吊杆和弹簧的受力、位移和伸缩情况是否正常,是否有妨碍膨胀之处;安装在上汽包的安全阀,按规定的压力调节后固定;压力试验的检验标准:蒸汽严密性试验无泄漏为合格,并做好记录。

13.4.4　冷态启炉

一切检查完毕,具备启炉条件;通过蓄热使发生炉中部温度达到700℃以上(从常温到700℃需要48 h或72 h);打开风机出口管道放散阀,启动风机;通过煤气引风机利用煤气放散管控制炉内负压(约600 Pa);打开1、3、5下喷嘴三个阀门(2、4、6阀门关闭),通过下喷嘴调节阀缓慢往炉内送风,并保持负压,调节下喷嘴入炉风量的同时,供煤机间断加煤并使粉煤正常流化;当粉煤着火后,逐渐减小燃气,待温度达到800℃以上时粉煤完全燃烧,切断启动燃气、停止引风机,利用煤气放散管放散,此时炉内转为正压操作;逐渐增加风量的同时,打开其余三个下喷嘴,边观察炉温边增加粉煤量,使粉煤充分流化;在增风的同时,逐渐关闭风机出口管道放散阀,直到关严;当中部温度达到850℃时,往发生炉内输送蒸汽,根据炉温情况调节入炉蒸汽量;当料层阻力达到1000～1500 Pa时,开动螺旋排灰机排灰,松动灰层,防止结渣;当发生炉温度达到900～950℃时,逐渐增大蒸汽量和入炉煤量的同时,开始配富氧浓度达到规定的指标;发生炉煤气O$_2$含量≤0.2%,煤气组成正常后,将站出煤气管道"U"型水封解除,同时关闭煤气放散管阀门,使煤气与总道并网。

13.4.5　热态启炉

一切检查完毕,具备启炉条件;用铁钎试探料位高低和视料位(炉内)情况开动排灰机松动料层;打开煤气放散管阀门;利用安全气(N$_2$)通过上喷嘴向炉内进行吹扫,取样分析后CO含量≤0.5%;打开风机出口管道放散阀,启动风机;对下喷嘴环形管进行蒸汽吹扫,吹扫结束后开始送风憋压,压力大小根据料位定;逐渐间隔打开下喷嘴一次阀(1,3,5),确保一次沸腾成功,送风量要比正常操作时一次风量与蒸汽量的总和大一些;在增风的同时,逐渐关闭风机出口管道放散阀,直到关严;待炉正常流化后,再打开另外三个喷嘴,根据炉内温度情况及时调节加煤量;当下部温度稳定在850～900℃时,配入蒸汽;达到900℃时,按规定开始配富氧浓度;气化炉煤气中O$_2$含量<0.2%,煤气组成达到正常时,将煤气与总道并网。

13.4.6　临时停炉

与相关岗位取得联系,通知停炉;逐渐降低炉负荷,关二次风,同时加大排渣量。逐渐降低富氧浓度至氧气入鼓风机入口阀关闭,同时调整蒸汽量和煤量,保持炉温在1000℃以内。

切断与煤气总道的联通,同时打开煤气放散阀,防止炉内超压;关闭下喷嘴的同时将风机出口管道放散阀打开;停供煤机、排渣机,并关蒸汽阀;如果停炉时间较长,则要求炉温低于400℃时,重新启动进行烘炉,以免发生炉熄灭。

13.4.7　紧急停炉

操作工在DCS上直接切断上、下喷嘴富氧空气截止阀,并打开风机出口管道放散阀;在

DCS 上停止螺旋供煤机和螺旋排灰机,并关闭蒸汽阀门(留 3% 阀位);关闭上、下喷嘴入炉球阀,同时打开上、下喷嘴环管放散阀;现场切断煤气与总道联通,同时打开煤气放散阀,以降低炉压;现场确认各阀门开关状态;保证炉内正压。

紧急停炉的条件:结渣;超温;供煤机故障,经处理仍不能供煤;废锅汽包断水;风机跳车;汽包液位不断下降,采取任何措施无法解决;停电;微机出现故障,无法操作;煤气用户局部系统出现紧急情况,需迅速切断煤气源。

13.4.8　完全停炉

通知所有操作工、运转工和相关系统;所有自动化仪器仪表应由自动改换成手动;切断煤气与总道联通,同时打开煤气放散阀;继续打开进入发生炉的蒸汽阀,关闭风量截止阀和调节阀并打开风机出口管道放散阀;停止螺旋供煤机;启动螺旋排灰机降低料层至下喷嘴底部;继续往发生炉供入蒸汽的情况下,通过上喷嘴吹入安全气,使发生炉置换并冷却;置换一直进行到煤气出口 CO 含量≤0.5% 为止;发生炉被蒸汽冷却至 400℃ 时,排净炉灰并切断安全气;富氧空气鼓风转化为空气鼓风之后,利用空气和蒸汽混合物冷却发生炉,并用空气置换发生炉;余热锅炉的冷却是通入软化水实现的。

13.5　主要设备

1)贮煤槽

储存供给发生炉的粉煤,该槽为斜面衬有不锈钢板,可以减轻由顶部进来的粉煤对贮煤槽的磨损。上下有 0.04 MPa 安全气封闭贮煤槽,防止煤气倒流发生事故。下部设有 6 个手孔,处理贮煤槽坨煤。底部与螺旋供煤机连接,用来往发生炉内输送粉煤。上部设有 4 个防爆板及上下部各有 2 个人孔。

2)发生炉

发生炉是粉煤气化反应的主要设备,由顶部半球状封头、中部圆筒体、下部圆锥体组成的圆筒状炉体;炉壳为钢板,其内部衬有保温砖和耐火砖。与锥体段连接的有螺旋供煤机和回流管;锥体中下部装有 6 个下喷嘴,该喷嘴与发生炉断面成一定角度,便于气化剂吹入后粉煤的流化;锥体底部还接有 2 支排灰管,炉灰渣由此排出。圆筒体中下部设有 16 个上喷嘴,气化剂吹入后便于改善煤气成分和减少带出物。发生炉上还设有测温口、测压口、点火口、手孔、人孔等。

3)旋风除尘器

通过煤气管道与发生炉顶部连接,筒体为钢板,内部衬有耐火砖和中心管,底部与缓冲罐连接。当煤气通过旋风除尘器时,将颗粒较大的煤尘捕集到缓冲罐,再通过与缓冲罐底部连接的回流管返回发生炉内,进行二次气化。

4)废热锅炉

废热锅炉采用垂直水管式热交换形式,管内流动软化水和蒸汽,管外有煤气通过。外皮用钢板密封,内部由耐火砖砌成。蒸发器筒体为圆筒,过热器和预热器为矩形钢结构。在锅炉入口各上升管外部装有防磨板,用来减轻煤气及煤尘对锅炉上升管的磨损。在废热锅炉入口煤气主管道、蒸发器下部、省煤器下部的 3 个安全水封器,不断注入循环水,除去煤气中沉降下来的煤尘。

5）螺旋供煤机

螺旋供煤机是将贮煤槽内的粉煤输送到发生炉内。部分材质为耐热耐磨钢。

6）螺旋排灰机

螺旋排灰机的作用是将炉内料层的灰渣排出。为双重圆筒形，材质为耐热耐磨钢；双重圆筒内有冷却水通过，用来保护设备和冷却炉渣。在排灰机出口处设有压重砣，通过调节压重砣可防止煤气的外窜。

7）离心鼓风机

离心鼓风机将富氧空气送入炉内。

8）煤气引风机

为了安全操作，保证炉内负压，主要在粉煤气化炉冷态启炉时启用煤气引风机。

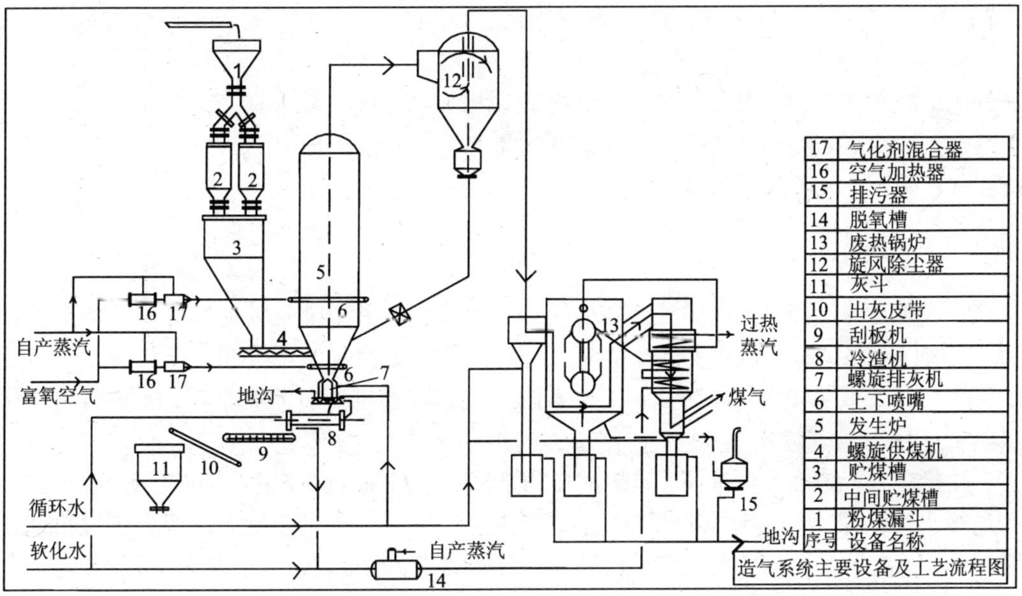

序号	设备名称
17	气化剂混合器
16	空气加热器
15	排污器
14	脱氧槽
13	废热锅炉
12	旋风除尘器
11	灰斗
10	出灰皮带
9	刮板机
8	冷渣机
7	螺旋排灰机
6	上下喷嘴
5	发生炉
4	螺旋供煤机
3	贮煤槽
2	中间贮煤槽
1	粉煤漏斗

造气系统主要设备及工艺流程图

图 13 - 4　造气系统主要设备及工艺流程

13.6　正常操作要点

恩德粉煤气化炉的主要产物是煤气和副产蒸汽。煤气成分主要有：CO、H_2、CO_2、CH_4、N_2、O_2；蒸汽的品质是 1.3 MPa，240℃的过热蒸汽（或 3.82 MPa，248℃的饱和蒸汽）。产出高品质的煤气和蒸汽，与原料煤的质量和日常操作的水平密不可分。

原料煤在上面已经做过介绍，下面就生产中的一些主要操作要点进行阐述。

13.6.1　负荷调节

实践证明，恩德粉煤气化炉的生产能力可在 40% ~ 125% 的额定负荷内调节。负荷的调节是通过供煤量、富氧空气量、蒸汽量的调节来实现的。当需要增加负荷时，在保持操作温度的前提下，先加煤、再加蒸汽、最后加富氧空气或先加蒸汽、再加富氧空气、最后加煤来调节温度；当需要减负荷时，在保持操作温度的前提下，先减富氧空气、再减蒸汽、最后减煤。操作完后要通过煤气成分分析来进行精确的调节。在负荷达到低限，只需要两台供煤机，且每隔 30 min 要进行一次轮换，防止备品供煤机由于温度高而变形。

上喷嘴的投入和停用是负荷调节的重要体现。

1）投上喷嘴操作

发生炉进入正常状态后，将 20% ~ 25% 的气化剂供入上喷嘴；在打开和关闭上喷嘴时，必须要逐步而相对应地操作；只有发生炉煤气负荷达到额定值的 70% 以上时，才使用上喷嘴。

打开蒸汽、富氧空气、上喷嘴环形管等手阀，排净冷凝水后关闭（冬天时阀门不关严，保证溢流）；投二次风蒸汽，保证上环形管蒸汽压力大于炉内压力；相对打开上喷嘴所有入炉球阀；依次打开二次风截止阀、调节阀，投二次风；调整汽气比；根据炉温调整供煤量。

2）停上喷嘴操作

气化炉减负荷至总风量的 75% 时，停止上喷嘴；关二次风截止阀、调节阀，加煤机减量；关上喷嘴入炉球阀；关二次风蒸汽，冬天留 10% 开度，防冻；开环形管、二次混合器导淋，排净冷凝水；关二次风手阀。

13.6.2　温度调节

在正常生产中，若要控制炉温度在一定指标范围内，只需改变供煤量即可。如要温度升高，则增加供煤量，反之则减少供煤量。富氧空气量和蒸汽量的调节相对比较少。只有在炉温发生较大变化或氧浓度波动较大时，或者因为生产需要进行负荷调整时，才对富氧空气量和蒸汽量进行适当的调节。

在生产中，若炉温突然上升，且炉内压力下降，可判断是贮煤槽坨煤或供煤机出现故障，不能进行正常供煤。如当时能判断有两台供煤机正常供煤，则迅速加大这两台供煤机的供煤量维持生产，之后进行相关的处理；如果是贮煤槽坨煤，在保证安全的情况下（主要是防止煤气倒窜着火伤人），通过捅料口进行处理；如果是供煤机故障，在不需要更换螺杆的情况下进行处理。在发生以上故障时，若温度迅速上升或通过加煤炉温度仍然上升，则应大幅减少空气量或降低富氧浓度，并最大限度供入蒸汽量来控制炉温；如果温度仍然控制不住，则采取紧急停炉。

当回流管温度突然下降，炉内温度突然升高时，可判断回流管堵，则在可操作范围内，加大供煤量，否则立即进行停炉处理。

操作温度以中部温度为准，在对称的两个温度点中要以高温度点为准。

如果因煤种改变而灰熔点改变，则操作温度也应随之变化。

当炉内温度突然升高而不可控时，如停炉不及时，就会造成结渣。在处理结渣时，要先将煤气引风机启动，保持炉内一定负压，然后打开炉锥体上下部的盲板，再调整炉内负压；通过煤气引风机吸入空气对炉体进行降温，当温度降到 300℃ 以下时，打渣人员穿好高温防护用具进入炉内处理。入炉前要将回流管闸阀关严，防止回流物落下，造成炉内处理渣块的人员伤亡；同时在炉锥体上部盲板口处对炉膛检查，看是否有悬渣，只有在确定无悬渣或把悬渣处理掉后方可进炉内。

正常生产中，可根据炉内火焰的颜色判断炉内温度：暗红色 850～900℃；红色 900～980℃；亮白色 1000℃ 以上。

13.6.3　煤气成分调节

根据炉况及时调节蒸汽与富氧空气的比例，以保证煤气组成，该比值随情况而改变。

当炉况达到满负荷生产时，要想再提高生产能力，只有增加氧气量，提高了富氧浓度，煤气的组成才能改变，有效成分（$CO+H_2$）才能提高。相对来说，要想低负荷运行，在保证流化的状态下，只有减少氧气量或空气量才能完成。在正常生产中，只有通过改变煤气中 CO_2 的比例，才能调整煤气的有效成分。当煤气中的 CO_2 比例过高时，应减少蒸汽的供入量，在保证温度不变的情况下，适当增加入炉煤量；当煤气中的 CO_2 比例过低时，应增加蒸汽的供入量，在保证温度不变的情况下，适当减少入炉煤量。

13.7　主要技术经济指标

恩德粉煤气化炉[1]之所以能够在众多的气化炉中占有一席之地，主要是因为一次性投入低、产能大，而且气化炉负荷可在 40%～125% 灵活调整，主要技术经济指标见表 13-3，以及煤气净化后的洗涤水经过简单处理，可以重新利用，不含有酚、焦油等对环境有害的物质。

表 13-3　恩德粉煤气化炉主要技术经济指标比较[2]

煤气	空气煤气	中热值煤气	合成气
原料煤	302.5 kg，水分≤8% 23517 kJ/kg(LHV)	500 kg，水分≤8% 20771 kJ/kg(LHV)	530 kg，水分≤8% 22881 kJ/kg(LHV)
风量（标）	776 m³，0.04 MPa，空气	600 m³，0.04 MPa，富氧浓度 33%	340 m³，0.04 MPa，富氧浓度 76%
发生炉用蒸汽	72.5 kg，227℃，0.6 MPa	220 kg，240℃，0.5 MPa	350 kg，210℃，0.4 MPa
软化水	0.45 t，102～104℃，0.5 MPa	0.5 t，102～104℃，1.8 MPa	0.55 t，102～104℃，5 MPa
新鲜水	0.375 t，<30℃，0.3 MPa	1 t，<30℃，0.3 MPa	1.75 t，<30℃，0.3 MPa
循环水	3.75 t，<35℃，0.3 MPa	22.5 t，<35℃，0.3 MPa	25 t，<40℃，0.3 MPa
安全气	25 m³，N_2，0.04 MPa	30 m³，N_2，0.04 MPa	25 m³，N_2，0.035 MPa

---

[1] 恩德粉煤气化技术的论述，主要以葫芦岛锌厂 20000 m³/h（标）、富氧浓度 33% 的炉型为例。

[2] 表中数据均以产出 1000 m³（标）煤气所消耗为基准，均为平均值；根据煤种的改变，技术经济指标将相应变化。

续表 13 - 3

煤气	空气煤气	中热值煤气	合成气
自产蒸汽	0.4 t, 240℃, 1.3 MPa, 过热蒸汽	0.45 t, 240℃, 1.3 MPa, 过热蒸汽	1 t, 248℃, 3.82 MPa, 饱和蒸汽
仪表风（标）	60 m^3/h, 露点约60℃, 0.6 MPa		
氧气（标）	—	90 m^3, 纯度99.6%, 5 kPa	240 m^3, 纯度99.5%
电	18 kW·h	32.7 kW·h	150 kW·h
热值（标）	4187 kJ/m^3	6280 kJ/m^3	8985 kJ/m^3
有效气体成分	$CO + H_2 \geqslant$30.5%, CH_4 1.85%	$CO + H_2 \geqslant$46%, CH_4 2.25%	$CO + H_2 \geqslant$68%, CH_4 1.3%
气化效率	71%	71.2%	76%
热效率	86.5%	80.5%	80%
碳的利用率	$\geqslant$91%	$\geqslant$91%	$\geqslant$91%
出站煤气含尘	$\leqslant$50 mg/m^3（标）	$\leqslant$150 mg/m^3（标）	$\leqslant$60 mg/m^3（标）
炉灰渣含碳	$\leqslant$10%		
飞灰含碳	$\leqslant$30%		
运转率	91%		

参考文献

[1] 郭天立, 高良宾. 当代竖罐炼锌技术述评[J]. 中国有色冶金, 2007(1): 5~6, 36

[2] 徐鑫坤, 魏昶. 锌冶金学[M]. 昆明: 云南科技出版社, 1996

[3] 傅崇说. 有色冶金原理[M]. 北京: 冶金工业出版社, 1992

[4] 陈国发. 重金属冶金学[M]. 北京: 冶金工业出版社, 1990

[5] 东北工学院有色重金属冶炼教研室. 锌冶金[M]. 沈阳: 东北工学院出版社, 1974

[6] 有色冶金炉设计手册编委会. 有色冶金炉设计手册[M]. 北京: 冶金工业出版社, 1999

[7] 重有色金属冶炼设计手册铅锌铋卷[M]. 北京: 冶金工业出版社, 1996

[8] 中国冶金百科全书有色金属冶金[M]. 北京: 冶金工业出版社, 1992

[9] 彭容秋. 有色金属提取冶金手册: 锌镉铅铋[M]. 北京: 冶金工业出版社, 1992

[10] 陈锐, 李淑艳, 郭天立. 竖罐炼锌生产的强化途径分析[J]. 有色冶炼, 2003(3): 6~9

[11] 炼焦工艺学编写组. 炼焦工艺学[M]. 北京: 冶金工业出版社, 1978: 24

[12] 陈鹏. 中国煤炭性质、分类和利用[M]. 北京: 化学工业出版社, 2001: 154

[13] 虞继舜. 煤化学[M]. 北京: 冶金工业出版社, 2003

[14] 未立清, 郭天立. 竖罐炼锌用还原煤的检验方法述评[J]. 有色矿冶, 2005(1): 21~24

[15] 郭天立. 废热式焦结炉进口废气温度分析[J]. 有色金属冶炼部分, 1994(2): 8~10

[16] 高良宾, 郭天立. 竖罐炼锌用还原煤配煤技术的探索[J]. 中国有色冶金, 2006 (5): 27~29

[17] 姚昭章. 炼焦学[J]. 北京: 冶金工业出版社, 2004: 67~72

[18] 张卓, 王明辉, 黄志刚, 郭天立. 焦结烟气收尘工艺的改造实践[J]. 有色矿冶, 2008 (4): 55~56

[19] 重有色冶金炉设计参考资料编写组. 重有色冶金炉设计参考资料[J]. 北京: 冶金工业出版社, 1979

[20] 铜铅锌冶炼设计参考资料(中册)编写组. 铜铅锌冶炼设计参考资料(中册)[M]. 北京: 冶金工业出版社, 1978

[21] 陈新民. 火法冶金过程物理化学[M]. 北京: 冶金工业出版社, 1983

[22] 郭天立. 炼锌竖罐用耐火材料的应用现状[J]. 有色矿冶, 2003(6): 28~30

[23] 彭容秋. 锌冶金[M]. 长沙: 中南大学出版社, 2003

[24] 王吉坤, 何蔼平. 现代锗冶金[M]. 北京: 冶金工业出版社, 2005

[25] 王树楷. 铟冶金[M]. 北京: 冶金工业出版社, 2006

[26] 郭天立, 戴玉民, 杨如中. 延长挥发窑内衬砖使用寿命实践[J]. 有色冶炼, 2000 (5): 27

[27] Floyd J M, Swayn G P. An update of Ausmelt Technology for zinc and lead processing[C]// The Metallurgical Society of CIM. Zinc and Lead Processing, 28th Annual Hydrometallurgical

Meeting. Calgary, Canada, 1998: 861 - 874

[28] Short W E, King P J, Mounsey E N. Treatment of lead and zinc residues using the Ausmelt Technology[C]// International Lead/Zinc Study Group. The Future of Lead and Zinc - Asia and the World. Beijing, China, 1996

[29] Floyd J M, Short W E. Ausmelt Technology for secondary zinc recovery[C]//International Lead and Zinc Study Group. Recycling Lead and Zinc into the 21st Century. Madrid, Spain, 1995.

[30] Light Foot B W, Floyd J M, Robiliard K R. Waste processing in the zinc industry using Ausmelt Technology[C]//AUSIMIM Conference, International Symposium-World Zinc 93, Hobart, Tasmania, 1993: 523 - 530

[31] Robilliard K R, King P J, Floyd J M. Sirosmelt Technology for solving the lead and zinc industry wastes problem[C]//TMS Symposium on Processing of Residue and Effluents, San Diego, California, 1992

[32] Choi C Y, Lee Y H. Treament of zinc residues by Ausmelt Technology at Onsan Zinc Refinery [C]//REWAS 99-Proceedings of the Global Symposium on Recycling, Waste Treament and Clean Technology. San Sebastian, Spain, 1999

[33] 郭天立, 赵永, 李淑全. 竖罐炼锌残渣回收技术的现状及展望[J]. 有色金属冶炼部分, 2003(4): 20~22

[34] 寇公. 煤炭气化过程[M]. 北京: 机械工业出版社, 1990

[35] 高福烨. 燃气工艺学[M]. 北京: 建筑工业出版社, 1995

[36] 郭树才. 煤化工工艺学[M]. 北京: 化学工业出版社, 1992

[37] 韩昭沧. 燃料及燃烧[M]. 北京: 冶金工业出版社, 1994

[38] 孔庆泰. 煤气发生炉基础知识[M]. 北京: 河北建材出版社, 1988

[39] 郭天立, 朱威, 未立清, 高良宾. 恩德粉煤气化技术的应用现状述评[J]. 中国有色冶金, 2006(1): 30~33

[40] 郭天立, 未立清. 竖罐炼锌残渣为燃料采用 Ausmelt 技术处理锌浸出渣的工艺探讨[J]. 中国有色冶金, 2004, (6): 16~18, 31

[41] 朱威, 未立清, 郭天立. 粗锌精馏用碳化硅塔盘制作新工艺[J]. 世界有色金属, 2005 (3): 37~39

[42] 未立清, 朱威, 郭天立. 竖罐炼锌用黏土结合碳化硅砖生产新工艺[J]. 有色金属(冶炼部分), 2005(5): 49~51

[43] 吕佐周, 王光辉. 燃气工程[M]. 北京: 冶金工业出版社, 2004

[44] 陈甘棠, 梁玉衡. 化学反应技术基础[M]. 北京: 科学出版社, 1981